UNTERWEGS IN DIE STADT DER ZUKUNFT

Urbane Gärten als Orte der Transformation

Andrea Baier
Christa Müller
Karin Werner
(Hg.)

[transcript]

Dieses Buch entstand im Rahmen der Forschungsarbeit der *anstiftung*.

anstiftung

Weitere Infos und Download des Bandes:
transcript-verlag.de/978-3-8376-7163-6/unterwegs-in-die-stadt-der-zukunft/

Bibliografische Information der Deutschen Nationalbibliothek
Die Deutsche Nationalbibliothek verzeichnet diese Publikation in der Deutschen Nationalbibliografie; detaillierte bibliografische Daten sind im Internet über dnb.dnb.de abrufbar.

Erschienen 2024 im transcript Verlag, Bielefeld

Bildnachweis
Die Fotostrecke auf den Anfangsseiten stammt von Anuscheh Amir-Khalili und wurde in den Jahren 2021-2023 in unterschiedlichen Gemeinschaftsgärten in Berlin und Bremen aufgenommen. (Ausnahme: das vorletzte Foto der Bildstrecke auf S. 56 ist von Jakob Joiko.) Die Fotos in Teil II (Dimensionen der Stadt der Zukunft) und die Weltraum-Fotocollagen stammen von Nico Baumgarten. Die Fotos in Teil III (Ortsbegehungen) erhielten wir von den jeweiligen Projekten. Das Copyright liegt bei den Projekten. Von Anuscheh Amir-Khalili sind die Fotos auf den Seiten 339, 340, 345, 346, 348, 349, 381, 382, 398, 401, 403, 411, 422; das Foto auf S. 419 mit freundlicher Genehmigung von Thu anh Tran.

Umschlaggestaltung: Nico Baumgarten
Umschlagabbildung: Nico Baumgarten
Lektorat: Dr. Anette Nagel
Buchgestaltung: Nico Baumgarten, nicobaumgarten.net
Druck: JELGAVAS TIPOGRĀFIJA, Jelgava, Lettland
Print-ISBN 978-3-8376-7163-6
PDF-ISBN 978-3-8394-7163-0
doi.org/10.14361/9783839471630
Buchreihen-ISSN: 2569-7900
Buchreihen-eISSN: 2703-1039

Andrea Baier, Christa Müller, Karin Werner (Hg.)
Unterwegs in die Stadt der Zukunft

Neue Ökologie | Band 11

Herausgeberinnen

Andrea Baier ist Soziologin und wissenschaftliche Mitarbeiterin der *anstiftung* im Bereich Forschung und Evaluation. Zu ihren Forschungsinteressen gehören feministisch-subsistenztheoretische Perspektiven auf DIY und Urban Gardening.

Christa Müller (Dr. rer. soc.) ist Soziologin und leitet die *anstiftung* in München. Ihr aktuelles Forschungsinteresse gilt der Rezeption der Urban-Gardening-Bewegung im Kontext von transformativen Entwicklungen der Städte.

Karin Werner (Dr. rer. soc.) ist Soziologin, eine der Verlegerinnen des transcript Verlages und freiberufliche Mitarbeiterin der *anstiftung*. Sie betrachtet es als ihre Aufgabe, das unvollkommen gebliebene Projekt der Aufklärung gemeinsam mit vielen anderen weiterzuentwickeln.

Wir widmen dieses Buch den Pionier*innen der ersten Stunde;
insbesondere Najeha Abid, Elisabeth Meyer-Renschhausen,
Gerda Münnich und Tassew Shimeles.

Wir danken Jens Mittelsten Scheid
für sein Vertrauen – und vieles mehr.

Inhaltsverzeichnis

Auftakt

Dimensionen der Stadt der Zukunft

Gärten als Orte der terrestrischen Moderne

Recht auf Stadt – Gärten als politische Orte

Inhaltsverz

...zichnis

Ir

haltsverzeichnis

Inhaltsverzeichnis

prinzessinnengärten

ToDo

LASST DIE
SAU RAUS
EPAL
EPAL
EPAL
EPAL
EPAL

PEACE OF LAND e.V.
Gemeinschaftsgarten
& Lernort
für Permakultur
Am Weingarten 14
10407 Berlin
info@peaceof.land
www.peaceof.land

PRÜFANLAGE
FÜR

STEENHOFF-KRANE
JACOBS
BUNT
STATT

Lucie-Flechtmann-Platz

P

prinzessi
Yay!
Coffee
lenovo
ThinkPad

nnengärten
Seedbombs
#TAGDES OFFENEN DENKMALS
Ja!

POLITICAL
Kitchen

PAULI

SKILLS
HOW CAN WE WORK TOGETHER?

MINECRAFT

36
Champs

FUCK
PUT

Auftakt

Urbane Gärten bzw. Gemeinschaftsgärten sind aus der heutigen Stadt nicht mehr wegzudenken. Sie sind nicht nur in Großstädten oder Metropolen zu finden, sondern zunehmend auch in kleineren Städten und auf dem Land. Das kontinuierlich wachsende Interesse an den verschiedenen Formen des Gemeinschaftsgärtnerns verweist darauf, dass wir an einer Bruchlinie stehen. Mitten im Anthropozän oder Wasteozän – dem Zeitalter der Ausbeutung und Vermüllung, wie Yvonne Volkart in ihrem Beitrag in diesem Buch schreibt –, einer Zeit, in der überall, in der Stadt und auf dem Land, die Folgen unserer extraktiven und einseitigen Lebensweise unübersehbar werden, wächst bei vielen der Wunsch, Orte zu schaffen, die der Zerstörung und Entwurzelung etwas entgegensetzen, Orte, die der Pflege bedürfen, der Fürsorge, der Aufmerksamkeit und des Engagements, die aber auch vieles wieder ins Lot bringen, weit über die Grenzen des Gartens hinaus: die für Sauerstoff, Kühlung und Schatten, Feuchtigkeit, Bodenqualität, Artenvielfalt sorgen und Menschen ein Gefühl von Erdung und Aufgehoben-Sein bzw. Ankommen-Können vermitteln.

Wir Herausgeberinnen lassen uns von dieser Form des Gärtnerns und den mit ihr verbundenen Orten seit nunmehr einem Vierteljahrhundert begeistern: privat und als Mitarbeiterinnen der anstiftung, die die Entwicklung der Gartenbewegung (viele der Gärten begreifen sich als Teil einer solchen) von den ersten Anfängen an unterstützt hat.

2011 und 2013 erschienen die Bücher „Urban Gardening“ (Müller, 2011) und „Stadt der Commonisten“ (Baier et al., 2013) zum damals noch jungen Phänomen des urbanen Gärtnerns, als eine erste Vermessung und Diskussion. Jetzt werfen wir erneut den Blick auf das urbane Gärtnern, und zwar in der Absicht herauszufinden, wie Stadt und Welt vom Garten ausgehend heute neu gestaltet werden, wie vom Garten aus die Fragen, was uns nährt und ernährt, geklärt werden können, wie mehr Ernährungs- und Umweltgerechtigkeit herzustellen wäre und wie das Verhältnis zu nichtmenschlichen Wesen im Kleinen wie im Großen neu zu verhandeln ist. Dieses Potenzial urbaner Gärten, Antwort auch auf die großen Fragen geben zu können, war von Anfang an in Ansätzen zu erkennen; heute ist es noch deutlicher sichtbar. Gemeinschaftlich zu gärtnern ist nicht zuletzt ein Antidot gegen Pessimismus und Niedergeschlagenheit angesichts der Lage, in der sich unser Planet befindet.

Zum Aufbau des Buches

Im ersten Kapitel beschäftigen wir drei Herausgeberinnen uns mit *Urbanen Gärten zwischen Graswurzelbewegung und Klimakrisenpolitik*. Wir schauen aus unterschiedlichen Perspektiven auf Gemeinschaftsgärten als lokale und planetare Räume. Im Fokus stehen die spezifischen Beiträge der Projekte zur immer dringlicher werdenden sozial-ökologischen Transformation.

Die *Ortsbegehungen* im dritten Kapitel zeigen, wie 26 ausgewählte Projekte Antworten auf Probleme des Alltags im Anthropozän finden: wie man Quartiere belebt, die Bodenqualität erhöht, die Stadt essbar(er) macht, Wasser spart, Regenwasser nutzt, mit Vandalismus umgeht, Flächen, zum Beispiel Friedhöfe, umnutzt, Grünflächen aufwertet, dem Asphalt Grün abtrotzt, die Begegnung von Neuankömmlingen und Alteingesessenen organisiert, mit Institutionen zusammenarbeitet, Insekten schützt.

Zu den Beiträgen im zweiten Kapitel

Der erste Abschnitt im Kapitel „Dimensionen der Stadt der Zukunft" versammelt unter dem Titel *Gärten als Orte der terrestrischen Moderne* vier Beiträge, die die utopische Kapazität, die urbanen Gärten innewohnt, herausstreichen. Es wird hier aus verschiedenen Perspektiven beleuchtet, dass und wie kollektives Gärtnern als „terrestrische" bzw. erdbezogene Praxis und erdbezogenes Denken ineinandergreifen bzw. auseinander hervorgehen.

Yvonne Volkart beschreibt gärtnerische Praktiken als eingebettet in „Öko-Logiken der Sorge und des Sorgens". Diese ermöglichen eine Haltung und Tätigkeiten des Aufmerksam-Werdens, des Sich-Kümmerns, Heilens und Reparierens. Gärten sind für sie jedoch keineswegs Paradiese, sondern hybride, durchaus auch kontaminierte und umkämpfte Orte. Unter Bezugnahme auf den Dokumentarfilm „Wild Plants" sowie die Guerilla-Gardening-Aktivitäten des Zürchers Maurice Maggi diskutiert Yvonne Volkart auf anregende Weise (Care-)Theorien, unter anderem von Natasha Myers und Maria Puig de la Bellacasa, um Konturen erdbezogenen Wahrnehmens, Denkens und Handelns aufzuzeigen.

Für **Harald Lemke** sind Subsistenztätigkeiten wie Gärtnern, Kochen oder gemeinsames Essen relevante Akte des Welt-Selbst-Gestaltens, insofern sie daran erinnern, dass auch im großen Maßstab alles anders sein könnte. Diese praktisch gewonnene Einsicht unterstützt die politische Handlungsfähigkeit der Subjekte. Und diese manifestiert sich nicht zuletzt im gemeinschaftlichen Gärtnern, das für den Philosophen mit Gartenerfahrung „utopisches Gärtnern" ist. Auf diese Weise könnte das Anthropozän zum Gastrozän werden. Der Garten als genuiner Ort der Gastfreundschaft bestätigt diese Utopie jede Saison von Neuem.

Zum Garten gehört der Kompost. **Severin Halder und Iris Dzudzek** ergründen die gärtnerische Praxis des Kompostierens als Kunst der lebendigen Transformation auf vielen Ebenen und in vielen Kontexten. Kompostieren ist in ihrer Perspektive eine Praxis, die um den Zusammenhang der Stoffwechselaktivität von Mikroorganismen und der Erhaltung des Lebens auf unserem Planet weiß und diese kunstvoll und kollaborativ in Balance hält. Erhaltung und Pflege oder auch Wiedergewinnung des kostbaren Humus durch Kompostieren ist angesichts des zunehmenden Verlusts dieses Nährbodens von höchster Dringlichkeit. Dass und wie das praktisch machbar ist, wird vor allem in urbanen Gärten deutlich. Dazu forschen die beiden Geograf*innen Halder und Dzudzek im StadtLabor an der Universität Münster – selbst ein kollaborativer Kompostprozess, in dem das Kompostieren auch als gemeinsamer kreativer Forschungs- und Lernprozess verstanden wird. Dabei ist Kompost gleichermaßen Forschungsobjekt und -subjekt, denn die Aktionsforschung des StadtLabors hat ein Verständnis für die Vielzahl der „humosen" Wesen und Prozesse als Mitarbeitende.

Elke Krasny sieht ebenfalls Zusammenhänge von transformativer Forschung und Gärtnern. Sie verfolgt am Beispiel dreier unterschiedlicher Gärten ihre These, dass Ähnlichkeiten zwischen Gartenarbeit und feministischer Theoriebildung vorliegen, anders formuliert, dass Gartenarbeit eine Form feministischer Theoriearbeit sein kann. Der Begriff von Sorge (Care) spielt in diesem Zusammenhang eine ebenso wichtige Rolle wie die Analyse der folgenschweren Trennung von Küche und Garten in der modernen Stadt. Die Kulturtheoretikerin Krasny vollzieht in ihrem Beitrag ein produktives *Denken-mit* Gartenarbeit, das nicht nur Anregungen für die feministische Erkenntnistheorie liefert, sondern darüber hinaus Assoziationen über eine neue Verknüpfung von Garten, Küche und Schreibtisch und deren Beitrag zu einer lebensfreundlichen Zukunft weckt.

Im zweiten Abschnitt geht es um das *Recht auf Stadt* – urbane Gärten werden hier als explizit politische Orte thematisiert. Der Berliner Gartenaktivist und Mitbegründer des Prinzessinnengartens **Marco Clausen** reflektiert die Entstehungsgeschichte des Urban-Gardening-Manifests „Die Stadt ist unser Garten". Das 2014 veröffentlichte Manifest ist die Antwort der Gartenbewegung auf zum Teil bizarre Formen der kulturindustriellen Aneignung neuer „hipper" urbaner Gartenaktivitäten, unter anderem durch die Werbebranche. Das im mehrjährigen Austausch- und Abstimmungsprozess entstandene Manifest diente dabei auch der Selbstverständigung der verschiedenen beteiligten Akteure über die Bedeutung des gemeinschaftlichen Gärtnerns in der Stadt. Das Verfassen des Manifests kann rückwirkend als wichtiger Community-Building-Prozess und Meilenstein der urbanen Gartenbewegung eingeordnet werden.

In einem weiteren Beitrag thematisiert **Marco Clausen** urbane Gärten als Lernräume, als „Akademien von unten". Am Beispiel der im Prinzessinnengarten am Kreuzberger Moritzplatz entstandenen Nachbarschaftsakademie wird deutlich, wie gut sich ein offener Gemeinschaftsgarten eignet, um die globalen Zusammenhänge des Essens und der Lebensmittelproduktion auch lokal sichtbar und erfahrbar zu machen. Nebenbei wird die Geschichte des Prinzessinnengartens im Kontext der sich transformierenden Stadt reflektiert.

Cordula Kropp und Athina Moroglou beschäftigen sich mit der Stadtgarten-Bewegung in Athen während und nach der Finanzkrise 2008. Die Stadtforscherinnen reflektieren soziale Bewegungen im Kontext politischer Gelegenheitsstrukturen. Der gemeinschaftliche Gemüseanbau auf besetzten Plätzen stand für die demonstrative und öffentliche Inanspruchnahme von Handlungsmacht vor dem Hintergrund von Markt- und Staatsversagen. Die „Bewegung der Plätze" schuf ein neues Selbstbewusstsein und verankerte in den Beteiligten ein Gefühl für das Recht auf Stadt. Im Beitrag wird zudem deutlich gemacht, dass und wie die Regierung in der Krise städtischen Boden zum Gärtnern freigab, um ihn nach Anspringen der Konjunktur den Subsistenzgärtner*innen wieder zu entziehen. Urbane Flächen werden als politische Rangiermasse benutzt.

Politisch ist Gärtnern auch, wenn es geläufige Vorstellungen von Natur und Kultur infrage stellt. **Ella von der Haide** spricht im Interview mit Andrea Baier über ihren Dokumentarfilm „Queer Gardening. Queer-feministische Ökologien in Gemeinschaftsgärten in Nordamerika". Der Garten wird von den Protagonist*innen als stärkender, heilender und auch spiritueller Ort beschrieben, der Vielfalt nicht nur hervorbringt und goutiert, sondern selbst auch repräsentiert. Der Garten ermöglicht also das „Queeren" und Umdeuten von Kultur-Natur-Zusammenhängen und erweitert damit auch die Handlungs- und Wahrnehmungsspielräume der beteiligten Gärtner*innen. Eine weitere hier beschriebene Dimension des Queer Gardening ist die Nutzung der Gärten als postkoloniale Erinnerungsorte.

III Der dritte Abschnitt, in dem es um *Gärten im System politischer Governance* geht, startet mit einer Reflexion des Berliner Gemeinschaftsgarten-Programms. **Undine Giseke, Toni Karge und Carolin Mees** rollen den Entstehungsprozess des im Januar 2023 vom Berliner Senat beschlossenen Programms auf und deuten ihn als eine Antwort der Stadtpolitik auf die vielgestaltigen, selbstorganisierten Aktivitäten der Berliner Gartenbewegung auf der Suche nach einem administrativen Gegenüber, von dem man sich insbesondere Flächen, Ressourcen und rechtliche Rahmenbedingungen bzw. einen Zuwachs an Planungssicherheit verspricht. Die Autor*innen diskutieren die unterschiedlichen Selbstverständnisse der beteiligten Akteure und lassen offen, wie sich der partizipative Beteiligungsprozess zwischen Verwaltung und zivilgesellschaftlichen Akteuren weiterentwickeln wird.

Alexander Follmann und Dorothea Hohengarten beschäftigen sich mit Gemeinschaftsgärten als „Urban Commons" und ihren mit diesem Selbstverständnis einhergehenden Logiken und Widersprüchen. Am Beispiel des Kölner Gemeinschaftsgartens NeuLand sowie seinen Verknüpfungen und zum Teil personellen und strategischen Überschneidungen zum Kölner Ernährungsrat und der Praxis der Essbaren Stadt zeigen die Autor*innen auf, wie komplex die Herausforderungen auf dem Weg zur sozial-ökologischen Transformation einer Großstadt wie Köln sind. Sie zeigen aber auch, dass sich der Weg für alle beteiligten Seiten lohnt.

Das Interview mit **Christa Böhme** beleuchtet das hierzulande noch unterbelichtete Themenfeld der Umweltgerechtigkeit. In einem vom Deutschen Institut für Urbanistik (Difu) durchgeführten mehrjährigen Forschungsprojekt wurden auch Gemeinschaftsgärten und ihr Potenzial, für mehr Umweltgerechtigkeit zu sorgen, untersucht. Die politische Forderung nach mehr Umweltgerechtigkeit kritisiert den Umstand, dass der Zugang zu Grün- und Freiflächen in sozial benachteiligten Stadtquartieren meist stark eingeschränkt ist, was unter anderem eine Konzentration von Umweltbelastungen mit Lärm, Feinstaub oder Hitze zur Folge hat. Um diesen Missstand zu beheben, bräuchte es gezielte Maßnahmen.

Schließlich öffnet **Tim Schumann** im wahrsten Sinne des Wortes den Raum öffentlicher Bibliotheken für gärtnerische Aktivitäten bzw. Gemeinschaftsgärten. Der Leiter der Stadtbibliothek Pankow engagiert sich in der weltweiten Bewegung für Grüne Bibliotheken und identifiziert Gemeinschaftsgärten als Gelegenheit, ungenutzte Freiflächen an und auf Bibliotheken sozial-ökologisch zu gestalten. Er erschließt damit neue Aufgabenbereiche für die in eine Legitimationskrise geratenen Bibliotheken und zugleich neue Flächenpotenziale für gemeinwohlorientierte und ökologische Aktivitäten in der Stadt.

IV Der vierte Abschnitt thematisiert *Gärten als Ökosysteme*. **Monika Egerer und Ulrike Sturm** präsentieren und diskutieren die Ergebnisse eines mehrjährigen Forschungsprojekts am Lehrstuhl für Urbane Produktive Ökosysteme an der TU München, das Gemeinschaftsgärten als wichtige Orte der Biodiversität in der Stadt identifiziert. Dass naturnah bewirtschaftete Gärten eine hohe Artenvielfalt aufweisen, ist schon seit Längerem bekannt; Egerer und Sturm zeigen, dass dies für urbane Gemeinschaftsgärten in besonderer Weise gilt. Das könnte nach ihrer Vermutung unter anderem daran liegen, dass Gärtnerinnen und Gärtner mit Migrationsbiografie zum Teil mit Saatgut aus ihren Herkunftsregionen experimentieren und dadurch die Naturräume divers gestalten. Abschließend plädieren die Umweltwissenschaftlerin und die Biologin für ein Umdenken in Richtung Versöhnungsökologie, in der Naturnutzung und Naturschutz keinen Widerspruch darstellen.

Jesko Hirschfeld, Lea Kliem und Malte Welling vom Berliner Institut für ökologische Wirtschaftsforschung (IÖW) beschäftigen sich mit dem ökonomischen Wert (und der Bewertung) von Gemeinschaftsgärten. Die Forscher*innen identifizieren vielfältige Leistungen, die weit über die Erzeugung von Lebensmitteln und die Ermöglichung sozialer Begegnung hinausgehen: Urbane Gärten leisten Beiträge für die Kühlung des Stadtklimas, für den Rückhalt von Regenwasser und Luftschadstoffen sowie für die Speicherung von Kohlenstoff. Nicht zuletzt fungieren sie als Naturerlebnisräume und Umweltbildungsräume, die ein Lernen voneinander und von der Natur ermöglichen. Diese mannigfaltigen Leistungen auf eine spezifische Weise messbar zu machen ist der Versuch, eine auch quantitativ abgesicherte Argumentationsgrundlage zu finden, die Lokalpolitiker*innen davon überzeugen könnte, dass das eine oder andere Grundstück als Gemeinschaftsgarten genutzt mehr Wert erzeugt als seine Bebauung mit einer weiteren Gewerbeimmobilie.

Die Gemeinschaftsgartenbewegung differenziert sich gegenwärtig weiter aus. Eine noch junge Form beschreibt **Jennifer Schulz**; nämlich urbane Waldgemeinschaftsgärten als eine naturnahe, multifunktionale Form des Urban Gardening. Ein urbaner Waldgarten ist kein Garten in einem Wald oder am Rande eines Waldes; vielmehr handelt es sich um einen aus mehreren Höhenschichten mit essbaren Pflanzen aufgebauten Garten, der der Struktur nach einem Wald ähnelt. Jennifer Schulz lotet als Leiterin des Verbundprojekts „Urbane Waldgärten" an der Universität Potsdam die Chancen für eine integrative, multifunktionale Nutzungsform urbaner Grünflächen aus, basierend auf umfangreichen Beteiligungs- und Mitwirkungsprozessen der Stadtgesellschaft, und beschreibt diese Prozesse am Beispiel von Modellprojekten in Berlin und Kassel.

Im fünften Abschnitt geht es schließlich um *Gärten als Orte der Ernährung*. **Birgit Hoinle** gewährt Einblicke in die Stadtgartenlandschaft von Bogotá und arbeitet die Bedeutung des selbstorganisierten urbanen Gemüseanbaus für Ernährungssouveränität und Empowerment von Frauen heraus. Die Möglichkeit, eigenes Gemüse zu ernten, verschafft insbesondere Frauen in informellen Stadtquartieren eine größere Unabhängigkeit von Geldeinkommen und ermöglicht eine subsistenzorientierte solidarische Wirtschaftsweise in der informellen Stadtlandbewirtschaftung. Jedoch sind – auch dies zeigt der Aufsatz der Geografin – die Flächen auch hier stets bedroht von den Interessen des Agrobusiness oder der Immobilienwirtschaft.

Lukas Lapschieß erläutert in seinem Beitrag Konzept und Praxis der Solidarischen Landwirtschaft (Solawi) als einer gemeinschaftsgetragenen Wirtschaftsweise in Deutschland. Ebenso wie in vielen urbanen Gärten geht es auch bei Solawis um den Versuch, über Selbstorganisation mehr Kontrolle über Produktions- und Konsumprozesse zu gewinnen, sowie um die Absicht urbaner Akteure, die bäuerliche Landwirtschaft solidarisch zu unterstützen. Lapschieß beleuchtet die Solawi-Landschaft unter dem Aspekt der Dekommodifizierung agrarökonomischer Aktivitäten.

Am Schluss des Kapitels thematisiert **Ina Säumel** Idee und Wirklichkeit von „Essbaren Städten" im internationalen Vergleich. Akteure unterschiedlichster Provenienz sind – häufig bottom-up, teils aber auch top-down – seit geraumer Zeit und überall auf der Welt bemüht, städtische Ernährungssysteme ökologischer und zukunftssicherer zu gestalten. Dabei knüpfen sie an Selbstversorgungspraktiken und -infrastrukturen an, die bis zur Globalisierung der Nahrungsmittelproduktion in Städten existiert haben und heute auf kreative Weise wiederbelebt werden. Am Beispiel so unterschiedlicher Orte wie Ljubljana, Havanna, Quito, Singapur oder Andernach beleuchtet Ina Säumel insbesondere das Verhältnis von Governance und Co-Creation, also von städtischer Verwaltung und zivilgesellschaftlichem Engagement.

Danksagung

Dieses Buch hat viel Unterstützung erfahren. Danken möchten wir in erster Linie der urbanen Gartenbewegung und den vielen Gartenaktivist*innen, die uns seit Jahren immer wieder geduldig Rede und Antwort stehen und mit denen wir gemeinsam neue Ideen und Einsichten entwickeln durften. Danken möchten wir ebenso herzlich Kuratorium und Team der anstiftung für die stete Unterstützung des Buchprojekts, besonders Anuscheh Amir-Khalili für die eindrucksvollen Fotos sowie Gudrun Walesch für viele Hintergrundinformationen. Ein Dank geht natürlich auch an alle Autor*innen und an die Lektorin Dr. Anette Nagel für ihre schnelle und akkurate Lektoratsarbeit sowie – last but not least – an den Buchgestalter Nico Baumgarten für die traumsicher gelungene gestalterische Umsetzung.

Urbane Gärten zwisch
Graswurzelbewegung
und Klimakrisenpolitik

en

Urbane Gärten zwischen Graswurzelbewegung und Klimakrisenpolitik

Andrea Baier, Christa Müller, Karin Werner

Urbane Gärten sind in der Stadt angekommen. Es gibt immer mehr von ihnen. Sie sind sichtbar, selbstbewusst und inzwischen enorm vielfältig. Sie sind eine Herausforderung für kommunale Politik und Verwaltung, weil sie Unterstützung einfordern und bei der künftigen Entwicklung der Städte mitreden wollen.

Viele Kommunen nehmen die Herausforderung an. Verwaltung und Politik haben die Gärten zunehmend „auf dem Schirm", etliche Städte haben inzwischen Gartenbeauftragte und stellen Ressourcen für urbanes Gärtnern zur Verfügung: Land, Geld, Beratung. Wo keine Flächenknappheit herrscht, ist es inzwischen leichter, zügig an eine Fläche zu kommen. Mitunter initiieren Kommunen im Rahmen von Quartiersmanagement und Stadtentwicklungsprogrammen selbst Gärten – oder versuchen, die Gartenprojekte zu koordinieren.

Städte haben erkannt, dass sich urbane Gärten sehr gut in die Szenarien eines sozial-ökologischen Stadtumbaus einfügen lassen. So ist zu erklären, dass ihre Reputation kontinuierlich wächst, dass Fördertöpfe bereitgestellt und Pilotprojekte finanziert werden.

Das ausgereifteste Programm zur Förderung urbaner Gärten hat ohne Frage der Berliner Senat – in Kooperation mit den urbanen Gärten – entwickelt, nämlich das Berliner Gemeinschaftsgarten-Programm.

Auch in Frankfurt berichten Gartenaktivist*innen von Unterstützung seitens städtischer Politik. Die Förderung der GemüseheldInnen und des Ernährungsrats ist 2021 Teil des Vertrags der von den Grünen geführten Regierungskoalition: „Wir merken den grünen Wind, der gerade herrscht, es gibt ganz viele junge, innovative Stadtverordnete, die wollen jetzt die Transformation."[1]

1 Juliane Ranck und Laura Setzer im Interview mit Andrea Baier am 13.07.2021 im Frankfurter Campusgarten.

Stuttgart unterhält ein eigenes Förderprogramm mit der Koordinierungsstelle Urbane Gärten, und in Karlsruhe stellt die Stadt im Rahmen ihres Grüne-Stadt-Konzepts 2023 ein ca. 5000 m^2 großes Areal für ein Gemeinschaftsgarten-Projekt zur Verfügung.[2]

Das ist die eine Seite. Die Entwicklung geht aber nicht nur in eine Richtung. Der Flächendruck in den Ballungsräumen nimmt weiter zu, immer noch müssen Gemeinschaftsgärten weichen, weil sich lukrativere Verwendungsmöglichkeiten ergeben. Auch Vereinnahmungsversuche gibt es vielfach (gesammelt bei Halder, 2018, S. 146 f., 166 f., 187 f.).

Rückenwind und Gegenwind sind also gleichermaßen zu verzeichnen. Die wachsende Akzeptanz urbaner Gärten hat dabei vor allem damit zu tun, dass sich die ökologischen und sozialen Probleme auch in der Stadt zuspitzen und Stadtbewohner*innen als Bürger*innen von der Politik erwarten, dass sie auf die besorgniserregende Lage reagiert. Insbesondere der globale Klimawandel wird in immer mehr gesellschaftlichen Bereichen und Sphären verhandelt und gelangt dadurch stärker ins allgemeine politische Bewusstsein.

Zumindest ein Teil der Stadtbewohner*innen ist inzwischen der Überzeugung, dass sich unsere Städte verändern müssen: dass sie grün und autofrei werden müssen. Anders kann eine sozial-ökologische Wende nicht gelingen, der Klimawandel nicht begrenzt werden. Gegenwärtig sind Städte zum Beispiel für einen Großteil der Kohlenstoffemissionen, des Wasserverbrauchs, des Holzverbrauchs verantwortlich, obwohl sie weniger als 3 Prozent der globalen Fläche einnehmen.[3]

Verwaltung und Politik, Stadtplanung und sonstige mit Stadtentwicklung befasste Akteure erkennen heute die Möglichkeiten, die urbane Gärten Städten bieten: Sie vergrößern die Umweltgerechtigkeit, sorgen für die Aktivierung engagierter Bürger*innen, tragen zum sozialen Ausgleich bei, helfen bei der Integration von Geflüchteten, eignen sich als Instrument Sozialer Arbeit und erweisen ihre Qualitäten bei der Entwicklung von (benachteiligten) Quartieren. Sogar in Form von Hochbeeten in Fußgängerzonen wirken urbane Gärten integrativ, schaffen soziale Beziehungen und verbessern das Mikroklima.

Als utopische Orte gestartet, sind die Gemeinschaftsgärten somit inzwischen auch Instrumente von Politik und Stadtplanung, sie werden in urbane Governance-Prozesse involviert. Die Städte, die ihrerseits längst in ökologischen Agenda-Prozessen stecken, delegieren die Umsetzung ihrer Nachhaltigkeitsziele an die Projekte an der Basis.
Ein doppeltes Agens beherrscht das Bild: Vor dem Hintergrund der zweckrationalen Umsetzung neuer politischer Normen weist die Stadt urbanen Gärten eine bestimmte Rolle zu und unterstützt sie bei der praktischen Umsetzung der ihnen zugedachten Aufgabe. Damit definiert sie die Projekte und hegt sie gewissermaßen ein; die Gärten sehen sich zunehmend unter der Überschrift „Klimaanpassungsstrategie“ eingeordnet.

2 Das Grundstück ist für Grünnutzung vorgesehen, hätte also an keinen Investor gehen, aber wieder an einen Gartenbaubetrieb verpachtet werden können.

w3 3 Vgl. klimafakten.de/sites/default/files/images/reports/printversion/klimawandelundstaedte.pdf

Urbane Gärten sind heute auch Teil einer neuen Governance: des Versuchs, die Stadt durch die Aktivierung ihrer Bürger*innen zu regieren. Damit sind Verschiebungen in den Entscheidungsprozessen von Städten verbunden; Verschiebungen, die sich nicht von allein ergeben haben, sondern auch das Ergebnis des steten Einsatzes der zivilgesellschaftlichen Akteure, ihrer Verhandlungen mit der Stadtverwaltung bzw. Stadtplanung, ihrem Anspruch auf Partizipation sind.

Die Frage ist, was Kommunen förderwürdig erscheint und was nicht, inwieweit die bürgerschaftlichen Initiativen von den administrativen Logiken überformt werden oder ob es den Projekten gelingt, diese herauszufordern.

Schließlich waren urbane Gärten angetreten, die Stadt grundlegend zu verändern. Kumnig et al. (2017) ziehen in ihrem Buch „Umkämpftes Grün. Zwischen neoliberaler Stadtentwicklung und Stadtgestaltung von unten" eine insgesamt ernüchterte Bilanz in Bezug auf die transformative Kraft der Projekte: Zwar würden sich Gärten als Antwort auf bzw. Zurückweisung von Neoliberalisierungsstrategien verstehen, tatsächlich seien sie aber beides: sowohl Antwort auf als auch Ausdruck der Neoliberalisierung des Städtischen. Bürgerliches Engagement kompensiere nicht nur neoliberales Versagen, sondern sei vielmehr die notwendige Verbindung von einer Regierung des Selbst mit einer Regierung der Bevölkerung.[4] Die Einbeziehung selbstverantwortlicher Stadtbewohner*innen und die Aktivierung bürgerschaftlichen Engagements ziele dabei weniger auf die Stärkung partizipativer Rechte der Bevölkerung ab als vielmehr auf die Auslagerung staatlicher Verantwortungsbereiche auf zivilgesellschaftliche Organisationen (vgl. Rosol, 2017).

Wir kommen insgesamt zu einer anderen Einschätzung. So leicht sind die Gärten womöglich doch nicht zu vereinnahmen. Wir schließen uns Efrat Eizenberg an, die (mit Blick auf Gemeinschaftsgärten in New York) darauf hinweist, dass schon die bloße Idee einer gemeinschaftlichen Hoheit über Raum den gegenwärtigen Alltagsverstand herausfordert (vgl. Eizenberg, 2017, S. 39).

Urbane Gärten haben in den vergangenen zwanzig Jahren so manchen „Turn" durchlaufen und werden sicherlich auch in den kommenden Jahrzehnten Schauplatz dynamischer Veränderungen bleiben. So bleibt zu hoffen, dass die Gouvernementalisierung, also die „Regierung" (Foucault) der Gemeinschaftsgärten, nicht auch ihre Normierung zur Folge haben wird. Angesichts der Nichtlinearität, die Gärten als erdverbundenen Orten per se eigen ist, werden sie sich aber vermutlich als utopisch-eigensinnige, potenziell widerständige Orte treu bleiben.

4 Vgl. Rosol, 2017, S. 20; für eine Vertiefung des Diskurses vgl. Lessenich, 2013.

1. Wie alles begann

Es gibt zwei häufig genannte Inspirationsquellen für das hiesige Urban Gardening. Eine ist Kuba, das 1989, nach dem Lieferstopp sowjetischen Erdöls, seine Landwirtschaft auf postfossil umstellen musste. Urbane Landwirtschaft stellte in dieser Lage in einem nicht unerheblichen Umfang die Versorgung der Bevölkerung mit Lebensmitteln sicher. Eine andere ist das New York der 1970er Jahre, wo Aktivist*innen um Liz Christy mit Guerilla und Community Gardens die Lebensbedingungen in vernachlässigten Stadtvierteln verbessern wollten (vgl. Meyer-Renschhausen, 2004). Die Gärten dienten von Anfang an nicht nur dem Anbau von Nahrungsmitteln, sondern waren zugleich Orte der urbanen Intervention und des politischen Protests.

Obwohl Kuba und die New Yorker Community Gardens die Entstehung des einen oder anderen Gartenprojekts in Deutschland sichtlich angeregt haben, gibt es hierzulande seit Mitte der 1990er Jahre auch eine eigenständige Entwicklung von interkulturellen Gemeinschaftsgärten, die sich der Selbstorganisation von Migrant*innen verdanken. Der Prototyp des Interkulturellen Gartens[5] entsteht 1995 in Göttingen, wo geflüchtete Frauen aus Bosnien regelmäßig im Migrationszentrum zusammenkommen. Während sie auf das Ende des Krieges in ihrer Heimat warten, stellt ihnen die Sozialarbeiterin eine folgenreiche Frage: „Was vermissen Sie am meisten hier in Deutschland?" Die Antwort der Frauen ist eindeutig: „Unsere Gärten" – mit denen sie in Bosnien zur Ernährung ihrer Familien beitrugen. Plötzlich steht der Gedanke im Raum, ob sie nicht auch in Göttingen Gärten haben könnten.

Die Sozialarbeiterin entwickelt mit den Frauen die Idee eines gemeinsamen Gartens mit individuellen Parzellen und unterstützt sie bei der Suche nach einem geeigneten Grundstück. Ein Jahr später, 1996, wird der Pachtvertrag unterzeichnet und eine Gruppe bosnischer, iranischer, deutscher, kurdischer, irakischer, äthiopischer und afghanischer Frauen und Männer beginnt gemeinsam zu gärtnern.

Das vom deutsch-äthiopischen Agraringenieur Tassew Shimeles und der deutsch-kurdischen Lehrerin Najeha Abid im Göttinger Garten aus der Praxis entwickelte Konzept der „Internationalen Gärten" (vgl. Müller, 2002) findet binnen

5 Zur Problematik des Begriffs: „Interkulturelle Gärten" klingt in vielen Ohren nicht mehr zeitgemäß. Der Begriff bzw. das Konzept von „Kultur(en)" als einheitliche Entitäten steht schon lange in der Kritik. „Interkultureller Garten" klingt, als gäbe es voneinander abgegrenzte Kulturen, die sich dort begegnen. In letzter Zeit wird häufiger der Begriff „transkulturelle Gärten" verwendet. Auch dieser Begriff transportiert noch das Missverständnis, man könnte Menschen Kulturen zuordnen bzw. damit etwas über sie aussagen. Alles, was die Personen sonst noch ausmacht, gerät aus dem Blickfeld, und alle Strukturen, die Menschen trennen (Klasse, Bildung etc.), scheinen keine Rolle zu spielen bzw. hinter ihrer „Kultur" zu verblassen. Die Bezeichnung „postmigrantische Gärten" oder „Gärten der postmigrantischen Gesellschaft" würde der Realität bzw. den globalisierten Verhältnissen besser gerecht. Leider sind auch diese Begriffe nicht unmittelbar verständlich. Somit bleibt das Dilemma der Begrifflichkeit vorerst bestehen.

kürzester Zeit viele Nachahmer*innen. Landauf, landab entstehen in Deutschland immer mehr von diesen Gemeinschaftsgärten. Ihr Clou: Das Miteinander-Gärtnern führt im Interkulturellen Garten zur transkulturellen Verständigung über die verschiedenen und geteilten Wirklichkeiten. Die Diversität der hier kultivierten Pflanzen und der hier zubereiteten Gerichte unterstützt die Integration hin wie her. Der Garten erweist sich als eine Ökologie, in der aus Fremden nach und nach Nachbar*innen und Vertraute werden.

Initiiert werden diese Gärten oft von Menschen ohne Migrationshintergrund, die sich sozial engagieren wollen und ein Interesse haben, mit ihren zugewanderten Nachbar*innen in Kontakt zu kommen. Typischerweise entstehen sie in kleineren Städten, wo man unkompliziert Unterstützung in der Kommune findet und relativ leicht an Grundstücke kommt. Die Projekte erregen überregional kaum Aufmerksamkeit, aber in den lokalen Medien wird gern über sie berichtet. Sie werden bald auch von der Sozialarbeit wie vom Quartiersmanagement „entdeckt", als Medium der Integration und Quartiersentwicklung erkannt sowie als Chance gesehen, soziale Konflikte zu entschärfen bzw. zu vermeiden.

Langsam entsteht auch ein Netzwerk Interkulturelle Gärten. 2002 treffen sich vier Projekte in Berlin zu einem ersten Austausch, der von da an zunächst jährlich als „Netzwerktagung der Interkulturellen Gärten" (von der anstiftung organisiert) stattfindet. Zwischenzeitlich kommen bei diesen Treffen an die hundert Gärtner*innen zusammen.[6]

Heute weisen viele urbane Gemeinschaftsgärten ganz selbstverständlich transkulturelle Dimensionen auf. 2024 sind mehrere hundert explizit inter- oder transkulturelle Gärten Teil des rund tausend Projekte umfassenden bundesweiten Netzwerks urbaner Gärten.[7] Interkulturelle und andere Gemeinschaftsgärten versammeln sich heute gemeinsam auf dem Sommercamp urbaner Gärten.

Neue urbane Gemeinschaftsgärten

Frühe Formen der neuen urbanen Gemeinschaftsgärten[8] tauchen 2002–2004 in Leipzig und Berlin auf; zwei auf Baulücken: in Leipzig die Nachbarschaftsgärten (vgl. Baier, 2011), in Berlin-Friedrichshain der Nachbarschaftsgarten Rosa Rose, ein weiterer auf einer öffentlichen Grünfläche: der Kiezgarten Schliemannstraße in Berlin-Prenzlauer Berg. Rosa Rose verdankt sich einer privaten Initiative, die Nachbarschaftsgärten und der Kiezgarten formieren sich als zivilgesellschaftliche

6 Später entwickelte sich zusätzlich das Format Sommercamp als bundesweites Barcamp-Treffen der urbanen Gemeinschaftsgärten (erstmals 2012 in Köln). 2017 (Stuttgart) wurden beide Formate – das Urban-Gardening-Sommercamp und die Netzwerktagung der Interkulturellen Gärten – zusammengeführt.

7 Vgl. urbane-gaerten.de/karte

8 Einzelne Gärten/urbane Landwirtschaften existierten schon in den 1980er Jahren: der Blüchergarten in Kassel, Kinderbauernhöfe.

Initiative nach Impulsgebung durch Stadt bzw. Quartiersmanagement. Alle drei Gemeinschaftsgärten entstehen in einer Zeit, in der es noch Brachflächen gibt oder sie teilweise sogar ein städtisches Problem darstellen. Vor allem im Osten Deutschlands – zum Beispiel in Halle, Dresden, Dessau – ist Letzteres der Fall. Noch erfolgen diese Gartengründungen weitgehend unter dem Radar größerer öffentlicher Aufmerksamkeit. Das ändert sich schlagartig 2009 mit dem Prinzessinnengarten am Berliner Moritzplatz mit seinen „nomadischen" Formen des Gemüseanbaus in mobilen Beeten und weiteren performativen und transformationsorientierten Interventionen in der Stadt.

Ab 2011 gründen sich weitere, überregional wahrgenommene Gärten wie zum Beispiel NeuLand[9] und die Pflanzstelle in Köln, der Frankfurter Garten, der Stadtacker Wagenhallen in Stuttgart, das Gartendeck in Hamburg-St. Pauli, Annalinde in Leipzig, himmelbeet in Berlin, o'pflanzt is! in München, stadtgarten in Nürnberg, TonSteineGärten in Berlin oder die Uferprojekte in Dresden. Auf dem stillgelegten Flughafen Tempelhof siedelt sich das Allmende-Kontor an, die deutschlandweit bis heute größte Agglomeration von rund 250 Hochbeeten. Urban Gardening trifft offensichtlich den Nerv der Zeit; auch Museen oder Theater legen sich Gemeinschaftsgärten zu, wie zum Beispiel der CARLsGARTEN am Schauspiel Köln[10].

Bis heute tauchen immer wieder neue Varianten auf: Waldgemeinschaftsgärten, Gärten auf öffentlichen Plätzen (Ab geht die Lucie), auf Parkgaragendächern (IG Hannover-Sahlfeld), auf Friedhöfen (prinzessinnengarten kollektiv und Solidarischer Lehrgarten ElisaBeet), immer wieder in Baulücken, an Stadtbibliotheken und Volkshochschulen, auf öffentlichen Grünflächen (himmelbeet) oder neben Durchwegungen (Rosa Rose[11]), am Rande von Kleingartenanlagen (Schleifengarten), initiiert von Wohnungsbaugenossenschaften, auf Grünstreifen oder Mittelstreifen von Straßen, auf Parklets, an Geflüchtetenunterkünften oder auf dem Dach der mexikanischen Botschaft in Berlin (Milpa-Gemeinschaftsgarten, 2023). Und immer wieder gründen sich neue Interkulturelle Gärten (siehe zum Beispiel Teil III, Ortsbegehung Oerlinghausen).

Das Spektrum reicht

> […] von rein ehrenamtlichen bis zu kommerziellen Projekten, von hierarchischen bis basisdemokratischen Organisationsformen. Gemeinschaftsgärten gab und gibt es auf privaten und öffentlichen Flächen; mit Pachtverträgen oder als Besetzungen; frei zugänglich oder für spezielle Gruppen von Menschen reserviert; Gärten, die top-

9 NeuLand siedelt sich 2011 infolge einer Smartmob-Bepflanzung auf dem Gelände einer ehemaligen Brauerei an und verdankt sich der Empörung über mangelnde Transparenz bei der öffentlichen Vergabe von Baugrund und der städtischen Planung von Grünräumen.

10 Eine Motivation: Berührungsängste gegenüber Orten der „Hochkultur" abzubauen.

11 Nach mehrmaligem Umzug siedelt Rosa Rose inzwischen auf einer öffentlichen Grünfläche an der Jessnerstraße, die sich zwischen mehrstöckigen Häusern befindet und teilweise asphaltiert ist.

> down oder bottom-up organisiert sind; Gartenaktivist*innen, die sich politisch äußern und andere, die sich mehr auf ihre internen Gruppen- oder Gartenprozesse konzentrieren; und dann gibt es auch noch jede Menge unterschiedliche Anbaumethoden." (von der Haide, 2022, S. 52)

Auch außerhalb der Gärten mehren sich urbane Pflanzen-Interventionen verwandter Art: Kleine ökologische Inseln entstehen durch das Zutun Einzelner und durch Gruppen auf Grünstreifen oder neben Parkbuchten für Autos. Ohne Puffer und räumlichen Übergang in der Stadt markieren sie gewissermaßen Frontlinien, sie sind klein und nicht besonders spektakulär, aber auf ihre Weise bahnbrechend und inspirierend. Diese pflanzlichen Frontlinienarchitekturen dürfen wohl mit zu den innovativsten Beiträgen zur postfossilen Stadt gelten, agieren sie doch ohne Vorbild und ohne Aussicht auf eine Ernte im engeren Sinne. Ästhetisch unterbrechen sie das gewohnte Bild, indem sie kleine, ja kleinste Flächen anderen Daseinsformen übereignen und für ihre Existenz sorgen. Der Blick auf sie ist der des Behütens; genau hinschauen ist notwendig, um zu verstehen.

Die Gärten sollen bleiben

Zunächst entstehen Gemeinschaftsgärten meist spontan und aufgrund zivilgesellschaftlicher Initiative. Aktivist*innen finden zusammen, die in eigenem Auftrag, teilweise in Absprache mit zuständigen Ämtern, nach passenden Flächen suchen. Standardisierte Verfahren existieren anfangs nicht. Das hat Vor- und Nachteile. Es ermöglicht ein unkonventionelles Vorgehen; manche Brache wurde auch einfach besetzt und erst später legalisiert. Solange keine anderen Pläne für vernachlässigte Grundstücke existierten, dulden Stadt und andere Eigentümer es mancherorts. Insbesondere wenn der Flächendruck hoch ist und die Gartenprojekte lukrativerer Verwendung weichen sollen, erweisen sich unklare Verhältnisse und kurzfristig kündbare Pachtverträge als Nachteil.

Einige Gartenaktivist*innen sinnen bald nach Möglichkeiten, Gemeinschaftsgärten ein dauerhaftes Bleiberecht in den Städten zu verschaffen; sie suchen nach einer institutionellen Kategorie, mit der sie – analog zum deutschen Kleingartengesetz – im Planungsrecht verankert werden könnten. Denn solange es keinen Begriff für sie gibt, existieren urbane Gärten aus stadtplanerischer Sicht nicht oder gelten nur als vorübergehende Erscheinung auf der Grundlage von Zwischennutzungen.

Zunächst, sagt Marco Clausen, Mitgründer des Prinzessinnengartens, war nirgendwo ein politischer Wille erkennbar, eine solche Kategorie zu schaffen. Grüne Orte in der Stadt, sagt er, mussten immer schon erkämpft werden.[12] Eingedenk

12 Marco Clausen im Webinar der anstiftung „Auf dem Weg in die gartengerechte Stadt? Sechs Jahre Urban-Gardening-Manifest" vom 17.04.2020.

dieser Einsicht beginnt sich die Gartenszene zunächst in Berlin zu formieren und diskutiert, was es braucht, um als förderungswürdig anerkannt zu werden. Die Aktivist*innen stellen Forderungen an die Stadt, ein Runder Tisch wird gegründet.[13] Sie berufen sich darauf, dem Gemeinwohl zu dienen, und formulieren den Entwurf für einen „Berliner Dauergartenvertrag"[14]. 2017 spricht sich das Berliner Abgeordnetenhaus für die Förderung von Urban Gardening in der Stadt aus. Zweifellos ein Achtungserfolg. In einem partizipativen Prozess wird schließlich seit 2020 das Gemeinschaftsgarten-Programm erarbeitet und im Januar 2023 vom Senat beschlossen (siehe auch den Beitrag von Giseke et al. in diesem Buch).

In der Diskussion mit Politik und Verwaltung sehen sich Gartenaktivist*innen immer wieder mit dem Vorwurf konfrontiert, dass das Gärtnern auf öffentlichem Grund ein Vergnügen für einige wenige sei, die sich dort selbst verwirklichen wollten, und dass es illegitim sei, städtische Flächen für private Anliegen in Anspruch zu nehmen.[15] Gegen dieses (Miss-)Verständnis argumentieren die Gartenaktivist*innen mit dem vielfältigen Nutzen ihrer Projekte für die gesamte Stadtgesellschaft. Sie sehen die Legitimität ihres Anliegens insbesondere da, wo sie im Sinne einer sozial-ökologischen Transformation agieren.

Der Vorwurf, dass es sich beim Gemeinschaftsgärtnern um eine private Nutzung handelt, ist derweil weitgehend verstummt.[16] Inzwischen kämpft die Gartenbewegung damit, dass es für ihre Projekte keine Flächen mehr gibt,[17]

---

13 Gartenaktivist*innentreffen ab 2010, erster Runder Tisch im Rahmen des Forschungsprojekts „Urban Gardening in Berlin: Qualifizierung, Netzwerkbildung und modellhafte Umsetzung im Garten- und Landbau" (2011–2014) am 14.10.2011, Zusammenschluss zu Forum Stadtgärtnern 2014.

14 Vgl. zku-berlin.org/de/publishing/gemeingut-gruen-ein-dauergartenvertrag-fuer-berlin/

15 Auch Kleingartenvereine bekommen den Flächendruck verstärkt zu spüren und sehen sich neuerdings ebenfalls mit dem Vorwurf konfrontiert, dass Kleingärten eine private Nutzung öffentlichen Lands seien (vgl. Thomas, 2020). Immer mehr Flächen stehen unter Bebauungsvorbehalt, Kleingärten sollen Schulen und sozialem Wohnungsbau weichen. Die Politik drängt mindestens auf Öffnung der Kleingartenanlagen für die Stadtbevölkerung und versucht auch – zum Beispiel in Berlin – Kooperationen mit Gemeinschaftsgärten anzuregen: Eine Kleingartenparzelle als Gemeinschaftsgarten zu nutzen, scheint in gewisser Weise ökonomischer. Es wäre aber bitter, wenn die eine Gartenform auf Kosten der anderen gefördert würde; ein Nullsummenspiel kann nicht das Ziel sein. Nicola Thomas (2020) versteht aus der Perspektive kritischer Stadtforschung auch Kleingärten als Green Commons, die es zu verteidigen gilt.

16 Wenn auch weiterhin Uneinigkeit darin besteht, wie offen ein Gemeinschaftsgarten auf öffentlichem Grund sein muss: Darf er einen Zaun haben, muss er 24 Stunden am Tag zugänglich sein? Insbesondere für Gartengruppen, die Wertsachen auf der Fläche lagern oder ein Café betreiben, ist es wichtig, dass der Zugang auf Öffnungszeiten beschränkt werden kann. Öffentliche Grünflächen sollen wie öffentliche asphaltierte Plätze aber permanent zugänglich sein.

17 Die Preise für Bauland haben sich in Berlin-Kreuzberg seit 2012 verachtfacht: „Das ist eine Situation, die, als wir anfingen, 2009, so von niemandem vorhergesehen wurde, oder nur von sehr wenigen [...] sodass sozusagen die Möglichkeiten, die wir auch vor zehn Jahren noch in einer Stadt wie Berlin hatten [als sie eine Fläche für ihren mobilen Garten suchten], die Brachflächen [heute]

insbesondere in den boomenden Städten, wo es mehr Grün und mehr unverregelten Raum besonders dringend bräuchte.

Gerade was die Flächenfrage anbelangt, machen Gartenaktivist*innen oft die Erfahrung, dass sie als Gesprächspartner inzwischen zwar ernst genommen werden, dass eine politische Umsteuerung aber ausbleibt, dass politische Lobbyarbeit für Gärten ein mühseliges Geschäft ist und dass man nach einer politischen Wahl und dem Wechsel der Stadtregierung womöglich von vorne anfangen kann. Urbane Gärten, so der Eindruck bei vielen Aktivist*innen, sind den politisch Verantwortlichen letztlich doch nur als Zwischennutzer und Lückenbüßer und in Sonntagsreden willkommen. Um arbeiten zu können, bräuchten Gartenaktivist*innen hingegen eine gewisse Planungssicherheit und insbesondere die langfristige Sicherung ihrer Flächen.

Zwischennutzungen werden infolgedessen immer unbeliebter: Anfangs konnten einige Protagonist*innen dem durchaus etwas abgewinnen. Das Nomadische hatte einen gewissen Reiz; immerhin konnte man – *hands on* – schon einmal anfangen, alles andere würde sich finden. Erst nach und nach stellte sich heraus, dass Zwischennutzungen für Gärten unpassend sind: Gärten wachsen ein, Gärten brauchen Zeit, um ihren sozial-ökologischen Nutzen zu entfalten, Gärten benötigen Nachbarschaften, Nachbarschaften können aber nicht mit umziehen. Viele Akteure suchen deshalb inzwischen – insbesondere wenn sie bereits einmal verdrängt wurden – nach einer Fläche, die bleibt, damit sich die ganze Arbeit, Mühe, Investition auch lohnt.

Zwischenbilanz

Wollte man eine Zwischenbilanz ziehen, kann die Geschichte der urbanen Gemeinschaftsgärten definitiv als Erfolgsgeschichte gewertet werden. Diejenigen, die annahmen, es handele sich um eine Modeerscheinung, die bald wieder verschwinden würde, haben nicht recht behalten. Im Gegenteil: Es entstehen immer mehr Projekte; außerdem weitet sich das Spektrum ebenso wie die Formen der Kooperation nach innen wie nach außen, diverse gesellschaftliche Akteure gehen Kollaborationen mit Gärten ein: Stadtplaner*innen, Universitäten, Künstler*innen, Schulen, Kitas, Bibliotheken, Museen, Theater und Volkshochschulen. Darüber hinaus sind Gemeinschaftsgärten gefragte Praxispartner in Forschungs- und Umsetzungsprojekten in den Bereichen Klimaschutz oder Umweltbildung, Solidarität mit Geflüchteten, Schwammstadt, urbane Biodiversität; bekanntermaßen ist die Biodiversität in Städten größer als auf dem Land (vgl. Reichholf, 2023).

gar nicht mehr da sind, es gibt diese Brachflächen nicht mehr. Als wir rumfuhren damals […] [hatten wir] mehr als 100 Brachflächen auf unserer Liste [die sich geeignet hätten], und alle sind verschwunden." (Marco Clausen im Webinar der anstiftung „Auf dem Weg in die gartengerechte Stadt? Sechs Jahre Urban-Gardening-Manifest" vom 17.04.2020)

Nachdem viele Kommunen Jahre brauchten, um als Stadtverwaltung qua Amt (oder Ämtern) einen angemessenen Umgang mit diesem Projekttypus zu finden, sind die Zuständigkeiten zunehmend geklärt und eingespielt. Der Klimawandel und die Notwendigkeit, auch auf kommunaler Ebene mit seinen verheerenden Auswirkungen umzugehen, machen es möglich. Tendenziell müssen die Gärten bereits darauf achten, nicht Opfer ihres eigenen Erfolgs zu werden und von den kommunal Zuständigen nicht für diese Zwecke vereinnahmt und als „Assets", also eine Art Ressource, in die kommunalen Klimastrategien eingebaut zu werden. Es besteht tatsächlich die Gefahr, dass der urbane Garten, der mancherorts als wild vor sich hin wucherndes Allmende-Experiment begann, durch seine Rationalisierung gewissermaßen entzaubert wird, wenn neuerdings bestimmte Erwartungen mit diesem Typus von Projekt verknüpft und in der Folge die Gärten auch der externen Steuerung zugänglich gemacht werden. Andererseits ist genau diese Governance der Schlüssel für eine weitere Ausbreitung der urbanen Gärten. Nur wenn die Erträge der Gärten bzw. ihr Nutzen für das nahräumliche Umfeld, aber auch für den Planeten, für die Politik und für die zuständigen Expert*innen erkennbar sind, ist ihre Förderung zu erwarten.

2. Die Stadt ist unser Garten: Urbane Gärten als politische Orte in der neoliberalen Stadt

Die Flächenfrage

Obschon die urbanen Gärten wegen ihrer positiven Effekte auf das Klima, die Biodiversität und auch auf den Zusammenhalt von und die Lebensqualität in Quartieren in vielen Kommunen mittlerweile Unterstützung finden, ist die Situation vieler Projekte weiterhin fragil und der einzelne Garten trotz Rückhalt in Nachbarschaft und Quartier im Zweifel ein verhältnismäßig schwacher politischer Akteur. Wenn es drauf ankommt, bleiben die urbanen Gärten Rangiermasse wechselnder politischer Agenden.[18]

Kumnig et al. (2017) monieren in ihrem Sammelband „Umkämpftes Grün", dass urbanen Gärten nur unter Vorbehalt einer späteren, vermeintlich attraktiveren Nutzung als Bauland Flächen im städtischen Besitz überlassen werden. Die Politik der neoliberalen Stadt definiert den Rahmen und setzt die Prioritäten: Sie bedroht die Existenz vieler Projekte, weil sich die ohnehin vorhandenen Rivalitäten um den Boden in der Stadt zuspitzen. In vielen Fällen führt die Zwischennutzung als Garten ironischerweise zu einer Standortaufwertung, d.h., eine Fläche, die vorher für Investoren nicht attraktiv war, wird für ein Immobilienprojekt interessant.

Im Diskurs über *Placemaking* spiegelt sich die nicht aufhebbare Ambivalenz, die unsere Städte bestimmt und letztlich in der kapitalistischen Verwertungslogik gefangen hält: Das Konzept ist diskursiv von den Interessen der

18 Vgl. auch den Beitrag von Kropp und Moroglou zu Griechenland in diesem Buch.

Immobilienwirtschaft und den Stakeholdern der Standortaufwertung bestimmt. Urban Gardening ist dagegen grundsätzlich eine nichtkommerzielle Form der Aneignung und Gestaltung von Orten, sozusagen Do-it-yourself-Placemaking, Placemaking „von unten", mit dem Anwohner*innen ihr Interesse deutlich machen, dass sie ihre nachbarschaftliche Umgebung nach eigenen Vorstellungen und Bedürfnissen gestalten wollen, dass es von Autos befreite und begrünte, qualitativ hochwertige Aufenthalts-, Aktivitäts- und Begegnungsräume für alle braucht, dass städtische Umgebungen nicht nur funktional sein, sondern auch das Miteinander im weitesten Sinne fördern sollten.

Statt Verkaufserlöse und Steuereinnahmen in den Fokus zu stellen, müssten die Kommunen Flächen für zivilgesellschaftliche Projekte freihalten, weil sie für den Fortbestand der Stadt wesentlich sind. Die Kurzsichtigkeit der derzeitigen Stadtpolitik ist beklagenswert und selbst wirtschaftlich betrachtet nicht zielführend. Heutige Versäumnisse werden sich in Zukunft noch als kostspielig erweisen. Vorsorgendes Wirtschaften, ein Umschwenken auf eine Politik, die die Stadt als Allmende betrachtet, wäre in jeder Hinsicht zu empfehlen. Aber der Druck auf die kommunalen Kassen ist groß und der herrschende Standort-Diskurs, der einzig auf den schnellen Erlös abzielt, übermächtig. Da scheint es nur schwer zu rechtfertigen, einen sechs- oder siebenstelligen Betrag auszuschlagen, weil das betreffende Objekt als Garten genutzt wird, die Bäume schon groß sind und der Artenreichtum beachtlich ist.

Dabei agieren die politischen Akteure in der Stadt bzw. der politische Akteur Stadt nicht widerspruchsfrei: Städte wollen beides: attraktiver Standort für Investoren und lebenswerter Ort für Bürger*innen sein. Hinzu kommt, dass es innerhalb einer Kommune ganz verschiedene Interessen gibt, die mit unterschiedlicher Macht ausgestattet sind: Bis heute haben die Akteure, die sich für Umwelt- oder soziale Belange einsetzen, weniger Einfluss als die, die wirtschaftliche Interessen geltend machen und mit Arbeitsplatzverlusten drohen. Politiker*innen wollen wiedergewählt werden und Bürger*innen wollen zwar gern mehr Grün in der Stadt, dafür aber nicht unbedingt „Wohlstandsverluste" – oder das, was sie dafür halten – hinnehmen. Im Zweifel setzen sich also – noch – die kurzfristigen, wirtschaftsnahen Interessen durch. Hinzu kommt, dass Gartenprojekte zunehmend nicht in Konkurrenz mit profitgetriebenen Projekten geraten, sondern mit anderen sozialen Projekten. So musste zum Beispiel der Gemeinschaftsgarten Peace of Land einer Turnhalle weichen und das himmelbeet einem Sportplatz. Sogar die Prachttomate – vielmehr ein Teil der Prachttomate – fiel nicht einem Investitionsprojekt, sondern einem Wohnprojekt zum Opfer. Gegen soziale Belange lässt sich sehr viel schlechter Widerstand mobilisieren. Mit anderen Worten, aufgrund verfehlter Politik und mangelnder Bodenvorratshaltung in früheren Zeiten gibt es vielerorts die Flächen schlicht nicht mehr, die man für urbane Gärten beanspruchen könnte.

Deshalb scheint vielfach „Mehrfachnutzung" das Gebot der Stunde. So befasst sich der Gartenbeauftragte des Berliner Senats – der selbst aus der Urban-Gardening-Bewegung kommt – intensiv mit der Frage, wo noch Flächen für urbane Gärten auszumachen wären. Auch er denkt in Richtung Mehrfachnutzung; auch er überlegt, ob sich beispielsweise Flächen, die zu öffentlichen Gebäuden (Theater, Schulen, Bibliotheken) gehören, für urbanes Gärtnern eignen könnten. Eine andere Überlegung ist, Kleingartenanlagen für Gemeinschaftsgärten zu öffnen; in Berlin laufen entsprechende Modellprojekte (die von Stadt- bzw. Landschaftsplaner*innen begleitet und evaluiert werden). Mehr Grün in der Stadt entsteht dadurch nicht, es bleibt ein Nullsummenspiel und bringt zudem die verschiedenen Formen des Gärtnerns (inklusive Kleingärtnern) in Konkurrenz zueinander. Bereits jetzt gibt es Städte, die Gemeinschaftsgärten gegen Kleingartenanlagen ausspielen – zum Beispiel Tallinn. Lilian Pungas et al. beschreiben, wie in Estland Urbane Gärten „westlichen Typs" von Stadtverwaltungen gehypt, traditionelle Kleingärten aber abgewertet werden (vgl. Pungas et al., 2022).

Um gemeinsame Stärke zu entfalten, solidarisieren sich in Berlin Gemeinschaftsgärtner*innen mit Kleingärtner*innen, deren Flächen Bauprojekten weichen sollten.[19] „Wir nennen uns jetzt Stadtgärtner*innen", sagt Kerstin Stelmacher, Berliner Gartenaktivistin der ersten Stunde, Mitgründerin des Kiezgartens im Prenzlauer Berg und des Allmende-Kontors, und betont, dass Kleingärtnerinnen – und hier ist die weibliche Form die richtige – inzwischen ganz ähnliche politische Ziele verfolgen wie Urban-Gardening-Aktivist*innen.[20]

Es bleibt unter den gegebenen Bedingungen schwierig. Wirklich Platz schaffen würden nur Konzepte, die die Vorherrschaft des Autos infrage stellen; würden Autos aus den Innenstädten verschwinden, gäbe es schlagartig genug Flächen für noch viel mehr und ganz andere Projekte.[21] In Freiburg konnte der Gemeinschaftsgarten „Wandelgarten" auf einer Parkplatzfläche entstehen, weil sich die Bewohner*innen des Stadtviertels verpflichteten, auf den Besitz eines Autos zu verzichten.

Marco Clausen sieht nur dann eine realistische Chance für eine von Urban Gardening inspirierte städtische Politik, wenn es den Gartenaktivist*innen gelingt, ihre Forderungen in Zusammenhang mit einem „viel größeren und radikaleren Stadtumbau" zu bringen. Er denkt hier vor allem an autofreie Innenstädte und betont, nicht „über grüne Kosmetik", sondern „von einer komplett anderen Stadt" zu reden. Die Gärten seien dabei nur ein Element. Bei der gartengerechten Stadt gehe es nicht um fünfzig oder hundert Gärten, sondern um eine Stadt, die ein anderes Naturverhältnis hat, die anders mit den natürlichen Grundlagen unseres Lebens umgeht. Der Umbau der Stadt höre nicht da auf, wo wir Grünflächen besser pflegen.[22]

19 forum-stadtgaertnern.org

20 Kerstin Stelmacher im Interview mit Andrea Baier am 29.10.2021 in Berlin.

21 Das Problem der fehlenden Flächen ist ein Problem der Ballungsräume: München, Berlin, Leipzig, Freiburg, Karlsruhe, Dresden etc. In kleineren Städten oder am Stadtrand gibt es hingegen meist genügend Flächenpotenzial; das war eine Bedingung für die rasche Ausbreitung der Interkulturellen Gärten von 1996 bis heute.

22 Marco Clausen im Webinar der anstiftung „Auf dem Weg in die gartengerechte Stadt? Sechs Jahre Urban-Gardening-Manifest" vom 17.04.2020.

Die Leipziger Nachbarschaftsgärten wandten sich, als die Eigentümerin zwanzig Jahre nach Kauf der Fläche entschied, doch noch zu bauen, an die Stadt und forderten sie auf, der Schweizer Bank das Grundstück abzukaufen. Das war, so die Antwort der Stadt, eingedenk der Finanzlage der Kommune, nicht möglich. Immerhin hatte ein Mitglied der Gartengruppe, als sich die Gelegenheit bot, ein kleines Stück vom Kuchen gekauft; so konnte, als die Bagger anrückten, ein Teil des Projekts gerettet werden. Generell ist ein Kauf der Fläche unter bestimmten Umständen eine empfehlenswerte und in Leipzig mehrfach gewählte Option: Die Annalinde gGmbH kaufte die Gärtnerei, die Gartengruppe H17 suchte sich eine Partnerin, die das Grundstück kaufte und an sie verpachtet; in Frankfurt gingen die GemüseheldInnen eine Kooperation mit der Eigentümerin einer Gärtnerei ein. Der Kasseler Blüchergarten – auch eine ehemalige Gemüsegärtnerei – gehört einer Erbengemeinschaft, die teils selbst mitgärtnert. Viele Gärten befinden sich zum Beispiel auf Flächen von Schulen und Bibliotheken. Solche Flächen sind zwar vor dem Zugriff privater Investoren sicher, aber der Raumbedarf von Schulen und anderen öffentlichen Einrichtungen kann sich mitunter ändern.

Letztlich ist das so wünschenswerte weitere Wachstum von Urban-Gardening-Initiativen und die Sicherung der bestehenden Gemeinschaftsgärten nur im Rahmen einer umfassenden Strategie für mehr öffentliches Grün und eines beherzten sozial-ökologischen Umbaus der Stadt denkbar. Urban-Gardening-Aktivist*innen wären geeignete Kooperationspartner*innen für einen solchen, für die gesamte Stadtgesellschaft segensreichen Politikwechsel. Umgekehrt würden die Projekte wiederum von einem derartigen Politikwechsel profitieren.

Mitsprache

Obwohl eine Kommune dem Anspruch und dem Begriff nach ein gemeinschaftlich organisiertes Miteinander ist, haben Menschen oft genug nicht das Gefühl, auf kommunaler Ebene Einfluss nehmen und mitentscheiden zu können. Moderierte Verfahren der Beteiligung erscheinen ihnen nicht selten nur als Simulation eines demokratischen Verfahrens: Die Bürger*innen sollen sich mitgenommen fühlen, damit der soziale Frieden gewahrt bleibt und der politische Entscheidungsprozess ein modernes, „bürgernahes" Gepräge erhält. Es gibt aber immer mehr Menschen, die tatsächlich Einfluss nehmen und mitentscheiden wollen. Sie organisieren sich in Vereinen, Hausprojekten und Genossenschaften, um gemeinsam etwas anzupacken und zu bewirken. Ein urbaner Garten ermöglicht ebenfalls die Erfahrung, mit anderen zusammen etwas zu bewirtschaften, sich jenseits von Erwerbsarbeit in einem möglichst herrschaftsfreien Raum gemeinsam um etwas zu kümmern und etwas zu gestalten.

Im Mikrokosmos der urbanen Gartenprojekte können die Probleme alltagspraktisch adressiert werden, die auch in den Debatten um die Städte der Zukunft eine Rolle spielen: Städte sind vulnerabel, sie sind in ihrer fossilen Ausformung hochgradig von globalen Lieferketten abhängig; dies betrifft Lebensmittel ebenso wie Energie und sonstige Rohstoffe. Eine grundlegende Transformation der von der Produktion ihrer Lebensgrundlagen räumlich getrennten Städte betrachten auch ökologisch interessierte Stadtplaner*innen als naheliegend bzw. unausweichlich. Eine ökologische Stadt wird von Kreislaufwirtschaft geprägt sein: Ebenso wie ein großer Teil der Lebensmittel müssten auch Energie und Wasser in den Städten selbst hergestellt bzw. im Kreislauf geführt werden. Das würde eine massive Entsiegelung erfordern und ein wesentlich höheres Maß an Lebensqualität für alle nebst Abkühlungseffekten mit sich bringen. Es würde auch eine dezentrale, resiliente und zukunftsfähige ökonomische Basis der Existenz von Städten ermöglichen, wie der Städtebauplaner Ekhart Hahn analysiert und dargestellt hat.[23]

Wie weiter unten ausführlicher behandelt wird, verstehen Gartenaktivist*innen ihre Projekte als Keimzellen für die sozial-ökologische Transformation. Dieser auf den ersten Blick vermessene Anspruch ist auf den zweiten Blick doch nicht so abwegig. Denn urbane Gärten sind, sowohl was ihre soziokulturelle Dimension als Räume des Teilens angeht als auch ihre Kapazität als erdverbundene Stoffwechsel-Kontexte betrifft, in besonderer Weise in der Lage, unsere Vorstellungen von einer lebensfreundlichen Zukunft neu zu justieren.

Nachdem es in den Jahrzehnten nach dem Zweiten Weltkrieg vor allem techno-industriell beeinflusste Vorstellungen zum Zusammenleben, zu Wohlstand und zu einem guten = beruflich erfolgreichen Leben waren, die im Globalen Norden als „Bemessungsgrundlage" von Glück und sozialer Anerkennung herangezogen werden – ein Wohlstand, der zudem global höchst ungleich verteilt war und ist –, wird zunehmend deutlicher, dass der Technokapitalismus blind für das Dilemma ist, das er hervorgebracht hat, und dass er keine Lösung jenseits der vermeintlich allmächtigen Logiken der Finanzmärkte kennt; in sich erschöpft und erschöpfend für uns alle. Und „alle" bedeutet wirklich alle, nicht nur für uns Menschen. Angesichts dieser bitteren Bilanz kann nicht überbewertet werden, dass es mit den urbanen Gärten Kontexte gibt, in denen andere Vorstellungen von Wohlstand entwickelt werden, als Ergebnis kollektiver Reflexion einer gemeinsamen Praxis, also „gut geerdet" und auch sehr konkret, und gleichwohl von planetarer Relevanz.

3. Urbane Gärten als Verbindung zur Erde

Das Anthropozän ist, wie der Wissenschaftsjournalist Christian Schwägerl bereits 2010 in „Menschenzeit. Zerstören oder Gestalten?" eindringlich darlegt, die entscheidende Epoche für die Menschheit und den ganzen Planeten. Leggewie und Welzer schreiben 2009 vom „Ende der Welt, wie wir sie kannten". Heute ist die Erkenntnis, dass es einen Wandel geben wird, entweder durch *design* – also bewusstes Umsteuern – oder durch *disaster*, Common-Sense-Wissen. Wir wissen auch, dass wir uns schnell entscheiden müssen, ob wir die Verantwortung übernehmen und das Leben, dessen Teil wir sind, schützen und behüten wollen.

23 Vgl. ekhart-hahn.de

Arbeiten belegen die Fruchtbarkeit einer ununterbrochenen, utopisch-mutigen Verbindung von Garten und Schreibtisch in eindrücklicher Weise (vgl. Meyer-Renschhausen, 2019).

Zentral für eine terrestrische Politik im Lokalen sind Praktiken der Sorge: Sorge um die Mitmenschen, die anderen Lebewesen, die Umwelt, die nichtmenschlichen Akteur*innen. „Caren“ bedeutet, die Bedürfnisse anderer (auch weit entfernter oder zukünftiger Menschen) ernst nehmen: „sich an den Boden *binden* einerseits; *welthaft werden* andererseits“ (Latour, 2018, S. 107, zitiert in Beck & Jende, 2022, S. 96, H. i. O.).

Latour sieht bereits viele Initiativen mit einer Agenda „Zurück zum Boden“ am Werk, vielfache Versuche, Care auf terrestrische Belange auszuweiten. Gärtnern steht erst recht für ein beziehungsstiftendes Mensch-Natur-Verhältnis und für eine terrestrische Praxis. Gärten, das sei noch einmal betont, sind privilegierte Orte, um eine terrestrische Politik zu entwickeln. Gärtnern erhöht die Chance zu verstehen, was eine posthumanistische Lebensweise wäre. Und wir brauchen, um auf die Herausforderungen des Anthropozäns zu reagieren, dringend posthumanistische Einsichten:

> „Die Außererdigen wirken auf die Welt ein und verändern sie nach ihren Vorstellungen; die Stoffwechselbeziehung ist eindimensional und überheblich. Die Erdverbundenen formen den Stoff und werden dabei selbst auch geformt, sie hören dem Stoff zu und passen sich seinen Bedingungen an; die Stoffwechselbeziehung ist dialogisch und aufnahmebereit.“ (Beck & Jende, 2022, S. 96)

Allerdings: Damit es (terrestrischen) Sinn macht, vor der eigenen Haustür zu caren, braucht es, wie Gerald Beck und Robert Jende betonen, die Kontrolle über den Besen. Sonst verkommt Caring leicht zur Instandhaltung der Verhältnisse, die es gerade zu ändern gilt. Anders formuliert: Es gilt, sich nicht im Dienste eines instrumentellen Naturverhältnisses – im Fall der Gärten zum Beispiel für Gentrifizierung – instrumentalisieren zu lassen.

Urbane Gärten als Keimzellen der erdverbundenen Stadt

Eine weitere Ausprägung der erdverbundenen Philosophie utopischer Ausrichtung ist die Gastrosophie, laut Harald Lemke „die Kunst, Ernährung und Erkenntnis zusammenzubringen“ (vgl. haraldlemke.de). Sie ist in ihrer jüngeren philosophischen Ausfaltung eng mit Lemkes Arbeiten verbunden, entstand während der vergangenen beiden Jahrzehnte und ist ein weiterer Ausdruck des Zusammenspiels von Gärtnern, Kochen und philosophischer Reflexion bzw. „gelebter DIY-Philosophie“. Ein Ort, der dabei eine wichtige Rolle spielte, war der Hamburger Gemeinschaftsgarten Keimzelle. Dieser Garten war, schreiben Anke Haarmann und Harald Lemke, „nicht groß“, aber gleichwohl „großartig“, in dem „gekocht, rumgelungert, gelesen und gelernt“ wurde (Haarmann &

Lemke, 2022, S. 9). Die Keimzelle, entstanden und aufrechterhalten durch eine Kollaboration aus Philosophie, Kunst und Urbanismus, inspiriert auch nach ihrem Verschwinden weiterhin das Nachdenken über eine nachhaltige Stadtgesellschaft. Der aus ihr hervorgegangene und in einem Buch dargelegte Ansatz zur Transformation der Stadt – von einem von multiplen Krisen gezeichneten in einen lebensfreundlichen Raum – beruht auf einem konsequent betriebenen Praxismus, das heißt auf einem Leben, das sich praktisch im Hier und Jetzt dem Guten zuwendet. Unverzichtbarer Bestandteil, aber nicht allein ausreichend ist in dieser Perspektive das Gärtnern.

Mehr als Würmer: Kompost

Erdverbunden leben ist für uns im industrialisierten Norden heute nicht mehr ohne weiteres möglich (wenn es überhaupt noch möglich ist), unser Alltag verläuft meist getrennt von der Erde. Wir haben kaum im Blick, dass Humus ein Zusammenwirken von extrem vielen Lebewesen ist, von denen wir viele mit bloßem Auge gar nicht sehen können. Humus kommen wir im Garten nahe, besonders aber, wenn wir einen Kompost anlegen. Kompost und das darin enthaltene Leben hat die oben bereits erwähnten Erddenker*innen Latour und Haraway bei ihrer Neubestimmung des Menschen als terrestrische Wesen beeinflusst; mehr noch, sie rücken ihn ins Zentrum unseres Selbstverständnisses als Wesen, die mit einer „human-humosen Intelligenz" begabt sind. Das läuft auf nichts weniger hinaus, als dass wir mit dem Kompost, dem vor sich hin dampfenden Wurmgetümmel in der Gartenecke, „Interspezies-Teams bilden" sollen, um die Erde zu retten.

Diese Perspektive teilen auch die Humangeograf*innen Severin Halder und Iris Dzudzek, die sich dem Kompostieren in mehrfacher Hinsicht widmen: Als Wissenschaftler*innen kennen sie seine Bedeutung für die Ernährung und eine gedeihliche Zukunft auf unserem Planeten, als Gartenaktivist*innen legen sie selbst Hand an und entwickeln Wissenstransfer-Formate wie das Kompost Festival der Universität Münster, um auch andere für das Thema zu interessieren.[24] Halder und Dzudzek begreifen Kompost als Ergebnis einer symbiotischen Technik des Sich-umeinander-Kümmerns.

Einen Kompost anzulegen und zu bewirtschaften, um fruchtbaren Humus für die Beete zu gewinnen, ist eine voraussetzungsvolle Angelegenheit. Dazu braucht es eine Auseinandersetzung mit der Erde und ihren rätselhaften Kleinstorganismen. Dass und wie aus Küchenabfall Komposterde entsteht, wird in urbanen Gemeinschaftsgärten unmittelbar erfahrbar. Kompostieren spielt in ihnen eine wichtige Rolle, nicht nur, um wertvollen Dünger selbst zu erzeugen, sondern auch als Praxis, die die Beteiligten mit der Erde und ihren Stoffwechselvorgängen verbindet. Für Halder und Dzudzek ist Kompostieren ein Gegenpol zum toxischen

24 Das Berliner Projekt BodenschätzeN entwickelt ebenfalls Formate (für Kinder und Erwachsene), um das gesellschaftliche Kompostwissen zu verbreitern (siehe Teil III, Ortsbegehungen).

Vermächtnis des Anthropozäns, eine Praxis der Hoffnung, die jeder und jedem offenbart, dass Erde Verwandlung bedeutet und dass wir, ob wir wollen oder nicht, Teil davon sind, also „human-humose Intelligenz" par excellence. Als Kompostierende tun wir das, was Menschen vor uns getan haben und an anderen, weit entfernten Orten der Welt immer noch tun. Die Praxis verbindet uns also nicht nur mit Mikroorganismen, sondern auch mit unserer Geschichte und anderen Mitmenschen. Das Kreislaufhafte des Kompostierens hinterlässt ebenfalls seinen Eindruck auf diejenigen, die damit zu tun haben. Angesichts der Erschütterung, die der Klimawandel in uns bewirkt, ist die Arbeit mit und in der Erde, die Pflege und Anteilnahme an ihren Prozessen, eine Möglichkeit, Stabilität zu gewinnen und zu bewahren. Wissen, was zu tun ist, und es immer wieder tun, sich eingebunden zu fühlen, das „große Ganze" zu hegen und zu pflegen, tut denjenigen, die sich darauf einlassen, erklärtermaßen gut. Auch, es mit (vielen) anderen zu tun, kann helfen – gerade auch entwurzelten Menschen.

Aber kann durch Erdverbundenheit hervorgebrachtes „humoses" Bewusstsein die Welt retten? Hilft die Vorstellung eines „Planthropocene" (Natasha Myers) als Utopie eines Zeitalters, in dem eine lebenswerte Welt durch die neuartige Beziehung zwischen Menschen und Pflanzen entsteht? Kann der agroökologische Garten wirklich die „Keimzelle" einer neuen Erde sein? Kann Kompostieren uns tatsächlich transformieren? Aber anders gefragt: Wo sonst wären tragfähige Ansätze für eine lebenswerte Zukunft bzw. für politisches Handeln zu finden? Die derzeit dominierenden technischen Ansätze und das große Inventar an neoliberalen Modellen werden uns jedenfalls nicht retten. Dass mit dem gleichen Bewusstsein oder *mindset*, das uns in diese Krisen hineingeführt hat, die ungeheuren Probleme auch gelöst werden, halten wir nicht für plausibel. Mit erdfremden Ansätzen und Modellen, die blind sind für die Wirklichkeit als geteilte (vgl. Weber, 2017), die die nichtmenschlichen Wesen in ihrer Bedeutung als essenziell wichtige und unverzichtbare Mitwesen verkennen, wird es keinen Ausweg aus dem Dilemma geben (vgl. Gabriel et al., 2023). Was also kann helfen, der Dystopie zu entrinnen? Nichts anderes, als von denjenigen zu lernen, die es gut machen – und dazu gehören auch die vielen kleinen Lebewesen, mit denen wir wieder in Kontakt kommen müssen. Von ihnen lernen mag seltsam klingen, ist aber genau so gemeint: mit ihnen gemeinsame Sache machen, sich um sie kümmern, Zusammenhänge praktisch verstehen, das Eingebettet-Sein darin erkennen und das eigene Talent und die eigene Handschrift dabei entdecken.[25]

25 Inzwischen sind selbst aus der Soziologie einzelne Stimmen zu vernehmen, die postulieren, dass es dringend posthumanistische Einsichten braucht, um auf die Herausforderungen des Anthropozäns zu reagieren (vgl. Schroer, 2022).

4. Urbane Gärten als Orte der Sorge, Pflege und Heilung

Die Erde befindet sich in einem kritischen Zustand, sie bedarf der Critical Care – der Intensivpflege, sagt Elke Krasny: „[...] die Aussichten sind düster. Der Planet, auf und mit dem wir leben, ist erschöpft, ausgelaugt, verbraucht, geschädigt". Ihre Ausstellung „Critical Care. Architektur und Urbanismus für einen Planeten in der Krise" (gemeinsam mit Angelika Fitz) sollte 2020 ausloten, wie Urbanismus und Architektur „zu einer Art von Sorgetragen beitragen [können], wie sie für den Fortbestand der Lebens auf der Erde unabdingbar ist". Krasny und Fitz sprechen von „der langfristigen Verpflichtung", für den Planeten Sorge zu tragen. Bezugnehmend auf Donna Haraway und ihren Begriff des Chthuluzäns geht es ihnen darum, „Zufluchtsräume wiederherzustellen und damit die teilweise, robuste biologisch-kulturell-politisch-technologische Erholung und Neugestaltung zu ermöglichen" (Text zur Ausstellung in Berlin, siehe auch Fitz et al., 2019).[26]

Urbane Gärten sind ein solcher Zufluchtsraum, und Gärtner*innen tragen Sorge für Wasser, Grund und Boden, Flora und Fauna, Nachbarschaften, Weitergabe von Wissen, Entwicklung von Stadt, Umweltgerechtigkeit, Ernährungssouveränität, Teilhabe.

Die sorgende Haltung, die *peasants* in Stadt und Land überall auf der Welt verbindet, nennt Maria Puig de la Bellacasa (2017) in ihrem Buch „Matters of Care" *Soil Care*. Sie begrenzt ihren Begriff von Sorge nicht auf den Handlungsbereich menschlicher Akteure, sondern schreibt ihn auch nichtmenschlichen Wesen zu, womit sie bewusst an indigenes Wissen anknüpft. Die Frage, wer sich hier eigentlich um wen kümmert und sorgt, ist jedenfalls nicht einseitig zu beantworten.

In ihrem Buch „Revolution für das Leben. Philosophie der neuen Protestformen" analysiert Eva von Redecker, wie das moderne Eigentum ein Weltverhältnis der Verfügungshoheit und der Verletzungslizenz geschaffen hat, und beklagt den permanenten Verlust der natürlichen Welt und der lebenserhaltenden Arbeit (Care), der damit verbunden ist. Jedoch, so schränkt sie ihren Befund sogleich ein, können Menschen auch ein anderes als ein destruktives Weltverhältnis eingehen (vgl. Redecker, 2020, S. 16) und tun das vielfach auch. Sonst gäbe es kein Leben.

Redecker zeigt sich überzeugt, dass eine „Revolution um des Lebens willen und für ein anderes Leben" bereits im Gange ist. In sozialen Bewegungen wie Black Lives Matter, Fridays for Future oder Ni una menos zeige sich die Vorwegnahme einer anderen Ordnung. Bewegungen wie Ende Gelände oder Buen Vivir berufen

26 Diesen Faden spinnt Krasny in ihrem Buch „Living with an Infected Planet. COVID-19, Feminism, and the Global Frontline of Care" (2023) weiter. Darin widmet sie sich der Frage, welche Chance nach den Verheerungen von Corona „feministischen Erholungsprozessen" („recovery plans") bei der Heilung des „infizierten Planeten" eingeräumt werden kann. Krasny vertritt die These, dass „feministische Erholung vom Patriarchat" möglich sei. Ihr Ausloten der Bedeutungen des Begriffs „Erholung" darf als äußerst origineller und inspirierender Zugang zur Frage einer erddienlichen Zukunft eingeordnet werden (vgl. Krasny, 2023, Kapitel 3).

sich explizit auf Fürsorgepflichten gegenüber Land und Lebensgrundlagen, und deshalb wenden sie sich gegen moderne Eigentumsrechte (vgl. ebd., S. 15).

Auch die Bewegung bzw. die Praxis urbanen Gärtnerns, sagen wir als Herausgeberinnen, lässt sich zu den Bewegungen zählen, die eine „Revolution um des Lebens willen und für ein anderes Leben wollen". Vieles von dem, was in urbanen Gärten geschieht, lässt sich im Sinne Redeckers als „Philosophie" und „neue Protestform" deuten.

Gärtner*innen sind nachgerade prädestiniert, die „Lebendigkeit des Ganzen zu sehen". Die neuen urbanen Gärten sind auch deshalb vom Standpunkt der „Revolution für das Leben" aus betrachtet so interessante Räume, weil die Subjekte hier die Erfahrung machen, dass sie sich über strittige Punkte einigen und gemeinsam Politik machen können. Die Praxis, demokratisch zu teilen, verknüpft sich mit der Forderung nach Gemeineigentum; die Grundlage der Freiheit der Verbundenen ist ihr geteilter Besitz, die Allmende. Umgekehrt ist eine Politik, die dem Teilen entgegengesetzt ist, wie Redecker sagt, eine Politik nicht des Waldes, sondern der Parzelle (vgl. ebd., S. 131–136).[27]

Das Teilen gemeinschaftlicher Ressourcen oder Güter spielt im Urban Gardening bekanntermaßen eine große Rolle. In Bezug auf die Fläche sind kollektive Prozesse der Aneignung üblich: Konzertierte Aktionen wie Urbarmachung, Befreiung von Müll und Gestrüpp, Schaffung von Infrastruktur (Schuppen bauen, Bewässerungssysteme installieren) und das Teilen von Werkzeugen, Maschinen, Saatgut gehören zum täglichen Geschäft. Das gilt auch für die Gärten, die über individuelle Parzellen organisiert sind: Auch sie teilen Saatgut und Infrastruktur.[28]

Wenn wir teilen (im Sinne von schenken), bewegen wir Güter anders, als die Verwertung es tut; das ist also ein Anfang, der Anfang einer anderen Ökonomie, einer ökologisch-solidarischen Lebensform (vgl. Redecker, 2020, S. 251 f.). Eine ökologisch-solidarische Lebensform fragt im (pfleglichen) Umgang mit Dingen nicht (wie die kapitalistische Lebensform), wer über das Ding verfügt und was es wert ist, sondern wozu es dient, wie es eingebunden und wem es anvertraut ist (vgl. ebd., S. 263).

Was Redecker als alternatives Prinzip beschreibt, findet sich vielfach in den neuen urbanen Gärten als konkrete Praxis wieder. Und da ist noch etwas, das sich leicht im Garten erfahren lässt: Land ist kein Besitzobjekt, auch kein Commons (vgl. ebd., S. 271). Nach indigener Auffassung, auf die Redecker sich hier bezieht,

27 Gartenprojekte rekurrieren nicht selten auf den Begriff „Allmende" (allen voran der Gemeinschaftsgarten Allmende-Kontor). Allmenden ermöglichen die praktische Erfahrung, Lebensgrundlagen miteinander zu teilen, eine Wiese, einen Teich, einen Wald, einen Obsthof, sowie die Erfahrung, dass alle Beteiligten existenziell miteinander verbunden sind und voneinander abhängen, jede*r früher oder später auf Hilfe angewiesen ist, die zu geben nicht nur tugendhaft, sondern überlebensnotwendig ist. Im Allmende-Setting ist auch unmittelbar erfahrbar, dass und wie genau Pflanzen, Tiere und Menschen in größeren Gefügen, die wir heute Ökologie und Klima nennen, zusammenhängen und dass das eigene Leben nur in dieser Ordnung, nur in gegenseitiger Abhängigkeit möglich ist.

28 Vgl. contraste.org/land-und-hoefe-als-commons

wird Land immer schon geteilt, mit allen, die auf ihm und von ihm leben; Tiere und Pflanzen sind ebenbürtige Nationen, jedes Territorium ist multinational, wie Leanne Betasamosake Simpson ausführt: „[U]nsere Existenz war immer international, unabhängig davon, wie verwurzelt wir sind. Wir waren immer vernetzt. Wir haben den Busch immer als ein Netzwerk internationaler Beziehungen betrachtet" (zitiert in Redecker, 2020, S. 271). Wie Redecker so richtig sagt: Was „der indigenen Kritik besonderes Gewicht verleiht, ist die Erfahrungsdauer an der Schnittstelle von konstanter Enteignung und kollektiver Erinnerung alternativer Praktiken." (ebd., S. 269; dazu vertiefend Kimmerer, 2021)

Etwas Ähnliches – Enteignung und Erinnerung alternativer Praktiken – machen auch die (zum Teil indigenen) Protagonist*innen in Ella von der Haides Film über queeres Urban Gardening als Grundlage ihrer Praxis geltend (siehe das Gespräch mit der Regisseurin in diesem Buch).

Gärtner*innen sind Teil des – imaginären – Kollektivs, das sich um Weltinstandhaltung bemüht und um daseinsfähige Städte, Wohnraum für alle, sichere Häfen kämpft (vgl. Redecker, 2020, S. 277). In Gärten findet immer schon die Arbeit der Lebenserhaltung statt; Gärtner*innen stehen mithin auf der Seite der „Revolution für das Leben".

Worauf Redecker außerdem hinweist, ist, dass soziale Revolutionen sehr lange dauern. Insofern könnte man die neuen Gartenprojekte auch als Weiterführung des Weges verstehen, den die sozialen Bewegungen 1968 und in den 1980er Jahren einschlugen. Das wäre eine Antwort auf die Skepsis, denen die Gärten mitunter unter der Überschrift „das hatten wir schon", „das ist damals schon gescheitert" begegnen.

Urbane Gärten sind Ankunftsräume

Doug Saunders legt in seinem Buch „Arrival City" (2011) eindrücklich dar, dass Migration dann funktioniert, wenn Städte sich auf sie einlassen und wenn sie vorbereitet sind. Migration ist für alle Beteiligten eine Bereicherung, wenn Neuankömmlinge Arbeit finden, Netzwerke bilden, ihren Kindern eine bessere Zukunft versprechen können, eben wenn sie Ankunftsräume finden. Urbane Gärten sind solche Ankunftsräume im Kleinen. Dass der Zugang zu ihnen für viele Neuankömmlinge biografisch sehr wichtig war, dass er persönliches Wachstum unterstützte und für Empowerment sorgte, davon zeugen viele Geschichten, die man im Garten, zumal im Interkulturellen Garten, erzählt bekommt (vgl. Müller, 2002; Baier, 2013).

Sich erholen, „aus dem Kopf rauskommen", Kopf und Körper wieder in Balance bringen, Anspannung und Erstarrung allmählich wieder in Fluss bringen – das ist im Gemeinschaftsgarten besser möglich als an vielen anderen Orten. Dabei hilft, dass der zeitliche Aufwand bei der Pflege im Garten klein sein kann und auch für Menschen mit wenig Zeit und vielen anderen Verpflichtungen überschaubar und praktisch machbar ist. Es hilft auch, dass andere sich mitkümmern und oft auch mit Rat und Tat zur Seite stehen, nicht nur bei Fragen zum Beet. Es hilft auch, Samen in die Erde einbringen zu können und ein Stück Heimat auf dem Beet wiederzufinden, an Vergangenes anschließen zu können. Es hilft auch, noch einen anderen Ort zu haben neben der oftmals beengten Wohnung, sich mit anderen treffen zu können, ohne Voraussetzungen dafür erfüllen zu müssen, einfach da sein zu können.

Seit 2015 entstanden viele Gärten an Gemeinschaftsunterkünften für Geflüchtete, oft in Kollaboration von Gartenaktivist*innen, Sozialarbeiter*innen und Geflüchteten. Auch hier waren die heilsamen Wirkungen des Hochbeete-Bauens und Radieschen-Pflanzens unmittelbar zu beobachten (siehe Teil III, Ortsbegehung Marienfelde).

Queeren und Kompostieren

Zweifellos ist das ökologische Desaster, mit dem wir zu tun haben, auch Ausdruck bzw. Folge der patriarchalen Verfasstheit der Gesellschaft. Anders formuliert, das ökologische Desaster hängt mit der vorherrschenden Ordnung der Geschlechter zusammen.

Christine M. Klapeer radikalisiert aus queerer Perspektive feministische Ökologiekritik und plädiert dafür, Vorstellungen von Natur (und damit auch vom Selbst, vom Subjekt) aufzumischen. Sie bezieht sich dabei gleichermaßen auf Ökofeminismus bzw. materialistischen Feminismus, auf Queer Theory, Posthumanismus, Queer Ecology und Postkoloniale Theorie und führt aus, wie das moderne Naturverhältnis mit den heteronormativ verfassten Geschlechterverhältnissen zusammenhängt. Da sich Geschlechterordnungen nur kollektiv, nicht individuell aus den Angeln heben lassen, bräuchte es, so Klapeer, eine fundierte Heteronormativitätskritik im Postwachstums-, Nachhaltigkeits- und Transformationsdiskurs.[29]

Es leuchtet ein, dass der (so notwendige) Wandel von einem auf Trennung und Beherrschung beruhenden hin zu einem sich mit allen Wesen neu verbindenden kollektiven Bewusstsein auch die heteronormative Ordnung nicht unberührt lassen kann. Im Unterschied zu Klapeers Haltung ist es in den urbanen Gärten aber nicht primär Kritik, sondern eine mit den Worten von Guattari „öko-logische" Kreativität (vgl. Volkart in diesem Buch), die trennende, dualistische und polarisierende Wahrnehmungen und Zuschreibungen einebnet. Erfahrungen in diesem Sinne können (durchaus) als „Queering" einer in anderen Zusammenhängen normativ-habituell immer wieder hergestellten Geschlechterordnung verstanden werden. Sie vollziehen sich oftmals, ohne explizit zu werden.

Deshalb werden urbane Gemeinschaftsgärten von uns eher nicht als Orte verstanden, die – auf queere Weise – an der patriarchalen Geschlechterordnung rütteln, sondern vielmehr eine Art Kompostierung der Geschlechter vornehmen, also eine durch das Zusammenspiel von vielen und vielem bedingte stille Entkräftung dieser Ordnung betreiben.

29 Vortrag im Rahmen der Arbeitsgruppe GENAU*T der Fachgesellschaft Gender (GENAU*T: **GE**schlechterverhältnisse, **NA**chhaltigkeit, **U**mwelt + **T**ransformation), 12.03.2020, Lüneburg, Mitschrift.

Da sich Menschen in urbanen Gärten in Mensch-Ding-Tier-Pflanze-Verbindungen und in den eng miteinander verwobenen Sphären von Europaletten, Stauden, Hühnern und Bienen bewegen, entsteht im Gewusel des Miteinanders ein freies Feld. Nature/Culture wird zu einem großen Freiraum für alle. Möhren werden als Wesen mit eigenen Rechten betrachtet, und für Marienkäfer baut man eine „Suite". Mit dem spielerischen Zugang und dem fürsorglichen Umgang gelingt es, den Kanon der Moderne und ihrer unabgeschlossenen „Aufklärung" zu überschreiten: Aus vormaligen Objekten, unbelebten Dingen, fremden Wesen werden Subjekte, mit denen man innerhalb eines Netzwerks von Interdependenzen verbunden ist.

Dabei geht es nicht darum, zu entscheiden, wie die Natur *ist*, was sie vorgibt (oder vorzugeben scheint), und auch nicht darum, ob die Natur „queer" oder „straight" ist, sondern vor allem darum, sich mit ihr zu verbinden/zu verbünden, selber „queer" zu werden, was heißen könnte, sich vor Vereindeutigungen zu hüten und sich stattdessen der Mehr-als-menschlichen-Welt sowie der sozialen Verhältnisse bewusst zu sein und sich ihnen gegenüber zu verhalten.

5. Die Dinge des urbanen Gartens: Die Welt reparieren

Die Haltung der Erdverbundenheit ist, wie oben ausgeführt, auch eine Ökonomie – eine Ökonomie, die noch im Oikos residiert; nicht nur durch das Hin und Her und die Stoffwechselbeziehung zwischen Garten und Küche, sondern durch alles vermittelt, was dinghaft ist und angefasst werden kann. Da der Garten ein Pflanzenort ist, bestimmen Pflanzen seine Textur und das Inventar, das hier herumsteht und -liegt, und sie bestimmen auch die Technik, die hier zum Einsatz kommt. In Bezug auf Technik gelten im erdverbundenen Ort Regeln, die, obwohl nicht abgesprochen, doch immer wieder angewendet werden. Die wichtigsten Regeln lauten: Alte Dinge sind nicht per se schlecht; wirf nichts weg, was noch irgendwie zu gebrauchen ist; nutze deine Fantasie, noch eine Verwendung für vermeintlich Wertloses zu finden. Tu dich mit anderen zusammen, um praktische Probleme auch mit technischen Mitteln zu lösen. Hab Spaß dabei, wenn's funktioniert. Seltsam aussehende Dinge sind nicht hässlich, sondern originell.

Dazu passt, dass eher *low tech* zum Einsatz kommt, also das Gegenteil von dem, was in unserer Gesellschaft gemeinhin Autorität reklamiert und als begehrenswert gilt (was nicht heißt, dass im Garten nicht nagelneue Smartphones zum Einsatz kämen). Selbermachen und DIY werden – in Resonanz mit der Anmutung des urbanen Gartens – als Ausdruck der Eigenständigkeit, der eigenen Fähigkeit, Dinge zusammenzufügen, ohne wertvolle Ressourcen dafür zu verbrauchen, betrachtet. Es kann hier von „lebendigen Dingen" gesprochen werden in dem Sinne, dass man mit den Dingen umgeht, sie verändert, sie nicht stillstellt. Man kann sagen, dass der Wunsch nach Arten- und Sortenvielfalt auch das Dingverhältnis einschließt. Monokultur genießt hier eben keinen guten Ruf.

Dass Verwendung immer vor Verschwendung geht, betrifft insbesondere Erde und Wasser. Da Wasser knapp ist (dass es teuer ist, ist nur ein Nebenaspekt), mehrt sich die Zahl der Gärten, in denen Regenwasser in größerem Umfang von Dächern über Fallrohre und angehängte Konstruktionen in Wassercontainer überführt und von da auf die Beete gebracht wird (siehe zum Beispiel Teil III, Ortsbegehungen Zwickau und Köln). Der Umgang mit Kompost und die Gewinnung von Humus wurden oben bereits eingehend beschrieben. Der Ehrgeiz, Wasser und Boden im Kreislauf zu halten und sorgsam damit umzugehen, macht kreativ. Auch Komposttoiletten, oft selbstgebaut, stehen für den Kreislaufgedanken – sie sparen Wasser und führen die Nährstoffe zurück. Andrea Vetter zählt Komposttoiletten zur „konvivialen Technik einer Postwachstumsgesellschaft“: zugänglich, anpassungsfähig, angemessen und die Lebendigkeit fördernd (vgl. Vetter, 2023).

6. Urbane Gärten als Ernährungsorte

Eine Besonderheit der neuen urbanen Gärten ist der Anbau von Lebensmitteln. Denn im Schrebergarten oder im Garten am Haus befinden sich Obst und Gemüse längst auf dem Rückzug. Wissen zu wollen, wie das, was man isst, wächst, wie man es anbaut, pflegt, erntet und verarbeitet, ist ein wichtiges Motiv derjenigen, die im Gemeinschaftsgarten zusammenkommen; oft verbunden mit dem Wunsch, sich ein Stück weit selbst versorgen zu können. Ein anderes Motiv ist, dem polierten Designer-Einerlei zu entkommen, dem genormten, abgepackten Gemüse, wie es im Supermarkt angeboten wird. In urbanen Gärten ließen sich gelbe und violette Möhren, orange und rot-weiß gestreifte Bete schon bewundern, als sie in Bioläden oder auf dem Wochenmarkt noch kaum angeboten wurden. Nicht nur eine Sorte anzubauen bereitet vielen Gärtner*innen große Freude. Sie schwärmen vom Bamberger Hörnchen, einer besonders schmackhaften Kartoffel, und kennen neben der Linda auch Rote Emma, Mehlige Mühlviertler und Rosa Tannenzapfen. Im Berliner Prinzessinnengarten wurden in einer Saison 14 Kartoffelsorten angebaut (zugleich wurde eine neue Sorte, der Kreuzberger Sack, gezüchtet[30]). Die Ernte der kleinen und großen, runden und länglichen, gelben, roten und weißlichen Kartoffeln ist in vielen Gärten Highlight des Jahres und Anlass für ein Gartenfest.[31]

30 Vgl. prinzessinnengarten.net/wp-content/uploads/2014/04/KartoffelPrinzessinnengarten_Projektbericht-2013.pdf

31 Der selbstbestimmte Umgang mit Saatgut (Gewinnung und Tausch sowie Erhalt alter, angepasster Sorten) ist oft ein Schwerpunkt der Arbeit. Manche Gärten haben Saatgutbibliotheken eingerichtet. Die Gewinnung des eigenen Saatguts und der selbstbestimmte Austausch ist vielen ein echtes Anliegen, der Einsatz von Hybridsorten und gentechnisch verändertem Saatgut hingegen tabu. Auch der Umgang mit Saatgut ist eine Frage der Ernährungssouveränität: Wer das Saatgut bestimmt, bestimmt das Essen.

Sich ernähren, andere ernähren

Das gemeinsame Essen spielt im Gemeinschaftsgarten aber nicht nur zu besonderen Anlässen wie zur Feier der Kartoffelernte oder zum Abschluss der Gartensaison eine wichtige Rolle, sondern auch im Alltag, nach Gemeinschaftsaktionen oder ganz ohne Anlass. Großes Dinner und kleines Picknick wechseln einander ab. Die Gartencommunity ist immer auch eine Tischgemeinschaft. Das gemeinsame Essen, das Übers-Essen-Kommunizieren stellt Nähe und Verbindung her.

Was an geerntetem Gemüse und Obst nicht sofort verkocht und gegessen wird, wird mithilfe konservativer Methoden – Einfrieren gilt nicht – verarbeitet: Es wird eingekocht, eingelegt, fermentiert und getrocknet. Chutney, Tomatenmus, Saft, Brotaufstriche, eingelegte Gurken, Kürbismarmelade, Apfelsaft, sauer-buntes Gemüse sind das Ergebnis exzessiver Kochsessions. Verschenkt oder getauscht wird auch viel; Salat, der schießt, landet auf dem Kompost. Das wiederum ernährt Fruchtfliegen und Würmer. Tiere werden im urbanen Garten ebenso zu Tisch gebeten wie die Menschen.

Essen und Politisieren

Unter den Bedingungen zunehmend industriell gefertigter Nahrung kann Essen und Kochen bereits ein Akt der Emanzipation oder sogar des Widerstands sein gegen die stetige, von der Lebensmittelindustrie forcierte Entfremdung, Enteignung und Entfähigung im Bereich des Essens. Beim Essen lässt sich auch trefflich über das Essen und über die Bedingungen des Essens debattieren. Die Idee zu so mancher Diskussionsreihe über die Folgen der globalisierten industriellen Landwirtschaft wird am gemeinsamen Tisch entstanden bzw. das Ergebnis guten Essens und Trinkens sein. Auf der documenta fifteen (2022) konnte man erleben, dass die lokale Praxis in den urbanen Gärten hierzulande, vom Garten aus die Welt zu interpretieren und zu diskutieren, keine Besonderheit ist. Gemüse anbauen, das Gemüse ernten und gemeinsam verkochen und verspeisen und dabei über die globalen Probleme reden, insbesondere auch über die der Nahrungsmittelproduktion, ist längst nicht auf Deutschland beschränkt. Im Gegenteil, andere Länder haben da sogar lebendigere Traditionen:

Als Teil ihres künstlerischen Beitrags legte die Gruppe Britto Arts Trust (Dhaka/Bangladesch) im Außenbereich der documenta-Halle einen „Küchen-Garten“ an. Sie lud insbesondere die hundert in Kassel lebenden Nationen zum Austausch von Rezepten ein. So entstand ein Ort des gemeinsamen, selbstbestimmten Kochens, Essens, Redens. Nur unweit von diesem Subsistenzort entfernt und gleichsam als Gegenstück fand sich eine zweite Installation der Künstler*innengruppe: „rasad“ – ein Lebensmittelladen, der, bestückt mit Handgranaten in Paprika- und Auberginenform und atompilzartigem Blumenkohl, auf Genmanipulation verwies und darauf, wie mit Lebensmittelhandel Politik gemacht wird. Ein Wandbild „Chayachobi – Mural Project on Bangla Cinema 2021–2022“ vervollständigte ihren Beitrag zum Thema (Politik mit) Essen.

Der Küchen-Garten mit seinen kleinformatigen Flechtarchitekturen war ein äußerst beliebter Ort, wo man sich eingedenk aller postkolonialen Kommentare als Teil einer weltweiten Allmende fühlen konnte und wohl auch sollte.

Die Ernährung der Welt

Die europäische Stadt ernährt sich weder selbst noch ernährt sie sich nachhaltig; vielmehr greift sie auf landwirtschaftliche Flächen auf dem gesamten Globus zu. Die Abhängigkeit von globalisierten Lieferketten und einem durch Plastikfolien großflächig vermüllten und durch sklavereiähnliche Arbeitsverhältnisse verheerten „agroindustriellen Hinterland" ist offenkundig. Industrielle Landwirtschaft und Lebensmittelindustrie verursachen erhebliche CO_2-Emissionen, Verseuchung der Böden, Wasserknappheit etc., tragen jedoch verhältnismäßig wenig zur Ernährung der Welt bei. Laut Agrarbericht von 2008 sind es immer noch hauptsächlich die Kleinbäuer*innen, die die Welt ernähren.[32]

Gartenaktivist*innen im Globalen Norden sind keine Kleinbäuer*innen, auch wenn sie sich mit ihrer Bewegung *La Vía Campesina* solidarisch erklären. Es wird immer wieder betont, dass urbane Gärten derzeit nur einen geringen, symbolischen Beitrag zur Versorgung mit Lebensmitteln in Städten leisten.[33] Das wird sich aber womöglich in Zukunft ändern; manche Gartenaktivist*innen arbeiten daran. Im Einzelfall kann der Ertrag auch jetzt schon hoch sein. Wie effizient der Gemüseanbau betrieben wird, ist höchst unterschiedlich. Für viele steht die Erntemenge nicht im Vordergrund, auch wenn das selbst angebaute Essen besonders gut schmeckt. Es gibt aber Gärtner*innen, insbesondere in Interkulturellen Gärten, die ihre mehrköpfigen Familien im Sommer komplett mit Gurken, Tomaten und Kräutern versorgen können. Die Aussicht auf die Ernte von Obst und Gemüse ist gerade für viele Zuwander*innen immer wieder das wichtigste Argument, sich an einem Garten zu beteiligen. Da die Bewirtschaftung eines Kleingartens in dieser Hinsicht noch ganz andere Möglichkeiten bietet, betrachten manche von ihnen die Mitgliedschaft im Interkulturellen Garten als Zwischenlösung und halten Ausschau nach einem Kleingarten.

Kleingärten und urbane Gärten sind Orte der Ernährungssouveränität. Hier werden Menschen von Konsument*innen zu Produzent*innen, hier erlangen sie Teilautonomie über ihr Essen zurück. Wie im Globalen Süden gilt letztlich auch für

32 Vgl. weltagrarbericht.de

33 „Einen signifikanten Beitrag zur Ernährungsversorgung" leistet urbane Landwirtschaft nicht, schreibt Michael Scheer, Geschäftsführer der Bremer Gemüsewerft. Ihr gesellschaftlicher Auftrag sei ein anderer (umweltbildungspolitischer), nämlich die städtische Bevölkerung wieder in Kontakt mit Lebensmittelerzeugung zu bringen und gärtnerische Kompetenz in die Stadt zurückzuholen. Die Projekte veränderten außerdem das Ernährungsverhalten und motivierten zu nachhaltigen Lebensstilen. Außerdem seien sie Teil moderner Stadtentwicklung, weil sie Partizipation ermöglichten und Lebensraum für Menschen, Tiere und Pflanzen in verdichteten Innenstädten schafften (vgl. Scheer, 2018, S. 103).

den Globalen Norden: keine Ernährungssouveränität ohne Verfügung über Land. Ernährungssouveränität ist immer auch eine Frage der Geschlechtergerechtigkeit. Obwohl Frauen weltweit die Verantwortung für die Versorgung ihrer Familien zugeschoben wird, wird ihnen das Verfügungsrecht über Land systematisch verweigert.[34] Der Zugang zu Land ist gerade für Frauen eine Frage der persönlichen Unabhängigkeit und Freiheit (vgl. Hoinle in diesem Buch).[35] Vielleicht liegt es daran, dass oft mehr Frauen als Männer in urbanen Gärten anzutreffen sind.

Die Interkulturellen Gärtner*innen mit ihren individuellen Parzellen[36] sind längst nicht die einzigen Projekte, die gärtnerischen Ehrgeiz besitzen. Auch die Solawi in Trier und Annalinde in Leipzig wollen ernsthaft Gemüse produzieren (siehe Teil III, Ortsbegehungen Trier und Leipzig). Auch die GemüseheldInnen sind überzeugt, dass die Zukunft der Ernährung(ssouveränität) im intensiven Anbau auf städtischen Kleinflächen liegt. Durch Frankfurt radelnd imaginieren sie, wie in jedem Vorgarten bald Salat und Paprika wachsen könnten.[37] Im Globalen Süden sorgt der Anbau hinter dem Haus und auf dem Balkon bei den prekär lebenden Bevölkerungsschichten immer schon für eine gewisse bzw. oftmals sogar für die einzige Nahrungsmittelsicherheit. Im Norden ist bei der Nutzung von Kleinstflächen noch Luft nach oben.

Die Frage ist, wie städtische Lebensmittelproduktion auch hierzulande in größerem Stil möglich wäre. Den Output von Gemüse zu erhöhen wäre vermutlich vor allem im Bereich der Selbstversorgung möglich. Michael Scheer weist darauf hin, dass er zwar noch sehr viel mehr Gemüse verkaufen, davon aber keine regulären Löhne auf der Gemüsewerft bezahlen könnte. Urbane Landwirtschaft

---

34 Im Globalen Süden produzieren Frauen bis zu 80 Prozent der Nahrungsmittel; dabei gehört ihnen weniger als ein Fünftel der Anbauflächen. Die landwirtschaftlichen Erträge ließen sich laut FAO um 20 bis 30 Prozent steigern, wenn Frauen den gleichen Zugang zu Landbesitz, Krediten, Märkten und Bildung wie Männer hätten. Vgl. welthungerhilfe.de/aktuelles/blog/frauen-und-entwicklung

35 „There is no Food Sovereignty without queer-feminism!", sagen Paula Gioia und Sophie von Redecker. Eine Bewegung, die sich für (Ernährungs-)Souveränität und Gerechtigkeit einsetzt, sei unglaubwürdig, wenn sie sich nicht an die Seite geschlechtlich und/oder sexuell diskriminierter Menschen stellt. Vgl. konzeptwerk-neue-oekonomie.org/themen/arbeit/sorgearbeit-im-zentrum-der-wirtschaft/queer-ackern/

2019 wurde in Deutschland ein *Emanzipatorisches Landwirtschaftsnetzwerk (ELAN)* gegründet, ein Zusammenschluss von in der Landwirtschaft arbeitenden FLINTA*-Personen (Frauen, Lesben, Inter, Nichtbinär, Trans, Agender *).

36 Manche Gärten vergeben nicht nur individuelle Beete, manche verpachten sie sogar, manche bewirtschaften alle gemeinschaftlich, viele experimentieren mit Zwischenlösungen. Gemeinschaftliche Bewirtschaftung ist in gewissem Sinne voraussetzungsvoller, denn geteilte Verantwortlichkeit braucht mehr Absprachen. Über Aufgabentafeln und Gießpläne wird sichergestellt, dass die rechte Hand weiß, was die linke tut. NeuLand vergibt individuelle Beete mit der Auflage, auch noch eines der gemeinschaftlichen zu pflegen.

37 Vgl. ardmediathek.de/video/erlebnis-hessen/urban-farming-gaertnern-fuers-klima/hr-fernsehen/Y3JpZDovL2hyLW9ubGluZS8xNjM1NTM

müsste – wenn sie professionell stattfinden soll – also „subventioniert" bzw. für die vielfältigen „Ökosystemleistungen" entgolten werden, die sie erbringt (dass sie Nachbarschaftstreff ist, für Umweltbildung sorgt, Saatgut bewahrt, Insektensterben verhindert, Brachen belebt, soziale Konflikte entschärft etc.). Teilweise gelingt es über Fördertöpfe, Beantragung von Forschungsmitteln oder Entgelte für soziale Dienstleistungen, urbane Landwirtschaft querzufinanzieren. In der Stadt bzw. stadtnah produzierende Solawis können, wie andere europäische Landwirt*innen auch, bereits heute Subventionen zum Beispiel für das Anlegen von Streuobstwiesen beantragen.

Ernährung der vielen

Dass Essen – bzw. der Zugang zu gutem Essen – nicht zuletzt eine Klassenfrage ist, ist im Kontext urbaner Gärten immer wieder ein Thema. Wer nicht viel Geld hat, ist auf den Discounter angewiesen. Gärtnern ist eine Möglichkeit, die individuelle Ernährungssouveränität wie die von Communitys zu erhöhen. Nicht allein auf den Konsument*innenstatus verwiesen zu sein, tut insbesondere denen gut, die über wenig Geld und damit Konsumentenmacht verfügen.

Teilen und Tauschen ist eine weitere Möglichkeit, den Reichtum, den ein Garten bietet, zu nutzen und zu vervielfältigen. Manche Gartenprojekte haben den Ehrgeiz, andere (mit) zu ernähren. Zum Beispiel bietet der neue Prinzessinnengarten am Moritzplatz, in dem es kein Restaurant und nichts zu kaufen mehr gibt, im blauen Zelt regelmäßig Küfa (Küche für alle) an, organisiert von der Lebenshilfe Kreuzberg. Dort kann jede und jeder umsonst oder gegen eine Spende mitessen. Die Zutaten fürs Menü werden gespendet; das Gartengemüse allein würde zur Speisung der Hungrigen nicht ausreichen. Die Köch*innen kochen reihum und umsonst, genutzt wird die Küche eines befreundeten Cafés.[38]

Foodsharing und Lebensmittelrettung ist eine Praxis, die zu urbanen Gärten passt und die sich parallel zur Gartenbewegung entwickelt hat. Valentin Thurns Dokumentation „Taste the Waste" haben viele Gartenaktivist*innen gesehen. Der Film stand auch bei der Gründung von Ernährungsräten, zumindest beim Kölner Ernährungsrat, Pate und rief Foodaktivismus-Gruppen auf den Plan.

Und so stehen in urbanen Gärten neben den „Beeten für alle", aus denen man sich bedienen kann, oft auch Fairteilschränke für „gerettete" bzw. übrig gebliebene Lebensmittel aus Supermärkten oder auch Bioläden. Überzähliges Gemüse aus dem Garten wird ebenfalls angeboten. Die Ernährung der vielen und die Verhinderung von Lebensmittelvernichtung ist eine konsequent verfolgte Herzensangelegenheit.

38 Vgl. lebenshilfe-berlin.de/de/aktuelles/meldungen/2021/Suppenkueche-Menschen-mit-Beeintraechtigung-kochen-fuer-Menschen-ohne-Zuhause.php

Ernährung der Stadt und Ernährungsräte

Die Sensibilisierung für die Rolle städtischer Politik in Bezug auf Ernährungssicherheit und Ernährungssouveränität ist in Politik und Verwaltung in den letzten zwanzig Jahren signifikant gestiegen. Immer mehr Städte erklären sich zur „Essbaren Stadt", in immer mehr Städten gründen sich Ernährungsräte, die Wertschätzung für regionale und ökologische Landwirtschaft nimmt zu. Dass die Stadt ihre Rolle im Hinblick auf die Lebensmittelversorgung überdenken und neu definieren muss, ist bei den Verantwortlichen angekommen: Lange Zeit fühlten sich Städte für diese Frage nicht (mehr) zuständig, nach dem Motto: Stadtbewohner*innen kaufen ihre Lebensmittel im Supermarkt; industrielle Landwirtschaft und Weltmarkt sorgen dafür, dass die Regale dort immer gefüllt sind; es ist nicht Aufgabe der Städte, da hineinzuregieren. Mit dem wachsenden Interesse von Bürger*innen an einem zukunftsfähigen, regionalen, fairen Ernährungs- und Landwirtschaftssystem ändert sich das allmählich. Urbane Gärten spielen bei diesem Bewusstseinswandel eine gewisse Rolle: Nicht zufällig interessieren sich die Gartenaktivist*innen auch für Ernährungsräte, haben sie angeregt, sitzen mitunter selbst in solchen oder arbeiten mit ihnen zusammen (zum Beispiel in Köln oder in Frankfurt). Die relativ jungen Ernährungsräte beschäftigen sich damit, die Schnittstelle zwischen Ernährung und Stadt schrittweise aufzuzeigen. Sie widmen sich der Frage, wie Landwirtschaft, Ernährungshandwerk, Lebensmittelhandel und Gastronomie gemeinsam nachhaltige Konzepte der Versorgung entwickeln können, und weisen in diesem Kontext auch Urban Gardening eine Rolle zu. Den neuartigen praxisbezogenen Ernährungsnetzwerken darf eine große Zukunft vorausgesagt werden. Sie sind der nächste Schritt. Über die Graswurzelebene des einzelnen urbanen Gartens hinaus entstehen Intermediäre, die mehr sind als Reflexionsräume.

7. Urbane Gärten als Orte der Ästhetisierung

Mit dem neoliberalen Zeitgeist werden sich Städte immer ähnlicher: Sie werden glatter, aufgeräumter, es bleiben immer weniger Experimentierräume übrig. Urbane Gärten bieten hier ein Korrektiv, sind sie doch Experimentierräume im besten Sinne. Urbane Gärten sehen schon „anders" aus: Sie sind grün, sie sind nicht glatt, sie sind unaufgeräumt und sie sind offenkundig nicht nur für Menschen da (was man zum Beispiel an den Totholzhecken sieht). Man sieht den Gärten an, dass man auf Selbstermächtigung setzt (deshalb der Einsatz von *low tech*). Im Ergebnis hat man es nicht mit Designerräumen, sondern mit einem kuratierten Durcheinander zu tun.

Urbane Gärten sind Mikro-Ökologien, kleine Sphären, mit allen Sinnen erfahrbar: Das Außerhalb und Innerhalb des Gartens unterscheiden sich deutlich. Dass man „drinnen" angekommen ist, merkt man mitunter daran, dass die Anspannung von einem abfällt. Die wiederkehrenden Verrichtungen und Bewegungen

– im Dreck wühlen, barfuß oder in Schlappen und in kurzen Hosen, Beete gießen, Unkraut zupfen, etwas in Ordnung bringen, essen, herumsitzen, Pause machen, abhängen, da sein, schauen – choreografieren den Ort; seine Architektur wird gemeinsam gefunden.

Die funktionalen Elemente – Gartenhäuschen als Stauraum, Versammlungs- und Esstisch, Spiel- und Auslauffläche, Beete, Hecken – sind immer gleich oder ähnlich da. Aber wie sie zu Lebensräumen einer Gemeinschaft zusammengefügt werden, wie dies alles in Resonanz gebracht wird zu den eigenen Vorstellungen, zur städtischen Umgebung, welchen Spaß man hat beim Finden von Inventar bzw. Mobiliar, ist unterschiedlich. Das Sich-in-Beziehung-Setzen zu Dingen und das Aufteilen und Komponieren der Fläche als ganzer sind hier selbst eine konviviale Praxis. Der materielle Minimalismus und Eklektizismus des DIY ist bei der Gestaltung des Gartens das vorherrschende Prinzip.

Gestaltungen eigener Art betreffen zuvorderst die Pflanzenökologien der Gärten. Wiesen und Hecken sollen Insekten und Vögeln ein Zuhause bieten. Konvivialität ist auch hier maßgeblich. Alles gut in Balance zu halten erfordert Wissen über Pflanzen und Tiere. Ein Ansatz, der in vielen Gärten eine Rolle spielt, ist das Konzept der Permakultur. Dabei geht es in urbanen Gärten weniger um den nutzgärtnerischen Aspekt von Permakultur als um den ökologischen, den nachbarschaftlichen oder den politischen. Die Kuratierung erfolgt in lokal-planetarischer Absicht; daraus ergibt sich die spezifische Ästhetik. Man findet Dinge schön, wenn sie der ökologischen Sache dienen: Der abgesägte Baum ist nicht hässlich, sondern das perfekte Insektenhotel.

Mit der wachsenden Zahl konvivialer Natur-Kultur-Experimente, die unsere Städte bevölkern, entsteht also ein Spektrum neuer Ästhetiken, die uns neue Fähigkeiten des Sehens und Erkennens abverlangen oder auch vermitteln. Die Entsiegelung der Stadt geht einher mit einer Entsiegelung unseres Blicks, mit einer Öffnung des Blickwinkels, die vorschlägt, uns nicht selbst ins Zentrum zu stellen, sondern uns als Teil, als Teilende zu begreifen. Die neuen Grünökologien sind die Erfahrungsräume, die eine Rückbindung an die Erde und eine neue Sicht auf unsere Städte erlauben. Als solche bilden sie die von Bernd Scherer so dringend geforderten „Probebühnen der Wissens- und Welterschaffung“, auf denen verschiedene Akteure gemeinsam neue „Weltausschnitte“ herstellen und dadurch von Betroffenen des Anthropozäns zu Akteur*innen zu werden (vgl. Scherer, 2022, S. 187).

8. Urbane Gärten als offene, freundliche Räume für alle

In urbanen Gärten findet sich oft eine heterogene Gesellschaft zusammen, die sich über das gemeinsame Dritte – was der Garten so braucht – verständigt und sich weniger darum kümmert, welchen Ideologien die anderen Gärtner*innen anhängen. Dabei ist es nicht so, dass man sich nicht füreinander interessiert. Tatsächlich wird in urbanen Gärten viel diskutiert, aber vor allem über Sachfragen – wie man etwas gut macht – und über politische Fragen, meist, sofern sie das Gärtnern betreffen. Selbstverständlich kann man sich auch in Gemeinschaftsgärten trefflich (ver)zanken und gibt es immer wieder schwierige Menschen; auch das Konsensprinzip kann sehr anstrengend sein. Trotzdem scheinen auch die Konflikte in urbanen Gärten gewissermaßen „geerdet".

Die Indifferenz des Gartens gegenüber den Gärtner*innen kommt neben queeren Menschen auch Menschen mit Zuwanderungsgeschichte und prekär lebenden Menschen zugute, oder sonst Leuten, die aus der gutbürgerlichen Reihe tanzen. Im urbanen Garten braucht man weder kulturelles noch ökonomisches Kapital, um mitzutun. Ein niedriges Einkommen, mangelnde formale Bildung oder sonstige Handicaps sind kein Ausschlusskriterium.

Obwohl die Gärten oft von Menschen initiiert werden, die aus der Mittelschicht stammen und über einen entsprechenden Bildungshintergrund verfügen – einen Garten zu gründen ist durchaus voraussetzungsvoll und erfordert einiges an kulturellem und sozialem Kapital (im Sinne Bourdieus) –, gilt das fürs praktische Gärtnern überhaupt nicht: Hier sind die mit der informellen Bildung sogar oft im Vorteil, kennen sich mit Erde, Wind und Wetter bisweilen besser aus. In Interkulturellen Gärten gibt es insofern oft eine spezielle Arbeitsteilung: Die mit den guten Deutschkenntnissen kümmern sich um den Verein, die mit den gärtnerischen Fähigkeiten ums Gemüse.

Urbane Gärten sind ideale Orte, um irgendwo anzukommen; das gilt für zugewanderte wie einheimische Menschen gleichermaßen. Für Migrant*innen sind Gärten vielleicht deshalb noch einmal wichtiger als für Menschen ohne Zuwanderungsgeschichte, weil es für sie weniger von solchen freundlichen Orten gibt, wo man sich nicht erklären muss. Gärten sind für geflüchtete Menschen bzw. alle, die neu in Deutschland sind und die Sprache noch nicht können, ideal, weil man sich im Garten auch anders verständigen kann – mit den Pflanzen und den Tieren sowieso, aber auch mit den Menschen. Irgendwie gelingt es immer, sich über das Gemüse und die anderen wesentlichen Dinge zu unterhalten. Vieles lässt sich auch einfach zeigen, und Kulinarisches lässt sich schmecken.

Auch anders ausgegrenzte oder gehandicapte Menschen fühlen sich in Gärten oft schnell heimisch. Alte Menschen und physisch oder psychisch beeinträchtigte Menschen können im Gemeinschaftsgarten – so gut es eben geht – mittun und sich womöglich stabilisieren. Ein Annalinde-Gärtner berichtet, dass bei ihnen schon so manche ihre „private Reha" gemacht haben: Wer Ruhe braucht, kann Himbeeren ernten, wer Gruppe braucht, kann pikieren. Michael Scheer betont als Geschäftsführer der Gemüsewerft in Bremen das integrative Potenzial bzw. die heilsame Wirkung von inklusiver Arbeit im Beet oder im Gartencafé – statt der im Behindertenbereich sonst oft üblichen isolierten Arbeit in Werkstätten. Insofern ist folgerichtig, dass auch die Soziale Arbeit Gemeinschaftsgärten und ihr integratives Potenzial für sich entdeckt hat, und nicht nur als Mittel der Wahl in „Problemvierteln". So bot die Stadt Andernach in ihrem Programm Essbare Stadt Langzeitarbeitslosen und nicht bzw. eingeschränkt erwerbsfähigen Menschen Gartenarbeit in den öffentlichen Rabatten an – und stieß damit bei den Betroffenen durchaus auf Gegenliebe. Auch die Stadt Leipzig hatte mit ihren „Tafelgärten" in Kleingartenanlagen bereits etwas Ähnliches versucht: Überzählige Kleingärten wurden unter Einsatz von Sozialarbeiter*innen von Arbeitslosen bewirtschaftet und das geerntete Gemüse wurde der Tafel gespendet.[39]

2015 öffneten sich viele urbane Gärten für Geflüchtete, luden die syrischen Bürgerkriegsflüchtlinge zu Kaffee und Kuchen in den Garten ein oder integrierten sie ins Gartengeschehen. Der Prinzessinnengarten versuchte, für einzelne Geflüchtete Jobs zu schaffen (was nicht einfach war). Aus den Begegnungen entstanden auch längere Projekte, zum Beispiel das Projekt „Umweltbildung in Ankunftsquartieren" von Annalinde in Leipzig. Andere Gartenaktivist*innen riefen Gemeinschaftsgärten an Gemeinschaftsunterkünften ins Leben, warteten also nicht, dass die Neuankömmlinge den Weg in die urbanen Gärten der Stadt fanden, sondern machten sich zu ihnen auf (siehe Teil III, Ortsbegehung Marienfelde).

Dass sich die Akteure in dieser Situation als so kompetent und handlungsmächtig erwiesen, hat zweifellos mit ihrer Erfahrung im transkulturellen Umgang miteinander zu tun. Wie oben ausgeführt, entstanden die urbanen Gemeinschaftsgärten in Deutschland von Anfang an als hybride, interkulturelle Räume. Einheimische und zugewanderte Menschen taten sich zusammen, um sich beim Gärtnern besser kennenzulernen. Typischerweise teilten sie die meiste Gartenfläche in Parzellen auf, die individuell bewirtschaftet wurden. Darüber hinaus gab es eine Gemeinschaftsfläche, um die man sich gemeinsam kümmerte; dort standen oft der Geräteschuppen, die Gartenküche und die Spielgeräte für die Kinder. Diese Aufteilung prägte das Gesicht der Interkulturellen Gärten lange Zeit in spezifischer Weise: Man konnte den jeweiligen Gartenstücken ansehen, ob sie von einer Vietnamesin, einer Türkin oder einer Deutschen bewirtschaftet wurden. Männer hatten selbstredend auch Parzellen. Die Gärtner*innen sahen sich die Gärten der anderen an, bewunderten länderspezifische Besonderheiten, schauten sich auch manches ab. „Ah, ihr macht das so. Interessant", hieß es oft. Teilweise zeigte die türkische Frau den Besucher*innen des Gartens stolz die Parzelle ihrer vietnamesischen Nachbarin. Der Garten bot allen die Möglichkeit, sich über Unterschiede und Gemeinsamkeiten zu verständigen, über Dinge zu verhandeln, Eigenes beizubehalten und Fremdes zu integrieren. Das war der Kerngedanke des von Najeha Abid und Tassew Shimeles entwickelten Konzepts der Interkulturellen Gärten.

Viele der neuen urbanen Gemeinschaftsgärten, die seit den Nullerjahren entstanden, wollten keine Aufteilung der Fläche oder der Hochbeete; alles sollte allen gehören und von allen bewirtschaftet werden. Der Gemeinschaftsgarten sollte eine Allmende sein. Erst später entdeckte man, dass auch dieses Modell Ausschlüsse produziert. Ausgerechnet im Kölner Gemeinschaftsgarten NeuLand – wo sich die Gärtner*innen lange gegen den Gedanken gesträubt hatten, die Hochbeete individuell an interessierte Menschen zu vergeben, und sich schließlich nur

39 Wir halten Ein-Euro-Jobs bzw. Workfare grundsätzlich für ein problematisches Konzept. Dennoch empfinden es manche Betroffene für sich persönlich als einen Segen.

dazu durchrangen, weil sie es selbst nicht mehr schafften, den Gießplan einzuhalten – machten sie die interessante Erfahrung, dass sich plötzlich mehr Leute am Projekt beteiligten, viele aus der unmittelbaren Nachbarschaft, die sie vorher vergeblich zum Mitgärtnern eingeladen hatten. Wie sich herausstellte, hatten viele die Idee nicht verstanden, dass alle sich um alles kümmern sollten. Der Diskurs um Commons ist eben nur in bestimmten Kreisen bekannt und anschlussfähig. Ein Konzept, das als besonders gemeinschaftlich imaginiert wurde, entpuppte sich damit als im Gegenteil ausgrenzend, wie die NeuLänder*innen selbstkritisch feststellten (vgl. Follmann & Viehoff, 2017).[40]

Zusammenfassend lässt sich festhalten: Gemeinschaftsgärten sind wichtige Passagenräume. Auch wenn sie vor allem von Menschen mit einem alternativ-bürgerlichen Hintergrund gegründet und bevölkert werden, sind sie auch Sammelbecken und Ankunftsorte für Menschen, die eher weniger als mehr Privilegien besitzen. Sie sorgen somit für etwas mehr Umweltgerechtigkeit in der (postmigrantischen) Stadt.[41]

9. Urbane Gärten als Umweltbildungsräume

Viele Menschen, die in einem Gemeinschaftsgarten anlanden, verstehen erst einmal wenig vom Gärtnern. Manche verspüren eine diffuse Sehnsucht, mehr Einsicht zu erhalten, woher die Lebensmittel kommen, was regional angepasste Sorten sind, wie eine saisonale Ernährung aussehen könnte etc. Aber Ahnung vom Gärtnern haben die wenigsten. Gärtnern in der Stadt ist also von Anfang an ein Lernprozess. Dabei wird mit dem Nichtwissen mitunter auch kokettiert:

40 Zur Ehrenrettung von NeuLand sei gesagt, dass die Garten-Community bereits vorher einem heimatlos gewordenen Kleingärtner Asyl gewährt und ihm eine Art eigenen Kleingarten im Gemeinschaftsgarten zugestanden hatte. Die NeuLänder*innen erwiesen sich bereits hier als flexibel und nicht als borniert. NeuLand wählte das Modell, dass jede Person, die ein individuelles Beet haben wollte, sich zusätzlich um ein Gemeinschaftsbeet kümmern musste. Inzwischen handhaben es viele Gärten so, dass sie sowohl gemeinschaftliche Beete haben als auch individuelle Beete vergeben. Es gibt aber nach wie vor Interkulturelle Gärten, die nach dem ursprünglichen Konzept verfahren und ihre Fläche in Parzellen aufteilen (siehe Teil III, Ortsbegehung Oerlinghausen). Grundsätzlich haben sich die verschiedenen Gartentypen einander angeglichen, ohne ihre jeweilige Individualität zu verlieren. Man könnte auch sagen, inzwischen ist man in der Gartenszene in der postmigrantischen Gesellschaft angekommen.

41 Einkommensschwache Menschen haben typischerweise einen erschwerten Umgang zu Grünräumen. Viele haben auch keinen Balkon; sie sind noch mehr als andere Menschen auf öffentliches Grün angewiesen. Gleichzeitig wohnen sie meist in Stadtvierteln, in denen öffentliches Grün Mangelware ist. Die meisten Bäume finden sich nachgewiesenerweise in den gutbürgerlichen, wohlsituierten Quartieren. Vgl. dazu auch das Interview mit Christa Böhme zu Umweltgerechtigkeit in diesem Buch.

Einige der urbanen Gärtner*innen der ersten Stunde bezeichneten sich als gärtnerische Dilettanten und erzeugten nicht zuletzt dadurch ein cooles Image, einen Kontrast zum eher kleinbürgerlich-spießigen Image der Schrebergärtner*in, das den neuen Typus eines Hipstergärtners ins Leben rief; vorwiegend eine männliche Ikone.

Lernen im Gemeinschaftsgarten erfolgt ohne formelle Didaktik, es ist in erster Linie erfahrungsbasiertes, häufig experimentelles Lernen. Dabei gibt es immer Akteur*innen, die mehr wissen als das Gros der Beteiligten. Ein Gemeinschaftsgarten lebt davon, dass alle ihre Expertise und ihre (Lieblings-)Themen einbringen und den anderen die eigene Begeisterung vermitteln.

Viele urbane Gärten haben sich zu wichtigen Orten der Umweltbildung entwickelt: Kinder aus der Kita von nebenan lernen hier, dass Möhren unter der Erdoberfläche wachsen und Kartoffeln mit Kräuterquark lecker schmecken; die Nachbarschaft lernt im von den Gärtner*innen organisierten Kurs, wie Bäume richtig beschnitten werden; der Kräuterkundige des Gartens erklärt sonntagnachmittags allen Interessierten, wie man Spitzwegerich erkennt und wofür er gut ist. Viele Gärten zeigen Filme über Lebensmittelverschwendung, organisieren Diskussionsveranstaltungen, entwickeln Ausstellungen, die sie im Garten zeigen, legen Lehrpfade an.[42]

Sowohl praktisches und theoretisches Gartenwissen als auch die politische Dimension des Ganzen – zum Beispiel der Ernährung oder der Stadtentwicklung – werden im Garten vermittelt. Oft finden sich Tafeln, die die Ansprüche von Pflanzen oder die Bedürfnisse von Insekten oder die Folgen des Klimawandels erklären.

Lernen in einem transkulturellen Gemeinschaftsgarten kann auch globales Lernen im Wortsinn sein: Wenn der Supermarkt täglich Gemüse und Waren aus aller Welt anbietet, es aber zugleich so voraussetzungsreich und arbeitsintensiv ist, auch nur eine Gemüsesorte durch die Saison zu bringen, lernt man unweigerlich viel über das globalisierte Ernährungssystem, über Düngemittel- und Pestizideinsatz, über Desertifikation von Böden, Einsatz von Hybridsorten, Patentrecht, Saatgut-Multis. Nicht von ungefähr identifizieren sich viele Gartenaktivist*innen mit den Anliegen der weltweiten Kleinbäuer*innen-Bewegung(en).

42 Auf der Plattform urbane-gaerten.de dokumentiert die anstiftung das aus Gartenprojekten kondensierte Wissen in semiformalisierten „Praxisanleitungen". Diese Wissenssammlung behandelt unterschiedlichste Themen, um einen Garten als Lernraum zu gestalten. Das dort vermittelte Wissen reicht von Fragen der Organisation und Kommunikation (wie baue ich eine Gartengruppe auf? Wie komme ich an ein Grundstück?) über gärtnerische Fragen (was passiert beim Kompostieren?) bis hin zu Fragen der Infrastruktur (mit welchen Mitteln kann Regenwasser aufgefangen werden?).

10. Quo vadis? Urbane Gärten als konstitutives Element der Stadt der Zukunft

Die Zukunft der urbanen Gärten hängt unmittelbar mit der Zukunft der Stadt zusammen. Seit mehr als zwanzig Jahren werden sie von Stadtbewohner*innen ins Leben gerufen, denen etwas in ihrem Leben fehlt. Dabei stießen sie vor allem zu Anfang auf großes Unverständnis und Widerstand in den Kommunen. Mittlerweile sind sie (zum Beispiel als Element des Konzeptes „Schwammstadt") anerkannte Referenz- und Modellorte der sozial-ökologischen Transformation. Die Handhabung der Klimakrise durch die Politik fußt zunehmend auf solchen zivilgesellschaftlich verankerten und getragenen Orten, und es ist davon auszugehen, dass dies in naher Zukunft noch deutlich mehr der Fall sein wird als bisher: Denn in den Stadtregierungen und -verwaltungen ist inzwischen angekommen, dass die Städte, so, wie sie im 20. Jahrhundert gedacht und entwickelt wurden, Teil des Problems Klimakrise und nicht Teil der Lösung sind. Die bisher dominanten Industrie- und Wohnmaschinen und die dazugehörigen asphaltierten Verkehrsadern sind, obwohl die architektonischen Überbietungswettbewerbe vor allem in den sogenannten Schwellenländern ungebremst weiterlaufen, eindeutig Teil des gedanklichen Inventars des 20. Jahrhunderts.

Doch neue und zeitgemäße Vorstellungen zur Stadt gewinnen zunehmend an Einfluss. Noch ist nicht absehbar, welche der vielen Einflüsse und Logiken, die gemeinsam auf und in der Stadt zusammenwirken und sie prägen, sich als dominante durchsetzen werden. Wird man dem Klimawandel primär mit technischen Mitteln und mit neoliberaler Smartness begegnen, ihn gleichsam als neue Wachstumschance nutzen wollen, seine tiefer liegenden Ursachen jedoch weiterhin ignorieren? Wird das eskalierende Katastrophengeschehen als neue Normalität und als Schicksal hingenommen und verdrängt? Oder sind wir bereit, uns vom Ausmaß der Katastrophe erschüttern zu lassen und unseren Lebensstil so zu verändern, dass er nicht mehr länger Teil des Problems, sondern der Lösung wird?

Die bestehende Ordnung ist mächtig, und mit Kritik allein ist ihr nicht beizukommen. Die Auswege liegen vielmehr in einer Praxis, die aus sich selbst Wirksamkeit erzeugt. Auch in der gegenwärtigen, verfahrenen Situation steht uns der Kompost zur Verfügung. Der Stoffwechsel des Lebens steht nicht still, sondern wirkt in jedem Moment in uns, leise und mächtig zugleich. Garten, Küche und Schreibtisch neu verbinden, gärtnerische „Keimzellen" aufsuchen und loslegen – das sind Möglichkeiten, die wir nicht unterschätzen sollten. In der derzeitigen Umbruchsituation, in der die großen Ideologeme und ihre materiellen Manifestationen des 20. Jahrhunderts gedanklich und materiell ausbrennen und das, was danach kommt, noch nicht klar erkennbar ist, stehen uns mit urbanen Gärten Orte zur Verfügung, in denen wir kompostieren und Humanität durch Humosität (Haraway) ersetzen können. Das ist ein Anfang und gleichzeitig eine Rückkehr. Es ist eine realistische Möglichkeit.

Literatur

Baier, A. (2013). *Wie soll man gesund sein, wenn man keine Arbeit hat? Gesundheit und soziale Ungleichheit.* Bielefeld: transcript.

Baier, A. (2011). Urbane Landwirtschaft und Stadtteilentwicklung. Die Nachbarschaftsgärten in Leipzig. In C. Müller (Hrsg.), *Urban Gardening. Über die Rückkehr der Gärten in die Stadt* (S. 173–189). München: oekom.

Baier, A., Müller, C. & Werner, K. (2013). *Stadt der Commonisten. Neue urbane Räume des Do it yourself.* Bielefeld: transcript.

Baier, A., Hansing, T., Müller, C. & Werner, K. (Hrsg.) (2016). *Die Welt reparieren. Open Source und Selbermachen als postkapitalistische Praxis.* Bielefeld: transcript.

Beck, G. & Jende, R. (2022). Vor der eigenen Haustür ‚caren'. Politik der Nachhaltigkeit im Paradigma des Terrestrischen. *Soziologie und Nachhaltigkeit. Beiträge zur sozial-ökologischen Transformationsforschung,* Heft 01/2022, 85–105.

Bennholdt-Thomsen, V. & Mies, M. (1997). *Eine Kuh für Hillary. Die Subsistenzperspektive.* München: Frauenoffensive.

Eizenberg, E. (2017). Real existierende Commons: Drei Momente von Raum in Gemeinschaftsgärten in New York City. In S. Kumnig, M. Rosol & A. Exner (Hrsg.), *Umkämpftes Grün. Zwischen neoliberaler Stadtentwicklung und Stadtgestaltung von unten* (S. 33–61). Bielefeld: transcript.

Fitz, A., Krasny, E. & Architekturzentrum Wien (Hrsg.) (2019). *Critical Care. Architecture and Urbanism for a Broken Planet.* Cambridge, MA und London: MIT Press.

Follmann, A. & Viehoff, V. (2017). Das Politische eines Gemeinschaftsgartens – NeuLand in Köln als Experimentierort für urban commoning? In S. Kumnig, M. Rosol & A. Exner (Hrsg.), *Umkämpftes Grün. Zwischen neoliberaler Stadtentwicklung und Stadtgestaltung von unten* (S. 233–261). Bielefeld: transcript.

Gabriel, M., Horn, C., Katsman, A., Krull, W., Lippold, A. L., Pelluchon, C. & Venzke, I. (2023). *Auf dem Weg zu einer Neuen Aufklärung. Ein Plädoyer für zukunftsorientierte Geisteswissenschaften.* Bielefeld: transcript.

Guattari, F. (2000). *The Three Ecologies.* London und New Brunswick, NJ: The Athlone Press.

Haarmann, A. & Lemke, H. (Hrsg.) (2022). *Keimzelle. Transformative Praxen einer anderen Stadtgesellschaft. Theoretische und künstlerische Zugänge.* Bielefeld: transcript.

Haide, E. von der (2022). Über die Keimzelle, während es regnet. In A. Haarmann & H. Lemke (Hrsg.), *Keimzelle. Transformative Praxen einer anderen Stadtgesellschaft. Theoretische und künstlerische Zugänge* (S. 51–58). Bielefeld: transcript.

Halder, S. (2018). *Gemeinsam die Hände dreckig machen.* Bielefeld: transcript.

Haraway, D. (2018). *Unruhig bleiben: Die Verwandtschaft der Arten im Chthuluzän.* Frankfurt am Main: Campus.

Kimmerer, R. W. (2021). *Geflochtenes Süßgras. Die Weisheit der Pflanzen.* Berlin: Aufbau.

Krasny, E. (2023). *Living with an Infected Planet. COVID-19, Feminism, and the Global Frontline of Care.* Bielefeld: transcript.

Kumnig, S., Rosol, M. & Exner, A. (Hrsg.) (2017). *Umkämpftes Grün. Zwischen neoliberaler Stadtentwicklung und Stadtgestaltung von unten.* Bielefeld: transcript.

Latour, B. (2018). *Das terrestrische Manifest.* Berlin: Suhrkamp.

Leggewie, C. & Welzer, H. (2009). *Das Ende der Welt, wie wir sie kannten. Klima, Zukunft und die Chancen der Demokratie.* Frankfurt am Main: S. Fischer.

Lessenich, S. (2013). *Die Neuerfindung des Sozialen. Der Sozialstaat im flexiblen Kapitalismus.* 3. Auflage, Bielefeld: transcript.

Meyer-Renschhausen, E. (2019). „Urban Gardening – Eine neue Agrarkultur?" In *Von Pflanzen und Menschen – Leben auf dem grünen Planeten* (S. 160–170). Hrsg. für das Deutsche Hygiene Museum von K. Meyer und J. E. Weiss. Göttingen: Wallstein.

Meyer-Renschhausen, E. (2004). *Unter dem Müll der Acker. Community Gardens in New York City.* Königstein/Ts.: Ulrike Helmer.

Müller, C. (2002). *Wurzeln schlagen in der Fremde. Die Internationalen Gärten und ihre Bedeutung für Integrationsprozesse.* München: oekom.

Müller, C. (Hrsg.) (2011). *Urban Gardening. Über die Rückkehr der Gärten in die Stadt.* München: oekom.

Douwe van der Ploeg, J. (2018). *The New Peasantries. Rural Developments in times of Globalization.* Oxon, NY: Routledge.

Puig de la Bellacasa, M. (2017). *Matters of Care. Speculative Ethics in More Than Human Worlds.* Minneapolis & London: Minnesota University Press.

Pungas, L., Plüschke-Altof, B., Müüripeal, A. & Sooväli-Sepping, H. (2022). Same, same but different? The 'right' kind of gardening and the negotiation of neoliberal urban governance in the post-socialist city. In *Whose Green City?* (S. 125–144). Springer, link.springer.com/book/10.1007/978-3-031-04636-0

Redecker, E. v. (2020). *Revolution für das Leben. Philosophie der neuen Protestformen.* Frankfurt am Main: S. Fischer.

Reichholf, J. H. (2023). *Stadtnatur. Eine neue Heimat für Tiere und Pflanzen.* München: oekom.

Rosa, H. (2016). *Resonanz: Eine Soziologie der Weltbeziehung.* Berlin: Suhrkamp.

Rosol, M. (2017). Gemeinschaftlich gärtnern in der neoliberalen Stadt? In S. Kumnig, M. Rosol & A. Exner (Hrsg.), *Umkämpftes Grün. Zwischen neoliberaler Stadtentwicklung und Stadtgestaltung von unten* (S. 11–32). Bielefeld: transcript.

Saunders, D. (2011). *Arrival City.* München: Blessing.

Scheer, M. & Gesellschaft für integrative Beschäftigung (2018). *Stadtwirte. Von Sozialraumfarmern und Inklusionswirten.* Bremen: Eigenverlag.

Scherer, B. (2022). *Der Angriff der Zeichen. Denkbilder und Handlungsmuster des Anthropozäns.* Berlin: Matthes & Seitz.

Schroer, M. (2022). *Geosoziologie. Die Erde als Raum des Lebens.* Berlin: Suhrkamp.

Schwägerl, C. (2010). *Menschenzeit: Zerstören oder gestalten? Die entscheidende Epoche unseres Planeten.* München: Goldmann.

Thomas, N. (2020). Urbane Kleingärten im Fokus von Stadtentwicklung. Übersetzungen eines mehrschichtigen Stadtraumes. *sub/urban. Zeitschrift für kritische Stadtforschung.* Band 8, Heft 1/2, 11–34.

Tsing, A. (2022). *Der Pilz am Ende der Welt. Über das Leben in den Ruinen des Kapitalismus.* Berlin: Matthes & Seitz.

Vetter, A. (2023). *Konviviale Technik. Empirische Technikethik für eine Postwachstumsgesellschaft.* Bielefeld: transcript.

Weber, A. (2017). *Sein als Teilen. Eine Praxis schöpferischer Existenz.* Bielefeld: transcript.

Werner, K. (2011). Eigensinnige Beheimatungen. Gemeinschaftsgärten als Orte des Widerstands gegen die neoliberale Ordnung. In C. Müller (Hrsg.), *Urban Gardening. Über die Rückkehr der Gärten in die Stadt* (S. 54–75). München: oekom.

Dimensionen der Stadt der Zukunft

Gärten als Orte der terrestrischen Moderne

"I take care when I water my plants"

Stormzy, *Shut Up*, 2015 zit. von Matthew Fuller 2017

"The Planthroposcene is a call to change the terms of encounter, to make allies with these green beings."

Natasha Myers, 2021

Gärtnern als Praxis des Sorgens und des Werdens

Yvonne Volkart

Die Klimaerhitzung und die damit verbundenen Verluste und Bedrohungen machen auf schmerzhafte Weise deutlich, dass unser *lifestyle* – das heißt der Wohlstand von wenigen – auf Ausbeutung basiert: Die gesamte Erde und ihre menschlichen und nicht-menschlichen Bewohner*innen sind zu Ressourcen geworden, die man konsumieren, auslaugen und in Abfall verwandeln kann. Seit mindestens 500 Jahren ist eine perverse Form von Alchemie am Werk, die das Leben auf dem Planeten zu Müll und Schulden umwandelt. Mit der Digitalisierung und der modernen Mobilität der letzten 30 Jahre hat dieser Prozess eine ungeahnte Steigerung erfahren. Diese unsere Zeit des techno-kapitalistischen Herunterwirtschaftens von Welt nenne ich, in Anschluss an die vielen -zäns, Wasteozän – das Zeitalter des Vermüllens. Unsere große Aufgabe heute besteht darin, Strategien zu entwickeln, die erstens die Dimensionen dieses Leerlaufs wahrnehmbar machen, zweitens dagegen opponieren und drittens Lebensmöglichkeiten vorführen, die auf anderen Werten basieren. Alle Praktiken – künstlerische, spirituelle, aktivistische, kommunale, reproduktive, pädagogische –, die mit spielerischen ästhetischen Mitteln versuchen, aus dieser Ökonomie der Entwertung auszubrechen, den Erdbewohnenden Aufmerksamkeit schenken und uns für Transformationen jenseits simpler Ganzheitsversprechen öffnen, kann man mit Félix Guattari „ethisch-ästhetisch" nennen. Sie sind vom Wunsch getragen, gesellschaftliche, mentale und ökologische Veränderungen im Kapitalismus herbeizuführen und nach Formen kollektiver Subjektivierungen zu suchen (vgl. Guattari, 2000, 2017). Wie Guattari zeigt, mobilisieren sich Kräfte zur Veränderung des Bestehenden über Affizierungen, die durch mikropolitische, sensoriell wirkende ästhetische Praktiken ausgelöst werden können. Insbesondere die Verbundenheit mit Pflanzen, wie sie in gärtnerischen Praktiken zur Anwendung kommt, verspricht relationale Zugänge zur Welt und gerät deswegen heute vermehrt in den Blick. Gärtnerische Praktiken öffnen uns für die Transformationskraft des Lebendigen und die unvorhersehbaren Dimensionen des Werdens. Sie zeigen, dass menschliche Wesen nicht außerhalb der „Natur" stehen, sondern ein Teil davon sind und für sie Sorge tragen (möchten). Gärtnerische Praktiker*innen leben mit den Pflanzen, achten auf sie, sorgen für sie. Sie sind die Mütter, die Care-Worker, diejenigen, die zusammen mit ihren Schützlingen und Verbündeten das Leben auf der Erde erhalten. Denn gärtnerische Praktiken sind, so meine These, Öko-Logiken der Sorge und des Sorgens. In ihrem Mittelpunkt stehen Tätigkeiten des Aufmerksam-Werdens, des Sich-Kümmerns, Heilens und Reparierens. Ich möchte dies anhand von zwei Beispielen diskutieren.

Der Begriff der Sorge bzw. des Sorgens ist nicht nur positiv besetzt. Bereits vor Corona wurde er wegen seiner Instrumentalisierung für ökonomische, koloniale und persönliche Zwecke problematisiert, aber gleichzeitig auch als Praxis interessegeleiteten Handelns und Respondierens zu einem übergreifenden Hoffnungsbegriff für einen Systemwandel. In diesen greift auch die Kunst ein: Wenn wir andere Welten denken und leben wollen, dann brauchen wir sorgende Beziehungen.[1] Für unseren Kontext sind Maria Puig de la Bellacasa und Natasha Myers zentral. So hat Puig de la Bellacasa den Care-Begriff in Hinblick auf mehr-als-menschliche Formen der Subjektivierung ausgeweitet. Am Beispiel der Permakultur diskutiert sie sorgende, sogar heilende Beziehungen mit dem Boden – im Gegensatz zur konventionellen Landwirtschaft, die, in der homogen konstruierten Zeit des Fortschritts angesiedelt, diesen durch künstliche Dünger und Monokulturen nur auslaugt (vgl. Puig de la Bellacasa, 2015). Myers versucht, artenübergreifende Aufmerksamkeit und Sorge für Pflanzen mit hybriden Technologien zusammenzudenken (vgl. Martin et al., 2015; Myers, 2021). „Oft wird gedacht, dass es bei Care-Ethik nur darum gehe, sich *um* oder *für* jemanden zu sorgen. Aber im Wesentlichen handelt es sich um eine relationale Ethik“, schreibt die Tierethikerin Lori Gruen (2019, S. 23). Egal also, wie man Sorgen definiert oder kritisiert: Es setzt stets eine Disponiertheit voraus, sich gegenüber Alteritäten zu öffnen.

Wie Maria Puig de la Bellacasa aufgezeigt hat, waren „maintenance and repair“ bis ins 20. Jahrhundert hinein *das* Paradigma von Landwirtschaft. Erst mit der Modernisierung und der grünen Revolution wurden „maximization of soil beyond the renewal pace of soil ecosystems“ zur neuen Ideologie (Puig de la Bellacasa, 2015, S. 699). Die Entwertung der zeitaufwendigen Reproduktionsarbeit und deren Indienstnahme für das Funktionieren kapitalistischen Wirtschaftens geht Hand in Hand mit der technologischen Aufrüstung in Landwirtschaft, Küche und dem Pflegebereich (vgl. Mies, 2005; Mies & Bennholdt-Thomsen, 2001). Auch in feministischen, akademischen und künstlerischen Communitys, vor allem in den technophilen 1980er und 1990er-Jahren, war Care-Work – trotz des Einsatzes dafür in den teils ökofeministisch geprägten 1970er-Jahren – in Misskredit geraten. Erst seit rund 15 Jahren, seit der Verschärfung der Krisen, die nun auch „Privilegierte“ im Globalen Norden erfasst, werden Praktiken des Sorgens und des Heilens wieder als Möglichkeiten anderer Lebenspraxen gewürdigt und auch in Hinblick auf mehr-als-menschliche Gemeinschaften reformuliert. Um zu überleben, ist ein aufeinander bezogenes Zusammenleben gefragt, in dem menschliche und

1 Von den vielen Referenzen dafür seien hier ein paar ausgewählt: Tronto, 1993; Bärtsch, 2017; ZfM 1/2021; Zechner, 2021; The Care Collective, 2020; Graziano, o.J.; Krasny, 2022 sowie Krasnys Beitrag in diesem Band.

nicht-menschliche Lebewesen in einen Austausch kommen, voneinander lernen und zusammenzuarbeiten beginnen. Ästhetische und kommunale gärtnerische Praxen können dabei helfen, eine relationale Öko-Logik der Sorge zu entwickeln. Mit „Öko-Logik" meint Félix Guattari eine affektive Logik körperlich-psychischer Intensitäten, die nicht primär rational oder kognitiv verläuft. Vielmehr ist sie in ihrem prozessualen prä-subjektiven Wachsen und Werden nahe an den Pflanzen und ihrer Weise des Sich-auf-die-Welt-hin-Öffnens (vgl. Guattari, 2000, S. 44).

Gärtnern als Öko-Logik der Sorge heißt, sich für (Boden-)Prozesse und unsichtbare Zusammenhänge zu sensibilisieren und sich dabei die Hände schmutzig zu machen. Es heißt, fremde Wesen zu berühren und in Zyklen des Werdens und Vergehens zu geraten. Es heißt säen, ernten, kochen, experimentieren, spielen und sich an dem, was geschieht, zu erfreuen. Es heißt, Unvorhergesehenes zuzulassen. Kurzum, es multipliziert die Sinne und die Empfindungen, lehrt uns Hingabe und Vertrauen in andere und zeigt, dass mit einer „Politik für das Kleinteilige" sofort begonnen werden kann (vgl. Müller, 2011). Deswegen ist es eine Möglichkeit, das Wasteozän durchzuarbeiten und in eine Lebensweise des Mit-Seins, das „Planthropozän", zu kommen:

> „The Planthroposcene does not name a time-bound era, but an aspirational episteme marked by a profound acknowledgement of the joint and uncertain futures of plants and peoples, and a profound commitment to collaboration. The Planthroposcene is a call to change the terms of encounter, to make allies with these green beings", schreibt Natasha Myers (2021, o. S.). Und sie fährt fort: „We must get to know plants intimately and on their terms. We must learn to vegetalize our all-too-human sensorium. We are not alone." (ebd.)

Die beiden Beispiele, die ich im Folgenden bespreche, tun genau das: Sie atmen mit den Pflanzen, paktieren mit ihnen, werden mit ihnen. Natasha Myers sagt immer wieder, dass wir mit den Pflanzen Allianzen bilden, konspirieren müssen (vgl. Myers, 2021). Mir scheint es bedeutsam, dass „konspirieren" auf das lateinische *conspirare* zurückgeht, das wörtlich „zusammen atmen" heißt. Wie ließe sich die Nähe zwischen Pflanzen und Menschen besser ausdrücken, als dass man zusammen Luft austauscht? Solche Vorstellungen lassen Erfahrungen unerwarteter Begegnungen und Anschlüsse zu: mit Pflanzen, Bodenlebewesen, Maschinen, Geistern, Bildern und Tönen. Dabei produzieren sie einen ästhetischen Überschuss, der der dominanten Kultur des Vermüllens und Verschleißens und den damit einhergehenden Effekten und Gefühlen von Mangel mit Für-/Sorge und Fülle kontert.

Stadtboden grün besetzen – Guerilla Gardener Maurice Maggi

Gärten sind keine Paradiese: keine materialisierten Visionen harmonischen Zusammenlebens, keine Orte der Natur im Urzustand. Nein, es sind hybride Orte, kontaminierte Orte, Orte voller Geschichten und gewonnener oder verlorener Kämpfe um Partizipation: Oft entstanden als Zwischennutzungen vor der großen Betonierung, als Trostpflaster für ein kontrolliertes Leben (im Altersheim) und die Limitierung des Terrains durch verdichtetes Bauen (in der sozialen Wohnsiedlung); als Experiment für interkulturellen Dialog oder Beute mikropolitischer Kämpfe um Anerkennung einer anderen Lebensführung. Gärten sind Orte des Verhandelns, Kämpfens, der Besetzung von Raum. Sie sind Orte menschlicher und nicht-menschlicher Gemeinschaften, Ökologien der Begegnung, der Kooperation und des Zusammenlebens. Deswegen sind Gärten immer schon Gemeinschaftsgärten. Sie sind Modelle des Planetarischen im verkleinerten Maßstab: zusammengeworfen auf einem Planeten mit endlichen Ressourcen und unendlichem Potenzial. Gärten sind Heterotopien – Einschlüsse des anderen im Jetzt.

„Wie ein Hund markiere ich meine Wege; dort wo es später blühen soll." (Maggi, 2012, S. 158) So beschreibt der Zürcher Guerilla Gardener und Koch Maurice Maggi seine Samen-Verstreu-Aktionen im öffentlichen Raum. Auf ähnliche Weise hat Michel Serres die Entstehung von Eigentum beschrieben: Wie ein Hund, der die Baumwurzel bepisse, so würde Öffentliches in Privates, Gemeines in Eigenes verwandelt. Um sich etwas anzueignen, genüge es, das Gemeingut zu verkoten, sodass es für die anderen unbrauchbar wird (vgl. Serres, 1984). Verschmutzen und verpesten ist, wie Rob Nixon sagt, „slow violence" (ebd.) – Akte der Inkorporierung von Wasser, Land und Luft, die trotz der aktuellen Ökologisierung immer noch bzw. immer mehr der normalisierte Weg von Ressourcengewinnung und Profitmaximierung von wenigen sind. Anders Maurice Maggis Reviermarkierungen: Sie kontern mit Verschönerung statt Verwüstung, mit Verlebendigung statt Abtötung. Ein Umstand, den er von Anfang an gezielt in seine Taktiken einbezog. Als Maurice Maggi 1984, kurz nach der durch die Zürcher Unruhen und Harald Nägelis Sprayereien aufgeheizten Stimmung, mit dem Guerilla Gardening begann, wollte er den Schweizer Hang zu Sauberkeit und Unkrautvernichtung überlisten. Seine Wahl fiel zunächst auf Malven, weil sie eine Blumensorte aus dem Bauerngarten sind, die in der Pflanzung dekorativ wirken und es „nichts Schlimmeres für eine Fachperson gibt, als eine Kulturpflanze versehentlich zu jäten." (ebd.) So blieben seine wilden Pflanzungen stehen und prägen das Stadtbild von Zürich bis heute: „Das ist mein Pakt mit den Pflanzen. Ich bringe sie an einen Ort, und im Herbst bringen sie mir die Samenkapseln. Das macht sie selbsttragend. Es gibt dann 100 oder 1000 neue davon. Ich darf sie dann abernten." (Maggi in *Wild Plants*, Humbert 2016) Maggis gärtnerische Praxis hilft den Pflanzen bei der Ausbreitung und Gewinnung von Terrain; er selbst handelt in Allianz mit ihnen, denn er weiß, was sie brauchen und wollen:

> „Mit den Jahren lernt man ihre Sprache. Wie eine Art Beziehung. Man kann das lesen, was sie wünschen, und das versuche ich zu erfüllen. Das sind zwei Dinge, da ist meine Arbeit und da ist das Eigenleben der Pflanze, das stattfindet." (ebd.)

Malven gehören zu den rund 40 heimischen Pionierpflanzen, mit denen Maurice Maggi arbeitet und die er als „gesellschaftspolitische Gesinnungsgenossen" versteht. „Wir wollen denselben Raum bewegen. Von der Nische her etwas verändern." (Maggi in *Wild Plants*, Humbert 2016) Pionierpflanzen sind die ersten, die kommen, sie brauchen wenig Nährstoffe, verändern den Boden, sodass andere nachkommen. Diese Art der gärtnerischen Praxis gesteht den Pflanzen Handlungsmacht zu, ja sogar eine Art Willen, ein konspiratives Begehren – ein Verständnis, das viele „wilde" bzw. „wild denkende" Gärtner*innen auszeichnet, also jene Menschen, die sehr eng mit Pflanzen verbunden sind und deren Selbstständigkeit und Generativität kennen:

> „Das ist ein Spiel mit den Zeiten, es wird eine unendliche Geschichte, aus einer Pflanze werden so viele, vielleicht bekommen sie einen neuen Standort, vielleicht erntet sie jemand anders. Das ist ein Dialog, der sehr schwierig zu beschreiben ist, wenn man das nicht miterlebt hat. Es tut jedem gut, etwas ausgesät zu haben und zu sehen, was daraus wächst. Etwas wächst, das ist eine neue Dimension von Erfahrung und Veränderung. Und ist etwas Stilles. Fast Andächtiges." (ebd.)

Die gärtnerische Praxis ist eine reziproke Tätigkeit, ein Austausch, bei dem etwas möglich oder nicht möglich wird. Sie partizipiert an einem übergreifenden, offenen Prozess, der die menschliche Dimension und deren Machbarkeitswahn überschreitet und sie an der Kraft des Web of Live[2] teilnehmen lässt: Vielleicht gehen die Samen innert Kürze auf, vielleicht erst nach Jahren, wenn man nicht mehr damit rechnet, vielleicht gar nicht. In der Handlungsmacht des Vegetabilen, dieser generativen, autopoietischen Kraft des Ökologischen, in diesem radikalen Begehren, zu werden und zu sein, was bereits im Samen angelegt ist, liegt, wie das Maggi vertritt, Anarcho-Potenzial: Die Um-/Welt kann mit artenübergreifenden, nicht-organisierten Kollektiven nachhaltig verändert werden, denn jeder Akteur bereitet den Boden für andere Akteure vor. Man kann das auch artenübergreifende Kooperation nennen, so wie das Natasha Myers im obigen Zitat oder Donna Haraway mit den „Children of Compost" entworfen haben (vgl. Haraway, 2016, S. 136ff.). Oder Ökologie:

> „Ecology has started to designate the collaboration of a multiplicity of human and nonhuman agents: it is something like the cipher of a

2 Ich übernehme diesen Begriff von Moore, 2017.

> new thinking of togetherness and of great cooperation of entities and forces, which has begun to be significant for contemporary thought; hence it forces and drives a radically relational onto-epistemological renewal.“ (Hörl & Burton, 2017, S. 3)

Wie Maurice Maggi erzählt, intervenieren in „seine“ Guerilla-Gärten auch andere Menschen. So fiel ihm beispielsweise die große Schmetterlingspopulation an den von ihm gestalteten Orten auf, die er als direkte Folge seines Tuns interpretierte – bis er eines Tages die Person kennenlernte, die dort Raupen aussetzte, weil es „gute Futterplätze“ waren (Maggi, 2012, S. 159).

Um den Eindruck des Natürlichen zu stören und die Künstlichkeit, das ästhetisch Gemachte und Gewordene seiner Interventionen zu unterstreichen, begann Maurice Maggi vor ein paar Jahren, auch ornamental zu arbeiten und großflächige, unterschiedlich monochrome Inszenierungen zu gestalten. Zudem setzt er stärker auf essbare Pflanzen, im Sinne einer „essbaren Stadt“, und inszeniert Tavolatas – gemeinsame Essen – auf Straßenkreuzungen voller Ruderalpflanzen.

Das Störende, Unpassende schafft Staunen und führt vor, dass es irgendwie geht, dass viele zusammenkommen und etwas gemeinsam tun können, auch wenn es Widersprüche und Differenzen gibt. Das ist Eintauchen und Zusammen-Werden in der Polyphonie der Welt, wo der Garten Patch-Work und nicht Paradies ist. Das Moment des Ästhetischen, des künstlerisch Inszenierten dient dazu, die Pflanzen aus ihrer Verwertungslogik und Unscheinbarkeit herauszureißen und ihnen eine andere Wertigkeit und Handlungsmacht zuzuführen. Denn mit der Klimaerhitzung wird auf eine möglicherweise nie dagewesene Weise deutlich, dass es durch all die artenspezifischen Verschiedenheiten und gesellschaftspolitischen Hierarchien hindurch Dinge von gemeinsamem Belang gibt: gemeinsam einen Planeten zu schaffen, auf dem alle leben können: für alle, die schon sind und die noch werden könnten. Deswegen geht es bei der relationalen Praxis des Gärtnerns nicht mehr um die Verstärkung der dualen Grenze zwischen Menschen und Nicht-Menschen, Natur und Kultur (die Natur ist nicht draußen vor der Stadt, sondern die ganze Stadt ist auch Natur). Vielmehr geht es um die Re-Etablierung von Lebenshaltungen des „conspiring with plants“ (Myers, 2021) oder des „togethering“ (Ingold, 2018, S. 26).

Was mit diesen Denker*innen in den letzten Jahren eine neue philosophische Artikulationskraft bekommen hat, wird, wie das Beispiel von Maurice Maggi zeigt, in der Praxis bereits seit Längerem gelebt. Beziehungsweise hat es, wie Maria Puig de la Bellacasa argumentiert, über Jahrtausende hinweg die Agrikultur bestimmt. Es ist eine Lebensführung, die sich durch körperliche Immersion sowie erhöhte Aufmerksamkeit und Sorgsamkeit gegenüber mehr-als-menschlichen Lebensgemeinschaften auszeichnet; es ist ein mütterliches Sich-Kümmern um die Mitbewohner*innen der Erde bei gleichzeitigem radikalem Loslassen und Anerkennen der Alterität der anderen. Obwohl Maggi mit den Malven so etwas wie einen Masterplan verfolgte – sie sollten vereinzelt vom Stadtrand herkommend, sich in der City verdichten –, gab er den Plan angesichts der Situation auf.

> „Meine Gestaltung bleibt zurückhaltend. Ich lasse die Orte selbst sprechen, sie sollen beinahe wie sakrale Räume wirken. Ohne Hierarchien, alles in Gleichberechtigung und in Bewegung und Veränderung. Nichts ereignet sich, nichts passiert, doch alles ist und wirkt." (Maggi, 2010)

Der Satz „Nichts ereignet sich, nichts passiert" scheint (strategisch) aus der Perspektive des dominanten Sehens formuliert, das auf die spektakulären und nicht die stillen Ereignisse hin konditioniert ist. Natürlich passiert hier viel – alles –, aber unsere Sensorien können das nicht (mehr) wahrnehmen. Denn einerseits spielen sich pflanzliche Prozesse auf einer anderen, molekularen Ebene ab, andererseits honoriert die dominante Kultur die Bedeutsamkeit solcher Prozesse nicht. Somit hat sich unsere Wahrnehmung wie auch unser Begehren, so etwas wahrnehmen zu wollen, zurückgebildet oder gar nie ausgebildet. Damit wird die Öko-Logik des Gärtnerischen auch zu einer Rückgewinnung dessen, was der Kapitalismus enteignet und zerstört hat: unsere Sinne für terrestrische und atmosphärische Zusammenhänge sowie unsere sinnliche Fähigkeit, umweltbezogen zu denken und zu handeln – was nicht ökologisch korrektes Handeln oder die Rückkehr zum Körper als Ort authentischer Erfahrung meint. Es geht nicht um richtig oder falsch; diese Unterscheidungen sind an sich schon schwierig zu treffen. Denn aus welcher Perspektive sprechen wir überhaupt? Wer ist das „wir"? Und mit welchen Techniken und Technologien müssen, wollen wir leben?

Mit anderen Worten: Interventionen in die urbanen Zonen, wie die von Maurice Maggi, schaffen die Möglichkeit, dass wir beginnen, vegetabilen Nicht-/Ereignissen Aufmerksamkeit zu schenken: Da ist etwas ungewohnt und unpassend, fügt sich nicht ins Bild: eine wild gewachsene Blumenfülle, hoch gewachsene „Parademalven" mitten auf dem Paradeplatz, dem Bankenviertel in Zürich, oder gelb leuchtende Schlangenkürbisse an einer tristen Quartierstraße. Solche Momente von sensoriellen Berührungen unserer Sinne, von ästhetischer Affizierung, lösen Empfindungen aus – Momente von Anteilnahme und Bezeugen dessen, dass da etwas ist – etwas, was nicht da sein sollte. Dieses Werden, dieses Trotz-allem-geworden-Sein, schafft Momente purer Freude. Es sind nicht-rational, nicht-intentional, nicht-bewusst erlebte Momente der Partizipation an einer vielversprechenden urbanen Welt. Diese offenen Momente des Zusammenkommens von vielen – Menschen, Pflanzen, Beton etc. – schaffen einen ästhetischen Überschuss, der nicht kognitiv verstanden werden muss, aber momenthaft andere Handlungs- und Existenz-Möglichkeiten im Jetzt aufscheinen lässt. Deswegen ist Maurice Maggis öko-logisches Gärtnern sowohl eine ästhetische wie eine mikropolitische, eine ethisch-ästhetische Praxis, die Begehren nach Veränderung schafft. Ihr beiläufiges, zufälliges oder widersprüchliches Erscheinen erlaubt es, dass unmöglich gemachte Gefühle wie Schönheit, Staunen oder Freude wieder in Beschlag genommen werden können, wie von einem Hund, der sein Terrain markiert: Dieser Platz ist von „Parademalven" besetzt. Da breitet sich ein „Blumengraffiti" aus ...

In eine gemeinsame Zeit kommen. Nicolas Humberts *Wild Plants*

Zwei Männer, die einen Komposthaufen umgraben:

> Andrew: „Hier siehst du den ganzen Kreislauf. Für mich ist das die einzige Art, mich mit dem Zyklus von Leben und Tod zu verbinden und ihn anzunehmen. Alles ist da, nichts verschwindet, alles ist nur in Verwandlung. Mir hilft der Gedanke, dass ich genauso ein Teil davon bin. Beeinflusst das nicht auch deinen Blick auf das Leben, und wie es vielleicht endet?"
> Malik: „Ehrlich gesagt, denke ich nicht so viel dran. Wenn ich sterbe, sterbe ich, das ist okay so."
> Andrew: „Aber möchtest du nicht als Erdbeere oder Pfirsich wieder auf die Welt kommen?"

Wild Plants, der experimentelle Dokumentarfilm des Schweizer Filmemachers Nicolas Humbert aus dem Jahr 2016, handelt vom gärtnerischen Sorgen und wie es Anteil nimmt am Wachsen und Werden, Anders-Werden – den kleinen und großen Nicht-/Ereignissen im Web of Live. „Transform", so lautet das Wort, das Motto des Films, das eine Hand und ein Stück Kohle im Frottage-Verfahren gleichsam magisch aus dem Weiß eines Papiers aufscheinen lässt. Der ganze Film basiert auf solchen Momenten des Anders-Werdens: etwa wenn ein riesiger Vogelschwarm in die Stadt fliegt, die Stromleitungen besetzt, sich in die Lüfte schwingt und die Kamera mit den vielen schwarzen Vögeln mitgeht, bis sie nur noch fliegende, tanzende Punkte, halluzinierend schwarze Muster vor weißem Hintergrund sind, Hintergrundrauschen im Chaos der Welt, Moleküle, Atome, die wir alle sind. Sie erinnern uns an die schwarzen Blätter, die wir vorher über den nassen Schnee haben wirbeln sehen, so wie uns viel später die in den dunklen Nachthimmel fliegenden weißen Löwenzahn-Fallschirme im Sommer an die Vögel und die Blätter und die Schneeflocken erinnern werden, an den Herbst und den Winter. Anders werden auch die nächtlichen Funken des sommerlichen Gartenfeuers gegen Ende des Films. Sie werden lang und länger, sind Regen, Schneefall im Winter.

Alles kann sich auflösen und alles kann alles werden in diesem Film, dessen Soundtrack (von zeitblom) die Brüche und Übergänge wie auch die urbane Techno-Bio-Sphäre synästhetisch verstärkt – doch alles folgt den Gesetzen der Biologie und ihren Zyklen. Und die porträtierten Menschen und ihre Gärten sind Teil davon; sie begleiten diese Zyklen und sorgen auf mannigfaltige Weise dafür, dass sie sich erfüllen, dass die Pflanzen – und diejenigen, die mit ihnen sind – gedeihen. Zyklen sind für gärtnerische Praxen, die dem Wechsel der Jahreszeiten unterworfen sind und die für die Bodenpflege Kompost benötigen, nicht nur zentral, sondern bedeuten eine ganz andere Strukturierung und Erfahrung von Zeit. Maria Puig de la Bellacasa weist darauf hin, dass Permakultur-Design beispielsweise eine Praxis alternativer Zeitproduktion ist, durch die sich auch das Verhältnis zu Arbeit, Produktion und Lebensführung wandelt. Beim Gärtnern ist das über verschiedene Zyklen hinweg reichende Beobachten und Experimentieren fundamental – um herauszufinden, wie sich die verschiedenen Komponenten und Lebewesen in ihren verschiedenen Stadien zueinander verhalten. „Jeder Zyklus ist ein Ereignis", schreibt sie (Puig de la Bellacasa, 2015, S. 705). Doch die Hingabe an die Welt braucht Zeit. Zeit, um, wie Puig de la Bellacasa festhält, die Diversität all jener Zeit- und Raumskalen zu erfahren, die gleichzeitig mit im Spiel sind. Sie kritisiert, dass die homogenisierte Zeitlichkeit des auf maximale Leistung ausgerichteten kapitalistischen Produktionsparadigmas die Mannigfaltigkeit unterschiedlich getakteter Wachstumsprozesse nicht erfassen kann, und hebt hervor, dass die ökologische Zeit nicht zwingend langsam sei. Aus der Perspektive eines Regenwurms etwa seien ertragsteigernde Kunstdünger ein Wachstumshemmer, denn sie verlangsamen seine Entwicklung wie auch die von anderen lebenswichtigen Bodengemeinschaften (ebd., S. 709).

Wild Plants zieht uns ästhetisch in solche unterschiedlichen Zeiten und Räume hinein. Da ist zunächst die den Rahmen gebende zyklische Zeit, die den Film von einem Winter bis zum nächsten laufen lässt; da sind die erzählten, disruptiven Zeiten der Protagonist*innen, und da ist die präsentische Jetztzeit, die man beim Zuschauen erlebt. Der Film ist unterschiedlich langsam wie auch unterschiedlich schnell strukturiert, er moduliert die auf der Sorgearbeit basierenden Rhythmen und Wiederholungen, von denen er handelt: das nächtliche Samenauswerfen Maurice Maggis, das gemeinsame Umgraben des Komposts in Detroit oder die von Hand getätigte, repetitive Erntearbeit eines Kollektivs bei Genf. Denn *Wild Plants* erzählt nicht nur auf seine spezifisch filmische, auditive, manchmal dokumentarische Weise von den Dimensionen pflanzlichen, und das heißt hier planetarischen Werdens und Vergehens, sondern affiziert uns damit, reißt uns hinein durch die Art und Weise, wie die vegetabile Zeitlichkeit sich im Rhythmus mit den vorgeführten gärtnerischen Praktiken und dem Wandel der Jahreszeiten entfaltet.

Das geschieht auch dadurch, dass man immer schon mittendrin ist und dass sich das Geschehen in einer eigenartigen Gleichzeitigkeit ereignet, wie ein ökologisches Ereignis, das, wie Andrew im Film sagt, nie nicht ist, nicht einmal im kalten Winter. Ganz zu Beginn etwa, im Vorspann, wenn alles noch schwarz und undifferenziert ist, hören wir zunächst nur. Wie bei einem Fötus ist alles Ohr: anschwellender Sound, der von einem kommenden Werden kündet. Dann Schnauze, Pfoten, ein Hund, der das Eis aufkratzt, einbricht, schlittert; ein Zug fährt laut über die Brücke, auf uns zu, und schon ist die Kamera wieder ganz nahe beim Hund, seinen Geräuschen; sie geht mit ihm mit, über das Eis, dicht an der Oberfläche, schwankt, läuft, sucht, wie der Hund. Nächste Einstellung in Schwarz-Weiß: Tannen, eine von ihnen fällt mit knorrigem Ächzen, unendlich langsam, bleibt liegen, der Sound wie aus *Spiel mir das Lied vom Tod* (die Tanne und ihr Ächzen wird man am Schluss, beiläufig nur, wieder sehen und hören). Nächste Einstellung, volle Farbe: eine Hand, die einen jungen Vogel birgt; zu seinem schnellen Atmen das Knarren des gefällten Holzes, eine Ewigkeit, Blätter, die über nassen Schnee fegen, stillgestandene Zeit; wieder Hände, andere Hände, voller Erde und Regenwürmer, bevor sie in der schwarzen Erde graben, sie zerkrümeln, Zwiebeln pflanzen.

Die Beschreibung der Abfolge der ersten paar Minuten macht deutlich, wie sehr die Machart des Films die Zyklen des Lebens erfasst und gleichzeitig eine erhöhte Achtsamkeit und Sorge für die im Film beteiligten menschlichen und nicht-menschlichen Wesen schafft. Anders gesagt: Sorge entsteht hier durch das Zusammenkommen abrupter Schnitte von Bildern, die Zartes und Verletzliches zeigen, wie auch durch unsere Immersion in deren spezifische Zeitlichkeit. Ein paar Einstellungen nach der oben beschriebenen Eingangsszene sehen wir beispielsweise wieder eine Hand, eine für sehr lange Zeit verschlossene Hand. Wenn sie sich endlich öffnet, hockt da ein kleiner Frosch. Kurzum: Die Kamera nimmt teilt, sucht nach Wegen, uns in die Zeit der anderen zu holen, sie zu begleiten, ihnen zuzuhören oder zusammen mit ihnen still zu sein. So etwa mit Kinga, mit der wir durch den Garten streifen, sitzen bleiben, unendlich lange, bis sie das erzählt, was wirklich für sie zählt. Es gibt kein Ende und keinen Anfang, sagt Kinga. Später, beim Verbrennen des Gartenabraums, sagt Andrew, dass die Arbeit nie aufhöre und nie beginne.

Es sind diese visuell-auditiven Disruptionen bei gleichzeitigem In-eine-gemeinsame-Zeit-Kommen mit verletzlichen Geschöpfen, die uns aufmerksam und porös machen für die menschlichen und nicht-menschlichen Wesen, die diesen Film bevölkern. Durch die ästhetisch geteilte Zeit beginnt man mit ihnen, wie mit dem Vogel, zu spüren. Hinzu kommt, dass die Kamera uns sukzessive an Situationen und Kreaturen heranführt, die man normalerweise nicht beachtet oder verwirft: Ruderalpflanzen oder gefällte Bäume in der Stadt, Regenwürmer oder Frösche in der Hand, Samenstände an Pflanzen und in Küchenabfall, Geister, die beschworen werden von Milo Yellow Hair zwischen den Gräbern von Wounded Knee. Mit der Kamera und ihrem Rhythmus nehmen wir uns die Zeit, mit ihnen zu sein, sie zu begleiten und in ihrer Fremdheit anzunehmen.

Gärtnern ist, das macht auch dieser Film deutlich, eine Tätigkeit, die mit vielen Akteuren zu tun hat. „You are not alone", sagt Natasha Myers (2021). Gärtnern beruht auf einem Netz von Kollaborateuren, die, obwohl in ihrer eigenen Zeitlichkeit lebend, irgendwie zusammenkommen. Nur wenn man diesen Verkettungen der Vielen Zeit, Raum, Aufmerksamkeit und Sorge schenkt, kann sich etwas – Freude, Überschuss, das Anders-Werden der Verhältnisse – multiplizieren.

Dieser Text entstand im Rahmen des SNF-Forschungsprojekts Plants_Intelligence. Learning like a Plant, Hochschule für Gestaltung und Kunst FHNW Basel (2022–25).

In memoriam René Volkart, mein Vater, der mich früh
das sorgende wilde Gärtnern lehrte.

Literatur

Bärtsch, T. et al. (Hrsg.). (2017). *Ökologien der Sorge*. Wien: transversal texts. transversal.at/books/oekologiendersorge (28.01.2023).

Graziano, V. et al. (Hrsg.). *The Pirate Care Project*: https://pirate.care (28.01.2023).

Gruen, L. im Interview mit Katharina Brandl & Friederike Zenker (2019). Fürsorgliche Technologien. In Brandl, K. & Zenker, F. (Hrsg.), *TechnoCare* (S. 22-26). Wien: Verlag für Moderne Kunst.

Guattari, F. (2000). *The Three Ecologies*. London und New Brunswick, NJ: The Athlone Press.

Guattari, F. (2017). Für eine Neubegründung sozialer Praktiken. In Bärtsch, T. et al. (Hrsg.), *Ökologien der Sorge* (S. 209–229). Wien: transversal texts 2017. Online verfügbar unter transversal.at/books/oekologiendersorge (letzter Zugriff am 12.02.2023).

Haraway, D. (2016). *Staying with the Trouble. Making Kin in the Chthulucene*. Durham und London: Duke University Press.

Hörl, E. & Burton, J. (Hrsg.) (2017). *General Ecology. The New Ecological Paradigm*. London, Oxford et al.: Bloomsbury.

Humbert, N. (2016). *Wild Plants*. Film, Schweiz/Deutschland, 104 Min.

Ingold, T. (2018). *Anthropology and/as Education*. London: Routledge.

Krasny, E. et al. (Hrsg.). (2022). *Radicalizing Care. Feminist and Queer Activism in Curating*. London: Sternberg Press.

Maggi, M. (2010). Vortrag in der Shedhalle Zürich, 5.10.2010.

Maggi, M. (2012). Wildes Gärtnern im öffentlichen Raum. In A. Hoffmann A. & Y. Volkart für Verein Shedhalle Zürich (Hrsg.), *Eindeutigkeiten sprengen*, Shedhalle 2009–12 (S. 158–162). Nürnberg: Verlag für Moderne Kunst.

Maggi, M. (2014). *Essbare Stadt. Wildwuchs auf dem Teller. Vegetarische Rezepte mit Pflanzen aus der Stadt*. Aarau: AT-Verlag.

Martin, A., Myers, N. & Viseu, A. (Hrsg.). (2015). The politics of care in technoscience. *Social Studies of Science*, 45(5), 625-41. doi.org/10.1177/0306312715602073

Mies, M. (2005). *Die Subsistenzperspektive*. Transkription eines Videos von Ressler, O. Wien: transversal texts. Online verfügbar unter transversal.at/transversal/0805/mies/de (letzter Zugriff am 28.02.2023).

Mies, M. & Bennholdt-Thomsen V. (2001). Defending, Reclaiming and Reinventing the Commons. *Canadian Journal of Development Studies / Revue canadienne d'études du développement*, 22:4, 997–1023. DOI: 10.1080/02255189.2001.9669952 (letzter Zugriff am 12.02.2023).

Moore, J. W. (2017). The Capitalocene, Part I: on the nature and origins of our ecological crisis. *The Journal of Peasant Studies*, 44:3, 594–630. DOI: 10.1080/03066150.2016.1235036 (letzter Zugriff am 17.02.2023).

Müller, C. (Hrsg.) (2011). *Urban Gardening. Über die Rückkehr der Gärten in die Stadt*. München: oekom.

Myers, N. (2021). *How to grow livable worlds: Ten not-so-easy steps, extended lecture version*. Online verfügbar unter abc.net.au/religion/natasha-myers-how-to-grow-liveable-worlds:-ten-not-so-easy-step/11906548 (letzter Zugriff am 17.02.2023).

Puig de la Bellacasa, M. (2015). Making time for soil: Technoscientific futurity and the pace of care. *Social Studies of Science*, Vol. 45, 692–716.

Serres, M. (1984). *Der Parasit*. Frankfurt am Main: Suhrkamp.

The Care Collective (Hrsg.). (2020). *The Care Manifesto. The Politics of Interdependence*. New York: Verso.

Tronto, J. C. (1993). *Moral Boundaries: A Political Argument for an Ethic of Care*. London: Routledge.

Volkart, Y. (in print). *Technologies of Care. From Sensing Technologies to an Aesthetics of Attention.* Zürich: Diaphanes.

Zechner, M. (2021). To Care as we Would like to: Socio-ecological crisis and our impasse of care. *Journal Berliner Festspiele*, Gropius Bau. berlinerfestspiele.de/en/gropiusbau/programm/journal/2021/manuela-zechner-to-care-as-we-would-like-to.html (letzter Zugriff am 12.07.2023).

ZfM. Medien der Sorge, 1/2021, hrsg. von Jasmin Degeling und Maren Haffke: zfmedienwissenschaft.de/heft/archiv/24-12021-medien-der-sorge (letzter Zugriff am 28.01.2023).

„An ihren Früchten
sollt ihr sie erkennen.“

Utopisches Gärtnern. Das Manifest der Garten-Erde-Bewegung

Harald Lemke

Als Anthropozän wird neuerdings die geologische Epoche bezeichnet, in der die Menschen mit ihrer Lebensweise den Planeten Erde zerstören. „Wo aber Gefahr ist, da wächst das Rettende auch", poetisch gesagt mit dem Dichter Hölderlin: Tatsächlich hat bereits ein neues Erdzeitalter begonnen, das Gastrozän, in dem Menschen „keimzellartig" die Erde zum Wohle aller reparieren und umgestalten lernen.[1] „Die kulturellen Keime für ein fruchtbares Anthropozän sind bereits ausgesät. Nun kommt es darauf an, sie zu umsorgen und wachsen zu lassen." (Schwägerl, 2010, S. 357) Will die Menschheit auf ihrem Weg in die beste aller möglichen Welten zur „Hüterin und Gärtnerin der Erde" (ebd.) werden, dann werden einige entscheidende Veränderungen, die für dieses mehr als bloß nachhaltige Entwicklungsziel notwendig sind, aus kleinen Anfängen erwachsen müssen. Wer will, kann solchen Anfängen einer eventuell epochalen, in jedem Fall aber großen Transformation wirklich beim Wachsen zusehen und sogar beim Groß- und Erwachsenwerden des keimenden Kleinen selbst dabei sein und es zusammen mit anderen hegen und pflegen.

Das Gastrozän: das aufkeimende Erdzeitalter einer konvivialen Gesellschaft

Überall auf unserem reparaturbedürftigen Raumschiff regen sich solche sozialökologischen Initiativen einer anderen Welt. Es sind zivilgesellschaftliche „Graswurzel"-Bewegungen, weil sie „von unten" wachsen aus *Do-it-yourself*-Kulturen und Wir-Selbst-Ethiken des Weltgestaltens und nicht „von oben" implementiert oder weil sie nicht durch politische Macht und Regierungsgewalten, durch gouvernementale Strategien oder dergleichen Aktionspläne sozial-techno-politokratisch dem Leben der Leute (dem zivilen Alltagsleben, der Zivilgesellschaft) eingepflanzt werden

1 Dieser Text setzt die Keimzellen-Philosophie voraus und fort, die unserem Gemeinschaftsgarten in Hamburg-St. Pauli, der *Keimzelle*, zugrunde lag und die mir beim Nachdenken darüber, was wir da eigentlich tun, hilfreich war (vgl. Haarmann & Lemke, 2022).

können. Unter den von unten wachsenden subpolitischen Initiativen dieser „neuen planetaren Zivilgesellschaft“ (Ziegler, 2012) regen sich – im Vergleich zu den vielen inzwischen alt und etwas größer gewordenen Umwelt- und Klimaschutz- oder Bürgerrechtsbewegungen – noch sehr junge konvivialgesellschaftliche „Feingemüse-Erdgärtner*innen“-Bewegung (um hier weiter den wie wild wuchernden Begriffsgarten einer Prowachstumsökonomie und *Regrowth*-Philosophie zu kultivieren).

Sich fantasievoll „territorialisierende“ Philosophen, die wie smarte Werbetexter „neue Begriffe kreieren“ (Deleuze & Guattari, 2000), könnten die neueste Gartenbewegung als die sozialökologischen Kräfte und utopischen Energien eines gastro-geo-demo-kosmo-politischen Pankomposthumanismus, oder einfacher und auf Neudeutsch, als Initiativen eines neuartigen *avant gardening* bezeichnen.

So viel Fantasie braucht's schon: Gemeinschaftsgärten, als Orte der ökologischen Landbewirtschaftung und Nahrungsproduktion aus fruchtbarer Erde, können gar nicht genug frische Utopie wie frischen Kompost, neue begriffliche Mittel wie organische Düngemittel bekommen, um nicht unter bloßer Governance wie unter anhaltender Dürre und schlechtem Klima zu erodieren.

Nennen wir Gemeinschaftsgärten wegen ihrer geheimnisvollen, nämlich nicht ohne weiteres erkennbaren, sozialökologischen Superkräfte und erst recht wegen der Machbarkeit ihres „Glücks“ (Pollan, 2014), insbesondere jedoch wegen der lebensphilosophischen Schwächelei ihrer utopischen Energien besser und poetischer *utopische Gärten*. In ihnen wird für frische, vielfältige, vollwertige und kostenlose Bioprodukte gemeinsam gegärtnert (die ökologisch-ökonomische Dimension), auch um miteinander zu kochen und das Essen der geteilten Ernte im Gemeinschaftsmahl feierlich zu genießen (die soziale oder genauer die konviviale Dimension[2]). Bei einem *best-practice*-Beispiel einer solchen konvivialen Gesellschaft des gemeinschaftlichen Gärtnerns, Kochens und Genießens denke ich stets an das (ehemalige) *Gartendeck* in St. Pauli, den Zwillings- und Nachbargarten der *Keimzelle*, und vor allem an das miteinander gebaute Herzstück unserer Aktivitäten: den Kochherd als Gastrobike, ein Kochfahrrad als mobile Küche, Picknick- und Partystation (vgl. Baier, Hansing, Müller & Werner, 2016, S. 175ff.)

Nochmal: anfangen – nachdenken – weitermachen – trotz allem

Das Anfangen und Weitermachen mit dem utopischen Gärtnern erfordert eine optimistische Denkweise. Denn wer schon in dieser Sache aktiv ist und über die eigene Bewegung (kritisch oder utopisch) nachdenkt, muss damit leben, dass mehr als genug Anlässe existieren, pessimistisch zu sein. Gemessen an den planetaren

2 Ich greife hier *Das konvivialistische Manifest* (2014) auf, gebe dem Konvivialen zugleich aber eine umfassendere alltagsweltliche Bedeutung und verbinde den Konvivialismus mit einem gastrosophischen Gravitationszentrum.

Ausmaßen und den sozialökologischen Zielen einer nachhaltigen Entwicklung, für die sehr, sehr viele Menschen – zusammen mit einigen anderen Veränderungen ihrer derzeitigen Lebensweise eben auch – als Hüter*innen und Gärtner*innen der Erde tätig sein müssten, hat sich die globale Urban-Gardening-Bewegung kaum fortbewegt und nicht massenhaft ausgebreitet. Der Zustand unserer Welt als Staatengemeinschaft, die sich noch 2015 im feierlichen Rahmen für die gemeinsame Zukunft die UN-Ziele einer nachhaltigen Entwicklung vornahm, hat sich in den vergangenen wenigen Jahren dramatisch verschlechtert: Rollbacks in längst überwunden geglaubte Konflikt/Kriegszeiten durch finstere Herrschaften wie Xi, Trump, Putin und Co., das Europa der Einwanderungskrise und Frontex, die schreckliche Heimsuchung durch neue tödliche Ansteckungsviren während der Covid-19-Pandemie, inflationäre Preissteigerungen als düstere Vorboten vom Ende des allzeit versprochenen Wohlstandswachstums, bedrohlich zunehmende Erderwärmung und Klimakatastrophen usw.

Hinzu kommt, dass sich insbesondere in den globalen Ernährungsverhältnissen die vorherrschende Drift in die Szenarien inhumaner Zustände abzeichnet: Wem es nicht gelingt wegzusehen, spürt bereits jeden Tag ein bisschen mehr, wie unsere Welt aussieht, wenn diese neomalthusianische Dystopie die Zukunft ist (vgl. Belasco, 2006; Lemke, 2018). Das kürzeste Panorama einer der schlimmsten aller möglichen Zukünfte: immer teurere, weil knapper werdende Lebensmittel, weitere Verschlechterung der Ernährungslage der jetzt schon Hungernden, dramatisch zunehmende Ertragsrückgänge durch sich ausweitende Bodendegradation, Ackerlandverwüstung, Versauerung der Weltmeere, Antibiotika-Resistenzen usw. als multiple und sich wechselseitig verstärkende Kollateralschäden der modernen Landwirtschaft, zusammen mit immer weniger Spaß im konsumkapitalistischen Supermarkt-Schlaraffenland und immer mehr sozialer Unzufriedenheit, massenhaftem Unmut, Hungerprotesten, Food Riots usw.

Darum erst recht und dringlicher als je zuvor braucht es utopisches Denken. Um den allgegenwärtig wuchernden Anlässen zum pessimistischen Blick auf das Weltganze als Akt des Widerstandes die gegebenen Möglichkeiten von Praxen des Utopischen entgegenzusetzen, braucht es (einmal mehr) eine optimistische Philosophie, die überall vor Ort sein kann, wo sozialökologische Initiativen wachsen und deren transformative Kräfte sich manifestieren. Wer, wenn nicht wir, die gärtnern, können und müssen das Utopische denken – und zwar grundlegend anders als der utopische Zeitgeist. Nämlich so, dass darin auch das utopische Gärtnern seinen Ort hat. Freilich reicht dafür nicht ein einziger, beiläufig formulierter Satz der utopistischen Übertreibung, wie ihn der Autor der Vision *Alles könnte anders sein* notiert: „Die Idee, dass man städtische Brachen zum Anbau von Nahrungsmitteln nutzen und damit zugleich neue Gemeinschaften bilden kann, ist so einfach und bestechend, dass sie sich in kürzester Zeit über den ganzen Planeten verbreitet hat." (Welzer, 2018, S. 243)

Darum hier also das Manifest eines utopischen Gärtnerns zur Rettung der Erde und natürlich unserer Menschheit.

Der unsichtbarste Prozess globaler Transformation

Es beginnt mit den Begriffen. Das sogenannte Urban Gardening ist im Grunde genommen weniger ein urbanes als ein globales utopisches Gärtnern, das neue Gemeinschaften und panhumane Lebensweisen nicht nur in den Städten, sondern überall auf unserem Planeten hegt und pflegt. Hüter*innen und Gärtner*innen der Erde, globale Gärtner*innen, utopisches Sich-Erden braucht die Welt sowohl in den urbanisierten Lebensräumen als auch auf dem Land, wo traditionell der größte Teil der landwirtschaftlichen Nahrungsproduktion stattfindet. Nehmen sich gartenlose, landlose Stadtbewohner*innen des Globalen Nordens etwas freie Zeit im Alltag für das Recht auf Land in ihrer Stadt, dann setzen ihre Initiativen global einen unsichtbaren Transformationsprozess in Gang, der mit den sozial-ökologischen Bewegungen landloser Kleinbauern in den Ländern des Globalen Südens verbunden ist. Auf die „neue planetare Zivilgesellschaft", insbesondere solcher großen NGOs wie La Via Campesina, der weltweit organisierten Bewegung von Kleinbäuer*innen, Landarbeiter*innen und Landlosen, als Hoffnungsträger und weltrevolutionäre Kraft setzt insbesondere der ehemalige Sonderbeauftragte für das Menschenrecht auf Nahrung der UNO Jean Ziegler (2012). Ähnlich kämpferisch im Ton, aber in der Theorie bereit zur gewaltsamen Aktion, ermutigt der Zivilisationskritiker Derrick Jensen (2009) zu einem explizit militanten Widerstand gegen „das System". Doch der Widerstandstheoretiker beschwört den Heroismus der Wenigen. Bemerkenswerterweise avanciert Jensens *Öko-Manifest* – das nichts von einem Garten-Manifest hat und auch nur sehr wenig damit zu tun haben will –, aktuell zum Kampfaufruf der sich radikalisierenden Protestbewegung der Letzten Generation, der Extinction Rebellion und anderer militanter Klimaschutzaktivist*innen, die lieber symbolische Schlachten kämpfen und mit Gewalt gewinnen wollen, als bloß im Alltag friedlich miteinander zu gärtnern und dergleichen Kleinteiliges und für alle Gutes zu tun. Doch genau darauf kommt es an, um wirklich und im wahrsten Sinne die Erde zu retten.

Die universelle Aufwertung, Wiederbelebung und Neuerfindung ökobäuerlicher Arbeit – die letzte Regeneration, die entscheidende klimapolitische Aktion, die extraterrestrische Rebellion – hat einen ebenso einfachen wie äußerst wirksamen Grund: Damit eine dramatisch wachsende Weltbevölkerung, für die in den kommenden Jahrzehnten die globalen Ernteerträge um fünfzig Prozent gesteigert werden müssten, damit für alle gutes Essen kein schöner Wunschtraum bleibt, müssten sich sämtliche Bauern und Bäuerinnen zu Biobauern und Biobäuerinnen weiterentwickeln. Damit es zu dieser globalen Agrarwende kommen kann, müssten außerdem die Beträge, die Biolandwirtschaftsbetriebe für ihre Arbeit und für wertvolles Anti-Erderwärmungsbodenmanagement und biotechnologische Ökosystemdienstleistungen erhalten, ihre Bemühungen widerspiegeln, bei der Produktion unserer Lebensmittel in Einklang – in Milliarden kleinflächiger Kulturlandschaften – mit der Natur zusammenzuarbeiten. Doch selbst wenn es zu dieser allseits beschworenen und feierlich erklärten Nachhaltigkeitsentwicklung käme, steht die Welt vor einem Problem: Die Nahrungsproduktion und die weltweite

Ernte, die von den wenigen noch vollerwerbstätigen und kommerziellen Landwirt*innen – eine vom Aussterben bedrohte Lebensform – erzeugt werden, werden teuer sein (müssen) und trotzdem nicht ausreichen, eine dramatisch wachsende Weltbevölkerung mit genug gutem Essen satt und zufrieden zu machen.

Um die erforderlichen fruchtbaren Böden zu bewahren oder zu generieren und auf diesen nachhaltigen Lebensgrundlagen genug gutes Essen für alle zu produzieren, müssen und dürfen wieder sehr viele von uns Menschen zu Teilzeitbauern und -bäuerinnen, zu Freizeitterraner*innen werden, die jedenfalls – was immer sie, um für alle Gutes zu leben, sonst noch tun mögen – utopisch gärtnern: *Il va cultiver notre jardin!*

Unser Garten sind wir, aber: Ist die Stadt unser Garten?

„Unser Garten?" Wessen und welcher Garten ist gemeint? Auf diese entscheidenden Fragen eine möglichst gut durchdachte Antwort zu geben, verlangt die gründliche, teilweise schwerfällige und vergebliche, dann wieder interessante und vielversprechende Arbeit einer philosophischen Welterkundung. Um diese Arbeit (auf die ohnehin nur die wenigsten von uns Lust haben) an dieser Stelle extrem zu verkürzen, hier eine denkbare Antwort. Voltaires Gartenmanifest als Weltformel besagt: *Unser Garten sind wir!* Vorgetragen in jenem Pathos, mit welchem das sozialökologische Urgewächs Joseph Beuys einst seine geistesverwandte Utopie, der zufolge „jeder Mensch ein Künstler" – gemeint war: jede*r von uns ein*e Welt-Wirselbstgestalter*in – sein sollte, bildlich veranschaulichte (in einem plakativen Selbstporträt, das ihn alleine als demonstrativ voranschreitenden Kämpfer inszeniert) mit dem kämpferischen Titel: *Die Revolution sind wir!*

Heutzutage würde sich Beuys sicherlich als utopischer Gartenaktivist mit dem Spruch *Die Transformation sind wir!* abbilden lassen. Der Künstler war selbstverständlich mehr und vieles andere als nur ein plakativer, demonstrativ und einsam voranschreitender Berufsrevolutionär und Einzelkämpfer. Neben den vielen Bildern, in denen er sich als Utopisten der „sozialen Plastik" und als Vorkämpfer der „Basisdemokratie" und Mitbegründer einer neuen „Grünen"-Partei in Szene setzt, zeigt sich Beuys in ähnlichen Avantgarde-Selbstinszenierungen auch als sozialökologischer Supertransformator und Gastrosoph, der selbst gärtnert und kocht, um vorzuleben, wie jeder Mensch ein Künstler, eine Welt-Selbst-Gestalterin sein kann (vgl. Lemke, 2007).

Es ist das gleiche Welt- und Wir-Selbst, das Michel Foucault bei seinem mutigen Umdenken von einer langjährigen Diskurs- und Herrschaftskritik weg und plötzlich hin zu einer „Ethik des Selbst" führte. Darin, und nicht länger im demonstrativen Protest und der tatenlosen Systemkritik, erkannte der philosophische Vordenker und Freigeist „eine dringende, grundlegende, politisch unerlässliche Aufgabe" (Foucault, 1984, S. 54). Um sich selbst aus den allgegenwärtigen

Diskursen der „gouvernementalité" (Foucault) – des Obrigkeitsdenkens – zu befreien, die sich Macht und gesellschaftliche Veränderung (Machbarkeit) nur von oben vorstellen können, käme es ab jetzt darauf an, den „vorrangigen und nutzbaren Widerstandspunkt gegen die politische Macht" (ebd.) zu nutzen: uns selbst. Darum die Weltwiderstandsformel seines Kollegen Voltaire, dem Foucault der französischen Aufklärungsbewegung: *Il fault cultiver notre jardin!*

Bei der häufig missverstandenen, aber durchaus aufklärbaren (vgl. Lemke, 2022) Weltformel aus Voltaires *Candide oder Der Optimismus* aus dem Jahre 1759 handelt es sich bereits um einen solchen Gemeinschaftsgarten, von welchem auch 250 Jahre später in dem 2014 verfassten Urban-Gardening-Manifest *Die Stadt ist unser Garten* (2014) wieder die Rede ist (vgl. den Beitrag von Marco Clausen in diesem Band). Mit dieser jüngsten Garten-Renaissance und deren utopischer Idee der Garten-Stadt wollten damals einige Initiativen, die sich kurz zuvor in deutschen Großstädten gegründet hatten, der Öffentlichkeit bekannt machen und auf nur einer Seite erklären (!), was es mit unseren neuartigen Gärten auf sich hat. Darüber hinaus war das (ohnehin geduldige) Schriftstück insbesondere, und wie üblich verbunden mit einer Liste an Wunschforderungen, an die „Politik von oben" adressiert.

Doch geht es unserer Bewegung wirklich primär um Protest und ernsthaft darum, die politische Macht, das postdemokratische System, zum Handeln zu bewegen? Und geht es wirklich nur um die Stadt? Oder geht es nicht doch auch und sogar vorrangig um uns selbst als Stadtbewohner*innen, um alle Menschen (urbane und rurale), um die gelebte Gemeinschaft, die bessere Gesellschaft miteinander und vor allem um unsere Ernährung in Form des für alle (gastro-ethisch) guten Essens? Geht es in utopischen Gärten nicht auch um radikale direkte Demokratie, um die Rettung der Erde und darum, uns selbst als Menschen und Menschheit Tag für Tag neu zu entdecken als das Wir-Selbst eines politethischen Weltselbstmachens?

Falls ja, dann ist – neben reichlich Fantasie, die das Utopische unserer Gärten kreativ kultiviert, und vielen neuen Begriffen, die neuartige Welten und konviviale Gemeinschaften begreifen helfen – eine weitere Zutat für eine programmatische Philosophie des utopischen Gärtnerns notwendig. Und das ist ein im wahrsten Sinne des Wortes radikales Umdenken des Politischen; eine an die Wurzeln (lat. *radix, radices*) gehende, sich mental und manuell erdende Denkweise (eine *geomentalité* und ein, zuallererst humorvoller, Habitus), um zu lernen, kraft einer subpolitischen Alltagsethik auch diesseits einer postdemokratischen Politokratie die sozialökologische Transformation des Welt-Wir-Selbst-Machens leben zu können. Hier in gebotener Kürze zur Notwendigkeit, das Politische „von unten" (subpolitisch) umdenken zu lernen, zumindest einige Worte.

Radikal und direkt praktizierte Demokratie der Erde, der Basis, der Räte

Wer utopisch gärtnert, manifestiert durch diesen Aktivismus (besser wäre von Praxismus zu sprechen) die politische Ethik und Alltagspraxis einer zivilgesellschaftlichen „Postdemokratie" (Crouch, 2000), eine, wie gleich deutlich wird, performative Politikwende hin zu einer Erd-Basis-Räte-Demokratie, um von unten nach oben zu regieren anstatt umgekehrt, wie dies seit der Einführung der modernen Demokratie (und der subpolitisch erkämpften Befreiung von der traditionellen Monarchie) abläuft. In unseren Erdgärten und Landbasen nimmt dieser radikale Demokratisierungs- und Reterritorialisierungsprozess von Demokratie auf dreierlei Weise Gestalt an.

Erddemokratisch: Die Ethik utopischen Gärtnerns basiert auf der kosmopolitischen Bereitschaft und der natürlichen Intelligenz – einer im tieferen Sinne superhumanen, sozialökologischen Gaia-Intelligenz –, nicht nur Menschen, sondern darüber hinaus alle anderen Mitbewohner*innen auf der Erde als gleichberechtigte Lebewesen panhuman zu behandeln.

Michael Pollan (2014) erkennt zu Recht in dieser globalen Erddemokratie das normative Fundament einer neuen, die moderne Umweltethik erweiternden, postmodernen „Gartenethik". Zu ihrer Alltagspraxis gehören die durch alltägliche Achtsamkeit gegenüber anderen habitualisierte universelle Achtung sowie die gartenethische Wahrnehmung der Rechte der Natur – der Tiere, Pflanzen, Landschaften, der öko-bio-geo-athmo-gastro-humus-sphärischen Eigenschaften des „Weltorganismus" (Humboldt & Bonpland, 1807) – und die universellen Menschenpflichten, dieses Leben möglichst nicht zu verletzen oder es zu schützen und für dessen eigenartiges (anders als menschliches) Wohl zu sorgen, in dem Maße, wie diese Lebewesen Mitwesen (Mitesser*innen, Mitarbeiter*innen, Mitbewohner*innen, Konviviale und dgl.) menschlicher Kulturnatur sind und wir über deren mögliches gutes Leben mitentscheiden. Darum lautet eine weitere Maxime der gastrosophischen Ethik: *Esst, was ihr retten wollt!*

Von unserem täglichen Essen geht wie von kaum einem anderen Tun unseres täglichen Lebens eine weltbewegende Macht aus – die sich (unter anderem) in utopischen Gärten territorialisiert. Zugleich entstehen durch Gemeinschaftsgärten Landbasen der Ernährungssouveränität und damit „Erd-Demokratien" (Shiva, 2006), die es Menschen ermöglichen, sich miteinander möglichst selbst zu versorgen und über das, was sie essen und wie sie das tun, gemeinschaftlich zu entscheiden.

Mit dem Stichwort der Landbasis komme ich auf die zweite, die *basisdemokratische* Komponente der politischen Ethik der Garten-Erde-Demokratie. Als Zivilgesellschaften sind Gemeinschaftsgärten basisdemokratisch selbstorganisiert. Wer sich an dem gemeinsamen Ding, der *res publica*, beteiligt, regiert mit, statt regiert zu werden. Gerade die selbstverständliche Praxis und Erfahrung eines basisdemokratischen Alltagslebens durch das Beteiligtsein an selbstorganisierten Gesellschaften (das können mitunter eine ganze Anzahl von gemeinnützigen Vereinigungen, Genossenschaften, Vernetzungen usw. sein) läuft dem Postdemokratisierungsprozess des politischen Systems zuwider.

In unserem Garten, an dem ich beteiligt war, hatten wir ein eigenes Parlament. So nannten wir eine kleine Holzsitzgruppe im DIY-Style der *Keimzelle*[3], in dem unsere regelmäßigen Sit-ins eines basisdemokratischen Palaverns stattfanden, dessen zeitaufwendige Prozesse der Meinungsbildung und Entscheidungsfindung nicht durch einen finalen Mehrheitsbeschluss endeten, sondern durch allgemeinen Konsens (häufig im Dissens).

Die Erinnerung an das basisdemokratische Parlament unserer Landbasis leitet über zur dritten, zur *rätedemokratischen* Komponente utopischer Erdgärten. Überall dort, wo Leute einen solchen guten Ort der gemeinsamen Sache (lat. *res publica*) initiieren, wird eine kleine „Polis" in die Welt gesetzt und gepflegt – eine der kleinsten Volksrepubliken oder Einheiten einer polisbasierten Zivilgesellschaft, das unsichtbarste Gemeinwesen eines alltäglichen politischen (Zusammen) Lebens. Solche basisdemokratischen „Elementarrepubliken" bezeichnet Hannah Arendt in ihrer Studie *Über die Revolution* als „Räte". Obgleich sie dabei zwar nicht an unsere nachbarschaftlichen Küchengärten dachte (sondern an die ernährungssouveränen Selbstversorgergemeinden der europäischen Einwanderer im frühen Amerika), nahm Arendt mit der Rätedemokratie eine in sozialistischen und anarchistischen Bewegungen ideengeschichtlich einflussreiche Eutopie auf. Arendt hat mit ihrer grundlegenden Philosophie der politischen Initiative – des ethischen Anfangenkönnens (des Anpflanzenkönnens) neuer Welten von unten – den fruchtbarsten Nährboden für zivilgesellschaftliche Bewegungen und für das Welt-Selbst-Machen beackert. Ihr persönlich (einer aktiven Gastgeberin, aber Nichtgärtnerin) ist die utopische Pflanzbarkeit und das ethische Aussäen dieses Gedankengutes zwar nicht in den Sinn gekommen, doch lässt sich auch die konviviale Ethik einer planetaren Tischgesellschaft in ihrem Geiste formulieren.

Die von unseren Gärten initiierten oder delegierten „Ernährungsräte" (vgl. den Beitrag von Follmann/Hohengarten in diesem Band) hatten insofern von Anfang an einen Geburtsfehler in ihrer Namensgebung ebenso wie in ihrem demokratiepolitischen Selbstverständnis. Unter anderem wegen dieser „politikphilosophischen Ratlosigkeit" ging der Hamburger Ernährungsrat, den ich zeitgleich zur Gründung der anderen beiden Räte in Köln und Berlin mit initiierte, nach einigen aktiven Jahren ein. Unsere utopischen Energien, ohnehin schon wie immer personell geschwächt, erschöpften sich in der extra trockenen Gründungsphase eines Vereins, und das nur, um potenzielle Förderungen von der Stadt bekommen zu können.

Während im englischsprachigen Raum von *Food Policy Councils* die Rede ist, bleibt in deren Ausbreitung hierzulande das Wichtigste an ihnen auf der Strecke, nämlich ihre Politik (*Policy*). Die deutschen „Ernährungsräte" (zurückübersetzt lediglich *Food Councils*) reduzierten sich selbst auf die (obendrein ehrenamtliche) Beratung der Politiker*innen, Behörden, Fachämter, Ausschüsse, Governance-Gremien usw. Wie wenig diese bloße Beirätedemokratie letztlich der Bewegung zu

3 diekeimzelle.de/eine-bilder-galerie/#gallery-1.

wachsen geholfen hat, ist so offensichtlich wie die Tatsache, dass weiterhin nichts von einer gastropolitischen Governance (*Food Policy*) als bundesweiter Strategie eines Ernährungswende-Aktionsprogramms zu sehen ist – nur eine betuliche und komplett unzureichende „Ernährungsstrategie 2050“. Ganz zu schweigen vom Erd-Basis-Räte-Demokratieprinzip als einem verfassungskonstitutiv festgeschriebenen Staatsziel – das im Übrigen die existierenden fünf Ziele der Staatspolitik Deutschlands strukturell stimmig ergänzen würde.

Wie auch immer: Entscheidend ist, was von unten wächst. Und das rätedemokratische Wesen utopischer Gärten beschränkt sich zum Glück nicht auf wenig wirksame Politikberatung und Partizipation; als erwählte Räte der selbstorganisierten Ernährungswende (Food Policy, Gastropolitik), als Wir-Selbst-Aktivisten der gastrosophischen Revolution haben wir schon mal damit angefangen: Wir gärtnern, machen radikale Politik und lassen direkte Demokratie von unten wachsen, um alles Mögliche zu tun, was von uns ohne postdemokratische Politik von oben getan werden kann und getan werden muss, damit sich wirklich etwas ändert. Beispielsweise die synergetische Kooperation und rhizomatische Vernetzung der vielen unterschiedlichen, einander unbekannten Ernährungswende-Aktiven und -Szenen samt deren Ressourcen, Erfahrungen, Themen usw. Utopisch können insbesondere urbane Gemeinschaftsgärten sein, indem ihre öffentlich zugänglichen Räume und neuen Welten, mitten in der Stadt und fußläufig im eigenen Stadtteil gelegen, zu urdemokratischen Versammlungsorten werden, etwa für Stadtteilversammlungen, Stadtplanungsprozesse, Quartiersbeiräte. Würden utopische Gemeinschaftsgärten überall auf diesem Planeten morgen wie Pilze aus dem Boden schießen – an jeder Ecke der Stadtteile einer Stadt in sämtlichen Städten in allen Ländern –, könnten wir sehen, wie die Erde zur Basis einer Rätedemokratie geworden ist; nur durch eine solche Art von Menschen, die in ihrem täglichen Leben wenig Besseres zu tun haben, als „für eine bessere Welt zu gärtnern“ (Koglin & Rohde, 2018).

Die Erde unseres Raumschiffs ist unser Garten

Auf dem ungesicherten Weg dorthin ist es entscheidend, das urbanistisch verengte Selbstverständnis unserer Gärten erddemokratisch, kosmopolitisch und gastrophilosophisch auf die planetare Lebensgemeinschaft auszuweiten: *Die Erde ist unser Garten*. Die ökologische Landbewirtschaftung, die in unseren Gärten stattfindet, trägt insbesondere durch den Einsatz von organischem Dünger (Permakultur, Terra Preta usw.) entscheidend zum regenerativen Aufbau einer fruchtbaren Guten Erde bei (vgl. auch den Beitrag von Halder/Dzudzek in diesem Band).

Am Rande notiert: Ich schlage vor, fruchtbare (gesunde, humose, vitale, kompostierte, regenerierte, ertragreiche) Erde als großgeschriebene Gute Erde zu bezeichnen und von ihr im Plural als Gute Erden zu sprechen, weil es verschiedene Arten davon gibt (Löss, Acker, Grünlandböden, Pelosole, Parabraun, Fahl,

Schwarzerde, Terra Preta usw.). Begrifflich und sachlich lässt sich so die „fruchtbare Erde", lassen sich die Guten Erden dieses Planeten ähnlich wertschätzend behandeln, wie dies neuerdings für die Seltenen Erden der Fall ist.

Die alltägliche Hinwendung zur Erde ist die sozialökologisch transformativste Kraft utopischen Gärtnerns. Wer „die Erde retten" will – und ich höre darüber sehr viele Menschen regelmäßig und wortreich sprechen –, ohne sich an einem solchen Gemeinschaftsgarten zu beteiligen, kann gleichwohl schon morgen, nein, gleich nachher loslegen mit dem utopischen Gärtnern. Wie? Als direkte Aktion der eigenen täglichen Rückkehr zur Erde kann jeder dies – ob in „der Stadt" oder auf „dem Land" – tun in der subversiven Form eines minimalutopischen *terraforming*, das fruchtbare Gute Erde erschafft. Doch es ist gut zu wissen, dass utopische Gärten, überall auf dem Planeten in vielen Ländern und Städten verbreitet, die sozialökologischen Machtzentren und Erdbasen der überlebensnotwendigen Umstellung der landwirtschaftlichen Nahrungsproduktion auf ökologische (regenerative, kompostbasierte, humusaufbauende) Agrikultur sein könnten.

Die Organisation der Vereinten Nationen ruft dazu auf, „die Erde zu retten". In zahlreichen Sachstandsberichten und Policy-Papieren wird die globale Dringlichkeit ebenso wie das weltpolitische Ziel einer regenerativen Nahrungsproduktion wortreich beschworen; die EU-Kommission wünscht sich als Komponente ihres *New Green Deals* eine europäische „Bodenstrategie": Doch, wie gesagt, diese globale Politik der Guten Erde wird nur dann real, wenn sehr, sehr viele Menschen einen Gutteil ihres Alltagslebens nutzen, um als Erdgärtner*innen aktiv zu sein und sich als „Kompostist*innen" (Haraway, 2018) zu erden. Wenn diese neue Geopolitik zur Rettung der Erde mehr sein soll als schön klingende Worte, dann haben wir wie echte Erdenbürger*innen und Erdlinge zu leben und zu Erdgärtner*innen, zu Kompostaktivist*innen und Terraner*innen zu werden.

Diese geogastrosophische Vision als Selbstverständnis bekannt zu machen, dafür beispielsweise das terrestrische Manifest des französischen Philosophen Bruno Latour aufzugreifen und erdgärtnerisch zu vertiefen, hätte dem besagten Stadtgarten-Manifest möglicherweise gutgetan und vielleicht mehr Unterzeichner*innen gebracht. Bruno Latour sät den fruchtbaren Gedanken, dass wir nicht länger von uns als von „Menschen, Humanwesen" sprechen sollten, deren destruktiver Humanismus unter vielen anderen Dummheiten die moderne Agrarindustrie schuf. Wir sollten uns besser als „Terrestrische, Erdverbundene" neu erfinden, „um damit den Humus, letztlich den Kompost herauszustreichen, der in der Etymologie von human steckt" (Latour, 2018, S. 67). Latours radikale Revision unserer Menschlichkeit bezieht sich auf die von Donna Haraway skizzierte Utopie eines Komposthumanismus. Entsprechend lautet die grundlegende Devise: „Nicht posthuman, sondern Kompost! und Humusität statt Humanität." (Haraway, 2018, S. 293)

Der Down-to-Earth-Komposthumanismus

Von jedem beliebigen Kompost als einem einzigartigen Minigarten und guten Ort (wo eine mit-menschliche Gemeinschaft fruchtbare Erde und für alle gutes Essen produziert) können wir lernen, dass erdgärtnerische Aktivitäten und ebenso humusaufbauende (komposthumane) wie aufgrund ihres basisdemokratischen, geselligen und humorvollen Wesens auch superhumane Gesellschaften weltbewegende und zugleich selbstmachbare Lebensformen sind.

Von jedem beliebigen Kompost lernen heißt deshalb auch: „Lernen-dem-Anderen-zu-essen-zu-geben", wie es sich der Philosoph Jacques Derrida (2001) wünschte. Nicht primär anderen Menschen, sondern den anderen Lebewesen zu essen zu geben, von denen wir Menschen uns ernähren. Humus zuzubereiten und die Erde zu retten verlangt nichts weiter, als andere gut zu bewirten, indem wir ihnen etwas für sie und ihre Lebensgrundlagen Gutes zu essen geben. Mit anderen Worten, „das Bodenleben zu füttern" (Scheub & Schwarzer, 2017, S. 131), damit beginnt die vielleicht humanste Revolution, die Humus-Revolution. Unsere Erdmitbewohner ihrem Wohlergehen gemäß mit organischem Dünger, also mit bestem Kompost zu ernähren, macht aus landwirtschaftlich tätigen Menschen erdgärtnernde Kompostist*innen, die die Fruchtbarkeit der Erde pflegen.

Die Dominanz von künstlichen (kompostlosen, endhumifizierenden, mit vielen fossilen Energien industriell hergestellten) Düngemitteln in der modernen Landwirtschaft begann zu einer Zeit, als die Bauern die enorme planetare Bedeutung eines gesunden Bodenlebens noch nicht kannten. Die industrialisierte Agrarproduktion und mit ihr die modernen Landwirte haben die Wertschätzung der Fruchtbarkeit ihrer Erdböden verlernt und behandeln die Erde wie Dreck (daher die Rede von dreckiger Erde), wie eine leblose Ressource. Diese menschliche Selbstentfremdung von unserer Humusität lässt sich überwinden, indem Landwirte in aller Welt umlernen und sich nicht nur als Land, sondern vor allem als Erdarbeiter*innen und Terraner*innen verstehen, die als gute Gastgeber humose, kompost- und panhumane, mitmenschliche Mahlgemeinschaften wie konviviale Gesellschaften bewirten.

Wer etwas vom intelligenten Kompostieren versteht, hat gelernt, dass Homo sapiens eine erdverbundene und gastrozentrische – nämlich in dieser Erdverbundenheit essistenziell (essenziell übers Essen) verwurzelte – Denkweise brauchen. Eine solche geogastroethische *Down-to-Earth*-Philosophie des Humanum überwindet die geistmetaphysische Abkehr von der Erde, die seit Jahrtausenden unseren lebensphilosophischen Blick in den Himmel (ab)lenkt: Der „Weltgeist" – wie alle spirituell-religiösen Gottheiten und extraterrestrischen Erschaffer der Welt – schauen mit dem ewigen Blick von oben herab und glauben, erst durch ihre Transzendenz der als tote „Materie" wahrgenommenen und geringgeschätzten Erde alles Lebendige und wertvoll Geistige zu schenken. So wird erzählt, dass der lehmig-tumbe Erdklumpen, woraus der Weltgeist einst die Humanen geformt habe, nur und alleine durch den von ihm eingehauchten Atem mit Humanität beseelt sei. Die erdferne Philosophie dieses immer noch fortwirkenden Platonismus hat unsere Kultur an die Vorstellung gewöhnt, dass nur das bürgerliche (gärtnerisch untätige) Leben in der Stadt, nicht aber das bäuerliche (gärtnerisch tätige) Leben auf dem Land den Menschen human und zivilisiert mache. Die heilige Schrift der Christen macht ihre zahlreichen Follower glauben, die Erde sei als ein Garten ohne Gärtner*in und ohne Kompost ein Paradies gewesen und danach jegliches Ackern eine Strafe.

Wer nach dieser weltanschaulich (ideell, kulturell, philosophisch, lebensweltlich) erdfernen Ära zur Erde zurückkehren und im konvivialen Gastrozän ankommen will, wird umdenken lernen und einige grundlegende Dinge im Alltag anders machen müssen und können. Um diese erdgeschichtlich epochale Denkwende zu erleichtern, sollten wir uns manches wie ein Mantra immer wieder erzählen und rezitieren: Die vorhandenen, greifbar naheliegenden und obendrein die entscheidendsten Kräfte der sozialökologischen Transformation zu nutzen, liegt in der Macht eines jeden, einer jeden von uns. Zum Beispiel darin, täglich ein bisschen utopisch zu gärtnern und sich im intelligenten Kompostieren zu üben, um die Erde zu retten durch den Aufbau von frischem Humus zusammen mit dem Anbau von leckerem Gemüse.

Angesichts der drohenden Sintflut nach uns und schon um uns herum ist ein solches *Down-to-Earth oder* Garten-Erde-Manifest eine ebenso ermutigende wie wirkungsvolle Antwort auf die pessimistisch-resignative Frage des Stadtforschers Mike Davis (2009) „Wer wird die Arche bauen?".

Die Neuerfindung des Homo panhumanus humus

Erst recht können wir von jedem beliebigen Kompost oder Misthaufen lernen, dass die Zukunft weder die Eroberung des Mars noch die technologische Herrschaft superintelligenter Robo sapiens sein muss. Allerdings scheint es mir ziemlich verträumt zu sein, als denkbaren Ausweg aus der Krise der westlichen Zivilisation einen philosophischen Glauben zu verbreiten mit der weltfremden Weltformel: „Das Raumschiff Erde hat keinen Notausgang" (2011) – so der Titel eines Sammelbandes von Texten namhafter Vordenker. Selbstverständlich finden schon seit langer Zeit und im modernen Kapitalozän noch einmal zivilisatorisch globalisiert gigantische technologische wie weltanschauliche Anstrengungen statt, den transposthumanen Fluchtweg vorzubereiten. Denn die Umrüstung des Raumschiffs Erde zu einer bloßen Auflade- und Proviant-Raumfahrtstation und der digitaltechnologische Umbau des Menschen zum humanoiden Cyborg für die – letztlich ihrerseits ausweglose – Flucht zum Mars oder für verwandte Weltraum-Zukünfte einer „multiplanetaren Spezies" und „Gesellschaft der Astronauten" (Elon Musk) bereiten den sehr wahrscheinlichen Fall vor, dass der Homo sapiens in Ermangelung einer künstlichen „Superintelligenz" (Bostom, 2014) diesen schönen Planeten verwüstet, die Vielfalt des irdischen Lebens zerstört und für sein eigenes Überleben völlig unbrauchbar gemacht haben wird. Wie die Autor*innen der

Humus-Revolution. Wie wir den Boden heilen, das Klima retten und die Ernährungswende schaffen feststellen: „Nicht die teuren gefährlichen Großtechnologien werden uns retten, nicht die Ideen von gnädigen Superreichen, sondern nur das kollektive Handeln von Milliarden Erdlingen, die ihren Planeten lieben." (Scheub & Schwarzer, 2017, S. 49)

Schon klar: Sehr viele Replikant*innen der vom Aussterben bedrohten Menschheit können sich nichts Besseres vorstellen als die Flucht und „Auswanderung" zu anderen Sternen und abenteuerliche Eroberungen von neuen Welten jenseits dieser Welt. Doch was ist, wenn sich nach 1500 Jahren erfolglosem terra forming die fantastische Träumerei des anthropozänen Muskismus im Marssand verliert? So, wie schon der maximalutopische Marxismus des 19. und 20. Jahrhunderts den kommunistischen Zukunftstraum in dystopische Fehlentwicklungen und sinnloses Leid der Menschen verkehrte…

Wenn möglichst viele von uns „hierbleiben" (Paoli, 2004) und das Kompostieren lernen und das machbare Glück utopischen Gärtnerns kultivieren, werden die letzten Marsianer, die nach ihrer gescheiterten Weltflucht und Erdung wieder zur Erde zurückkehren, auf ihrem einstigen Heimatplaneten hochentwickelten Terraner*innen begegnen und sie werden staunend die beste aller möglichen Welten endlich auch für sich entdecken: die Gemeinschaftsmähler der Konvivialist*innen, die Garten-Städte der Commonist*innen, die Landbasen der Erdgärtner*innen – allerorts rätedemokratisch regierte Keimzellen einer anderen, pflanzbaren Welt.

Denn inzwischen, im Gastrozän, werden sich die Nachfahren des Homo sapiens durch die weltkluge Weiterentwicklung ihrer sozialökologischen Superintelligenz radikal neu erfunden haben – nämlich als kompostsuperhumane Erdlinge, wie wir inzwischen wissen. Der *Homo panhumanus humus* hat die unbekannte Welt einer neuen Guten Erde erforscht und für sein eigenes Wohlergehen erschlossen: die Humussphäre der terrestrischen Unterwelt, der allerlei Gutes wie Früchte erwächst.

Das Verstehenlernen dieser *terra incognita* wird unter den Komposthumanen als Abenteuer und Ankunft erlebt: Auf einem einzigartigen Planeten und dessen komplexen Fruchtbare-Erden-Ländereien zu landen, um sich auf diesen als Landbasen genutzten *Terrains* und *Terroirs* – nur mit natürlich ausgebildeter, klug kultivierter menschlicher Intelligenz ausgestattet – täglich zu erden. Im Weltraum ihres Alltags zeitweise zur Erde zurückzukehren, bedeutet für sie, in einer besseren Gegenwart nahe liegendes und ergreifbares Gutes, das in ihrer Macht liegt und mithilfe der eigenen Bordmittel machbar ist, für alle zu leben. Und die Marsianer werden begeistert sein: Den „globalen Erdgärtnern" (Schwägerl, 2010, S. 137), den Terraner*innen wird es tatsächlich gelungen sein, ihr irdisches Raumschiff endlich doch in einen paradiesischen Garten auf Erden verwandelt zu haben. Um dort annäherungsweise hinzukommen, werden sie besser verstehen müssen, wer das Wir „unseres Gartens" ist; und sie werden lernen müssen, dass nur ein solches Wir-Selbst aus uns Menschen eine utopische – konviviale – Gesellschaft macht, die sozialökologische Transformation wirklich ermöglicht und die Erde retten und gutes Essen für alle wachsen lassen kann.

Literatur

Baier, A., Hansing, T., Müller, C. & Werner, K. (Hrsg.) (2016). *Die Welt reparieren. Open Source und Selbermachen als postkapitalistische Praxis.* Bielefeld: transcript.

Belasco, W. (2006). *Meals to come. A History of the Future of Food.* University of California Press.

Bostrom, N. (2014). *Superintelligenz: Szenarien einer kommenden Revolution.* Berlin: Suhrkamp.

Crouch, C. (2000). *Post-Demokratie.* Frankfurt am Main: Suhrkamp.

Das konvivialistische Manifest (2014). *Für eine neue Kunst des Zusammenlebens.* Bielefeld: transcript.

Crutzen, P., Davis, M., Mastrandrea, M. D., Schneider, S. H. & Sloterdijk, P. (2011). *Das Raumschiff Erde hat keinen Notausgang.* Frankfurt am Main: Suhrkamp.

Davis, M. (2009). Wer wird die Arche bauen? Die architektonische Vorstellungskraft in einem Zeitalter katastrophaler Konvergenz. In A. Haarmann & H. Lemke (Hrsg.), *Kultur/Natur. Kunst und Philosophie im Kontext der Stadtentwicklung.* 2 Bände. Berlin: Jovis.

Deleuze, J. & Guattari, F. (2000). *Was ist Philosophie?* Frankfurt am Main: Suhrkamp.

Derrida, J. (2001). Man muss wohl essen. In J. Derrida, *Auslassungspunkte.* Wien: Passagen.

Die Stadt ist unser Garten (2014). *Das Urban-Garding-Manifest.* urbangardeningmanifest.de/ (letzter Zugriff am 28.06.2023).

Foucault, M. (1984). Freiheit und Selbstsorge. In H. Becker & L. Wolfstetter, L. (Hrsg.), *Interview.* Frankfurt am Main: Materialis.

Haraway, D. (2018). *Unruhig bleiben. Die Verwandtschaft der Arten im Chthuluzän.* Frankfurt am Main: Campus.

Humboldt A. & Bonpland, A. (1807). *Ideen zu einer Geographie der Pflanzen.* Tübingen: Cotta.

Haarmann, A. & Lemke, H. (2022). *Die Keimzelle. Transformative Praxen einer anderen Stadtgesellschaft. Theoretische und künstlerische Zugänge.* Bielefeld: transcript.

Jensen, D. (2009). *Das Öko-Manifest.* München: Pendo.

Koglin, I. & Rohde, M. (2018). (Hrsg.). *Gärtnern für eine bessere Welt. Rette die Vielfalt: Eine andere Welt ist pflanzbar. Das Handbuch für Idealisten und Grüne Helden.* Stuttgart: Kosmos.

Latour, B. (2018). *Das terrestrische Manifest.* Berlin: Suhrkamp.

Lemke, H. (2022). Il faut cultiver notre jardin: Anfangen – Nachdenken – Weitermachen. In A. Haarmann & H. Lemke (Hrsg.), *Transformative Praxen einer anderen Stadtgesellschaft. Theoretische und künstlerische Zugänge.* Bielefeld: transcript.

Lemke, H. (2018). *Szenarien der Ernährungswende. Gastrosophische Essays zur Transformation unserer Esskultur.* Bielefeld: transcript.

Lemke, H. (2007). Joseph Beuys als Gastrosoph. In H. Lemke, *Die Kunst des Essens. Zur Ästhetik des kulinarischen Geschmacks.* Bielefeld: transcript.

Paoli, G. (2004). Die Hinterbliebenen. In R. Maresch, F. Rötzer (Hrsg.), *Renaissance der Utopie. Zukunftsfragen des 21. Jahrhunderts.* Frankfurt am Main: Suhrkamp.

Pollan, M. (2014). *Meine zweite Natur. Vom Glück, ein Gärtner zu sein.* München: oekom.

Scheub, U. & Schwarzer, S. (2017). *Die Humus-Revolution. Wie wir den Boden heilen, das Klima retten und die Ernährungswende schaffen.* München: oekom.

Schwägerl, C. (2010). *Menschenzeit. Zerstören oder gestalten? Wie wir heute die Welt von morgen erschaffen.* München: Goldmann.

Shiva, V. (2006). *Erd-Demokratie. Alternativen zur neoliberalen Globalisierung 2006.* Hamburg: rowohlt.

Welzer, H. (2018). *Alles könnte anders sein. Eine Utopie für freie Menschen.* Frankfurt am Main: S. Fischer.

Ziegler, J. (2012). *Ändere die Welt! Warum wir die kannibalische Weltordnung stürzen müssen.* München: Penguin.

Kompost – eine Horizonterweiterung

Severin Halder und Iris Dzudzek

Wir sind im Anthropozän angekommen. In dieser Epoche hat der Mensch die Erde stärker verändert als geologische Kräfte. Sie ist durch zahlreiche Krisen gekennzeichnet, die das Überleben des Menschen auf der Erde bedrohen. Bereits sechs von neun planetaren Belastungsgrenzen der Erde sind überschritten. Klima, Süßwasser und der Zustand der Biosphäre sind nachhaltig aus dem Gleichgewicht geraten und teilweise irreversibel zerstört (vgl. Rockström et al., 2009). Während die Herausforderungen von Klimawandel, Pandemie und Energiekrise gesellschaftlich breit diskutiert werden, wird eine Krise oft übersehen: die globale Bodenkrise. 52 Prozent der Böden weltweit sind so degradiert, dass sie sich nicht mehr aus eigener Kraft erholen können. Den Böden fehlen nicht nur Nähr- und Vitalstoffe, sondern ebenso unzählige und vielfältige Mikroorganismen. Dies hat dramatische Konsequenzen. Verarmte Böden führen zu Artenverlust und Verlust landwirtschaftlicher Lebensgrundlagen Bodendegradation wiederum begünstigt Wasserknappheit. Bereits heute enthält Obst und Gemüse aus konventioneller Landwirtschaft bis zu 90 Prozent weniger Nährstoffe, was sich auch negativ auf die Gesundheit des Menschen auswirkt, denn eine einseitige Diät schwächt das menscheneigene Mikrobiom (vgl. Timmis & Ramos, 2021). Eine Welt mit größtenteils verarmten Oberböden zeichnet eine nahe dystopische Zukunft[1] des globalen Hungers (vgl. FAO, 2022; UN, 2019, 2022).

Ein Grund für die Degradation der Böden ist der globale Einsatz künstlicher Dünger. Zweifelsohne bedeutet das Ausbringen von mineralischen Düngemitteln aus Stickstoff, Phosphor oder Kalium in vielen Teilen der Welt eine effiziente Lösung des Hungerproblems. Jedoch benötigt ihre Herstellung neben einem hohen Energieaufwand auch den Abbau fossiler Rohstoffe, die endlich sind. Durch künstliche Düngung gelangt mehr Stickstoff in den Boden, als atmosphärisch wieder freigesetzt werden kann. Phosphate werden aus seltenen

1 Vor dieser Zukunft warnte schon 1950 die leider relativ unbekannte Bodenpionierin Annie Francé-Harrar in ihrem Werk „Die letzte Chance für eine Zukunft ohne Not": „Wir, unsere ganze Generation, stehen vor einem solchen Abgrund — nein, einer unabsehbaren Kette von Abgründen. [...] Gegen uns richtet sich das Gespenst einer Welthungersnot und einer unsere Scholle bedrohenden Welterosion auf. [...] Denn Humus war und ist nicht nur der Urernährer der ganzen Welt, sondern auch der alles Irdische umfassende Lebensraum, auf den alles Lebende angewiesen ist." (Francé-Harrar, 1950, S. 656)

Mineralien gewonnen, die als Dünger ausgebracht werden und ins Grundwasser gelangen, anstatt wieder zurückgewonnen zu werden. Phosphatdünger enthalten zudem das giftige Schwermetall Cadmium. Mineralische Düngung führt oft zu Pflanzenschäden durch Überdüngung und zu einem Nährstoffverlust durch Auswaschung. Der Boden kann durch Kunstdünger aus seinem chemischen Gleichgewicht gebracht werden; auf Dauer verliert der Boden an Nährstoffen und mikrobieller Vielfalt.

Die gute Nachricht aber lautet: Böden können revitalisiert werden. Lebendige Böden sind Kompositionen. Sie bedürfen der Zusammenarbeit von Menschen, aber auch von Tieren, Mikroben und ihren ökologischen Milieus. „Kompostierung" (auch „Rotte"), wissen Gärtner*innen wie auch die hier herangezogene Quelle Wikipedia,

> „bezeichnet den Teil des Nährstoffkreislaufs, bei dem organisches Material unter Einfluss von Luftsauerstoff (aerob) von Bodenlebewesen (heterotroph) abgebaut wird. Dabei werden neben Kohlenstoffdioxid auch wasserlösliche Mineralstoffe freigesetzt wie beispielsweise Nitrate, Ammoniumsalze, Phosphate, Kalium- und Magnesiumverbindungen, die als Dünger wirken. Ein Teil der bei diesem Abbau entstehenden Zwischenprodukte wird zu Humus umgewandelt." (de.wikipedia.org/wiki/Kompostierung)

Bei der Beschäftigung mit Boden spielt Kompost daher eine besondere Rolle. Er ist mit der Humusschicht bzw. dem humosen Oberboden (Bodenhorizont A) eng verwandt und diese wiederum – nicht durch Zufall epistemologisch – mit uns Menschen. Es ist „vielleicht an der Zeit, nicht mehr von Menschen, Humanwesen zu sprechen, sondern von Terrestrischen, von Erdverbundenen, um damit den Humus, letztlich den Kompost herauszustreichen, der in der Etymologie von ‚human' steckt" (Latour, 2018, S. 101). Kompost ist das faszinierend lebendige Ergebnis einer fruchtbaren und fürsorglichen Mensch-Umwelt-Beziehung. In Zeiten des düsteren Wetteiferns sozial-ökologischer Dystopien bildet Kompost einen willkommenen Gegenpol und ein allgegenwärtiges praktisches Beispiel für lebendige und produktive ökologische Interaktionen unter menschlicher Beteiligung. Er führt uns vor Augen, dass jegliches Leben auf diesem Planeten nur im Netzwerk funktioniert.

Kompost – ein Grenzobjekt

Im Kompost verwischen die Grenzen gängiger Wahrnehmung: Bei näherer Beschäftigung mit Bodenbildung im Allgemeinen ist es nicht mehr möglich, organisches Material oder Gestein voneinander zu unterscheiden, selbst Leben und Tod werden wässrige Kategorien. Beim Tiefgang verschmelzen sogar

Biosphäre und Geosphäre miteinander (vgl. Tironi et al., 2020, S. 2). Böden lehren, in mehr-als-menschlichen Zeitspannen zu denken. Doch gleichzeitig verschmelzen Kultur und Natur nirgendwo materiell mehr miteinander als bei der Bodengenese.[2]

Die Wissenschafts- und Technikstudien machen Kompost zu einem Grenzobjekt. Grenzobjekte haben in den verschiedenen Welten unterschiedliche Bedeutungen, aber genügend gemeinsame Struktur, um sie wiedererkennbar und zu einem Mittel zur Übersetzung zu machen (vgl. Star & Griesemer, 1989). Kompost wandelt abgestorbenes Material in lebendigen Humus, toxische Stoffe der Verrottung über die Selbststerilisierung in gesunde Erde, verbindet über das Mikrobiom mikrobielles Leben mit dem höherer Lebensformen, ist ein Speicher mikrobieller Vielfalt, Ursprung des überlebenswichtigen Penicillins und Quelle des für die menschliche Gesundheit wichtigen Mikrobioms.

In Biologie und Lebenswissenschaften wird das Verhältnis von Mensch und Umwelt seit einiger Zeit neu vermessen. Wissenschafts- und Technikstudien begleiten und reflektieren diesen Paradigmenwechsel. Die moderne Vorstellung einer Dichotomie von Mensch und Umwelt, von Natur und Kultur, weicht zunehmend Konzepten, die ihre grundlegende Verschränkung betonen (vgl. Buranyi, 2022). Wegweisend für diese Forschungen ist ein neues Verständnis von Evolution, das auf die US-amerikanische Biologin Lynn Margulis zurückgeht. Sie zeigt, wie sich die Evolution des Lebens auf der Erde nicht als kompetitiver, sondern als symbiotischer Prozess zwischen mikro- und makrobiotischer Umwelt entfaltet (vgl. Margulis, 1999). Microbes „teach us that we humans are really little more than a multi-species ecosystem among multi-species ecosystems – ponds among ponds. All regulated by viruses" (Rees, 2020, o. S.). Biolog*innen erforschen das Mikrobiom, also die symbiotische Vergesellschaftung von Mikroben, ebenso wie Bakterien und Viren mit ihren menschlichen und tierischen Lebensumwelten. Hier wird der Mensch als Supra-Organismus (Holobiont) verstanden, in dem Mikroben und Zellen im menschlichen Körper zusammenarbeiten (vgl. Fuentes, 2019).

Wie lässt sich die Bodenkrise überwinden? Wie überleben wir in den Ruinen des Anthropozäns? Welche Impulse können mehr-als-menschliche Perspektiven für die lebendige Transformation von Böden, Ökologie, Politik und Gesellschaft leisten? Im Folgenden zeigen wir sechs unterschiedliche „Kompost-Strategien" zur Wiederbelebung des Bodens und zur Überwindung seiner Krise, die bereits mehr oder minder Bestandteil urbaner Gartenpraxis sind.

---

2 Ein prominentes Beispiel hierfür ist Terra Preta. *Terra Preta do Indio* ist eine im Amazonasgebiet von Indigenen vor 500–2500 Jahren erzeugte Schwarzerde mit hohem Nährstoffgehalt (im starken Gegensatz zum nährstoffarmen tropischen Regenwaldboden) und einem hohen Anteil organischer Materie, Biokohle und oftmals präkolumbianischen Tonscherben (vgl. Soentgen et al., 2017, S. 137).

1. Die Kunst der lebendigen Transformation

Kompost ist die Kunst der lebendigen Transformation, bei der aus toter Materie neues Leben entsteht. Das Ergebnis einer ausgeklügelten Komposition von Wärme, Sauerstoff und Feuchtigkeit in Kombination mit Würmern, Pilzen und anderen Mikrolebewesen ist eine lebensstiftende, schwarz-braune Materie, die von zentraler Bedeutung bei der Bekämpfung der Bodenkrise ist. Qualitativer Kompost ist ein essenzielles Werkzeug, um Böden zu revitalisieren. Denn beim Kompostieren werden die Nährstoffe, die dem Boden im Zuge von organischem Wachstum entzogen wurden, wieder bereitgestellt. Kompost aktiviert das Bodenleben, ist förderlich für die Struktur des Bodens, den Luft- und Wasserhaushalt, macht die Bodenaggregate widerstandsfähig gegen Form- und Strukturveränderung und hilft dem Boden darüber hinaus, den pH-Wert über einen gewissen Zeitraum konstant zu halten (vgl. Bundesverband Boden, o. J.). Nebenbei wird bei der Humusbildung CO2 gebunden und damit dem Klimawandel entgegengewirkt. Kompost ist wie Öl im Getriebe des Ökosystems Erde. Ihm wohnt der Kreislauf des Lebens inne, dessen Dynamik alles unterliegt, was uns umgibt, uns Menschen und unsere Körper miteingeschlossen. Alles wandelt sich, und das Ende wird zum Anfang. Wir werden alle Kompost!

2. Down to earth – Kompost als bodenständige Fürsorgepraxis

Kompost schafft Beziehungen zwischen Menschen und mehr-als-menschlichen Akteuren abseits kapitalistischer Vergesellschaftung. Denn Kompost ist eine symbiotische Technik, bei der sich Mensch und Boden, im Sinne der „matters of care" als Teil eines Netzwerks der Fürsorge (vgl. Puig de la Bellacasa, 2017), umeinander kümmern. Dem „Kompost-Machen" ist eine fürsorgliche Beziehung inhärent, bei der verschiedenste Aktanten (vgl. Latour, 1996) bzw. mehr-als-menschliche-Agenten wie Kompostwürmer, Springschwänze, Pilze, Bärtierchen, Bakterien, Milben, Spinnen, Asseln und viele andere sich gegenseitig unterstützen, füttern und pflegen. Dabei schaffen sie sich miteinander verstoffwechselnd die Grundlage zum kollektiven Überleben. Nebenbei sterilisieren sie totes Leben und befruchten neues, und reparieren ganz nonchalant ständig unseren Planeten. Kompost eröffnet die Chance, „den Regenerationsprozessen, von denen wir abhängig sind, wirklich nahe zu kommen, [bietet] eine Möglichkeit, ein nützlicher Teil des Ökosystems zu sein, und deshalb könnte er ein guter Ort sein, um damit zu beginnen, die mentale Trennung zwischen Natur und Kultur, Mensch und Mikroben aufzubrechen" (Melas, 2021, S. 45). Er ist eine Mensch-Umwelt-Symbiose im Kampf gegen multiple sozio-ökologische Krisen. Kompost ist anthropogener Humus(boden) und Anti-Erosion. Er ist die gärtnerische Schnittstelle, an der die Beziehung zwischen menschlicher Einflusssphäre und Bodenbildung repariert wird. Kompost ist damit viel mehr als die oft vernachlässigte Holzkiste voll vertrocknetem Grünschnitt im letzten Eck des Gartens. Kompost ist eine gärtnerische Antwort auf die sozio-ökologischen Krisen der Gegenwart.

3. Kompost bildet und verbindet Horizonte

Kompost bildet neue Bodenhorizonte und eröffnet zeitliche und räumliche Perspektiven. Er verweist darauf, dass ökologische Kulturpraktiken der Bodenverbesserung seit Jahrtausenden existieren. So handelt es sich für viele um einen alten Bekannten und bodenständigen Bezugspunkt, der erdet und verbindet. Kompost als gängiges handfestes Objekt sowie als produktive und einfach zugängliche Gartenpraxis baut eine bodenständige Brücke zum Dialog. Er bildet einen geteilten alltäglichen Erfahrungsschatz und lädt ein, sich auszutauschen, ob über den Gartenzaun, die Stadt-Land-Grenze hinweg oder im weltweiten Dialog. Kompostieren ist eine zentrale Schnittstelle der agrarökologischen Praktiken, die urbane „food movements" im Globalen Norden und kleinbäuerliche Kämpfe um Ernährungssouveränität im Globalen Süden verbindet (vgl. Tornaghi & Halder, 2021), und bildet daher einen glokalen Bezugsrahmen, der sich zwischen urbanen Gärtner*innen, Schrebergärtner*innen, Kleinbäuer*innen, Landlosen, Indigenen und Kleinstlebewesen entfaltet.

4. Stadtentwicklung von der Verrottung her denken

Die Beschäftigung mit Kompost als einem geschlossenen Nährstoffkreislauf steht im krassen Gegensatz zur materiellen Lebensrealität urbaner Gärtner*innen bzw. zu städtischen Stoffwechselprozessen. Diese lassen sich beschreiben als historisch gewachsene Notwendigkeit zur Akkumulation von Menschen, Waren, Nährstoffen, Ressourcen, Energie, Wasser und allem, was der urbane Lifestyle sonst so fordert (vgl. Swyngedouw, 2006). Das Leben in Städten, insbesondere im Globalen Norden, gestaltet sich komfortabel und reizvoll durch den privilegierten Zugang zu Ressourcen. Die moderne Stadt lässt sich jedoch als Einbahnstraße skizzieren, die einen extremen Sog auslöst, der 80 Prozent der globalen Ressourcen an sich reißt (vgl. Bulkeley & Betsill, 2005), um daraus am Ende das Gros des Mülls weltweit zu produzieren, darunter Schwermetalle, Arzneimittelrückstände, Krankheitserreger, Nanomaterialien, Kunststoffreste oder giftige Abgase. Dazu akkumulieren insbesondere die Städte des Globalen Nordens durch den Import von Nahrungsmitteln aus aller Welt eine solch riesige Menge an organischem Material, dass die Kompostierung an Ort und Stelle nicht sinnvoll erscheint (denn es gibt im Globalen Norden zu wenig peri-urbane landwirtschaftliche Fläche, die diese gewaltige Menge an Humus aufnehmen könnte). Gleichzeitig fehlen diese Nährstoffe an den Orten der Nahrungsmittelproduktion zur Regeneration der Böden. Beim urbanen Leben handelt es sich um das Gegenteil eines Kreislaufs. Die Stadt ist ein Anti-Kompost.

Prozesse urbaner Kompostierung können daher neben ihrem materiellen Beitrag einen ersten Bewusstseinsschritt zu einem stärker kreislaufartigen System bedeuten, der Stadtbewohner*innen die zerstörerischen Kollateralschäden der Urbanisierung aufzeigt und die scheinbar unschuldige Normalität urbaner Alltagspraktiken in Frage stellt. Kompost ermöglicht einen Zugang zur globalen

Politischen Ökologie der Planetary Urbanization[3] bzw. zum Verständnis des globalen urbanen Metabolismus und dessen Bedeutung für die Frage des Überlebens auf diesem Planeten.

Kompost ist ein Teil urbaner Gartenpraxis und daher ein praktischer wie konzeptioneller Zugang, städtische Stoffwechselprozesse kreislaufförmiger zu denken und zu gestalten. Städter*innen lernen in urbanen Gärten mittels Kompostierung, einen geschlossenen Nährstoffkreislauf zu erzeugen. Die Beschäftigung mit der zuerst oft als eklig wahrgenommenen stofflichen Transformation der Küchenabfälle führt häufig zu begeisterten Wurmliebhaber*innen und zum Aufblühen verwaister Kompostmieten. Längst ist Kompostieren ein wichtiger Baustein der städtischen Umweltbildung, und Kompostwürmer sind zentrale Akteure der sozial-ökologischen Transformation von unten.[4]

Dass historische und aktuelle Keimzellen der urbanen Gartenbewegung ihren Ursprung in der stofflichen Transformation vernachlässigter Brachflächen in biodiverse Oasen haben,[5] macht die Bedeutung kompostierender Praktiken auch auf der Metaebene deutlich. Wie der Komposthaufen, so unterliegen auch diese Orte einer materiellen Verwandlung von toxischen Problemflächen in blühende Wohlfühlorte. Diese immer wieder faszinierende Transformation einer vermüllten Brache in einen urbanen Garten kann – ähnlich wie die Kompostierung selbst – als fruchtbare Metamorphose betrachtet werden. Sie beschreibt einen Akt des Reparierens des urbanen Metabolismus auf Mikro- und Makroebene.

Kompost bietet daher einen guten Zugang zu anthropogen veränderten Stoffkreisläufen auf verschiedenen Ebenen, nicht nur bei der Transformation von verwaisten Orten in urbane Agrarflächen sowie den alltäglichen Verwesungsprozessen von Bioabfällen, sondern auch bei der Bewirtschaftung einer Trockentrenntoilette im Gemeinschaftsgarten. Die Beschäftigung mit Bodengenese führt folgerichtig auch zu einer Auseinandersetzung mit dem eigenen körperlichen Metabolismus als Teil von größeren Stoffkreisläufen, samt den Bakterien, die uns bewohnen, und unseren fruchtbar-toxischen Ausscheidungen, die gemeinhin mit Trinkwasser weggespült und als Klärschlämme verbrannt werden. Die Einsicht „Pissen ist politisch" (vgl. Klo:lektiv, 2021) steigert das Bedürfnis nach einer nachhaltigen Sanitärwende, sei es durch den Bau oder die Anmietung einer

3 Der Begriff beschreibt die Tatsache, dass der Großteil des Planeten – auch die vermeintlich ländlichen Regionen, Kulturen und Menschen – längst Teil des gleichen globalen Sogs ist, der die Grundlage der Urbanisierung bildet.

4 Es existieren z. B. eine Vielzahl von Angeboten und Anleitungen für den Bau und Erwerb von Wurmkisten für den eigenen Haushalt oder – als Bildungswerkzeug – für Schulen und Kitas (z. B. das Projekt BodenschätzeN der workstation Ideenwerkstatt in Berlin oder die Ringelbox: workstation-berlin.org/projekte/bodenschaetzen/; instagram.com/ringelbox/).

5 Unter anderem die Green Guerillas im New York der 1970er Jahre, der Prinzessinnengarten am Berliner Moritzplatz und eine Unzahl blühender Gärten in den Favelas, Townships und Barrios des Globalen Südens.

Komposttoilette oder die Teilnahme an einem Forschungsprojekt zur Düngung mit Urin.[6] Kompost lehrt uns, dass unsere Körper und alles, was uns insbesondere in Städten umgibt, sei es Nahrung, Luft, Energie oder Bakterien, Teil eines globalen Netzwerks menschlicher und nicht-menschlicher Akteure ist. Sogar die Körper urbaner Gärtner*innen selbst können den Bodensatz zukünftiger städtischer Gartengesellschaften bilden, sei es direkt als Komposterde für Hochbeete[7] wie auch indirekt durch die Umwidmung von Friedhofsflächen zu Gartenprojekten.[8]

5. Gesundheit gemeinsam wachsen lassen

Kompost ist ein Mikrobiom mit enormer mikrobiologischer Vielfalt. Das Mikrobiom umfasst die Gesamtheit aller Mikroorganismen der Erde. Im engeren Sinn bezeichnet es die Gesamtheit aller Mikroorganismen (Bakterien, Viren, Pilze und Protozoen), die einen Makroorganismus (Mensch, Tier, Pflanze) besiedeln. Die medizinische Forschung erkennt zunehmend die große Bedeutung des menschlichen Mikrobioms für die Gesundheit an. Damit vollzieht sie einen Paradigmenwechsel: Wurden in der Moderne Bakterien, Viren und andere Mikroben vor allem als Pathogene gesehen und mit Hygiene und Antibiotika bekämpft, setzt sich allmählich ein stärker relationales, symbiotisches Gesundheitsverständnis durch, das die Rolle der Umwelt sowie die Vergesellschaftung von Makroorganismen mit ihrem Mikrobiom als Quelle der Gesundheit anerkennt (vgl. Lorimer, 2017). Humus ist aus dieser Sicht ein zentrales Reservoir und ein Lieferant mikrobieller Vielfalt. In Form des Mikrobioms und des Viroms bildet der menschliche Körper ein vitales Ökosystem für Milliarden von Bakterien und Viren. Die wenigsten dieser Mikroben machen krank. Als Teil eines im Gleichgewicht befindlichen Mikrobioms oder Viroms haben sie einen positiven Einfluss auf die menschliche Gesundheit (vgl. Timmis & Ramos, 2021, S. 782). Planetare Gesundheit im Sinne des Planetary-Health-Ansatzes wird hier als ein ökologisches Verhältnis zwischen Menschen, Tieren und Mikroben gedacht. Kompost ist ein Beispiel für ein funktionierendes Mikrobiom. Pflanzen, die auf ihm gedeihen, zeichnen sich durch eine hohe Nährstoffvielfalt aus, die wiederum dabei hilft, den Menschen und sein Mikrobiom in Takt zu halten.

6 In Berliner Gemeinschaftsgärten wird ein Recyclingdünger aus künstlichem Urin getestet (urbancycles.de).

7 „Den toten Körper wieder in den Kreislauf der Natur zurückbringen: Das verspricht die Bestattungsform ‚Reerdigung'. Dabei zersetzt sich der Körper unter natürlichen Bedingungen – nachhaltig und schnell. Erste Modellprojekte starten jetzt in Deutschland." (Straehler-Pohl, 2022, o. S.)

8 Prominentes Beispiel für die Verwandlung von Friedhofsflächen in Gartenprojekte, aufgrund einer sich verändernden Bestattungskultur hin zur Feuerbestattung, ist der Prinzessinnengarten auf dem St.-Jacobi-Friedhof in Berlin-Neukölln (vgl. Kästner, 2019).

6. Kompostieren als gemeinsamer kreativer Forschungs- und Lernprozess

Kompostieren eignet sich aufgrund der bereits beschriebenen Charakteristika dafür, partizipative Forschungs- und Lernprozesse anzustoßen. Dies gilt sowohl im Rahmen von informellen Bildungsprozessen und Umweltbildungsprojekten in urbanen Gärten als auch für Citizen-Science-Projekte.[9] Insbesondere gilt dies für Forschungsprojekte, die mit Methoden der partizipativen Aktionsforschung, der ästhetischen Forschung und der performativen Künste in den Zwischenbereichen der urbanen politischen Ökologie, der Wissenschafts- und Technikstudien, der kreativen Geografien und der GeoHumanities experimentieren.

Das StadtLabor Münster ist ein solcher Experimentierraum für transformatives und forschendes Lernen und Lehren in den Geowissenschaften an der Universität Münster. Es experimentiert mit ko-kreativen Lernformen und Methoden transformativer Lehrforschung, die geeignet sind, soziale und ökologische Verhältnisse nicht nur zu verstehen, zu erklären und zu kritisieren, sondern sie im Sinne eines eingreifenden Denkens auch zu gestalten. Kompost eignet sich als Forschungsobjekt und -subjekt in diesem Fall ganz besonders, denn es ist das erklärte Ziel des StadtLabor Münsters, urbane Transformationen im Sinne realer Utopien auf die Straße zu bringen und gleichzeitig ihr kritisch-reflexives Potenzial im Sinne der Aktionsforschung zu entfalten. Das StadtLabor will Forschung experimentierend transformieren, hin zu einer partizipativen, dialogischen, hierarchiefreien, praxisrelevanten und ästhetischen Forschungspraxis als produktiver Teil der sozial-ökologischen Transformation.

Kompost bildet für die Arbeit des StadtLabors einen konkreten praktischen Ausgangspunkt, um sich den multiplen sozio-ökologischen Krisen gemeinschaftlich, konzeptionell und lösungsorientiert anzunähern. Kompost bildet eine bodenständige Brücke des Dialogs und fungiert als Eingang in die Welt der mehr-als-menschlichen Netzwerke. Kompostieren ist ein konkretes sozio-ökologisches Erfolgsmodell, das uns die Notwendigkeit zu symbiotischen und kollektiven Vorgehensweisen lehrt.

Als Zwischenergebnis dieses Forschungsprozesses am Fachbereich für Geowissenschaften der Universität Münster ist eine Kompost Zone (www.kompost.zone) entstanden. Kompost Zone ist ein experimentelles Projekt für diverse kompostierende Praktiken an der Schnittstelle von urbaner Ökologie, kritischer Geografie, Stadtentwicklung von unten, Umweltbildung und künstlerisch-partizipativer Forschung. Das Projekt widmet sich Mensch-Umwelt-Beziehungen tiefgründig, behutsam und praktisch. Im Zwischenraum von Wissenschaft, Kunst und ökologischer Praxis erkundet es Fragen lebendiger Regeneration und sozio-ökologischer Transformation: Was können wir vom Kompost lernen? Können wir mithilfe des Komposts symbiotische Mensch-Umwelt-Beziehungen gestalten lernen? Was bedeutet es, „am Fuße des Elfenbeinturms" experimentell zu kompostieren?

9 Zum Beispiel das Projekt Urban Cycles (s. Fußnote 6) oder das Projekt KompoBioPlast@Home zur Kompostierung von Bioplastik am Institut für Molekulare Mikrobiologie und Biotechnologie der Universität Münster.

Kompostieren kann in diesem Kontext auch als (de)konstruktive Verwandlung dominanter Forschungs- und Lernformate im universitären Kontext interpretiert werden. Forschung im Sinne der Aktionsforschung funktioniert – ähnlich wie Kompostierung – als sich wiederholende Kollaboration vieler Akteure bei der Verwandlung überkommener Strukturen in die fruchtbare Basis für neue Zyklen der Produktion und Anwendung von Wissen.

Den Grundstein für die Kompost Zone legte das Kompost Festival, ein experimentelles Veranstaltungsformat rund um urbane Ökologie und gesellschaftlichen Wandel. Im Zentrum stehen dabei der Dialog zwischen Forschung und zivilgesellschaftlicher Praxis u. a. in Gemeinschaftsgärten und die Suche nach adäquaten Formaten sowie Methoden für sozial-ökologische Transformationsprozesse. In einem partizipativen Dialog soll die Öffentlichkeit für die Bodenkrise sensibilisiert werden und zu konkreten Interventionen für eine verbesserte Bodenökologie ermutigt und befähigt werden. Die mehrtägige und bewusst entschleunigte[10] Veranstaltungsreihe bietet an verschiedenen Orten im (halb)öffentlichen Raum eine interaktive Plattform für praxisbasierte Kommunikationsprozesse unterschiedlicher Akteure. Partizipative, innovative und künstlerische Formate der Wissensgenerierung und vermittlung sollen inspirieren, über das Verhältnis von Forschung und Praxis nachzudenken sowie dazu anregen, sozio-ökologische Transformationsprozesse mitzugestalten.[11] Parallel zum Festival entstehen in der Kompost Zone u. a. multimediale Bildungsmaterialien und wissenschaftliche Kunstwerke wie die Video-Reihe „Globales Rotten“[12] und der Dokumentarfilm „Kompost sein“.[13] Letzterer gibt bereits mit dem Titel eine gewisse Antwort auf die Frage, was wir vom Kompost lernen können, bevor wir uns in ihn verwandeln. Vom Kompost lernen heißt, fruchtbare Mensch-Umwelt-Stoffwechselprozesse verstehen und reproduzieren lernen. Vom Kompost lernen heißt: Kompost machen/sein.

10 Vom Kompost lernen bedeutet, andere, langsamere Zeitlichkeiten anzunehmen (vgl. Mountz et al., 2015).

11 Das Festival fand 2022 erstmals statt und wurde 2023 wieder realisiert. Das Programm beinhaltete praktische Workshops zum Bau von Wurmkisten, Biomeilern, Bokashi und Fermentierung, ein Picknick mit geretteten Lebensmitteln, Vorträge zu einer nachhaltigen Sanitärwende, eine experimentelle Filmwanderung, eine Open-Air-Kinoreihe zur Bodenkrise, wissenschaftliche Vorträge und künstlerische Performances zur Mikrobiologie, Exkursionen, u. a. zu einer Biogärtnerei, zu einem Bildungsbauernhof, zum städtischen Kompostierwerk und durch Kleingärten sowie die praktische Neugestaltung eines Gemeinschaftsgartens. Workshop- und Kunst-Formate entfalteten sich im Rahmen des Festivals interaktiv und klassische Formate wie Podiumsdiskussionen, Ausstellungen und Filmvorführungen wurden neu und dialogischer interpretiert.

12 Die Videoreihe „Globales Rotten“ beinhaltet Beiträge u. a. von Matthew Gandy, Andreas Weber, Anuscheh Amir-Khalili, Nathan McClintock, Carolin Mees, Zayaan Khan, Manuel Tironi, Brett Bloom und der brasilianischen Kleinbauernbewegung MPA. So (ent)steht die Kompost Zone auch im digitalen Raum und in einem globalen Dialog mit Akteuren u. a. aus Berlin, München, Bogotá, Kapstadt, Sydney, Rojava, Villarica, Cambridge und Rio de Janeiro.

13 Der Dokumentarfilm zu Mensch-Boden-Verhältnissen ist das Ergebnis einer Kooperation mit dem kollektiv orangotango und der Filmwerkstatt Münster.

Das Ende als Anfang – Kompost als Lehrstück sozial-ökologischer Utopien

Wenn wir den Boden nicht bereiten, wird das Anthropozän düster enden. Den Bodenorganismen ist das egal. Im Gegensatz zu uns, die wir auf sie angewiesen sind, können sie auch ohne uns existieren. Geduldig reproduzieren sich die für uns unsichtbaren Bodenbakterien millionenfach unter und auch in uns. Sie regieren diesen Planeten schon seit Jahrmillionen und werden auch die schwer verdaulichen Städte verrotten lassen: Eure Stadt ist unser Kompost!

Lieber wollen wir mit ihnen gemeinsam die Bodenkrise überwinden. Hierzu haben wir in diesem Artikel sechs Strategien von Kompost als Kunst lebendiger Transformation entwickelt:

1. Kompost als Kunst der lebendigen Transformation, bei der aus toter Materie neues Leben entsteht;
2. Kompost als bodenständige Fürsorge-Praxis, die Beziehungen schafft zwischen Menschen und mehr-als-menschlichen Akteuren abseits kapitalistischer Vergesellschaftung;
3. Kompost als gängiges handfestes Objekt alltäglicher Gartenpraxis, das eine bodenständige Brücke zum Dialog bildet;
4. Kompost als praktischer und konzeptioneller Zugang zu einem besseren Verständnis städtischer Stoffwechselprozesse und als konkreter Ausgangspunkt, diese kreislaufförmig zu gestalten;
5. Kompost als Ökosystem, das über den Metabolismus mit dem menschlichen Mikrobiom verbunden ist und damit zu einem Garanten planetarer Gesundheitskonzepte wird;
6. Kompostieren als gemeinsamer, experimentell-kreativer Forschungs- und Lernprozess, z. B. im Rahmen des Kompost Festivals.

Im von Krisen gezeichneten Anthropozän ist Kompostieren eine praktische (Über) Lebenskunst, oder besser gesagt „the art of living on a damaged planet" (vgl. Tsing Lowenhaupt et al., 2017). „Kompost machen/sein" ist Teil der „Ecological Reparation" (vgl. Papadopoulos et al., 2023). Vielleicht ist „Kompost machen/sein" sogar ein Puzzlestück bei der „Entstehung einer ökologischen Klasse" (vgl. Latour & Schultz, 2022). Damit steht Kompost als Metapher und Praxis für symbiotische kollektive sozio-ökologische Transformationsprozesse und bildet eine Schnittstelle für partizipative urbane Ökologien.

Menschen für Kompost zu begeistern und den organischen Anteil der Böden praktisch zu erhöhen ist eine zentrale Stellschraube, um die Zukunft der Menschheit zu sichern. Der zukünftige Anteil an organischem Material in den Überresten unserer Zivilisation bestimmt das Schicksal der Welten, die nach unserer kommen werden. Wir plädieren daher dafür, Kompostieren als existente gärtnerische und landwirtschaftliche Praxis maximal wertzuschätzen und auszuweiten. Sie ist zentraler Bestandteil einer globalen und jahrtausendealten Bewegung von Indigenen,

Kleinbäuer*innen und Gärtner*innen, die die Erde hüten – am Amazonas, auf Brachflächen in New York oder zwischen Blechhütten in Maputo. Gerade diese globale Perspektive sollte uns ermutigen, die häuslichen, selbstorganisierten wie auch kommunalen und industriellen Kompostierungspraktiken ebenfalls lieben und verwandeln zu lernen.[14]

Gleichzeitig sehen wir die Notwendigkeit, den Kompost viel weiter zu fassen als nur die rottende Praxis, sondern in der Auseinandersetzung mit ihm auch für die Überschreitung planetarer Grenzen im Anthropozän und die damit verbundene globale Bodenkrise zu sensibilisieren, in der viele Böden weltweit ihre Biodiversität nicht mehr aus eigener Kraft regenerieren können. Es geht auch um die humose Gestaltung der Zukunft: Nur wenn wir in der Lage sind, die obersten Schichten des Anthropozäns mit viel organischem Material anzureichern, ist die sozial-ökologische Utopie einer reparierten symbiotischen Mensch-Erde-Beziehung möglich.[15] In der zu schaffenden „Kompost Zone" entscheidet sich, ob die Menschheit sich und ihre Nachkommen wie Dreck behandeln wird oder eine fruchtbare und fürsorgliche Mensch-Boden-Beziehung herstellen kann. Kompost ist die Kunst des Überlebens im Anthropozän. Im Anthropozän ist der Mensch zum ersten Mal für die Erde stärker prägend als geologische Kräfte. Kompost als lebendige Kunst der Transformation bedeutet dann, dass wir ein fruchtbarer Teil der Erdgeschichte werden. „Wir sind Kompost, nicht posthuman; wir bewohnen den Humusismus, nicht den Humanismus." (Haraway, 2018, S. 134) In diesem nicht destruktiven Sinne kann Kompostieren auch als antikapitalistische Praxis und Schaffung von Commons verstanden werden, die andere Produktivitäten freisetzen kann.

Kompostierungspraktiken als Teil von Gemeinschaftsgärten können daher als Keimzellen betrachtet werden, die städtische Entwicklungs- und Stoffwechselprozesse hin zu einem gerechteren sozio-ökologischen Miteinander auf globaler Ebene transformieren. Urbane Gärten können helfen, Stadtentwicklung von der Verrottung her zu denken und zu verwandeln. Denn die liebevolle gärtnernde Beschäftigung mit „dem da unten" hilft, die Ignoranz gegenüber der unschätzbaren Bedeutung des Bodenlebens zu beenden. Das Desinteresse ist das Ergebnis der von Stadtmenschen gemachten Geschichte, die sich jahrhundertelang frei und losgelöst von Staub und Matsch gedacht haben. Skizzen von Städten mit Hochbeeten oder Hydroponik-Gewächshäusern auf den Dächern spiegeln diese bodenlos-arrogante Vorstellung wider (vgl. Artola, 2022), die diesem antiquierten

---

14 Erwähnenswert sei an dieser Stelle das innovative Beispiel für kommunale Kompostierung von Fäkalien „Zirkulierbar" (zirkulierbar.de) und der künstlerische und gemeinschaftsgärtnerische Kampf für die Wiederaufnahme des kommunalen Kompostprogramms in New York, der in dem Song „Compost (feat. DiorNoel)" von Nate & Hilla porträtiert wird.

15 Oder zumindest können unsere entfernten Nachfahren dann eines Tages wieder Ressourcen nutzen, die aus dem organischen Material unserer Pflanzen und Körper entstehen, und z. B. fossile Brennstoffe in ihre Fahrzeuge tanken.

Betonkopfdenken entspringt. In den Gärten des Anthropozäns steht die Menschheit wie Hans Guckindieluft vor dem Spiegel und stellt erschrocken fest, dass ihr der Boden unter den Füßen wegbröckelt. Es ist höchste Zeit, sich nicht nur in den Gärten mit dem Kompostwurm – dem Eisbären der Bodenkrise – anzufreunden und sich dem Leben unter uns zuzuwenden: „Eine andere Welt wird kompostiert!"

Literatur

Artola, M. (2022). Ein fancy Hochbeet auf dem Dach gefällig. *Parzelle – Magazin für Kleingartenkultur*, 3(9), 48–49. Online verfügbar unter forum-stadtgaertnern.org/wp-content/uploads/2022/02/parzelle_2021.pdf (letzter Zugriff am 22.05.2023).

Bulkeley, H. & Betsill, M. (2005). *Cities and Climate Change. Urban Sustainability and Global Environmental Governance*. London: Routledge.

Bundesverband Boden (o. D.). Was ist Kompost? Online verfügbar unter bodenwelten.de/content/was-ist-kompost (letzter Zugriff am 22.05.2023).

Buranyi, S. (2022). Do We Need a New Theory of Evolution? *The Guardian*, 28.06.2022, Abschn. Science. Online verfügbar unter theguardian.com/science/2022/jun/28/do-we-need-a-new-theory-of-evolution (letzter Zugriff am 22.05.2023).

FAO (2022). *Soil Degradation Threatens Food, Medicine and the Climate*. Online verfügbar unter fao.org/global-soil-partnership/resources/highlights/detail/en/c/1539317/ (letzter Zugriff am 22.05.2023).

Francé-Harrar, A. (1950). *Die Letzte Chance für eine Zukunft ohne Not*. München: Bayerischer Landwirtschaftsverlag GmbH.

Fuentes, A. (2019). Holobionts, Multispecies Ecologies, and the Biopolitics of Care: Emerging Landscapes of Praxis in a Medical Anthropology of the Anthropocene. *Medical Anthropology Quarterly* 33 (1), 156–162. Online verfügbar unter doi.org/10.1111/maq.12492 (letzter Zugriff am 27.06.2023).

Haraway, D. J. (2018). *Unruhig bleiben. Die Verwandtschaft der Arten im Chthuluzän*. Frankfurt am Main: Campus.

Kästner, S. (2019). Urban-Gardening auf Friedhöfen – Gurken auf Gräbern. *Deutschlandfunk*, 16.05.2019. Online verfügbar unter deutschlandfunk.de/urban-gardening-auf-friedhoefen-gurken-auf-graebern-100.html (letzter Zugriff am 22.05.2023).

Klo:lektiv (2021). Pissen ist politisch. Feministische und kritisch-geographische Perspektiven auf Geographien der Notdurft. *Feministische GeoRundmail* 84. Online verfügbar unter ak-feministische-geographien.org/rundmail/ (letzter Zugriff am 22.05.2023).

Latour, B. (2018). *Das terrestrische Manifest*. Berlin: Suhrkamp.

Latour, B. (1996). On Actor-Network Theory. A few Clarifications. *Soziale Welt* 47 (4), 369–381.

Latour, B. & Schultz, N. (2022). *Zur Entstehung einer ökologischen Klasse. Ein Memorandum*. Berlin: Suhrkamp.

Lorimer, J. (2017). Probiotic Environmentalities: Rewilding with Wolves and Worms. *Theory, Culture & Society* 34 (4), 27–48. Online verfügbar unter doi.org/10.1177/0263276417695866 (letzter Zugriff am 27.06.2023).

Margulis, L. (1999). *Symbiotic Planet: A New Look at Evolution*. New York: Basic Books.

Melas, B. I. (2021). Ökologien des urbanen Gärtnerns. In A. Haarmann & H. Lemke (Hrsg.), *Keimzelle. Transformative Praxen einer anderen Stadtgesellschaft. Theoretische und künstlerische Zugänge* (S. 37–50). Bielefeld: transcript.

Mountz, A., Bonds, A., Mansfield, B., Loyd, J., Hyndman, J., Walton-Roberts, M., Basu, R. Whitson, R., Hawkins, R., Hamilton, T. & Curran, W. (2015). For Slow Scholarship: A Feminist Politics of Resistance through Collective Action in the Neoliberal University. *ACME: An International E-Journal for Critical Geographies* 14 (4), 1235–1259. Online verfügbar unter acme-journal.org/index.php/acme/article/view/1058 (letzter Zugriff am 22.05.2023).

Papadopoulos, D., Puig de la Bellacasa, M. & Tacchetti, M. (Hrsg.). (2023). *Ecological Reparation. Repair, Remediation and Resurgence in Social and Environmental Conflict.* Bristol: Bristol University Press.

Puig de la Bellacasa, M. (2017). *Matters of Care. Speculative Ethics in More than Human Worlds.* Harrogate: Combined Academic Publishers.

Rees, T. (2020). From the Anthropocene to the Microbiocene. *NEOMA*, 10.07.2020, Online verfügbar unter noemamag.com/from-the-anthropocene-to-the-microbiocene (letzter Zugriff am 22.05.2023).

Rockström, J., Steffen, W. & Noone, K. et al. (2009). A Safe Operating Space for Humanity. *Nature* 461, 472–475. Online verfügbar unter doi.org/10.1038/461472a (letzter Zugriff am 22.05.2023).

Soentgen, J., Hilbert, K., von Groote-Bidlingmaier, C., Herzog-Schröder, G., Pabst, E. E., Timpf, S. (2017). Terra preta de índio: Commodification and Mythification of the Amazonian Dark Earths. *GAIA – Ecological Perspectives on Science and Society* 26(2), 136–143. Online verfügbar unter doi.org/10.14512/gaia.26.2.18 (letzter Zugriff am 22.05.2023).

Star, S. L. & Griesemer, J. R. (1989). Institutional Ecology, 'Translations' and Boundary Objects: Amateurs and Professionals in Berkeley's Museum of Vertebrate Zoology, 1907–39. *Social Studies of Science* 19 (3), 387–420. doi.org/10.1177/030631289019003001 (letzter Zugriff am 22.05.2023).

Straehler-Pohl, J. (2022). Bestattungsform Reerdigung – Auf einem Bett aus Stroh zu Erde werden. *Deutschlandfunk*, 17.03.2022. Online verfügbar unter deutschlandfunkkultur.de/reerding-bestattung-100.html (letzter Zugriff am 22.05.2023).

Swyngedouw, E. (2006). Metabolic Urbanization: The Making of Cyborg Cities. In N. Heynen, M. Kaika & E. Swyngedouw (Hrsg.), *In the Nature of Cities: Urban Political Ecology and the Politics of Urban Metabolism* (S. 20–40). London: Routledge.

Timmis, K. & Ramos, J. L. (2021). The Soil Crisis: The Need to Treat as a Global Health Problem and the Pivotal Role of Microbes in Prophylaxis and Therapy. *Microbial Biotechnology* 14 (3), 769–797. Online verfügbar unter doi.org/10.1111/1751-7915.13771 (letzter Zugriff am 22.05.2023).

Tironi, M., Kearnes, M., Krzywoszynska, A., Granjou, C. & Salazar, J. F. (2020). Soil Theories: Relational, Decolonial, Inhuman. In J. F. Salazar, C. Granjou, M. Kearnes, A. Krzywoszynska & M. Tironi (Hrsg.), *Thinking with Soils: Material Politics and Social Theory* (S. 15–38). London: Bloomsbury Academic.

Tornaghi, C. & Halder, S. (2021). Reconfiguring the Intersection Between Urban Food Movements and Agrarian Struggles – Building an Urban Political Agroecology Praxis. In H. Akram-Lodhi, B. McKay, K. Dietz & B. Engels (Hrsg.), *Handbook of Critical Agrarian Studies* (S. 656–665). Northampton: Edward Elgar Publishing.

Tsing Lowenhaupt, A., Bubandt, N., Gan, E. & Swanson, H. A. (Hrsg.). (2017). *Arts of Living on a Damaged Planet: Ghosts and Monsters of the Anthropocene.* Minneapolis: University of Minnesota Press.

UN (2022). FAO Warns 90 Per Cent of Earth's Topsoil at Risk by 2050. *UN News*, 27.07.2022. Online verfügbar unter news.un.org/en/story/2022/07/1123462 (letzter Zugriff am 22.05.2023).

UN (2019). Soil Erosion Must Be Stopped 'To Save Our Future', Says UN Agriculture Agency. *UN News*, 05.12.2019. Online verfügbar unter news.un.org/en/story/2019/12/1052831 (letzter Zugriff am 22.05.2023).

Wachsende Sorge: Denken-mit Gartenarbeit

Elke Krasny

Der Zustand des Planeten Erde ist besorgniserregend. Die moderne, von Extraktion, Überproduktion und Kapitalakkumulierung in Gang gesetzte Zerstörung der Umwelt hat enorme Ausmaße angenommen. Die auf dem Regime der Moderne beruhende vorherrschende Lebensweise ist dem Wohlergehen des Planeten und dem Wohlergehen der Mehrzahl der menschlichen, nichtmenschlichen und nichtlebendigen planetarischen Wesen zutiefst abträglich. Deshalb ist Leben heute von wachsender Sorge um den „beschädigten", „kaputten", „infizierten", „verletzten", erschöpften, „unbewohnbaren" Planeten geprägt.[1] Dieser Text ist mit der Intention geschrieben, der wachsenden Sorge um den Planeten Ausdruck zu verleihen. Wachsende Sorge – im Handeln, im Denken und im Fühlen – meint hier zwei unterschiedliche, jedoch notwendigerweise aufeinander zu beziehende Annäherungsweisen an ein Leben mit dem Planeten: die zunehmende Beunruhigung und ein intensiveres Sorgetragen. Die wachsende Sorge in Beunruhigung resultiert aus der Diagnose, dass die Moderne Lebensweisen dominant gemacht hat, die unumgänglich und rücksichtslos darauf beruhen, den Planeten Erde, das gemeinsam geteilte Zuhause von menschlichen und nichtmenschlichen Wesen, zu verwunden und zu zerstören. Intensive und anteilnehmende Formen des Sorgetragens lassen sich heute vielerorts als radikale Praxis des Widerstands gegen die Dominanz von leidverursachenden, auf planetarischer Zerstörung beruhenden Lebensweisen beobachten. Ihr Bestand bildet den Ausgangspunkt für die Suche nach historischen ortsspezifisch und planetarisch wirksamen Praxen des Sorgetragens. Die Erinnerung an diese Praxen hilft zu begreifen, dass andere Lebensweisen mit dem Planeten immer auch bestanden haben und möglich waren.

Die zugleich ortsspezifische und planetarische Praxis von Handeln, Denken und Fühlen, anhand derer ich die Argumentationen zu wachsender Sorge in diesem Text entwickle, ist die Gartenarbeit. Klima, Wetter, Grund, Boden, Erde, Wasser, Luft, pflanzliche und tierische Wesen, Mikroorganismen, menschliche Wesen und viele

1 Mit dem kritischen Zustand des Planeten zu denken hat im 21. Jahrhundert zu neuen Artikulationen planetarischer Epistemologien und Forschungen geführt, siehe Tsing et al., 2016; Fitz, Krasny & Architekturzentrum, 2019; Krasny, 2023; Krasny, 2022; Wallace-Wells, 2019.

andere mehr werden in der Gartenarbeit aktiv miteinander in Beziehung gesetzt und sind zugleich immer schon (notwendigerweise) miteinander verbunden. Gartenarbeit verlangt von menschlichen Wesen, in Beziehungen der Sorge zu handeln, zu denken, zu fühlen. Gärten sind exemplarische Orte wachsender Sorge: Gärten geben Anlass zu Beunruhigung, weil sie von Effekten der Urbanisierung oder des Klimawandels betroffen sind, die weit außerhalb der Einflusssphäre von einzelnen Gärtner*innen liegen; Gärten wachsen und gedeihen, weil Gärtner*innen mit ihrer Arbeit für sie Sorge tragen. Gartenarbeit begreife ich als Handeln, Denken und Fühlen, welches als immer schon richtungsweisend für ein *Denken-mit* angesehen werden kann. Lange bevor feministische Denkerinnen wie Donna Haraway, Maria Puig de la Bellacasa, Kelly Dombrowsky und Denise Ferreira da Silva, um einige hier namentlich zu nennen, *Denken-mit* als spezifische Weise des Denkens zu praktizieren begonnen haben, welches nicht, wie viele traditionelle Formen des westlichen Denkkanons, auf gewaltvollen Gegensätzen aufgebaut und auf analytische Vivisektion ausgerichtet ist, haben Gartenarbeitende immer schon gewusst und praktiziert, was solch ein *Denken-mit* als *Handeln-mit* und *Fühlen-mit* bedeutet und bewirkt. *Denken-*, *Handeln-* und *Fühlen-mit* beruht auf respektvollem und fürsorglichem Erkennen der Implikationen von Verbindungen. Wiewohl der Fokus auf Verbindungen und Beziehungen liegt, fehlt es dem relationalen *Denken-mit* in keiner Weise an analytischer Schärfe. Im Gegenteil, ein *Denken-mit* führt zu tiefen und schmerzlichen Erkenntnissen darüber, wie die Organisation von Sorge die Verhältnisse zwischen Biopolitik und Nekropolitik bestimmte und wie Mangel an und koloniale, kapitalistische, patriarchale Exploitation von Sorge fatale und letale Konsequenzen hatte und hat. Jede sensibel verbundene gartenarbeitende Person hat für diese Zusammenhänge ein tiefes Verständnis. Die Verbindungen und Beziehungen zwischen vielen lebenden Wesen, Erde, Wasser, Luft, Sonne, menschlicher Arbeit sind entscheidend für Existenz und Zustand von Gärten. Von der Annahme ausgehend, dass das Verständnis von Sorgearbeit, von situierter Ortsspezifizität, von planetarischen Beziehungen und von komplexen Relationen zwischen Erde, Luft, Sonne, Klima und lebendigen menschlichen und nichtmenschlichen Wesen durch Gartenarbeit praktiziert wird und in feministischen Theorien erarbeitet wurde, entwickelt dieser Text das Argument, dass Nähe und Ähnlichkeiten in den Wissensweisen und Einsichten bestehen, welche mittels Gartenarbeit und mittels feministischer Theoriebildung hervorgebracht werden. Vor allem beziehe ich mich in meinen Ausführungen auf feministische Theorietraditionen zu Sorgearbeit, sozialer Reproduktion und Care-Ethik.

Mein durch marxistische feministische Theorie geschulter Blick auf Bedingungen und Möglichkeiten der sozialen Reproduktion hat mich auch zu der Überlegung gebracht, dass die räumliche Trennung von Küche und Garten sehr tiefgreifende soziale und ökologische Folgen hatte, die in der historischen Aufarbeitung der Geschichte der modernen Urbanisierung bislang übersehen worden sind. Diese Einschätzung bezieht sich auch auf kapitalismuskritische Untersuchungen zur modernen Urbanisierung, die immer noch häufig die Trennung von produktiven und reproduktiven

Räumen unhinterfragt übernehmen.[2] Hier kann *Denken-mit* und ein Verständnis von Gartenarbeit als Sorgearbeit zu einer Schärfung des Verständnisses für die Folgen der modernen Urbanisierung als Trennung vom Garten und von der Subsistenzwirtschaft führen. Gerade weil ich von diesen Beziehungen der Nähe und der Korrespondenz von Gartenarbeit und feministischer Theorieentwicklung ausgehe, ist für mich im langsamen und beharrlichen *Nachdenken-mit* Gartenarbeit auch auffällig geworden, dass die marxistische feministische Theorie der sozialen Reproduktion, die seit den 1970er Jahren zentral für politische und aktivistische feministische Kämpfe ist, auch Beschränkungen und Defizite aufweist. Diese sehe ich vor allem in der bereits begrifflich zum Ausdruck gebrachten ausschließlichen Fokussierung auf das Soziale, was von der Zentralität menschlicher Wesen ausgeht, die es schwierig macht, innerhalb dieser Theorie die ökologischen Dimensionen von Sorge als gleichrangig mit den sozialen Dimensionen denkbar zu machen.

Diese Beschränkung, die sich aus der Perspektive des *Denkens-mit* Gartenarbeit aufzeigen lässt, weil dieses in seiner Sorge immer auch über menschliche Wesen hinausgeht, führt in weiterer Konsequenz auch zur Infragestellung der als grundlegend angenommenen Differenz zwischen produktiv und reproduktiv, da Gartenarbeit immer gleichzeitig produziert und reproduziert. Darüber hinaus rückt *Denken-mit* Gartenarbeit ins Zentrum der Aufmerksamkeit, wie unzureichend und beschränkend das zur Verfügung stehende theoretisch-begriffliche Vokabular immer noch ist, wenn es darum geht, Soziales als Ökologisches und Ökologisches als Soziales zu denken und zu imaginieren. Gartenarbeit ist immer sozial und ökologisch und kann daher auch, immer wieder, feministischer Theorie auf die Sprünge helfen, menschliche und nichtmenschliche Wesen in ihrer Aufeinanderbezogenheit noch besser zu verstehen und an der Überwindung der zutiefst in westliches Denken eingeschriebenen Grenzziehungen zwischen „Leben" und „Nichtleben", um die Terminologie von Elizabeth Povinelli aufzugreifen, zu arbeiten (vgl. Povinelli, 2019).

In meinem *Denken-mit* Gartenarbeit als wachsende Sorge um den Planeten beziehe ich mich auf drei verschiedene Gärten in der Nähe von Wien, in Ljubljana und in Athen. Diese drei Gärten mit ihrer je spezifischen Form von Gartenarbeit sind wesentlich, um das Argument, dass Ähnlichkeiten zwischen Gartenarbeit und feministischer Theoriebildung bestehen, auszuführen oder, radikaler gefasst, deutlich zu machen, dass Gartenarbeit eine Form von feministischer Theoriearbeit sein kann. Solch ein *Denken-mit* Gartenarbeit führte mich auch dazu, bestehende Beschränkungen der sozialen Reproduktionstheorie in der feministischen Theoriebildung von der Gartenarbeit aus deutlicher fassen zu können und darüber nachzudenken, dass soziale und ökologische Reproduktion näher zueinander begriffen werden müssen, aber auch anders, auf der Ebene von Ontologien und Kosmologien, sollten gefühlt werden können.

2 Für eine feministische Theorie des Urbanen, die auf der Theorie sozialer Reproduktion beruht, siehe Peake et al., 2021.

Die Trennung von Küche und Garten

Das erste Beispiel für das *Denken-mit* Gartenarbeit verdankt sich einem Garten, den es nicht mehr gibt, der nur mehr in meiner Erinnerung existiert. In diesem kleinen Küchengarten in der Nähe von Wien, der Stadt, in der ich lebe, habe ich als Kind meiner Großtante beim Gärtnern zugeschaut und ihr bei der Gartenarbeit helfen dürfen. Ich sehe sie immer noch vor mir. Sie geht über den Hof, ihr kleiner Garten ist von einer niedrigen Mauer umgeben. Sie geht durch die Tür, sie ist in ihrem Garten. Sie arbeitet. Sie bückt sich, sie achtet darauf, dass ihr Gemüse gut gedeihen kann, sie zupft Unkraut aus, sie richtet sich auf, sie hält inne, sie holt tief Luft, sie bückt sich wieder. Sie verrichtet Gartenarbeit, sie beugt sich zur Erde und zu dem, was wächst. Sie trägt Sorge für ihre Pflanzen, das Gemüse, die Kräuter. Sie richtet sich auf, dem Himmel entgegen. Sie atmet tief durch.

Ich habe immer und immer wieder über diesen kleinen Küchengarten, der zu den wesentlichsten Orten in meinen Kindheitserinnerungen zählt, nachgedacht. Gartenarbeit als soziale Reproduktionsarbeit zu lesen, liegt für feministische Theoretiker*innen auf der Hand. Indem ich jedoch begann, mein biografisches Erinnern an die körperlichen Bewegungen der Gartenarbeit meiner Großtante analytisch mit Prozessen der Urbanisierung in der kolonialen kapitalistischen patriarchalen Moderne und deren ökologischen, räumlichen und sozialen Konsequenzen in Verbindung zu setzen, wurde mir immer deutlicher bewusst, wie die moderne Urbanisierung eine Trennung der Küche vom Garten vollzogen hat (vgl. Krasny, 2021). Diese Trennung der Küche vom Garten resultierte in einer tiefgreifenden Enteignung von den Möglichkeiten, Subsistenzwirtschaft betreiben und Reproduktion und Produktion als nicht voneinander getrennt praktizieren zu können. Mit den theoretischen Werkzeugen der Theorie der sozialen Reproduktion lässt sich diese Trennung von Küche und Garten als raumgewordene politische Ökonomie des modernen Kapitalismus fassen. In pandemischen Zeiten, seit die Weltgesundheitsorganisation im März 2020 den Ausbruch des Coronavirus zur Pandemie erklärt hat, sind mir die Bewegungen der Gartenarbeit meiner Großtante wieder erinnerlich geworden. Allmählich verkörperten ihre Bewegungen für mich auch Bedeutungen, die sich mit den theoretischen Werkzeugen sozialer Reproduktion nicht fassen lassen. Ich habe damit begonnen, ihre Gartenarbeitsbewegung als planetarische Bewegung zu deuten, als Teil von Interdependenzen von Erde, Wasser, Luft und vielen lebendigen Wesen, die einen Garten mit Leben erfüllen. Bücken, Luftholen, Bücken, Luftholen: Das lässt sich als Arbeitsrhythmus begreifen, der zugleich eine tiefe planetarische Verbundenheit lebendig werden lässt. Arbeit im Küchengarten als planetarische Bewegung im Zusammenwirken der wechselseitig voneinander abhängenden Verbundenheit vieler lebendiger Wesen mit der Erde, dem Wasser, der Luft, erfordert von der Theoriearbeit, soziale Reproduktion nicht aufzugeben, sondern weiterzudenken, mit den Perspektiven und Einsichten von Multispezies-Ethik, Care-Feminismus und planetarischem Feminismus. Angespornt davon, mit meinen Kindheitserinnerungen an meine Großtante, die in ihrem Küchengarten arbeitet, *Denken-mit*

Gartenarbeit als andere Form des Denkens zu imaginieren und zu praktizieren, habe ich begonnen, ein anderes Verständnis für urbane Gärten zu entwickeln, die ich im 21. Jahrhundert als Forscherin besuchte und studierte.

Mit einer Ziege an einem Garten arbeiten

Die Planung eines Gemeinschaftsgartens in Ljubljana, den ich seit seinen Anfängen im Jahr 2010 forschend beobachte und begleite, kann als eine Art „Planen mit einer Ziege" verstanden werden. Dies verdeutlicht, dass es in den Annäherungen von Künstler*innen und Gartenaktivist*innen, die diesen Gemeinschaftsgarten auf einer zentralen städtischen Brache in Ljubljana aufbauten, bereits seit vielen Jahren eine Sensitivität dafür gibt, dass Gartenarbeit ein Verständnis von Multispezies-Verhältnissen hervorbringen kann. Die Brache war mit der Finanzkrise im Jahr 2008 entstanden, der Mangel an Geld hatte auf der Baustelle zum Baustopp geführt. Der Gemeinschaftsgarten trägt den Namen *Beyond a Construction Site*.[3] Die Verwandlung der vormaligen Baustelle in einen Gemeinschaftsgarten begann als Zusammenarbeit zwischen der Künstlerin Polonca Lovšin und der Ziege Hana. Hana wurde von Polonca auf die Brache gebracht. Im unwegsamen und abschüssigen, sogar steilen Gelände der urbanen Brache bewegte sich die Ziege ohne Zögern. Sie blieb stehen, sie hielt sich länger in Bereichen auf, die ihr zusagten, sie bewegte sich schneller an anderen. Polonca folgte den Bewegungen von Hana, zeichnete sie auf und übersetzte sie in einen Plan für die verschiedenen Bereiche und Nutzungen, die es in dem zukünftigen Garten geben sollte: Wiese für die Vögel, Insekten und sonstigen Wesen, Beete für das Anpflanzen von Gemüse und Kräutern, Bäume, gemeinschaftliche Orte für Menschen. Diese Aktion trug den Titel *A Plan with a Goat*. Ermöglicht wurde die Aktion durch ein städtisches Festival in Ljubljana, das Theater, Tanz und Performance gewidmet ist. Die zivilgesellschaftliche Organisation Kud Obrat, von der Plonca Lovšin ein Teil ist, bewarb sich mit dem Konzept für diese performative Aktion beim Festival Mladi levi (Young Lions), das von der Schauspielerin Nevenka Koprivšek von der Organisation Zavod Bunker geleitet wurde. Lovšin wollte an Stelle der Strategien moderner Planung, die auf räumliche Trennungen für heroische Zukunftsbeherrschung setzen, eine radikal andere Form der Annäherung praktizieren. Von der dargelegten Einsicht ausgehend, dass die moderne Planung die gewaltvolle Trennung von Küche und Garten vollzogen hat und Subsistenzwirtschaft im urbanen Zusammenhang verunmöglicht, respektive in die Illegalität oder Informalität gezwungen hat, wird deutlich, dass

3 Als Kuratorin habe ich den Garten in Ljubljana im Rahmen der Ausstellung *Hands-on Urbanism. The Right to Green* im Architekturzentrum Wien 2012 gezeigt und Kud Obrat eingeladen, einen Beitrag für den Katalog zu verfassen. Vgl. Obrat, 2012.

den Bewegungen der Ziege Hana zu folgen, eine kritische und zugleich transformative Praxis darstellt, die um das Erbe moderner Planung weiß und diese durch andere Multispezies-Beziehungen zu überwinden sucht.

Der Gemeinschaftsgarten, der mit den Bewegungen einer Ziege begonnen hatte, existierte für mehr als zehn Jahre. Im Jahr 2022 war bereits entschieden, dass an der Stelle des Gemeinschaftsgartens in Zukunft hier ein sozialer Wohnbau errichtet werden, jedoch ein kleiner Teil des Gartens als städtisches Grün erhalten bleiben wird. In Sorge um den Garten und mit den Erfahrungen, die in mehr als zehn Jahren in der gemeinsam mit vielen anderen Menschen praktizierten Gartenarbeit gewonnen worden waren, organisierten die Kultur- und Gartenarbeiterin Urška Jurman und die Künstlerin Polonca Lovšin, dass für die Pflanzen des Gartens jeweils ein neues Zuhause gefunden wurde. Das Weiterleben der Pflanzen des Gartens wurde sorgfältig vorbereitet und geplant. Die bevorstehende Transformation beinhaltete auch die Suche nach einem neuen Standort für viele große Bäume und eine noch größere Zahl von kleineren Pflanzen des Gemeinschaftsgartens. Expert*innen transplantierten die Bäume in andere öffentliche Räume, andere Pflanzen fanden ein neues Domizil in privaten Zusammenhängen von Menschen, die sie adoptierten und bei sich aufnahmen. Einige der Pflanzen wurden von Akteur*innen der Kulturszene in Ljubljana neben zwei öffentlichen Parkbänken, die als Orte der Erinnerung an die 2021 verstorbene Nevenka Koprivšek dienen sollen, im Tabor Park eingesetzt. Die Pflege und die Aufrechterhaltung der Bänke und Pflanzen wird immer wieder als gemeinschaftliches Arbeiten, als Ritual der öffentlichen Sorge und der Erinnerung praktiziert. In der Sorge finden Erinnern und Weiterleben zusammen: die Erinnerung an das Wirken der verstorbenen Nevenka Koprivšek und die Erinnerung an den Gemeinschaftsgarten, der in den Pflanzen, die nun an vielen verschiedenen Orten in Ljubljana zu Hause sind und für die an diesen vielen verschiedenen Orten Sorge getragen wird, weiterleben wird. Solch vielschichtige Beziehungen zwischen menschlichen und nichtmenschlichen Wesen im Zusammenleben und im Erinnern als lebendige Praxis zu begreifen, ist Anliegen feministischer Sorge um den Planeten, die über die menschenzentrierte Aufmerksamkeit auf soziale Reproduktion hinausgeht. Denker*innen, mit deren Texten wir in ähnlicher Weise die Beziehungen zu vielen Spezies erfassen können, wie sie die Arbeit mit dem Garten in Ljubljana in die Welt setzte, sind, unter anderen Donna Haraway, Anna Tsing oder Deboleena Roy (vgl. Haraway, 2018; Tsing, 2015). Was ich mit der Gartenarbeit mit der Ziege Hana und mit dem Weiterleben der Bäume und Pflanzen an vielen Orten in Ljubljana zu denken versuche, ist, dass diese Arbeit, die der Garten vollzieht, gleich wesentlich ist wie die Arbeit der Denker*innen von Multispeziesbeziehungen und planetarischer Sorge-Ethik.

Mit-dem Garten über Platon hinausdenken

Das dritte Beispiel des *Denkens-mit* Gartenarbeit vollzieht sich an jenem Ort in Athen, an dem vor über 2000 Jahren der griechische Philosoph Platon seine Akademie begründete. Die antiken Gärten der Akademie befanden sich in einem Olivenhain. Heute ist die Akademie des Platon eine archäologische Stätte, die als öffentlicher Park zugänglich ist. Platons Philosophie, die von diesem Garten in Athen ausging und zur Vorherrschaft einer Epistemologie wurde, beruht ursächlich auf Trennungen: auf der Trennung von Körper und Geist, auf der Trennung von Natur und Kultur, auf der Trennung menschlicher Wesen von nichtmenschlichen Wesen. Die lang anhaltende Historie der gewaltförmigen und leidverursachenden Wirkmächtigkeit der Epistemologie der Trennung manifestierte sich in der Organisation von Regierungsformen, Ökonomie und Räumen. Die Trennung von Produktion und Reproduktion, die Trennung von Küche und Garten, bestimmte die historische Realität der Verwundung und Zerstörung des Planeten.

Joulia Strauss, Künstlerin und Aktivistin, denkt seit 2015 mit ihrer Arbeit in Platons Garten. Hier findet regelmäßig die von Strauss initiierte Avtonomi Akadimia statt, um genau an diesem Ort, der als paradigmatischer Ort des im/materiellen Kulturerbes einer spezifisch westlichen Denkschule, der Akademie, gilt, anderen Epistemologien, Kosmologien und Imaginarien Raum zu geben. Zugleich kämpft sie, in Solidarität mit lokalen Aktivist*innen, für das Weiterbestehen des Parks als öffentlicher Raum. Denn dessen weitere Existenz in der bisherigen Form ist von neoliberalen Urbanisierungsinteressen bedroht.[4] Die autonome Akademie agiert an genau jenem Ort, an dem zentrale Vorstellungen hegemonialer westlicher Philosophie, vor allem geprägt von Platons *Politeia*, in der deutschen Übersetzung *Der Staat*, ihren Ausgang nahmen.[5]

Planetarische Ortsspezifizität ist, wie ich vorschlagen möchte, ein brauchbarer Begriff, um die Praxis der Avtonomi Akadimia als *Denken-mit* dem Garten, als denkende, fühlende, handelnde Gartenarbeit im Sinne öko-feministischer und nicht-westlicher Epistemologien aufzufassen. Durch die Arbeit mit Platons Garten wird deutlich, dass wachsende Sorge eine veränderte epistemische Praxis und gleichzeitig aktivistische Arbeit ist, die in Solidarität mit allen Wesen dieses Gartens in Athen, gegen globalisierte developergetriebene Stadtentwicklung und Prozesse der Enteignung und Zerstörung des Bestehenden kämpft. Seitens der Politik und der Verwaltung wird aktuell in Athen im Namen von Kultur argumentiert, wenn es darum geht, den Garten nicht weiterhin in seiner bestehenden Form als öffentlichen Raum zu erhalten. Es droht die Errichtung eines neuen, auf Massentourismus ausgerichteten, Plato gewidmeten Museums. Die Planung dieses Museums zielt darauf ab, zeitgenössische Architektur, welche der westlichen, auf Trennungen

4 joulia-strauss.net/2015-avtonomi-akadimia/

5 Deboleena Roy weist darauf hin, dass *grass root* sowohl die Wurzel der Graspflanze bedeutet als auch die grundlegendste Form von Aktivität oder Organisation. Vgl. Roy, 2018, S. 202.

beruhenden Denktradition ein Denkmal setzt, strategisch dafür zu verwenden, den Garten von seinen jetzigen Nutzer*innen zu trennen. Viele der Menschen, die sich heute in dem frei zugänglichen archäologischen Garten aufhalten, sind nach Athen migrierte oder geflüchtete Menschen. Mit dem Museumsbau würde die heutige Stadtentwicklung genau jenes Regime der Moderne weiterführen, das zu Verwundung, Erschöpfung und Zerstörung des Planeten Erde geführt hat. Joulia Strauss schreibt, dass „die Kultur dieses Gartens die Wurzel des Anthropozän ist" (Strauss, 2023, S. 107). Solch feministische Kritik an der patriarchalen Philosophie und ihrer Kultur, die Beherrschung als Kriegserklärung an das Lebendige verstand und Genoziden, Ökoziden und Epistemiziden die epistemische Grundlage lieferte, bedeutet nicht die Abwendung oder Abkehr von Platos Garten, sondern vielmehr eine Hinwendung in wachsender Sorge. *Denken-mit* Gartenarbeit als Sorge für Platos Garten, um den physischen Ort zu erhalten und zugleich die von ihm ausgehenden westlichen Episteme zu überwinden/zu überschreiben/durchzustreichen, ist das Ziel der Avtonomi Akadimia: „Überschreiben der existierenden Politeia" und das „Schreiben eines neuen Staates", wie Strauss es formuliert.

Planetarische Ortsspezifizität zeigt sich in Strauss' Absicht, die Rechte der Natur, wie sie in indigenen Kosmologien und Epistemologien seit langem gedacht, gefühlt und gelebt werden, für diesen Garten in Athen zu beanspruchen. So hat beispielsweise im Jahr 2008 die Verfassung von Ecuador der Natur, Pachamama, eigene Rechte zugesprochen.[6] Das Beanspruchen dieser Rechte als Möglichkeit der fortgesetzten und wachsenden Sorge für die Weiterexistenz von Platos Garten steht hinter der aktivistischen Proklamation: „#LegalRights4AkadimiaPlatonosJungle".[7]

Wachsende Sorge

In diesem Text war es mir ein Anliegen, die Aufmerksamkeit auf *Denken-mit* Gartenarbeit zu lenken und dadurch aufzuzeigen, dass, wenn mit Gartenarbeit gedacht wird, verständlich wird, dass diese Arbeit einen gemeinsam geteilten Raum mit feministischer Theorie bildet. Darüber hinaus schärft *Denken-mit* Gartenarbeit das Bewusstsein für die Begrenztheit theoretischen Arbeitens, das sich alleine auf eine Theorietradition verlässt, wie ich am Beispiel der Theorie der sozialen Reproduktion gezeigt habe. Dies bedeutet in keiner Weise, die politischen und aktivistischen Potenziale dieser marxistischen feministischen Denktradition zu schmälern, sondern vielmehr, diese gemeinsam mit anderen Denkweisen, wie

6 Siehe intr2dok.vifa-recht.de/servlets/MCRFileNodeServlet/mir_derivate_00010679/Gutmann,%20Pachamama.pdf

7 Strauss, 2023, S. 111. Da das „griechische Wort für Garten (ο κήπος) männlich ist", hat Strauss vorgeschlagen, den Ort in „Dschungel (η ζούγκλα)", das auf Griechisch eine weibliche Endung hat, umzubenennen.

Multispezies-Ansätzen, weiterzuentwickeln. Dies begreife ich als zentral für wachsende Sorge, um den verwundenden und zerstörerischen Auswirkungen der gewaltförmigen Trennung von Körper und Geist, Natur und Kultur, Produktion und Reproduktion, Küche und Garten nicht nur entgegenzuwirken, sondern vor allem mit dem Heilen zu beginnen. Vielleicht am wichtigsten ist es, vom *Denken-mit* Gartenarbeit zu lernen, was wachsende Sorge tun kann und wie wachsende Sorge gedacht, gefühlt und praktiziert werden kann. *Denken-mit* Gartenarbeit führt Beunruhigung und Sorgetragen zusammen. Wachsende Sorge als planetarische Ortsspezifizität kann uns dabei helfen, zu denken und zu praktizieren, die Rechte der Natur nicht zu trennen von den Rechten von Menschen, die Sorge um und mit nichtmenschlichen Wesen nicht zu trennen von der Sorge um und mit menschlichen Wesen. Sich während der Gartenarbeit sorgend zu bücken, sich wieder aufzurichten, um Luft zu holen, als Praxis der Verbindung in Sorge um sich und viele andere Wesen, ist ein *Denken-mit* als *Sorgen-mit*, das dazu beitragen kann, für den verwundeten, erschöpften und zerstörten Planeten anders Sorge zu tragen.
In der menschlichen Gartenarbeitsbewegung, die die Erde mit der Luft verbindet, sehe ich nicht nur exemplarisch die Möglichkeit, die Epistemologie der Trennung, mit der die Moderne das Leben mit dem Planeten bestimmt hat, zu erkennen, sondern auch damit zu beginnen, sie zu überwinden.

Literatur

Fitz, A., Krasny, E. & Architekturzentrum Wien (Hrsg.) (2019). *Critical Care. Architecture and Urbanism for a Broken Planet*. Cambridge, MA und London: MIT Press.

Haraway, D. J. (2018). *Unruhig bleiben. Die Verwandtschaft der Arten im Chthuluzän*. Frankfurt/New York: Campus.

Krasny, E. (2023). *Living with an Infected Planet. Covid-19, Feminism, and the Global Frontline of Care*. Bielefeld: transcript.

Krasny, E. (2022). Living with a Wounded Planet. Infrastructural Consciousness Raising. In M. Beck et al. (Hrsg.). *Broken Relations. Infrastructure, Aesthetics, and Critique* (S. 67–76). Leipzig: Spector Books.

Krasny, E. (2021). Poslušati vertnarjeneje: Lokalizirati planetarno. In U. Jurman & P. Lovšin, P. *Onkraj vertičkov. Skupnostni vrt Onkraj gradbišča* (S. 100–109). Ljubljana: KUD Obrat.

Peake, L. et al. (Hrsg.). (2021). *A Feminist Urban Theory for Our Time. Rethinking Social Reproduction and the Urban*. Hoboken: Wiley.

Povinelli, E. (2019). Life/Nonlife: A response. *Somatosphere. Science, Medicine, Anthropology* (11. Juli 2019). Online verfügbar unter somatosphere.net/forumpost/life-nonlife-a-response/ (letzter Zugriff am 28.06.2023).

Obrat, K. (2012). Beyond a Construction Site: A Community-Based Intervention in a Neglected Urban Space in Ljubljana. In E. Krasny (Hrsg.). *Hands-on Urbanism. The Right to Green* (S. 322–331). Hongkong: mccm.

Roy, D. (2018). *Molecular Feminisms*. Seattle: University of Washington Press.

Strauss, J. (2023). Avtonomi Akadimia. Curating Becomes Curing. In E. Krasny & L. Perry (Hrsg.), *Curating with Care* (S. 107–116). London: Routledge.

Tsing, A. (2015). *The Mushroom at the End of the World. On the Possibility of Life in Capitalist Ruins*. Princeton und Oxford: Princeton University Press.

Tsing, A., Swanson, H., Gan, E. & Bubandt, N. (Hrsg.) (2016). *Arts of Living on a Damaged Planet*. Minneapolis, MN: University of Minnesota Press.

Wallace-Wells, D. (2019). *Die unbewohnbare Erde: Leben nach der Erderwärmung*. Kiel: Verlag Ludwig.

Dimensionen der Stadt der Zukunft

Recht auf Stadt – Gärten als politische Orte

Die Stadt ist unser Garten. Zur Entstehung des Urban-Gardening-Manifests

Marco Clausen

2012 saßen wir, einige Gartenaktivist*innen aus unterschiedlichen Städten Deutschlands, in Tutzing zusammen und ließen die von der anstiftung organisierte Tagung zu „Do-it-yourself-Kulturen" ausklingen. Das Gespräch drehte sich bald um „die Sache mit der Werbung": „Habt ihr auch diese Aktion von BMW in Warschau gesehen, wo ein Pop-up-Garten vor dem Kulturpalast als Kulisse für ein Elektroauto auftaucht?" „Nee, kenne ich nicht, aber ich habe letztens einen Spot von IKEA gesehen, wo junge hippe Großstädter*innen Luxusloft und Balkon in einen Gemüsegarten verwandeln."

Ein Beleg für die kommerzielle Nutzung von Bildern und Begriffen aus der urbanen Gartenbewegung kam zum anderen, und in den folgenden Monaten und Jahren wurden es immer mehr: Ein Gemeinschaftspark sollte auf einem zum Hotel umgebauten Hochbunker entstehen oder Feinkostgeschäfte mit Gemeinschaftsgärten auf einem Dach, Elektroautos und Modereihen wurden vor Gemeinschaftsgartenkulissen fotografiert, ein Rapper pries vor dem Gemeinschaftsgarten Allmende-Kontor die Produkte von Aldi an, Mercedes-Wandbilder erschienen über dem Prinzessinnengarten, es gab Google-Kampagnen mit Statements von Gemeinschaftsgärtner*innen ...

Es waren ausschließlich junge, nach gängigen Maßstäben gut und gesund aussehende, der Mittelschicht zuzurechnende weiße Menschen, die in der Stadt zwischen Hochhäusern ihre eigenen Karotten ziehen und in den Werbekampagnen, im Stadtmarketing und in Architekturfantasien das Image von coolen, urbanen Lebensstilen transportieren und Produkte attraktiv machen sollten. Dabei hatten die beworbenen Waren nichts mit den Ideen und Zielen der Gemeinschaftsgärten zu tun. Oft standen sie sogar für das Gegenteil: für ungebremsten Konsum, ausgestellten Luxus, Gentrifizierung, die Wegwerfgesellschaft, für Ausbeutung und Vergiftung der natürlichen Lebensgrundlagen.

Ich erinnere mich, wie in einer öffentlichen Diskussion trotzdem einmal jemand meinte, man solle doch diese Aufmerksamkeit nicht nur kritisieren. Stellte sie nicht auch eine Form der Anerkennung dar? Am Ende würden diese Bilder wie eine virale Ansteckung funktionieren und unbeabsichtigt die vordergründige Botschaft unterlaufen. Es gebe doch keinen besseren Beleg dafür, dass wir als urbane Gemeinschaftsgärten etwas bewegt und erfolgreich die öffentliche Wahrnehmung beeinflusst hätten. Sei diese Art des Mainstreaming nicht im Sinne unserer Ziele, nicht ewig nur in unseren kleinen Nischen vor uns hinzubuddeln?

Bei näherer Betrachtung erweist sich diese Einschätzung aber doch eher als Hybris. Denn es stellt sich ja die Frage, warum das bislang als spießig geltende Gärtnern plötzlich so attraktiv war. Anders gefragt: Was machen wir eigentlich verkehrt, wenn alle, die Werbeindustrie, die Stadtplanung, richtig gut finden, was wir machen? Die Antwort lautet: Sie verstehen uns (absichtlich) falsch. Diese Vermutung stand am Anfang eines Diskussionsprozesses, aus dem zum Schluss das Urban-Gardening-Manifest hervorgehen sollte.

Der Hype ums urbane Gärtnern hatte uns, d. h. die neuen Gartenaktivist*innen, fast vergessen lassen, dass es sich ja keineswegs um ein neues Phänomen handelte. Die seit über 100 Jahren in Deutschland existierenden Kleingärten, die in den 1970er Jahren in bankrotten Städten wie New York entstandenen Community-Gärten oder die von Migrant*innen hierzulande initiierten Interkulturellen Gärten waren sowohl bereits Formen der Selbstversorgung als auch der Selbstbehauptung marginalisierter Gruppen gewesen.

Doch erst die seit etwa 2010 auf ungenutzten Brachflächen und Parkplätzen entstehenden neuen Gemeinschaftsgärten schienen den Zeitgeist zu treffen. Davon zeugen Titelgeschichten in Magazinen, Ausstellungen, unzählige Zeitungsartikel, Fernseh- und Radiobeiträge, die sich plötzlich mit gemeinschaftlich gepflanzten Lebensmitteln in der Stadt beschäftigten. Künstler*innen entdeckten das Thema für sich, hunderte Studierende unterschiedlicher Fachrichtungen schrieben ihre Master- und Magisterarbeiten zum Thema, und Stadtverwaltungen entwarfen neue Leitbilder einer nachhaltigen Stadt, in denen das urbane Gärtnern anscheinend nicht fehlen durfte. Unter dem Anglizismus „Urban Gardening" fand das Phänomen bald Eingang in die Alltagssprache.

Urban Gardening steht für vieles, was angesichts des langsam ins breitere Bewusstsein einsickernden ökologischen Denkens positiv besetzt war: das gemeinschaftliche Tun, die Sorge für Umwelt und Natur, das Knüpfen von nachbarschaftlichen Beziehungen, die Förderung von gesunder Ernährung. Nicht zuletzt die Tatsache, dass hier Menschen ohne jegliche finanzielle und politische Unterstützung selbst die Schaufel in die Hand nahmen, um die Welt etwas besser zu machen, und dabei auf das eigene, selbstorganisierte Tun im lokalen Umfeld setzten, statt auf die oft schwerfälligen Prozesse von institutionalisierter Politik und Verwaltung zu warten, machte die Gartenbewegung vielen sympathisch.

Das war Vorteil und Nachteil zugleich: Nicht selten war mit der positiven Berichterstattung und der freundlichen Adaption des Phänomens eine Verharmlosung und Verniedlichung der Beweggründe verbunden, derentwegen sich die Menschen ihre Hände schmutzig machten.

Es ist nicht selten, dass sich Anerkennung und positive Bezugnahme in Instrumentalisierung verwandeln. Um ein bekanntes Zitat von Mahatma Gandhi abzuwandeln: „Erst ignorieren sie dich, dann lachen sie über dich, dann vereinnahmen sie dich und machen dich zur Werbe-Ikone."

Kulturindustrielle Aneignung

Die Aneignung findet in dem Moment statt, in dem die Bilder und Begriffe von ihrer ursprünglichen Intention getrennt, entleert und in ihr Gegenteil verkehrt werden, wenn den Akteuren ihre Stimme genommen wird, wenn die Erzählung allmählich eine andere wird. Das war genau das, was uns sukzessive passierte, wie wir in Tutzing erkannten.

Und um diese Umkehrung, diesen Diebstahl dessen, wofür aus unserer Sicht die Gärten in der Stadt stehen, nicht unkommentiert zu lassen, entschlossen wir uns, ein Manifest zu schreiben. Gärtnern ist aus unserer Sicht eben kein Lifestyle-Phänomen einer urbanen Landlust, sondern ein politisches Statement.

Es ging uns aber nicht nur um eine Kritik an der Verkehrung des gärtnerischen Engagements in den Werbebildern kommerzieller Unternehmen. Es ging auch um die Frage einer Selbstverständigung. War es überhaupt möglich, in dem wild und spontan wuchernden Feld von Initiativen, die allerorten aus dem Boden geschossen waren, geteilte Ziele zu formulieren? Gab es trotz aller Unterschiede in den Formen und Methoden, trotz des breiten Spektrums von Ansätzen zwischen Besetzungen und gemeinnützigen GmbHs, einen „Common Ground", einen geteilten Boden, den wir gemeinsam beackerten? War es möglich, eine gemeinsame Formulierung für das, was uns antrieb, zu finden, ohne die Vielfältigkeit der Akteure und Praktiken zu leugnen und einem „Programm" zu unterwerfen?

Das Manifest war somit, wie Severin Halder formulierte, das Ergebnis eines „kollektiven Prozesses der Diskussion um die (politische) Identität urbaner Gärten".[1] Ganz anders als die von Agenturen in kurzer Zeit aufgesetzten Imagekampagnen dauerte es schließlich knapp zwei Jahre, bis der Text stand. Damit entsprach auch der Schreibprozess den demokratisch und pluralistisch geprägten Ideen der Gärten. Es ging uns darum, in einem gemeinschaftlichen Prozess möglichst viele Gärten einzubeziehen.

Nach der Tagung formulierten einige erste Entwürfe. Diese wurden 2013 und 2014, beim bundesweiten Urban-Gardening-Sommercamp der urbanen Gärten in Berlin-Lichtenberg und auf der Netzwerktagung Interkulturelle Gärten in Göttingen vorgestellt und diskutiert. Die in diversen Schleifen abgestimmte Endfassung wurde schließlich auf dem 3. Sommercamp in Nürnberg präsentiert und letztlich allenthalben für gut befunden. Die Veröffentlichung wurde unterstützt von der anstiftung, die die Webseite *urbangardeningmanifest.de* zur Verfügung stellte und einen Animationsfilm mit dem Text des Manifests produzierte. Schnell wurde der deutsche Text ergänzt durch Übersetzungen ins Arabische, Türkische, Polnische, Englische, Französische, Spanische sowie in Leichte Sprache. Schon im ersten Jahr unterzeichneten 130 Initiativen das Manifest, nutzten es als Inspiration und als Instrument, um die Ziele der Gärten nach außen zu kommunizieren, nutzten (und nutzen) es auch, um sich gegen Vereinnahmung und Greenwashing zu wehren.

1 Zur Entstehung des Urban-Gardening-Manifests siehe auch: Halder, S. (2018). *Gemeinsam die Hände dreckig machen.* Bielefeld: transcript, S. 215.

Die Vielfalt der Bewegung sowie ihr Selbstverständnis spiegelt sich auch in den Namen der unterzeichnenden Gärten wider, hier einige willkürlich ausgewählte Beispiele: Stadtacker, Stadtpflanzer, freiGarten, Queerbeet, o'pflanzt is!, Allmende-Kontor, himmelbeet, Prinzessinnengarten, Eine andere Welt ist pflanzbar!, Nährboden, Transition Town Initiativen, unvergessbarESSBAR, Gartenwerkstadt, Essbare Städte, Wurzelwerk, Kiezgarten, Wandelgarten, Oase Unperfekt, Gemüsewerft, Internationale Gärten, Aller-Welts-Garten, Gartenpiraten, grün in sicht, Dachgärten für alle, Bürgergarten, Spielfeld, Tausendschön, Bunte Gärten, Prachttomate, Bambis Beet, Minitopia, Nirgendwo, Peace of Land, Waldgärten, Radieschen & Co.

Das Urban-Gardening-Manifest diente in der Auseinandersetzung über Versuche der Vereinnahmung und in Verhandlungen mit Kommunen als gemeinsamer Bezugspunkt, wir beanspruchten Deutungshoheit über das eigene Tun. Es sollte klarmachen, dass es sich beim gemeinschaftlichen Gärtnern aus Sicht der Akteure nicht um einen privaten Rückzug ins eigene Grün handelt. Dass es vielmehr um etwas geht, was man als politisches Gärtnern bezeichnen kann. Politisches Gärtnern beschränkt sich nicht darauf, Banner hochzuhalten oder Forderungen zu formulieren, es beinhaltet Praktiken des Bodenaufbaus, des Anbaus von Vielfalt, des Kompostierens usw. Die Praktiken des gemeinschaftlichen Tuns stellen nicht nur eine „Kritik mit den Händen" dar, sondern weisen auch den Weg zu Alternativen.

Die Alternativen sind nicht unbedingt in den Gärten selbst zu finden, sondern die Gärten sind auch „Brückenbauer" zu anderen sozialen Bewegungen, etwa zu regenerativen Formen der Landwirtschaft. Auch das wurde im Manifest unterstrichen. Der genuin politische Charakter der Gärten besteht darin, nicht auf die oft langwierigen Prozesse und Entscheidungen auf lokaler, nationaler und internationaler Ebene für den notwendigen weitreichenden Umbau der fossilen Moderne zu warten, sondern bereits heute „Utopien im Kleinen" zu schaffen: Orte, in denen ein sorgender Umgang miteinander und der natürlichen Lebensgrundlage praktisch erfahrbar wird.

Im Manifest betonen die Gärtner*innen ihre Rolle für eine zukunftsfähige Stadtentwicklung. Die von ihnen geschaffenen, für alle zugänglichen Frei- und Experimentierräume, die Orte der Begegnung, der Vielfalt, des nachbarschaftlichen Miteinanders, der Teilhabe, der Mitgestaltung, der Naturerfahrung, des gemeinsamen Lernens und der Ruhe, verstehen sie als „Teil einer lebenswerten, lebendigen und zukunftsfähigen Stadt".

Sie verwahren sich dagegen, eben nicht nur von der Werbeindustrie, sondern auch von Stadtmarketing und Politik vereinnahmt zu werden und immer wieder in Leitlinien und auf Tourismusseiten als Aushängeschilder einer nachhaltigen Stadt oder beispielhaftes bürgerschaftliches Engagement angeführt zu werden, ohne dass es im Gegenzug langfristig gesicherte Nutzungsvereinbarungen oder finanzielle Unterstützung gäbe. Sie fordern eine Stadtentwicklung, in der der Wert von Grund und Boden nicht am finanziellen Profit, sondern am Gemeinwohl gemessen wird.

Nun könnte man über die Aneignung und Kommerzialisierung von Bildern urbaner Gemeinschaftsgärten und über die Tatsache, dass das Manifest kaum Widerhall in Politik und Presse fand, die Achseln zucken. Aber die Auseinandersetzung darüber, wie über die Gärten berichtet wird, ob sie ernst genommen werden, ob ihre Botschaft verdreht wird, ist nicht einerlei, geht es dabei doch nicht nur um Greenwashing einzelner Produkte.

Die Aneignung zu Werbezwecken wie die politische Geringschätzung trivialisiert das Anliegen der Gärten, und das ist deshalb nicht akzeptabel, weil es eben doch um die Frage geht, in welcher Zukunft wir leben werden. Insofern ist Protest gefragt und jeder Vereinnahmungsversuch kann als willkommene Gelegenheit betrachtet werden, die Verhältnisse zurechtzurücken; wie im Fall von Vattenfall.

Der Vattenfall-Garten

Im April 2017 waren die Straßen Berlins plötzlich mit Plakaten gepflastert, die zum Gärtnern aufriefen. Der schwedische Energiekonzern Vattenfall verband seine Kampagne „Pflanz was!" mit der Eröffnung eines Gemeinschaftsgartens auf der Fläche eines zentral gelegenen Heizkraftwerkes.

Eine kleine Gruppe von Gartenaktivist*innen wollte dieses „schamlose Kopieren und Vereinnahmen der urbanen Gärten zu Werbezwecken" nicht hinnehmen und hielt Plakate wie „Ey Vattenfall, Grünkohle gibt es nicht!" in die für die feierliche Eröffnung bereitgestellten Kameras. Mit Schwämmen und Bürsten ausgerüstet, wurde der Bürgersteig vor dem eingezäunten Garten „grün gewaschen". Das Statement der Aktivist*innen hob hervor, worüber nicht mehr gesprochen werden sollte:

> „Mit dem vermeintlichen ‚Nachbarschaftsgarten' soll gezielt davon abgelenkt werden, dass das Energieunternehmen zu den größten Umwelt-, Gesundheits- und Klimaschädigern in der Region gehört. Sein Geld hat es nicht zuletzt mit der Verfeuerung von Braunkohle aus der Lausitz verdient, bekanntlich eine der klimaschädlichsten Formen der Energiegewinnung überhaupt. [...] Wer über Jahrzehnte Millionen mit dem ungebremsten Verfeuern fossiler Energieträger verdient hat, und dies auf Kosten des Klimas, der Umwelt und zukünftiger Generationen, der kann sich nicht einfach mit ein paar symbolischen Gärten von dieser Verantwortung reinwaschen."[2]

Während ein Klimaziel nach dem nächsten gerissen und in rasender Geschwindigkeit auf nicht mehr revidierbare Kipppunkte zugesteuert wird, wollen sich Konzerne, die nach wie vor Gewinne durch die Verfeuerung der allgemeinen Lebensgrundlagen erzielen, als Retter und Garanten einer „klimaneutralen" Zukunft darstellen und den politischen Druck, den die Proteste von Ende Gelände, Fridays for Future etc. erzeugen, unterlaufen.

2 Statement zum Garten-Greenwashing von Vattenfall vom 13. April 2017, zu finden auf: spreeacker.de/statement-zum-garten-greenwashing-von-vattenfall_170413/

Das heißt, Vereinnahmung und Protest gegen Vereinnahmung kann immer wieder lokal eine gesellschaftliche Debatte lostreten. Proteste aus dem Garten versehen kommerzielle Produkte analog zur Zigarettenwerbung unter anderem mit dem Hinweis „Herstellung und Konsum dieses Produkts zerstört den Planeten!“ und mit Warnhinweisen zu den tatsächlichen sozialen und ökologischen Kosten bzw. mit Bildern, die das Abholzen tropischer Regenwälder, den Anbau von Monokulturen, das Massensterben tausender Arten, die Zerstörung von Ökosystemen, die Ausbeutung von Menschen, Kriege, Flüchtlingslager, abschmelzende Polkappen und Gletscher zeigen.

Gegen diese globalen Verwerfungen kann ein Urban-Gardening-Manifest letztlich nichts ausrichten. Das wäre auch wieder Hybris. Es ist nur ein widerständiges Pflänzchen, dessen Botschaften oberirdisch und unterirdisch weiterwachsen.

Kollektives Lernen. Urbane Gärten als „Akademien von unten“ am Beispiel des Prinzessinnengartens und der Nachbarschaftsakademie

Marco Clausen

Wir bewohnen eine unheimliche Zwischenzeit. Wir scrollen durch die Nachrichtenschnipsel von Weltuntergängen: steigende Meeresspiegel, abschmelzende Polkappen, zurückweichende Gletscher, auftauende Permafrostböden, das sechste Massensterben der Arten, ausbleichende Korallenriffe, übersäuerte Ozeane, austrocknende Flüsse, extreme Dürren und Waldbrände, abgeholzte Regenwälder, Bodenerosion, Wasserknappheit. Die beschleunigte, in kaskadenhafte Kipppunkte übergehende Naturzerstörung geht einher mit der „langsamen Gewalt“ der Erosion der Lebensgrundlagen von Milliarden Menschen, globalen Pandemien, Hunger und Flucht. Diese Weltverluste sind keine düstere Zukunftsvision, sondern mit der Expansion des europäischen Kolonialismus vor über 500 Jahren für unzählige menschliche und nicht-menschliche Lebensformen längst Vergangenheit (vgl. Danowski & Viveires de Castro, 2019). Doch sie könnten kaum weiter entfernt sein von einer Alltagserfahrung, in der die Befriedigung unserer Bedürfnisse nur einen Klick entfernt sein soll. Diese Dissonanz zwischen Wissen und Erfahrung fördert ein Gefühl von Ohnmacht und ist ein Hindernis in Hinblick auf die weitreichenden ökonomischen, gesellschaftlichen und kulturellen Umbrüche, die selbst der eher konservative Weltklimarat für notwendig hält, um das Schlimmste zu verhindern.

Wie nicht überwältigt werden? Wie die Hoffnung bewahren? Wie weder naiv glauben, der Markt, die Technik und der Fortschritt lösten unsere Probleme von selbst, noch sich in den Zynismus flüchten, man könne ja ohnehin nichts ausrichten? Hoffnung, schreibt Rebecca Solnit, entsteht dadurch, dass man sich engagiert, Tunnel gräbt, Türen öffnet oder jene findet, die dies tun (vgl. Solnit, 2016, S. 142). Hoffnung, das sind die Menschen, die sich in der Winterkälte mit ihren

Körpern den Wasserwerfern und dem Ausbau fossiler Infrastrukturen in Standing Rock[1] in den Weg stellen. Hoffnung ist der Kampf indigener Gemeinschaften, die trotz Jahrhunderten der Marginalisierung weiterhin einen Großteil der auf der Erde noch verbliebenen biologischen Vielfalt verteidigen. Hoffnung ist das vielverzweigte Rhizom aus Initiativen und Gruppen, die regenerative Formen der Landwirtschaft betreiben, Moore wiedervernässen, mit alternativen Ökonomien und Eigentumsmodellen experimentieren und in der Praxis demonstrieren, dass „eine andere Welt pflanzbar" ist.[2] Formen der urbanen Landwirtschaft und Gemeinschaftsgärten können ein Teil dieses Wurzelgeflechts sein. In weiten Teilen der Welt tragen sie zur Ernährung der Städte bei; hierzulande machen sie als selbstorganisierte Bildungsorte[3] andere, weniger zerstörerische Formen des Weltbezugs konkret erfahrbar und schlagen Brücken zum Land.

Als wir 2008 anfingen, den Prinzessinnengarten als einen für alle offenen Lernort zu planen, da begann ich selbst als Dilettant. Der Gründungsprozess und die elf Jahre, die ich im Garten verbracht habe, waren ein unaufhörlicher Lernprozess. Diese Zeit hat vor allem meinen Blick auf die Stadt verändert. Seit den 1990er Jahren war ich in Berlin in unterschiedlichen Formen einer nicht-kommerziellen Aneignung und Umnutzung städtischer Räume involviert. Für einen Moment schienen Karriere- und Verwertungszwänge ausgesetzt. Freiräume entstanden und die Übergänge zwischen Leben, Theorie, Politik und Spaß waren fließend. Doch die Ökologie der Stadt blieb eine Leerstelle. Selbst Kritiker*innen der neoliberalen Stadtentwicklung gingen wie selbstverständlich davon aus, dass Nahrung, Kleidung, Baustoffe, Energie, Wasser, Seltene Erden einfach zur Verfügung stehen. Doch, so wurde mir im Garten beispielsweise im Austausch mit kleinen Höfen in der Region rund um Berlin deutlich, die Stadt produziert keines der materiellen Güter, die sie für ihr tägliches Funktionieren braucht, aus sich selbst heraus. Vielmehr greift sie weltweit auf Flächen, Rohstoffe und Arbeit zu und verwandelt damit radikal Landschaften, Ökosysteme, soziale Beziehungen und Kulturen. Was sie als vernachlässigbare „Externalitäten" des Warenverkehrs zurücklässt, sind steigende Meeresspiegel, Abfälle und Giftstoffe. Ihre krankmachenden und lebensverkürzenden Auswirkungen erleiden die zur Ressource degradierte Natur und jene Menschen, die am wenigsten für ihre Verursachung verantwortlich sind. Gleichzeitig fährt eine Handvoll Fossile-Energie-Unternehmen sagenhafte Gewinne ein, ohne für Landgrabbing oder Ökozid zur Verantwortung gezogen zu werden. Man kann nicht Umweltbildung betreiben, ohne über *environmental justice*[4] zu reden.

1 de.wikipedia.org/wiki/Standing_Rock_Reservation

2 eine-andere-welt-ist-pflanzbar.de

3 Siehe zum „Learning by digging": Halder, 2018, S. 138ff.

4 Im deutschsprachigen Diskurs hat die Verbindung von Umweltfragen und sozialer Gerechtigkeit lange ein Schattendasein geführt. Ich verwende bewusst den englischen Begriff *environmental justice*, da dessen Geschichte und politische Bedeutung in dem immer noch wenig gebräuchlichen deutschen Begriff „Umweltgerechtigkeit" nicht wiedergegeben wird. Siehe dazu vor allem die 1991

Politisch gärtnern: Beziehungen sichtbar machen

Politisch zu gärtnern bedeutet, mit dem Selbstanbau von, sagen wir, einer Tomate eine direkte Beziehung der Sorge zur Pflanze und zum Bodenleben einzugehen. Es bedeutet aber auch, Beziehungen herzustellen, die weit über die angrenzenden Parzellen hinausgehen. Jede einzelne Tomate ist ein lebendiges Archiv, das uns mit anderen Orten und Kulturen verbindet. Die in Nahuatl *xītomatl, Nabel des dicken Wassers*, genannte Frucht wurde in Mittelamerika über Jahrtausende lang aus der Wildform eines Nachtschattengewächses kultiviert. Die Tomate erzählt von der gewaltsamen Landnahme durch Hernán Cortés und vom postkolumbianischen globalen Austausch von Kulturpflanzen. Die Samen berichten einerseits vom Kampf um den Erhalt der Vielfalt von Tomatensorten, ihres Geschmacks und der Kulturen, mit denen sie verwoben sind; andererseits von der Kontrolle, die einige wenige Konzerne heute über das Saatgut weltweit ausüben. Die selbstangebaute Tomate ist Schwester der perfekt aussehenden, aber oft geschmacklosen Exemplare in den Supermarktregalen und damit verbunden mit den weißen Plastikmeeren, die weite Teile Andalusiens überziehen, mit endlichen fossilen Wasserreserven, die aus dem Boden gepumpt werden und Tropfen für Tropfen mit dem Fruchtfleisch über den europäischen Kontinent transportiert werden, mit der Ausbeutung illegalisierter Arbeitskräfte, die vielleicht deshalb eine lebensbedrohliche Reise angetreten haben, weil die Folgen unserer Formen billigen Konsums lokale Märkte und Agrarstrukturen in Westafrika zerstören.[5]

Aus der Perspektive dieses komplexen Beziehungsnetzes, dieses Metabolismus der Stadt, endet Berlin nicht an seinen Verwaltungsgrenzen, sondern ist verbunden mit den Geisterflächen (*ghost acres*) und den menschlichen und nichtmenschlichen Opferzonen (*sacrifice zones*) ihres Verbrauchs: mit den gerodeten Wäldern des Amazonas und Indonesiens, mit den 1,5 Trillionen Tonnen CO_2, die seit der Industriellen Revolution in die Atmosphäre ausgestoßen wurden, mit der gigantischen Elektromüllhalde in Accra, mit der Kohlemine El Cerrejón oder mit den 10 Millionen Teilen Mikroplastik, die ein Blauwal täglich zu sich nimmt.[6] Tucholsky paraphrasierend könnte man sagen: Gleich hinter der Friedrichstraße beginnt nicht die Ostsee, sondern die sich weit über den Horizont ausdehnenden Meere aus Soja- und Ölpalmenmonokulturen.

vom First National People of Color Environmental Leadership Summit formulierten Principles of Environmental Justice; ejnet.org/ej/principles.html. Ein wichtiger Beitrag zu einer dekolonialen Ökologie ist Ferdinand, 2022.

5 Zur ökologischen Geschichte einzelner Pflanzen siehe beispielsweise Beckert, 2015; Mintz, 1992; Gosh, 2021.

6 Mit dem Projekt Kollektives Lernen haben wir am Beispiel des Görlitzer Parks versucht, in einem Audiowalk dieses Beziehungsnetz darzustellen; siehe: „14 Hektar: Ein erlebnisorientierter Audiowalk durch den Görlitzer Park zu den Themen Gemeinschaft, Wandel und Umweltgerechtigkeit" bei guidemate.com

Was bedeutet es also, von einer „nachhaltigen Stadt“ zu sprechen? Die Bäume, die ein Architekturbüro auf ein Hochhaus platziert? Der tonnenschwere Elektro-SUV? Solche Lösungen versprechen, dass sich im Wesentlichen nichts ändern muss, dass wir uns mit der Kreditkarte aus der Krise herauskonsumieren können. Wachstum, das dunkle Herz unserer westlichen Kosmologie, bleibt in leicht modifizierter Form weiter möglich. Die Komplexität unserer Verstrickungen mit der Welt wird ausgeblendet, unsere Imagination begrenzt, längst existierende Alternativen werden ignoriert und Versprechen gemacht, die geradewegs in die Katastrophe führen, erst die der anderen, dann unsere eigene. Wie könnten eine Wirtschaft, unser Zusammenleben, unsere Städte aussehen, wenn unsere Gesellschaft auf Kooperation miteinander und mit der natürlichen Umwelt beruhen würde statt auf Konkurrenz und Ausbeutung?

Gärten als Lernorte für eine andere Stadt

Und genau hierin kann die Radikalität, das An-den-Wurzeln-Ansetzen der urbanen Gemeinschaftsgärten bestehen. Sie verändern zwar nicht messbar, wie sich die Stadt ernährt, aber sie machen sinnlich erfahrbar, was Städte jenseits der Dominanz aus Beton, Kapital, Auto und Konsum, der sozialen Segregation sowie der Trennung von gebauter Umwelt und Natur auch sein könnten. Das macht die Gärten zu möglichen Lernorten für eine andere Stadt, in denen es um eine andere Kultur der Beziehung zum Netz des Lebens und zueinander geht. Sie eröffnen für Menschen unterschiedlichster Herkünfte, unabhängig von Einkommen und Diplomen die Möglichkeit, mit den eigenen Sinnen, dem eigenen Körper und in gemeinschaftlichen Aushandlungsprozessen auszuprobieren, wie Alternativen zu unseren „imperialen Lebensweisen“ (Brand & Wissen, 2017) aussehen können. Den eigenen Kompost anlegen, eine Fläche entsiegeln, den Boden aufbauen, Mischkulturen anlegen, Saatgut erhalten, Bienen halten, Gemüse anbauen, verkochen und die Ernte haltbar machen, all das stiftet Beziehungen des Sorgetragens und Formen der Zusammenarbeit zwischen unterschiedlichen Spezies.

Die Rolle der Gärten sollte dabei nicht überhöht werden. Weder werden sie die Welt retten, noch sind sie Teil groß angelegter Reformpläne zur Selbstversorgung einer Millionenstadt wie Berlin, wie es Vertreter*innen der Gartenstadtbewegung und Sozialreformer wie Leberecht Migge noch im frühen 20. Jahrhundert erträumten.[7] Der Vorrang von Auto und Konsum, die Konzentration von Kapital, die Spekulation auf Grund und Boden macht Experimente innerhalb der Stadt zunehmend schwierig. Mikropolitiken wie das urbane Gärtnern können aber andere Möglichkeiten des Bewohnens dieser Welt aufscheinen lassen. In diesem

7 Siehe dazu den Katalog der von der Nachbarschaftsakademie mitorganisierten Ausstellung „Licht Luft Scheiße“.

Sinn können sie als eine transformative Pädagogik verstanden werden. Sie werten Formen des Wissens und der Kultur auf, die lange Zeit als rückständig verlacht wurden. Sie bauen Brücken zwischen Stadt und Land. Sie machen Ideen wie Buen Vivir, Degrowth und Commoning konkret erlebbar; wobei konkret auch heißt: mit all den Widersprüchen und Problemen, die zwischen Ideal und Alltagsleben notwendig auftauchen. Anders als die Bildung an Schulen und Universitäten ist diese Bildungsarbeit von unten offen für Menschen unterschiedlichster Herkunft und unterschiedlichsten Alters. Sie findet nicht im Klassenzimmer mit Büchern, sondern im Freien statt, im direkten Kontakt mit den Elementen und der Natur. Sie ist nicht abstrakt, sondern körperlich und sinnlich. Es geht nicht um Leistungen, Prüfungen, Zertifikate und das Optimieren für den Arbeitsmarkt. Das Lernen findet in Gemeinschaft statt, oft ungeplant im spontanen Gespräch und ist niemals abgeschlossen. Die Rollen von Lehrenden und Lernenden bleiben fließend.

Die Idee des praktischen und erfahrungsbasierten Lernens lag auch dem Prinzessinnengarten zugrunde, als wir ihn 2009 am Moritzplatz in Berlin-Kreuzberg gründeten.[8] Doch im Unterschied zu den meisten anderen Gärten wollten wir die Bildungsarbeit nicht auf ehrenamtlicher Tätigkeit aufbauen, sondern auf bezahlten Stellen. Dies sollte eine Kontinuität der Angebote, Zugänglichkeit auch für Kitas und Schulen und den Aufbau von Kompetenzen und Wissen im Garten ermöglichen. Finanziert wurden die bis zu 30 Angestellten des Prinzessinnengartens aus den Einnahmen einer Gartengastronomie und eines Gartenbaubetriebs. Die Rechtsform des gemeinnützigen Unternehmens stellte sicher, dass keine privaten Profite erzielt wurden. Dieses Modell entwickelte sich aus prekären Bedingungen, hatten wir doch ohne öffentlichen Auftrag, ohne Förderung, ohne nennenswertes Kapital und unter hohem persönlichem Risiko begonnen. Da wir Löhne zahlten, konnten neue Arbeitsformen entstehen, die etwa gärtnerische Kompetenzen mit Bildungs- und Beteiligungsarbeit verbanden. Das schuf Möglichkeiten gerade für Menschen außerhalb klassischer Berufsbiografien und Karrierewege.

Lernen im Prinzessinnengarten bedeutete auch für uns nicht, vom Pult aus der Klasse die Welt zu erklären. Vielmehr waren wir als ausgesprochene Dilettant*innen darauf angewiesen, dass Klein- und Balkongärtner*innen, städtische Imker*innen, Künstler*innen, Saatguterhalter*innen, Aktivist*innen, Jugend- und Sozialarbeiter*innen, Musiker*innen und Dichter*innen, Köch*innen, Stadtplaner*innen, Forschende und Suchende, Diplomierte und Autodidakt*innen, Bastler*innen und angehende Ingenieur*innen ihr Wissen und ihre Erfahrungen in den Garten trugen und mit anderen teilten. Der Austausch wurde durch eine hohe Dichte und Vielfalt von Nutzungen begünstigt. Dazu zählten wöchentliche Gartenarbeitstage, Pflanzentauschmärkte, Koch- und Fermentierungsworkshops, Stadtbienenfestivals, offene und Fahrradreparatur-Werkstätten, Flohmärkte, Konzerte, Ausstellungen, Lesungen, Vorträge, öffentliche Gespräche, Führungen, künstlerische Arbeiten, Projekte von Studierenden, Kinoabende, gemeinsames

8 Zur Geschichte des Prinzessinnengartens siehe Clausen, 2012.

Kochen, Kindergarten- und Schulbesuche, Initiativen- und Nachbarschaftstreffen, Jugendbeteiligungs- und internationale Austauschprojekte. Jährlich kamen knapp 80.000 Besucher*innen in den Garten am Moritzplatz. Für keine der Aktivitäten wurde Eintritt verlangt. Ermöglicht wurde die Vielfalt von Nutzungen einerseits durch die bezahlte Organisations- und Koordinationsarbeit, andererseits durch das unbürokratische und kostenlose Überlassen des Gartens und seiner Infrastruktur an andere Gruppen für Bildungs- und Kulturprogramme. Der Zugang wurde dadurch erleichtert, dass wir als Träger des Gartens sowohl Mieten, Betriebskosten, finanzielle Risiken und (persönliche) Haftung übernahmen als auch die tägliche Sorgearbeit wie Müllsammeln, Reinigung der Toiletten, Instandhaltung, Pflanzen gießen, Rechnungen buchen und Steuererklärungen einreichen.

Die Nachbarschaftsakademie

Was Konferenzen und Kolloquien für den akademischen Bereich sind, das sind das Gespräch, das Zuhören, der beständige persönliche Austausch für das kollektive Lernen. Wissen, Geschichten, Erfahrungen und Können kamen aus anderen Gemeinschaftsgärten, von Klima- und Ernährungsaktivist*innen, Bäuer*innen und Mietinitiativen in den Prinzessinnengarten. Durch seine mediale Präsenz gab es zudem zahlreiche Einladungen. Diese nutzten wir, um uns mit Gemeinschaftsgärtner*innen hispanischer Communitys aus New York, mit indigenen Schützer*innen des Waldes in Brasilien, urbanen Bäuerinnen aus Cotonou und Accra, Lehrer*innen in alternativen Schulen in Seoul, urbanen Aktivist*innen in Belgrad, Saatgutschützer*innen in Bogotá und sozialökologischen Architekt*innen in Paris auszutauschen: ein Studium der Geschichte von unten. So lernten wir in den Schwarzen urbanen Landwirtschaftsprojekten in Detroit vom Weiterleben des landwirtschaftlichen Wissens und der Kultur westafrikanischer Menschen, die als Sklav*innen auf die Baumwollfelder der amerikanischen Südstaaten verschleppt worden waren. Von der fortgesetzten rassistischen Diskriminierung, die es verhindert hat, dass ehemalige Sklav*innen und ihre Nachfahren nach der Abschaffung der Sklaverei Land in größerem Umfang bewirtschaften konnten, und die zur Migration in die nördlichen Industriestädte geführt hat. Und von der Rolle, die Community-Projekte heute spielen, um diese Erinnerung an eine jüngere Generation weiterzugeben und jene gewaltsam unterbrochene Beziehung zu Kultur, Landwirtschaft, Kosmologie, Land, Pflanzen und Tieren, die Kolonialismus, Sklaverei und Plantagensystem bedeuteten, zu reparieren.

Aus diesen Austauschbeziehungen entstand im Prinzessinnengarten zunächst der Bereich „urbane Resilienz“ und später die Nachbarschaftsakademie. In Form von Führungen, Vorträgen, Workshops, Ausstellungs- und Buchbeiträgen begannen wir, die sich aus den Gesprächen mit anderen Orten und Initiativen entwickelnden Themen und Perspektiven weiterzugeben. Es ging dabei einerseits um die zerstörerischen Auswirkungen und die Gewalt des wachstumsbasierten, extraktivistischen und kolonialen Kapitalismus und gleichzeitig um Formen des Widerstandes, gelebte Alternativen und Beispiele für das gute Leben. Im Mittelpunkt sollte die Stimme jener Menschen stehen, die sich praktisch für den Erhalt traditionellen Wissens, für regenerative oder solidarische Landwirtschaft engagieren. In zehn Jahren haben wir in diesem Rahmen 69 Workshops, 232 Bildungs- und 105 Kulturveranstaltungen organisiert und etwa 50.000 Menschen erreicht. Parallel entstand als eine Art Lernort im Garten die „Laube", ein von über 100 Freiwilligen, Auszubildenden und Studierenden errichteter zweigeschossiger Holzbau.

Mit der von der Künstlerin Åsa Sonjasdotter mitinitiierten Nachbarschaftsakademie schufen wir 2015 eine Plattform, um dieser Art kollektiven Lernens einen organisatorischen Rahmen zu geben. Wir verstanden diese Akademie von unten als eine Form der politischen Bildung, die die vom Prinzessinnengarten ausgehenden Fragen zu Ernährungssouveränität, Recht auf Stadt, Gemeingütern und Stadt-Land-Beziehung aufgriff und diese in solidarische Beziehungen setzte – auch mit geografisch weit entfernten Orten und Initiativen. Methodisch experimentierten wir mit künstlerischen Ansätzen, mit dem Erzählen von Zukunftsvisionen, mit der Recherche von Gegengeschichten, mit konvivialen Formen des Zusammenseins und Miteinander-Sprechens etwa beim gemeinsamen Kochen, mit Interventionen im Stadtraum, Spaziergängen und Filmabenden. Situiert sollte dieses gemeinschaftliche Lernen sein, indem es von dem konkreten Ort ausging, an dem wir arbeiteten, dem Moritzplatz und dem Prinzessinnengarten. Ausgehend von den hier aufgeworfenen Fragen suchten wir nach Verbindungen zu anderen Orten und Initiativen.

Ein zentrales Thema war dabei der Kampf gegen die Privatisierung der Fläche des Prinzessinnengartens. Er hatte deutlich gemacht, dass die Eigentumsfragen und das Beziehungsnetz zur Nachbarschaft entscheidende Bedeutung haben für die Möglichkeiten, Alternativen aufzubauen. Der als temporäres Projekt begonnene Prinzessinnengarten war 2012 zum Spielball der Berliner Liegenschaftspolitik geworden (vgl. Clausen, 2022; 2015). Während der Moritzplatz nicht ohne rassistische Untertöne noch vor zehn Jahren als das verwahrloste Berlin verschrien war, ist er heute von begehbaren Kapitalanlagen umstellt. Die 6000 Quadratmeter große Fläche, auf der 2009 der Prinzessinnengarten begann, hat nach einer beispiellosen Explosion der Grundstückspreise heute einen spekulativen Marktwert von über 40 Millionen Euro. Die Verdrängung ärmerer Haushalte sowie die Zerstörung des für Kreuzberg typischen Gewebes aus migrantischen Bewohner*innen, alternativen Lebensformen, Kleingewerbetreibenden, Ausgehkultur, Neuankommenden, Freiräumen und Nischen ist nicht zuletzt Folge einer Kombination aus der seit den 1990er Jahren forcierten Privatisierungspolitik und dem Spekulationsdruck des Kapitalmarktes, insbesondere nach der Finanzkrise von 2008. Gerade als die Berliner Senatskanzlei den damaligen Bundespräsidenten in den Prinzessinnengarten einlud, um ihm das „schöne und wilde Berlin" (Klaus Wowereit) zu zeigen, beschloss der Berliner Liegenschaftsfonds, die Fläche an einen Investor zu verkaufen. Erst mit unserer Kampagne „Wachsen lassen!" und mehr als 30.000 Unterstützer*innen konnten wir den bereits beschlossenen Verkauf der Fläche verhindern. Eine absolute Ausnahme, wurden doch weitestgehend unbemerkt von der Öffentlichkeit Liegenschaften von der Größe des Bezirks Friedrichshain-Kreuzberg zu aus heutiger Sicht Discountpreisen an Großinvestoren und Fonds verkauft.

„Aus den Ruinen der Moderne wachsen"

Das politische Engagement erweiterte gleichzeitig, was wir unter kollektivem Lernen verstanden. Die Kampagne war Teil eines größeren Zusammenhangs stadtpolitischer Initiativen, die sich gegen Privatisierung, Verdrängung und Zwangsräumungen, und für den Erhalt von Freiräumen, eine Dekolonialisierung der Stadt und die Rechte von Refugees einsetzten. Dabei wurde deutlich, dass Initiativen kritische Wissensinstitutionen eigener Art sind. Indem Gruppen wie die Mieteninitiative Kotti & Co Hintergründe recherchieren, Wissen von Betroffenen an Betroffene vermitteln, finanzielle und politische Zusammenhänge, aber auch persönliche Schicksale öffentlich sichtbar machen, Expert*innen einbinden und sich über Verfahrensweisen und Rechtslagen kundig machen und gleichzeitig dieses Wissen durch unterschiedlichste Methoden wie Lärmdemos, Straßenfeste, Konferenzen, Ausstellungsbeiträge, Publikationen, soziale Medien oder Gremienarbeit teilen, etablieren sie eine Art politische Schule auf der Straße (siehe dazu beispielsweise Hamann et al., 2015).

Dieses Lernen umfasst auch komplexes finanzielles und rechtliches Handlungswissen, etwa zu profitfreien und gemeinwohlorientierten Eigentumsmodellen, wie es etwa beim Erbbaurecht von ExRotaprint in Berlin, dem Herausnehmen von Immobilien aus dem Spekulationsprozess durch das Mietshäusersyndikat oder durch Community Land Trusts umgesetzt wurde. Die Bodenfrage sollte daher auch für die Nachbarschaftsakademie eine zentrale Rolle spielen. Ein entscheidender Lernprozess war dabei, dass nicht-extraktivistische, zukunftsorientierte Alternativen nur dann möglich sind, wenn Grund und Boden nicht als Ware behandelt werden, sondern als Formen des Gemeineigentums. Während Privateigentum den Boden zu einer Ressource macht, die rücksichtslos ausgebeutet werden kann, bedeuten Formen des Gemeineigentums eine Rolle des Sorgetragens, die menschliches und nicht-menschliches Leben gleichermaßen umfassen kann. Unter dem Titel „Stadt Land Boden" organisierten wir 2015 das erste Sommerprogramm der Nachbarschaftsakademie mit Workshops, Vorträgen, Spaziergängen, Filmabenden, Interviews und Interventionen im Stadtraum.

Wir führten mit urbanen Gemeinschaftsgärten, Klein- und Großbäuer*innen Gespräche zur Zukunft der Ernährung in der Bioregion Berlin-Brandenburg sowie zum Landgrabbing in Ostdeutschland (vgl. Bloom et al., 2015). Mit der Anwältin Paula Z. Segal, die in New York mit dem Projekt 596acres erfolgreich für die Zugang von Communitys zu öffentlichen Flächen gekämpft hatte, befestigten wir in Kreuzberg Schilder an Orten, die wir als Gemeingüter betrachteten. Die Klasse Design for the Living World untersuchte die Frage der Wasserversorgung Berlins. Fernando

García-Dorio von INLAND schilderte das Verhältnis von Stadt und Land am Beispiel des Transhumanismus. Doina Petrescu und Constantin Petcou vom *Atelier d'architecture autogérée* in Paris berichteten, wie ihr Projekt R-Urban trotz weltweiter Bekanntheit und zahlreicher Auszeichnungen zugunsten von Parkplätzen verdrängt werden sollte. Florian Wüst kuratierte eine Filmreihe zu Mieterkämpfen und Selbstversorgung in Stadt und Land. Zusammen mit der anstiftung organisierten wir eine Gesprächsreihe mit Sybille Bauriedl, Frank Adloff, Johannes Euler und Christopher Dell zu Klima, Konvivialismus und dem Urban-Gardening-Manifest.

2019 war die Nachbarschaftsakademie Teil des Forschungs- und Ausstellungsprojekts „Licht Luft Scheiße. Perspektiven auf Ökologie und Moderne". Wir untersuchten teilweise vergessene und verschüttete Antworten von Stadtplanung, Landwirtschaft, Gartenbau, Wohnungsbau, Bodenkunde, Abfallwirtschaft oder Design auf die ökologischen Herausforderungen der modernen Industriegesellschaft (vgl. Bartoli et al., 2020). In dem Veranstaltungsprogramm „Aus den Ruinen der Moderne wachsen" gingen wir der Frage nach, für welche Zukunft wir lernen: „Eine Zukunft, in der wir Verantwortung für das Leben auf der Erde tragen, oder eine Zukunft fortgesetzter Zerstörung"? (siehe dazu auch Herbst & Teran, 2020)

Wir griffen die Geschichte des Moritzplatzes auf: das Anfang des 20. Jahrhunderts hier gebaute Wertheim-Kaufhaus, die Zerstörung durch den Krieg, Mauerbau und die Entwicklung Kreuzbergs zu einem Labor einer „Stadt von unten" mit dem erfolgreichen Widerstand gegen „Kahlschlagsanierung" und Autobahnbau in den 1970er Jahren und die Pionierarbeit zu einem ökologischen Stadtumbau, die bereits in den 1980er Jahren eine ökologische Umgestaltung des Moritzplatzes einschließlich Nachbarschaftsgärten, Komposttoiletten, Ökohäusern und Ökostationen vorsah. Es ging um die Pläne Leberecht Migges, Berlin zur Selbstversorgerstadt zu machen, um die wegweisenden Forschungsarbeiten zum Bodenleben und zu konkreten Kompostpraktiken von Annie France Harrars, um Komposttoiletten und das Fruchtbarmachen menschlicher „Scheiße", um den Vorschlag zu einem Dauergartenvertrag für Berlin (vgl. Clausen et al. 2018), um die „Wunschproduktion 99 Jahre Prinzessinnengarten als Gemeingut", um Geschichte und Gegenwart der Obstbaugenossenschaft Eden, um das erste Westberliner Umweltfestival im Sommer 1978, um das Höfesterben in Westdeutschland, um den Widerstand gegen den Braunkohleabbau, den Kampf um den Erhalt der Saatgutvielfalt mitten im syrischen Bürgerkrieg, die weiterhin fortwirkenden Auswirkungen von Kolonialismus und Plantagenwirtschaft, um die internationale Kleinbäuer*innenbewegung La Via Campesina und die Landlosenbewegung in Brasilien.

Die Breite der Themen und Methoden zeigt einerseits das Potenzial einer solchen Bildung von unten; gleichzeitig bleiben solche Ansätze der Selbstorganisation notorisch prekär. Menschen leben in unterschiedlichen Lebensrealitäten. Vielen lässt die Arbeit für den Lebensunterhalt und die Miete, die Sorge für Familie und das Umfeld keine Zeit. „Ehrenamtliches Engagement" ist etwas, das man sich leisten können muss. Orte wie die Nachbarschaftsakademie bleiben Provisorien. Sie können den notwendigen gesellschaftlichen Wandel einschließlich eines anderen Verständnisses von Bildung nicht ersetzen. Im besten Fall zeigen sie Möglichkeiten auf.

2019 gab es die Option, die ungesicherte Situation am Moritzplatz zugunsten einer langfristigen Perspektive auf einem Friedhof in Neukölln einzutauschen. Die Kerngruppe des Gartens entschied sich für den Umzug der mobilen Infrastrukturen und setzt seither das Modell selbstfinanzierter gemeinnütziger Arbeit als „Prinzessinnengarten Kollektiv Berlin" am neuen Standort fort. Für den Moritzplatz konnte die Minderheit, die sich für einen Verbleib einsetzte, mit dem Bezirk eine Verlängerung des Vertrags am ursprünglichen Standort aushandeln. Das Berliner Abgeordnetenhaus gewährte eine Anfangsfinanzierung von 300.000 Euro, um die Bildungs- und Beteiligungsprogramme wieder aufzubauen. Parallel initiierten wir mit der „Wunschproduktion 99 Jahre Prinzessinnengarten als Gemeingut" eine Bürger*innenbeteiligung, wie sie bereits in der Antiprivatisierungskampagne von 2012 gefordert wurde. Einige träumten von der Entwicklung eines selbstverwalteten sozial-ökologischen Kultur- und Bildungszentrums, das viele zukunftsorientierte Initiativen unter einem Dach vereinbaren sollte. Die Hoffnung war, dass die bereits in den 1980er Jahren für den Moritzplatz formulierten ökologischen Utopien ein halbes Jahrhundert später tatsächlich aufgehen könnten. Doch im Zuge einer polarisierend geführten Diskussion zur Zukunft der Fläche übernahm zu Beginn der Corona-Pandemie eine neue Gruppe die dafür vorgesehenen Vereinsstrukturen. Sie sprach sich gegen jede Fortsetzung der als „zu kommerziell" wahrgenommenen Arbeit des Prinzessinnengartens aus, insbesondere gegen das Modell bezahlter Arbeit. Basierend auf freiwilligem Engagement befindet sich auf der ehemaligen Fläche des Prinzessinnengartens im Moment ein „Nachbarschafts- und Inklusionsgarten" mit begrenzten Öffnungszeiten. Die Diskussionen zur Zukunft dieses geschichtsträchtigen Ortes und einer der letzten noch nicht entwickelten Brachflächen im Zentrum Berlins werden damit wohl nicht verstummen.

Wenn wir angesichts der dramatischen sozial-ökologischen Krise der Gegenwart unsere Gesellschaft tiefgreifend verändern wollen, dann müssen wir Wege finden, wie möglichst viele Menschen einen wesentlichen Teil ihrer Arbeitszeit dafür einsetzen, „die Welt zu reparieren". Was wir aus Eigeninitiative, selbstorganisiert und in Nischen beginnen, ist eine Art Vorschule, die andere Möglichkeiten, die Welt zu bewohnen, sichtbar und erfahrbar macht. Wir müssen dabei das lokale Engagement als einen Faden in einem vielfältigen Myzel aus Alternativen verstehen und lernen, Allianzen und Solidaritäten aufzubauen. Vieles, was wir unter Begriffen wie Permakultur, regenerative Landwirtschaft oder Commoning als neu verhandeln, ist oft schon Jahrtausende alt. Es sind insbesondere indigene Gruppen, deren Sprachen, Kulturen, Wissensformen, Anbauweisen und Kosmologien untrennbar verwoben sind mit dem Netz des Lebens (vgl. Kimmerer, 2021). In einer Beziehung zur Welt, in der alles Leben miteinander verbunden und voneinander abhängig ist, geht es nicht nur darum, Welten zu schaffen und zu erhalten, in denen Menschen überleben können, sondern es geht darum, alle unsere Verwandten zu schützen, einschließlich des gesamten Spektrums nicht-menschlichen Lebens wie der Bakterien, Wälder, Flüsse, Pflanzen etc. Es ist daher kein Zufall, dass der Großteil der in der Welt noch existierenden biologischen Vielfalt trotz Jahrhunderten der Marginalisierung und Kolonisierung weiter von Indigenen verteidigt wird. Lernen in Bezug auf ein „Leben in den Ruinen der Moderne" muss daher über das akademische Expert*innenwissen hinausgehen. Wir müssen von Menschen lernen, die in enger Beziehung mit dem Land und dem Wasser leben, von Kleinbäuer*innen, Nomad*innen, Fischer*innen. Sie besitzen ein intimes Wissen über das sie umgebende und in sie hineingewirkte Netz des Lebens sowie über die Veränderungen lokaler Ökosysteme, von denen ihr eigenes Überleben abhängt. „Umweltbildung" kann sich nicht beschränken auf ökologisches Wissen und Naturerfahrung, sondern muss von einer pluralen Perspektive ausgehen, von einer Welt aus vielen Welten und von einer Perspektive der sozialen und ökologischen Gerechtigkeit.

Literatur

Beckert, S. (2015). *King Cotton. Eine Geschichte des globalen Kapitalismus*. München: C.H. Beck.

Bartoli, S., Clausen, M., Linden, S. Sonjasdotter, Å. & Wüst, F. (Hg.) (2020). *Licht Luft Scheiße. Perspektiven auf Ökologie und Moderne*. 3 Bände. Hamburg: Adocs.

Bloom, B., Clausen, M., Fortune, B. & Sonjasdotter, Å. (2015). *Food Futures. Gespräche über die Zukunft der Ernährung und Landwirtschaft in der Bioregion Berlin-Brandenburg*. Internet-Publikation.

Brand, U. & Wissen, M. (2017). *Imperiale Lebensweise. Zur Ausbeutung von Mensch und Natur im globalen Kapitalismus*. München: oekom.

Clausen, M. (2022). Zwischen Ruderalvegetation und Investmentfonds. In Haarmann, A. & Lemke, H. (Hrsg.), *Keimzelle. Transformative Praxen einer anderen Stadtgesellschaft. Theoretische und künstlerische Zugänge* (S. 171–187). Bielefeld: transcript.

Clausen, M. (2015). Urban Agriculture between Pioneer Use and Urban Land Grabbing: The Case of „Prinzessinnengarten" Berlin. *Cities and the Environment (CATE)*, 8(2), Article 15.

Clausen, M. (2012). Eine andere Stadt kultivieren. In Nomadisch Grün (Hrsg.). *Prinzessinnengarten. Anders gärtnern in der Stadt* (S. 13–62). Köln: DuMont.

Clausen, M. et al. (2018). *Gemeingut Grün. Ein Dauergartenvertrag für Berlin. Ein Beitrag zum Erhalt und Ausbau der gemeinwohlorientierten Funktionen der urbanen und interkulturellen Gärten Berlins als Teil eines sozial-ökologischen Stadtumbaus*. Berlin: ZK/U Press.

Danowski, D. & Viveiros de Castro, E. (2019). *In welcher Welt leben? Ein Versuch über die Angst vor dem Ende*. Berlin: Matthes & Seitz.

Ferdinand, M. (2022). *Decolonial Ecology. Thinking from the Caribbean World*. Hoboken: Wiley.

Gosh, A. (2021). *The Nutmeg's Curse. Parables for a Planet in Crisis*. London: John Murray.

Halder, S. (2018). *Gemeinsam die Hände dreckig machen*. Bielefeld: transcript.

Haman, U., Kaltenborn, S. & Kotti & Co (2015). (Hrsg.). *und deswegen sind wie hier*. Leipzig: Spector Books und Berlin: Haus der Kulturen der Welt.

Herbst, M. & Teran, M. (2020). *Everything Gardens! Growing from the Ruins of Modernity* (Bd. 2 von *Licht Luft Scheiße*, hrsg. von Bartoli et al.), Hamburg: Adocs.

Kimmerer, R. W. (2021). *Geflochtenes Süßgras. Die Weisheit der Pflanzen*. Berlin: Aufbau.

Mintz, S. W. (1992). *Die süße Macht. Kulturgeschichte des Zuckers*. Frankfurt/New York: Campus.

Solnit, R. (2016). *Hope in the Dark. Untold Histories, Wild Possibilities*. Chicago: Haymarket Books.

Solidarität, Widerstand und die Stadtgarten-Bewegungen in Athen während und nach der Finanzkrise

Cordula Kropp und Athina Moroglou

Soziale Bewegungen und zivilgesellschaftliche Initiativen lassen sich oft mit der Organisationsfähigkeit und den Ressourcen der Aktiven oder mit Bezug auf gesellschaftliche Risiko- und Krisendiskurse erklären. Das gilt auch für die Ausbreitung urbaner Nachbarschaftsgärten in deutschen Städten, die sich als eine Folge von besonders organisations- und kommunikationsstarken Gründerpersönlichkeiten auf der einen und verstärkten Diskursen der Klima-, Umwelt- und Marktkrisen auf der anderen Seite betrachten lassen (vgl. Baier et al., 2019; Kropp & Müller, 2018). In den hier besprochenen Fällen gilt beides nicht ohne weiteres: Die im Folgenden diskutierten Stadtgartenprojekte gehen weniger auf das Engagement ressourcenstarker oder besonders kompetenter Akteure oder auf sich langsam aufbauende, antizipative Krisendiskurse zurück. Sie sind vielmehr das Resultat einer plötzlich eingetretenen, gravierenden, nicht erwarteten Krise und geben damit jenen Recht, die Bewegungen im Kontext politischer Gelegenheitsstrukturen untersuchen. Was in der Theorie als Gelegenheit bezeichnet wird, erlebten die Menschen in den von der globalen Finanzkrise erschütterten Ländern wie Spanien, Irland oder Griechenland als schweren Einbruch öffentlicher Wohlfahrt, privaten Wohlstands und ihrer bis dato für selbstverständlich gehaltenen Zukunftsaussichten. Nach dem ersten Schock und gewaltigen Wut- und Protestausbrüchen brachte diese Situation die Selbstorganisation vielfältiger Lösungsansätze hervor, um die es im Folgenden geht.

Sie zeigen uns Projekte von Menschen, die das Vertrauen in die Zuständigen in Politik und Verwaltung verloren, aber Vertrauen in die gemeinsame Handlungsfähigkeit gewonnen haben. Sie zeigen auch, welche Bedeutung der solidarischen Gestaltung von Begegnungs- und Organisationsräumen zukommt, wenn staatliche und marktliche Versorgungsangebote ausfallen. Und sie zeigen schließlich, dass diese Organisationsformen häufig den Vertreter*innen der etablierten Institutionen ein Dorn im Auge bleiben, die, an hierarchischen Steuerungsformen von Herrschaft, Macht und Ordnung orientiert, Formen der zivilgesellschaftlich getragenen, sozialen Selbstorganisation als Vorboten unabsehbarer und bedrohlicher

Veränderungen wahrnehmen. Aus dieser Haltung erklären sich die scharfen Reaktionen der etablierten Systeme gegenüber den Initiativen, mit denen die langfristigen Erfolgsaussichten der selbstorganisierten Handlungsansätze in Schach gehalten werden (vgl. Simsa, 2016). So entstehen in Krisenjahren zwar soziale Innovationen, mit denen beherzte Menschen erfinderisch auf die unmittelbar erlebte Not reagieren, anstatt in Apathie und Politikverdrossenheit zu versinken. Nicht immer aber gelingt es, die Solidaritätseffekte auf Dauer zu stellen, erst recht nicht, wenn mit der wieder anziehenden Wirtschaft Gewinninteressen und ihre Verteidigung in Form der bekannten „Entwicklungspläne" erneut die Oberhand gewinnen. Deshalb ist zu fragen, was aus sozialen Bewegungen am Ende jener Krisen wird, die sie als Gelegenheit für die Entwicklung utopischer Projekte nutzten. Wir gehen dieser Frage exemplarisch anhand von Stadtgartenprojekten in Athen nach.

Nicht nur in Griechenland haben sich in den Jahren der akuten Finanz- und Wirtschaftskrise 2008-2013 soziale Bewegungen mit neuen Protestformen und Strategien der netzwerkartigen Organisation entwickelt (vgl. Della Porta, 2015; Kaldor & Selchow, 2015; Kousis, 2016). Diese Protestbewegungen entzündeten sich an den lokalen Folgen der neoliberalen Krise. Sie richteten sich gegen steigende Preise bei Wohnungen und Lebensmitteln, fehlende soziale Sicherheit, schwindende Kaufkraft, mangelhafte Freiheitsrechte, Demokratie und Integration. Kritisiert wurde die Ausbeutung der Vielen durch Wenige, die kreditfinanzierte Bereicherung mithilfe spekulativer Immobilienprojekte und die Umwandlung ganzer Städte und Stadtviertel zu Orten der Kapitalakkumulation (vgl. Harvey, 2008). Die Empörten (*Indignados*), wie sich die Protestierenden in Spanien und dann auch in Griechenland *(Aganaktismenoi)* nannten, organisierten im Zentrum der Metropolen Protestcamps, Konferenzen oder Messen in Theatern und Universitäten, um nach Alternativen zum gescheiterten neoliberalen Modell zu suchen. Sukzessive verlagerten sie ihr Engagement auf die Ebene der Stadtviertel, wo es vor allem um Fragen des sozialen Zusammenhalts und der Krisenbewältigung, der Versorgung, der Überwindung von Isolation, Kriminalität und Wohnungsnot sowie um Solidarität ging. Um der gesellschaftlichen Desintegration entgegenzutreten, entwickelten sie dort neue Formen der sozialen und politischen Mobilisierung und einer „Politik von unten" (vgl. Kaldor & Selchow, 2015). Aus der Legitimitätskrise des globalen Finanzmarktkapitalismus wurde so erst eine Verantwortungskrise der nationalen Institutionen, dann eine Verwaltungskrise auf kommunaler Ebene und schließlich eine zivilgesellschaftliche Mobilisierung auf der Suche nach neuen politischen Identitäten, sozialen Normen und solidarischen Werten (vgl. Della Porta, 2015). Bei aller Unterschiedlichkeit revitalisierten die damit verbundenen Ansätze des kollektiven Handelns die Hoffnung auf Veränderung durch die Kraft sozialer Bewegungen jenseits politischer Institutionen und etablierter Organisationsformen. Ihr Anspruch auf gesamtgesellschaftliche Veränderung, der Netzwerkcharakter, die kollektive Identität und die Protesthandlungen machen sie zu sozialen Bewegungen (vgl. Baier et al., 2019, S. 24; Klein et al., 2018, S. 20; Roth & Rucht, 2008, S. 9ff.). Neu erscheint zum einen ihr starker Ortsbezug und die damit einhergehende Verräumlichung gesellschaftlicher Utopien, zum anderen ihre Haltung gegenüber den etablierten Institutionen (vgl. Kousis, 2016; Simsa, 2016). Diese ist von grundsätzlicher Ablehnung geprägt und vom unbedingten Wunsch nach Handlungsautonomie, bei oft weiterbestehender räumlicher und/oder fiskalischer Abhängigkeit.

In unserem Artikel skizzieren wir zunächst kurz die durch die Finanzkrise ausgelöste Krise der sozialen und politischen Lebenslagen und -bedingungen in Griechenland. Das Land durchlebte dramatische ökonomische, soziale und politische Verwerfungen, die von der neoliberalen Austeritätspolitik verstärkt wurden und zu massiven Protestbewegungen der „Empörten" führten. Aus diesen Unruhen gingen zum einen ein neues Verständnis von Solidarität als Leitbild des Widerstands gegen die neoliberale Agenda hervor und zum anderen, davon angeregt, eine Vielzahl von politischen und sozialen Aktivitäten und Bürgerprojekten.

Neoliberale Krise, Austeritätspolitik und soziale Bewegungen in Griechenland

Griechenland gehört zu den größten Opfern der globalen Finanz-, Wirtschafts- und Währungskrisen von 2007 und 2008, die im Land zu einer Staatsschuldenkrise und gravierenden wirtschaftlichen Depression führten. Die Krise wurde offensichtlich, als der griechische Ministerpräsident Papandreou im Oktober 2009 die Staatsverschuldung nach oben korrigieren und angesichts dramatischer Liquiditätsprobleme kurze Zeit später den IWF (Internationaler Währungsfonds) und die europäischen Partner um ein Hilfsprogramm bitten musste. Nach kleineren Rettungsaktionen, Diskussionen um Griechenlands Austritt aus der Europäischen Währungsunion und einer beispiellosen Kapitalflucht aus dem Land nahm Griechenland schließlich ein umfassendes internationales Kreditpaket mit weitreichenden Sparzwängen an. Das europäische Schuldenregime und die mit ihm verbundenen harten Einschnitte in Sozialleistungen und öffentliche Ausgaben, Lohnkürzungen, Arbeitslosigkeit, insbesondere von Jugendlichen, und die Privatisierung öffentlicher Güter brachten Hunderttausende auf die Straße[1] und linke Parteien mit neuen Narrativen an die Macht (vgl. Kouki & Gonzales, 2016).

Tatsächlich führte die Schuldenkrise zu einer anhaltenden humanitären, sozialen, kulturellen und politischen Krise im ganzen Land, begleitet von einer heftigen Anti-Austeritätsbewegung mit Generalstreiks, Protestmärschen und konfrontativen Demonstrationen. Dabei ragen der „Aufstand vom Dezember

1 Der sogenannte Aufstand von 2008 entzündete sich an der Erschießung eines 15-jährigen Schülers durch einen Polizeibeamten. Die Wut der Protestierenden richtete sich also nicht nur gegen die Auswirkungen der Finanzkrise, sondern auch gegen den sie flankierenden Polizeistaat.

2008" zu Beginn der globalen Wirtschafts- und Finanzkrise und die „Bewegung der Empörten" bzw. „der Plätze" 2011, ausgelöst durch das erste von der Troika auferlegte Sparprogramm, heraus. Während der „Aufstand" 2008 von Beginn an von Zusammenstößen mit der Polizei geprägt war, verlief die Besetzung zentraler Plätze, allen voran des Syntagma-Platzes in Athen[2], zunächst weitgehend friedlich. Der Syntagma-Platz wurde für zwei Monate zu einem vielfältig genutzten, hybriden Raum zwischen Protest und Zukunftsutopie. Es fanden Versammlungen, kulturelle Events, Konzerte und Solidaritätsveranstaltungen statt, es bildeten sich Gesprächskreise und Arbeitsgruppen, es entstand eine Solidaritätsklinik.[3] Zentral war das Bestreben, die Dinge selbst in die Hand zu nehmen, Politiker*innen von allen Prozessen auf dem Platz auszuschließen und die repräsentative Demokratie und ihre Führungsform zurückzuweisen.[4]

Nachdem das Camp auf dem Syntagma-Platz im Juni 2011 durch Polizeigewalt aufgelöst worden war, stellte sich den Besetzer*innen die Frage, wie die spontanen und kollektiven Aktionen in eine „neue radikale, selbstorganisierte und antagonistische politische Ökonomie des Alltagslebens" (Dalakoglou, 2012, S. 537) verwandelt werden könnten. Gesucht wurden Aktionen, die nicht nur ein bewegter Moment sein, sondern Teil einer neuen städtischen Realität werden würden.

Die Protestbewegung wandelte sich ab 2012 zu einer breiten Unterstützungsbewegung für bedürftige und von der Krise stark betroffene Menschen, von der auch viele Geflüchtete profitierten. In den folgenden Monaten und Jahren entstanden solidarische Projekte im ganzen Land: Soziale Lebensmittelläden und Kliniken, alternative Währungsnetzwerke, Arbeiter*innenkollektive, Zeitbanken, urbane Gärten, „Märkte ohne Zwischenhändler" und Peer-to-Peer-Dienste, Kooperativen und gemeinschaftliche Kochkollektive prägten nun die griechische Wirklichkeit in den Städten und stärkten an vielen Orten die wirtschaftliche und politische Widerstandskraft.

Ebenso war der „Aufstand" von 2008 nicht einfach verpufft, sondern auch hier haben sich die Aktivitäten verlagert. Die soziale Bewegung wandelte sich, gewann aber teilweise noch mehr Anhänger*innen. Die Menschen experimentierten zunehmend auf lokaler Ebene. Gegenseitige Hilfe, Selbstorganisation und Solidarität als übergreifendes Leitbild des Widerstands wurden zum zentralen Merkmal des kollektiven Handelns in der Stadt und darüber hinaus (vgl. Arampatzi, 2018).

2 Auf dem Platz befindet sich auch das Parlament.

3 Die (Platz-)Aktivitäten entfalteten auch langfristige Wirkungen: Die erste selbstverwaltete Gemeinschaftsklinik inspirierte zu 26 weiteren im ganzen Land; Genossenschaften, Ökodörfer und „Zurück-zum-Land"-Initiativen, die auf dem Syntagma-Platz begannen, verbreiteten sich überall in Griechenland (vgl. Varvarousis & Kallis, 2017).

4 Bis zu 2,6 Millionen Menschen sollen sich an den Aktionen beteiligt haben (vgl. Leontidou, 2012).

Die Stadtgartenbewegung in Athen

In diesem Kontext ist auch die Stadtgartenbewegung in Athen einzuordnen. Im Folgenden werden zwei Stadtgarten-Projekte in Athen näher betrachtet.[5]

Die Selbstorganisation eines Stadtgartens für Athen: der Navarinou-Park

Noch während der Unruhen 2008 riefen Bürgerinnen und Bürger zusammen mit politischen Initiativen in Exarchia den „Navarinou-Park" als selbstorganisiertes Nachbarschaftsprojekt ins Leben. Die politischen Ereignisse hatten ein starkes Bedürfnis nach selbstverwalteten und selbstorganisierten Räumen geweckt, um sich auszutauschen, die Lage zu verstehen und Antworten auf die dramatischen Ereignisse zu entwickeln. Außerdem brauchte das Stadtgebiet dringend eine grüne Erholungsfläche. Exarchia ist ein dicht bevölkertes Innenstadtviertel von Athen, das als Zentrum der anarchistischen, linken, antifaschistischen und aktivistischen Kultur gilt. Das Viertel ist verhältnismäßig dicht mit sechs- bis achtstöckigen Wohnblöcken bebaut und verfügt wie viele griechische Metropolen kaum über Grün- und Freiflächen.[6]

Bis 2008 wurde das städtische, 1400 Quadratmeter große Grundstück des zukünftigen Navarinou-Parks als Parkplatz genutzt. Als der Pachtvertrag 2008 auslief und die Stadtverwaltung das Grundstück zur Baufläche erklärte, machte das „Initiativkomitee der Einwohner*innen von Exarchia" gegen die geplante Bebauung mobil. Mit bunten Plakaten riefen die Aktivist*innen die Bevölkerung zum Widerstand auf (vgl. Avdikos, 2011).

Die Mobilisierung hatte großen Erfolg: Mehr als fünfhundert Menschen kamen schon am ersten Tag und brachten Pflanzen und kleine Bäumchen mit. Die Aktivist*innen stellten Maschinen bereit, um die Betonoberfläche aufzubrechen (vgl. Avdikos, 2011). Durch die kollektive Aktion nahm das Unterfangen schnell Form an. Von Beginn an entwickelten sich im Stadtgarten direktdemokratische Prozesse der Meinungsbildung und Entscheidungsfindung. Es gab offene wöchentliche Versammlungen, auf denen alle Entscheidungen zur Zukunft des Parks und zum Umgang mit verschiedenen Bedürfnissen und Wünschen gemeinsam getroffen und auch Veranstaltungen und Aktivitäten solidarisch organisiert werden sollten.

---

5 Beide Fallstudien gehen auf die Masterarbeit von Athina Moroglou im Rahmen des Studiengangs Integrated Urbanism & Sustainable Design an der Universität Stuttgart zurück. Zu den Unterschieden in den sozialen Praktiken, Zielen und Räumlichkeiten sowie in Entwicklungspotenzial, Maßstab und Ansatz dieser und weiterer Initiativen vgl. Moroglou, 2020.

6 Grundsätzlich sind Stadtgärten und urbanes Grün in Griechenland eine Seltenheit und entstehen meist nur im „Restraum" zwischen privaten Wohnblöcken. Die Urbanisierung setzte in Griechenland spät ein und der Prototyp urbaner Bauten sind flexible Polykatoikia-Wohnmodule, einfache Geschossbauten in Stahlbetonweise, die äußerst kostengünstig erstellt werden. Ohnehin betrachten die meisten Griech*innen Städte nur als temporären Wohnsitz, bevor sie in ihre ländliche Heimat zurückkehren.

Da das Projekt als Teil einer größeren Bewegung entstand, gelang es den Aktivist*innen, ihren selbstorganisierten Stadtgarten zu verteidigen. Von Anfang an strebten die Beteiligten nach Autonomie. Wie ein Aktivist im Interview erklärt, beschlossen sie, sich von staatlichen, kommunalen oder privatwirtschaftlichen Institutionen fernzuhalten und sich stattdessen auf Graswurzelgeist, gemeinsame Aktion und solidarische Zusammenarbeit zu fokussieren (Interview im Juni 2020; Moroglou 2020; vgl. auch den Blog der Initiative Parkingparko o. J.).

Mit dem gemeinsamen Gemüseanbau knüpften einige Bewohner*innen an Subsistenzpraktiken an, die sie aus ihren Herkunftsorten kannten. Weil sich die Versprechungen der neoliberalen Agenda so gründlich desavouiert hatten, kämpften die Menschen darum, eigene Handlungsmacht in den lokalen Nachbarschaften aufzubauen. Eine eigene Grünfläche, Gemüseanbau, die Fähigkeit, gruppenübergreifende Mahlzeiten und Tauschmärkte an einem selbst kontrollierten Ort zu organisieren, schufen ein neues Selbstbewusstsein. Die gemeinsamen Aktionen wurden als sinnstiftend erlebt, inklusive der diversen Schwierigkeiten, die es zu überwinden galt. Die offenen Treffen, die gemeinsamen Versorgungsstrategien und die Raumaneignung verankerten in den Beteiligten ein Gefühl für das Recht auf Stadt. Veranstaltungen mit Reden, Dokumentarfilmen und Spendenaktionen für politische Gefangene unterstrichen die politische Zielsetzung des Navarinou-Parks.

Zunächst beteiligten sich viele Einzelpersonen und Kollektive mit unterschiedlichen politischen Hintergründen an der Gestaltung des Gartens, von Linken über Pazifist*innen bis hin zu Anarchist*innen und Antiautoritären (vgl. Avdikos, 2011). Detaillierte Organisationspläne regelten den Umgang mit den Mitteln, die aus Spenden oder persönlichen Überschreibungen kamen, und verschiedene Arbeitsgruppen kümmerten sich um den Erhalt der grünen Infrastruktur, den Gemüsegarten und die Reinigung des Platzes.

Die Beteiligung der Menschen an den wöchentlichen Versammlungen für die Instandhaltungs- und Organisationsarbeiten nahm jedoch im Laufe der Jahre langsam ab und schlief 2018, neun Jahre nach der Besetzung des Raums, ein. Die verbliebenen Aktiven überlegten, wie sie das Überleben des Projekts sichern könnten, und wandten sich erneut an die Nachbarschaft. Zum Schluss wurde der Park unter Beteiligung engagierter Eltern in einen großen Spielplatz für die Kinder des Viertels umgewandelt. 2019 konnte er eröffnet werden. Auch weiterhin sind alle eingeladen, im Navarinou-Park Veranstaltungen zu organisieren – sofern sie sich auf die gemeinsamen solidarischen Werte der Initiative beziehen und Widerstand gegen die Logik des Gewinnstrebens, des Konsumismus und der Privatisierung leisten.

In den Medien wurde die erneute Umwandlung des Navarinou-Parks als „Raumplanungsmodell“ und „Bottom-up-Experiment“ gefeiert. Die Stadtverwaltung jedoch verweigerte jede Unterstützung der Initiative und unternahm keinen Versuch einer gemeinsamen Planung mit den Aktiven. Nach einem Wechsel in der Stadtregierung im Juni 2019 stellte sie sich dann ganz gegen das Vorhaben: Im Rahmen seiner allgemeinen Agenda der Wiederbelebung der Stadt und speziell des Innenstadtviertels Exarchia veröffentlichte Bürgermeister Kostas Bakoyiannis Pläne für den Platz, die die bisherigen Nutzungen nicht berücksichtigten (vgl. Souliotis, 2019).

Trotz oder wegen seiner wechselhaften Geschichte darf der Navarinou-Park als gelungenes Experiment sozialer Selbstorganisation verstanden werden, das kreativ solidarische Alltagsroutinen des Denkens und Handelns etablierte. Stavrides (2015) versteht Entstehung und Gestaltung des Navarinou-Parks als Akt der kollektiven Selbstbestimmung und Selbstverwaltung, der „Institutionen der Gemeinsamkeit" ausbildete. Mit dem Stadtgarten entwickelte sich ein Ort, der die Hoffnung der lokalen Bevölkerung auf neue Formen der Kommunikation und des Zusammenlebens nährte. Darüber hinaus trug er wesentlich zur Integration der Menschen im Viertel und in der Stadt bei. Die Initiative reagierte mit ihren Aktivitäten auf die wirtschaftliche Krise. Sie spendete Trost, unterstützte im Alltag und politisierte die Bevölkerung. Der Navarinou-Park kann als Modell für eine erfolgreiche Raumaneignung gelten, was umso bemerkenswerter ist, als fast keine Tradition partizipativer Stadtprojekte in Griechenland existierte. Aber ob er im Viertel, in dem die Mieten heutzutage rasant steigen, auch zukünftig überleben kann, ist fraglich. Allerdings schätzen die Aktivist*innen die politischen Kosten einer Räumung des Parks als hoch ein, weil er bei den Bewohner*innen von Exarchia so beliebt ist und sich viele selbst aktiv an der Gestaltung des Platzes beteiligt haben (vgl. Moroglou, 2020).

Die selbstverwaltete Landwirtschaft auf dem Gelände des alten Flughafens

Was mit dem 6,2 Millionen Quadratmeter großen städtischen Areal mit 958 Gebäuden nach dem Abzug des Flughafens geschehen sollte, war jahrelang höchst umstritten. Der Status als öffentliches Eigentum, die vorteilhafte Lage direkt am Meer, die Größe und die klare Abgrenzung machten die riesige Fläche zum Gegenstand vieler Begehrlichkeiten. 2016 unterzeichnete die griechische Regierung schließlich die endgültige Vereinbarung mit einer griechischen Investorengesellschaft, die den ehemaligen Athener Flughafen in einen gigantischen Komplex mit Geschäfts- und Freizeitaktivitäten, Hotels, Konferenzzentren und einem Kasino verwandeln sollte.[7] 2020 wurde das Gelände geräumt, um diesen Plan verwirklichen zu können.[8] Bis dahin diente die Fläche verschiedenen Aktivist*innen als Experimentierraum.

7 Die Gesamtkosten der Investition wurden in der Presse mit 8 Milliarden Euro angegeben, was etwa 4,5 Prozent des gesamten Bruttoinlandsprodukts des Landes im Jahr 2016 entsprach (vgl. Global Construction Review, 2017).

8 Die große Solidaritätswelle der Athener Bewohner*innen für eine Solidaritätsklinik auf dem Gelände und die Unterstützung aus dem Ausland führten zumindest dazu, dass der Ruf nach Bereitstellung eines Ersatzortes schließlich gehört wurde. Die Gemeinde eines benachbarten Bezirks bot der Gemeinschaftsklinik ein öffentliches Gebäude an, um ihre unverzichtbare Arbeit fortzusetzen.

Die *Metropolitan Community Clinic*, die erste selbstorganisierte Solidaritäts- oder Gemeinschaftsklinik der Stadt, die 2011 während der Besetzung des Syntagma-Platzes entstanden war, um Menschen, die im Zuge der Krise den Zugang zum öffentlichen Gesundheitssystem verloren hatten,[9] kostenlose Behandlungen anzubieten,[10] hatte nach der Räumung des Syntagma-Platzes mit Unterstützung des Bürgermeisters von Elliniko-Argyroupoli in ein Gebäude auf dem ehemaligen Flughafen umziehen können.

Auch die Stadtfarm – der selbstverwaltete landwirtschaftliche Betrieb von Elliniko – war 2011 aus den Protesten bzw. der „Bewegung der Plätze" hervorgegangen. Ziel der Gartenaktivist*innen war zunächst, das Potenzial des Elliniko-Geländes als öffentlichen Grünraum hervorzuheben. Zu diesem Zweck legten Freiwillige einen großen Acker für eine urbane Landwirtschaft an. Was als symbolische Aktion startete, erlebte in den folgenden neun Jahren eine kontinuierliche Weiterentwicklung zu einem selbstverwalteten landwirtschaftlichen Betrieb. Die Dauerhaftigkeit des Projekts beruhte auf der unerwartet großen und kontinuierlichen Beteiligung an vielen Gemeinschaftsaktivitäten sowohl sozialer als auch politischer Ausrichtung. Mit ihrem landwirtschaftlichen Betrieb verfolgten die Aktiven das Ziel, zugleich den ökologischen Landbau in der Stadt zu verbreiten, traditionelles Saatgut aus ganz Griechenland zu retten und Wissen mit anderen ökologischen Landwirt*innen auszutauschen. In dem Projekt fanden viele bedürftige soziale Gruppen Unterstützung, darunter ab 2015 viele Geflüchtete. Die Flächen luden dazu sein, sich mit anderen sozialen Aktionen zu vernetzen und den solidarischen Anbau immer weiter auszudehnen.[11]

Ein Forschungsprojekt der Technischen Universität Athen zur Entwicklung des Geländes sah die Gestaltung eines Stadtparks vor, in dem Forschungs-, Kultur-, Bildungs-, Sport- und Verwaltungsgebäude sowie sanfte Formen der Freizeitgestaltung und gemeinwirtschaftliche Nutzungen für alle angesiedelt sein sollten. Die Ackerbauinitiative arbeitete mit den Wissenschaftler*innen zusammen, schien deren Vorschlag doch die Chance zu bergen, „von unten nach oben" zu planen, und entsprach damit auch ihrer Vision. Mit ihrem Guerilla-Landwirtschaftsprojekt hatten die Gartenaktivist*innen von Anfang an ein Beispiel dafür geben wollen, wie das städtische Land von der Stadtbevölkerung selbst verwaltet und genutzt werden und wie Städter*innen die verlorene Verbindung zur Lebensmittelproduktion, zu Jahreszeiten und Produktionszyklen wiedergewinnen könnten. Es

---

9 Dass viele Menschen ihren Versicherungsschutz verloren hatten, war eine Folge der Kürzungen im öffentlichen Gesundheitssystem, zu denen sich der griechische Staat gezwungen sah.

10 In der Folge gründeten engagierte Ärzt*innen, Pfleger*innen und Apotheker*innen in verschiedenen Stadtteilen Athens weitere Solidaritäts- oder Gemeinschaftskliniken und -Apotheken und sorgten für eine kostenlose Gesundheitsversorgung auch von Illegalisierten.

11 Bis heute ist das Netzwerk und eine zugehörige Facebook-Gruppe aktiv, um lokales Bio-Saatgut zu teilen, Permakultur-Workshops zu organisieren und zu Themen wie Gartenbau, Nutzung von öffentlichem Raum, Entwicklungsprojekte für die Stadt etc. zu informieren.

hatte sich im Laufe der Jahre gezeigt, dass viele Stadtbewohner*innen an genau solchen Graswurzelprojekten interessiert und auch bereit waren, sich an der Schaffung und Erhaltung des Stadtgartens zu beteiligen. Deshalb setzten sich die Aktivist*innen engagiert dafür ein, die Fläche im Sinne der Menschen vor Ort zu nutzen und nicht im Profitinteresse der Privatwirtschaft bzw. im Sinne einer neoliberalen Stadtpolitik. Bis 2015 ging alles gut, die kommunalen Politiker*innen überließen ihnen das Land und unterstützten ihre Arbeit. Dann wechselte die Stadtregierung von einer linken zu einer konservativen Partei. Diese entzog dem Projekt umgehend jede Unterstützung. 2020 griff sie den Vertrag von 2016 mit der Investorengesellschaft ohne jede Veränderung wieder auf. Nachdem die Behörden die Strom- und Wasserversorgung Anfang 2020 gekappt hatten, um alle Aktivitäten auf dem Gelände wirksam zu unterbinden, und die Bauunternehmen mit ihren Baggern anrückten, gab die solidarische Landwirtschaft von Elliniko ihre Tätigkeit auf.

Die Initiativen und die Staatsgewalt

In unserem Beitrag wurden zwei Stadtgarteninitiativen vorgestellt. Beide entstanden im Zuge der Proteste gegen die Austeritätspolitik, die dem Land infolge der internationalen Finanzkrise aufgezwungen worden war. Ihr spezifischer Charakter ist vor dem Hintergrund einer neoliberalen Stadtpolitik und der Entfremdung der Zivilgesellschaft von der eigenen Regierung und ihren Institutionen zu verstehen. Dies erklärt zum einen ihren Fokus auf öffentlich sichtbare Orte, der mit der „Bewegung der Plätze“ entstand, zum anderen das Beharren auf horizontalen Organisationsformen und demokratischer Gleichberechtigung. Genau diese Merkmale fordern die etablierten Institutionen jedoch in besonderer Weise heraus, zumal sie *in coram publico*, vor aller Augen, stattfinden und überzeugend den Wert solidarischer Handlungsweisen als Kontrast zur wettbewerbsorientierten Herangehensweise der Stadtregierung inszenieren.

Den Stadtaktivist*innen ging es um die Entwicklung alternativer, strikt solidarischer Formen der sozialen Teilhabe und politischer Gestaltung als Antwort auf die katastrophalen Folgen einer neoliberalen Politik. Protestierende entwickelten Organisations- und Handlungsfähigkeit und wollten bald die Dinge „selbst in die Hand nehmen“. Dabei entfalteten sie auch einen neuartigen Raumbezug (vgl. Kaika & Karaliotas, 2016; Kousis, 2016). Ihre Projekte sollten der verbliebenen Bevölkerung[12] trotz der Staatskrisen Hoffnung auf eine andere Gesellschaft geben und unmittelbar veranschaulichen, wie ein gerechteres Zusammenleben aussehen könnte. Gerade weil das Land unter dem Druck der Gläubiger zum Beispiel seinen

12 Viele junge Menschen und qualifizierte Fachkräfte verließen das Land, um den verheerenden Auswirkungen der Finanzkrise zu entkommen.

größten Hafen (Piräus), vierzehn Flughäfen und die nationale Telekommunikationsgesellschaft (OTE) verkaufen musste, zielten die Stadtgartenprojekte auf eine (Wieder-)Aneignung des öffentlichen Raums durch die griechische Bevölkerung. Die Raumaneignung sollte ermutigend wirken und der Suche nach demokratischen Formen der gesellschaftlichen Teilhabe und Organisation einen sichtbaren und allgemein zugänglichen Boden bereiten.

Viele der in der Krise entstandenen sozialpolitisch engagierten Initiativen sind bis heute aktiv, wenn auch die Zahl der Gemeinschaftsprojekte seit 2015/2016 deutlich zurückgegangen ist. Mit der Enttäuschung über die politische Entwicklung der linken Syriza-Partei hat sich das politische Engagement insgesamt reduziert. Im Navarinou-Park ließ nach den ersten Jahren die Begeisterung für die Selbstorganisation nach, und einige Anwohner*innen fielen in die frühere „Delegationshaltung" ohne echte Verantwortungsübernahme zurück. Aber das Projekt konnte dank des findigen Engagements zentraler Akteure dennoch erfolgreich fortgeführt werden; 2018 flammte das Engagement für den öffentlichen Raum mit stärkerem Bezug auf die unmittelbaren Bedürfnisse der Nachbarschaft als großer Spielplatz wieder auf. Fragen der sozialen Teilhabe in der Stadt gewannen dabei an Bedeutung, während die gesellschaftspolitischen Visionen in den Hintergrund rückten.

Auch im Fall der Metropolitan Community Clinic von Elliniko verschob sich der Schwerpunkt im Kampf um ihren Erhalt stärker auf ihre soziale Bedeutung für die Gesundheitsversorgung, zumal die dezidiert politische Kritik, die von Anfang an mit dem Projekt einherging, ihre Akzeptanz und ihren Standort eher zu gefährden schien. Die in der Bevölkerung wertgeschätzte Sozialklinik wurde vom politischen Establishment in Athen als Provokation wahrgenommen. Die breite, auch internationale Unterstützung ihrer Arbeit und ihrer Werte (Solidarität) hatte der Stadtregierung zunächst eine tolerante Haltung gegenüber der Gemeinschaftsklinik abgerungen. Als sich jedoch die Gelegenheit ergab, die Klinik in einem weniger zentralen Gebäude unterzubringen, ergriff die Politik diese Chance und setzte damit auch der benachbarten solidarischen Landwirtschaft auf dem Gelände ein Ende. Für dieses zivilgesellschaftliche Projekt wurden keine Ersatzflächen beschafft. Vielmehr setzte die Stadtregierung die alten, noch vor der Krise entwickelten Vorhaben für die begehrte Fläche unverändert wieder auf die Agenda. Es blieb buchstäblich kein Platz für die selbstverwalteten Bottom-up-Initiativen und ihre Non-Profit-Bemühungen um alternative urbane Ernährungssysteme und Formen der demokratischen Selbstorganisation. Es zeigt sich hier wie auch in Spanien, dass der Staat nach den Austeritätskrisen alle rechtlichen Mittel im Kampf gegen die Aktivist*innen ausschöpft bzw. neue installiert: Auch in Griechenland ist beispielsweise die Dokumentation von Polizeigewalt inzwischen unter Strafe gestellt worden (vgl. Simsa, 2016).

Selbstredend wählten die aus der griechischen „Bewegung der Plätze" entstandenen Graswurzelinitiativen ihre Räumlichkeit mit Bedacht aus. Ihre Ansiedlung auf öffentlichem Grund gilt nach griechischem Recht – wie jede Besetzung von öffentlichem oder privatem Eigentum – als illegal. Deshalb konnten sowohl der Navarinou-Park als auch das selbstverwaltete landwirtschaftliche Feld und die Solidarklinik von Elliniko, sobald die Protestwellen abflauten, als inakzeptable Haus- bzw. Gebietsbesetzungen von der Staatsgewalt abgeräumt werden. Während die Klinik in ein kommunales Gebäude umziehen konnte, mussten die zivilgesellschaftlich betriebenen Stadtgärten aus der Öffentlichkeit verschwinden. Spätestens seit dem Regierungswechsel 2019, der Überwindung der finanziellen Rezession und dem damit verbundenen Wiedereinsetzen großer Investitionstätigkeiten wandelte sich das von Tonkiss (2013) beschriebene „Modell des Verzichts" (auf staatliche Einmischung) wieder in ein „Modell der Verbote" und der „Regierung der Polizei". Um das „Vertrauen der Märkte" zurückzugewinnen und das Bild eines geordneten, von jeder politischen Unruhe befreiten Landes abzugeben, nehmen die politischen Eliten ihre Rolle als Garant wirtschaftlicher Renditen wieder ein, als wäre nichts gewesen. Sie weisen Investitionsflächen aus und definieren die Resträume in deren Schatten top-down. Der ehemalige Flughafen von Elliniko genoss dabei höchste Priorität, aber auch der Navarinou-Park im Stadtteil Exarchia gerät mit den touristischen Ambitionen der Stadtregierung unter Druck. Die zuletzt erfolgte Einbeziehung der Aktiven im Navarinou-Park in die Entwicklungspläne der Stadtverwaltung – nach massivem öffentlichem Protest – deutet zwar auf einen Teilerfolg der Initiative hin. Eine Anerkennung des Status quo ist dabei aber nicht in Sicht. Vielmehr wird der Stadtgarten nun zu einem Exempel „der zeitweiligen Nutzung des öffentlichen Raums", wie die Behörden dies offiziell betiteln, die sie zur Imagepflege für sich und die Stadtregierung aufgreifen und als staatlichen Erfolg einer Politik der Mitsprache labeln.

In Anlehnung an Rancières Überlegungen zum Dissens betrachtet Vardy (2019) die Taktik der räumlichen Selbstorganisation als einen Versuch der radikalen Re-Politisierung sozialer Beziehungen, bei dem es darum geht, politische Gemeinschaften und ihre Fähigkeit der Artikulation gerade als Subversion der hegemonialen (kapitalistischen) Gesellschaftsnarrative durch verräumlichte Praktiken der Selbstverwaltung entstehen zu lassen. In den Raumaneignungen der hier behandelten Projekte bahnten sich alternative und vom neoliberalen Mainstream abweichende Vorstellungen urbaner Möglichkeiten an.

Demgegenüber scheint das Selbstverständnis der griechischen Staatsgewalt von einer Ordnung der Polizei (Foucault) beherrscht zu sein. Sie fühlt sich schon von geringfügigen Abweichungen von vordefinierten Nutzungen und Rollen in entsprechend vordefinierten Räumen herausgefordert und sucht die politische Kraft utopischer Gegenräume im Keim zu ersticken. Es gibt keinen Willen zur Verhandlung, weil der Dissens in der Stadt prinzipiell keinen Platz haben soll. Mit Blick auf die Fallstudien ist allerdings zu bemerken, dass die subversiven Teile der Gesellschaft, wie Anarchist*innen und selbstorganisierte Gruppen, für Verhandlungen mit Vertreter*innen der Staatsgewalt auch nicht zugänglich sind. Der Navarinou-Park ist ein Beispiel für diese wechselseitige Abneigung, die langfristig in die Kooptation des Parkvorhabens und das Verbot der Bottom-up-Aktivitäten auf dem Gelände münden könnte.

Die ausgewählten Fälle mit ihren für die Bewegung typischen Organisationsstrukturen der Selbstverwaltung, direktdemokratischen Prozessen und gemeinwirtschaftlichen Programmen möchten eine klare politische Botschaft vermitteln, die sich auch in allen Pressestatements und Interviews niederschlägt. Es geht um einen sichtbaren Widerstand gegen die neoliberale Umstrukturierung der Stadt und die in der Folge entstehende segregierte Gesellschaft. Deshalb hängen ihre Experimente zur städtischen Demokratie mit der Art ihrer räumlichen Schwerpunktsetzung und den damit verbundenen Formen der Kommunikation und Agitation zusammen (vgl. Parker et al., 2019). Die Engagierten des Navarinou-Parks wählten bewusst das Format der Flächenbesetzung, um das gesellschaftliche Bedürfnis nach öffentlichen urbanen Räumen für alternative Gesellschaftsmodelle explizit zu machen. Sie inszenierten öffentlich einen sozialen Austausch ohne monetäre Absichten, um politische Begegnungen unabhängig von privaten oder staatlichen Interessen zu beflügeln. Auch die Metropolitan Community Clinic von Elliniko hat bewusst beschlossen, ihre Aktionen und das Beharren auf öffentlich zur Verfügung gestellten Räumen mit der Forderung nach freiem Zugang zur Gesundheitsversorgung für alle zu verbinden.[13] Räume, ihre Nutzung und die soziale Versorgung in Städten werden auf diese Weise vergemeinschaftet, als Kollektivgut und kollektives Anliegen auf der Bühne der Stadtöffentlichkeit in Szene gesetzt. Allerdings ist es den staatlichen Akteuren gelungen, die notwendigen sozialen Angebote der Klinik in Dienst zu nehmen, ohne dies mit einer Veränderung des staatlichen Gesundheitssystems zu verbinden.[14] Wieder einmal wird damit eine soziale Innovation, die als Korrektur des unzureichenden Systems initiiert wird, für dessen Reparatur vereinnahmt (vgl. Schubert, 2021). Insgesamt sieht es damit so aus, als würden die politisch widerständigen Initiativen dort in eine nicht-intendierte Kooperation gezwungen, wo sie die etablierten Interessen mit der Erbringung nützlicher Leistungen unterstützen (Gesundheitsversorgung, Freiraumgestaltung), aber dort unterbunden, wo ihre alternativen Praxen den etablierten Status quo in Frage stellen, ohne ihn zugleich zu festigen.

Bezüglich der Stadtgartenbewegung in Athen möchten wir schließlich festhalten, dass die Besetzung öffentlicher Plätze einerseits an die internationale Anti-Austeritätsbewegung anschließt, andererseits auch in Bezug zu den antiken Traditionen der Selbstbestimmung auf der Agora gesehen werden kann. Im Vergleich zu diesen Traditionen wurde oft eine schwache und unpolitische Zivilgesellschaft im Griechenland der Gegenwart beklagt, die von einem tief verankerten Misstrauen gegenüber politischen Gruppierungen oder dem sozialen Engagement Einzelner geprägt sei. Die zehn Jahre der Finanz- und Wirtschaftskrise haben immerhin gereicht, eine aktive Zivilgesellschaft nennenswerter Größe hervorzubringen und die gängige Annahme über das apolitische Selbstverständnis der

13 Ihre Gesundheitsleistungen sind prinzipiell kostenlos und es werden auch keine Geld-, sondern nur Sachspenden angenommen.

14 Insbesondere während der Covid-Pandemie wurden hier viele Unversicherte behandelt.

griechischen Bevölkerung zu widerlegen. Bis heute finden die verschiedenen Initiativen breite Akzeptanz und Wertschätzung in der Bevölkerung, die vorher typische Skepsis scheint auch langfristig zu schwinden. Die Initiativen nutzten die lange Zeit der Krise als Gelegenheit, um die Botschaft von einer aktiven Zivilgesellschaft und alternativen Möglichkeiten der Organisation des Stadtlebens zu verbreiten. Ihr weiterer Fortbestand hängt nicht zuletzt von der weiteren Notwendigkeit dieser alternativen Möglichkeiten ab sowie von der Frage, ob es den griechischen und europäischen Institutionen gelingt, das Vertrauen der Protest-Generationen wiederzugewinnen.

Literatur

Arampatzi, A. (2018). Constructing Solidarity as Resistive and Creative Agency in Austerity Greece. *Comparative European Politics*, Volume 16, 50–66. doi.org/10.1057/s41295-016-0071-9

Avdikos, V. (2011). *The political closeness of open public space; reflections from Parko Navarinou in Athens*. International Conference Critical Geography, Frankfurt. Proceedings.

Baier, A., Kropp, C. & Chr. Müller (2019). Transformative Ernährungsunternehm/ung/en als Teil sozialer Bewegungen. In Antoni-Komar, I., Kropp, C., Paech, N. & R. Pfriem (Hrsg.), *Transformative Unternehmen und die Wende in der Ernährungswirtschaft* (S. 23–50). Marburg: Metropolis.

Dalakoglou, D. (2012). Beyond Spontaneity: Crisis, violence and collective action in Athens. *City*, 16(5), 535–545. doi.org/10.1080/13604813.2012.720760

Della Porta, D. (2015). *Social Movements in Times of Austerity*. Cambridge: Polity.

Global Construction Review vom 5.6.2017. Greece approves $8bn Chinese-backed revamp of Athens' old Olympics-airport site. *Global Construction Review*. Online verfügbar unter globalconstructionreview.com/news/greece-approves-8bn-chinese-back7ed-reva7mp-at7hen/ (letzter Zugriff am 18.01.2023).

Harvey, D. (2008). The Right to the City. *New Left Review*, 53, 23–40.

Kaika, M. & L. Karaliotas (2016). The spatialization of democratic politics: Insights from Indignant Squares'. *European Urban and Regional Studies*, 23(4), 556–570.

Kaldor, M. & S. Selchow (2015). *Subterranean Politics in Europe*. London: Palgrave Macmillan.

Klein, A., Lehgrand J., Rohwerder, J. & J. Roose (2018). 30 Jahre Forschungsjournal Soziale Bewegungen: Ein Überblick über zentrale Diskurse. *Forschungsjournal Soziale Bewegungen*, 31(1–2), 1–22.

Kouki, H. & J. F. Gonzalez (2016). Syriza, Podemos und die Anti-Austeritäts-Mobilisierungen. Bewegungen und Parteien in Zeiten der Krise. *Forschungsjournal Soziale Bewegungen*, 29(1), 61–71.

Kousis, M. (2016). The Spatial Dimension of the Greek Protest Campaign against the Troika's Memoranda and Austerity, 2010–2013. In M. Ancelovici, P. Dufour & H. Nez (Hrsg.), *Street Politics in the Age of Austerity: From the Indignados to Occupy* (S. 147–173). Amsterdam: Amsterdam University Press.

Kropp, C. & Chr. Müller (2018). Transformatives Wirtschaften in der urbanen Ernährungsbewegung: zwei Fallbeispiele aus Leipzig und München. *Zeitschrift für Wirtschaftsgeographie*, 62(3–4), 187–200.

Leontidou, L. (2012). Athens in the Mediterranean ‚movement of the piazzas'. Spontaneity in material and virtual public spaces. *City*, 16(3), 299–312.

Moroglou, A. (2020). *From anti-austerity protests to urban alternative futures. Potentialities in the post-crisis city of Athens*. Stuttgart: Unveröff. Masterarbeit.

Parker, P., Vogel, N. & Diedrich, L. (2019). Investigating the Democratic Potential of Temporary Uses in Urban Redevelopment Projects. In Fisker, J. K., Chiappini, L., Pugalis, L. & A. Bruzzese (Hrsg.), *Enabling Urban Alternatives: Crises, Contestation and Cooperation* (S. 85–108). Springer Singapore.

Parkingparko (o. J.). Block der Versammlung des Navarinou-Park. Online verfügbar unter parkingparko.espivblogs.net/deu/die-geschichte-des-parks/ (letzter Zugriff am 17.01.2023).

Roth, R. & Rucht, D. (Hrsg.) (2008). *Die sozialen Bewegungen in Deutschland seit 1945. Ein Handbuch*. Frankfurt/New York: Campus.

Schubert, C. (2021). Innovation als Reparatur. In B. Blättel-Mink, I. Schulz-Schaeffer & A. Windeler (Hrsg.), *Handbuch Innovationsforschung* (S. 381–392). Wiesbaden: Springer Nature.

Simsa, R. (2016). Gesellschaftliche Folgen neoliberaler Sozialpolitik in Spanien: Ausprägungen und Antworten der Zivilgesellschaft. *SWS-Rundschau*, 56(1), 97–111.

Souliotis, G. (2019). Το σχέδιο για την ανάπλαση των Εξαρχείων (Online newspaper vom 8.12.2019). Kathimerini. Online verfügbar unter kathimerini.gr/1037899/article/epikairothta/politikh/to-sxedio-gia-thn-anaplash-twn-e3arxeiwn (letzter Zugriff am 28.06.2023).

Stavrides, S. (2015). Common Space as Threshold Space: Urban Commoning in Struggles to Re-appropriate Public Space. *Footprint*, 9, 9–20. doi.org/10.7480/footprint.9.1.896

Tonkiss, F. (2013). Austerity urbanism and the makeshift city. *City*, 17(3), 312–324. doi.org/10.1080/13604813.2013.795332

Vardy, S. (2019). Urban Dissensus: Spatial Self-Organisation at Wards Corner. In J. K. Fisker, L. Chiappini, L. Pugalis & Bruzzese, A. (Hrsg.), *Enabling Urban Alternatives: Crises, Contestation and Cooperation* (65–81). Springer Singapore.

Varvarousis, A. & Kallis, G. (2017). Commoning Against the Crisis. In M. Castells, *Another Economy is Possible: Culture and Economy in a Time of Crisis* (S. 226). London: Polity.

Queer Gardening. Mit urbanen Gärten Ökofeminismus weiterdenken

Gespräch mit Ella von der Haide über ihren Film „Queer Gardening. Queer-feministische Ökologien in Gemeinschaftsgärten in Nordamerika"

Andrea Baier: Ella, dein neuer Dokumentarfilm mit dem Titel „Queer Gardening" in der Filmreihe Eine andere Welt ist pflanzbar! thematisiert queerfeministisches Gärtnern bzw. porträtiert LGBTQIA*[1]-Gärtner*innen in Nordamerika. Du bist selbst eine Gartenaktivistin und zählst dich auch zur queeren Community. Würdest du sagen, dass Gemeinschaftsgärten für queere Menschen besonders wichtig sind?
Ella von der Haide: In gewisser Weise ja. Denn die Frage des Zugangs zu Natur ist für queere Menschen nicht konfliktfrei. Marginalisierte Menschen sind in ländlichen Räumen häufig bedroht, und insbesondere queere Menschen sind eher auf Städte verwiesen, da ihre Queerness als „unnatürlich" wahrgenommen wird.

Gärten stellen eine Möglichkeit dar, eigene Outdoor-Räume zu schaffen und zu gestalten, in denen unabhängig experimentiert und eine selbstbestimmte Horti-Kultur entwickelt werden kann. Queerness wird ja oft nur auf Partys verortet, und mir und meinen Interviewpartner*innen ist es aber wichtig, auch alternative Rollenbilder von LGBTQIA* zu zeigen. Bilder von queeren Protagonist*innen, die arbeiten, die mit dreckigen Händen dastehen oder pflanzenkundige Heiler*innen sind, die sich im kontemplativen Zwiegespräch mit Kräutern und Blumen befinden.

Der heilende und stärkende Aspekt von Gärten wird von meinen Interviewpartner*innen immer wieder betont. Denn marginalisierte Menschen haben nicht nur in den USA und Kanada einerseits mit körperlichen und seelischen Traumata zu kämpfen, auch werden sie im Gesundheitssystem oft schlechter behandelt. So ist es kein Wunder, dass Gärten als heilsame Orte und auch ganz konkret als Orte, an denen Heilpflanzen wachsen, wichtig sind.

1 LGBTQIA*: Lesbian, Gay, Bisexual, Transsexual/Transgender, Queer, Intersexual und Asexual. Das * steht für mögliche weitere (Selbst-)Bezeichnungen.

Immer wieder betonen meine Interviewpartner*innen auch, wie wichtig die Gärten als Ort der Trauer um verstorbene Freund*innen oder Angehörige sind. Das ist für eine Community, die so stark durch die HIV/Aids-Pandemie getroffen wurde und für die die etablierten religiösen Gedenkräume aus homophoben Gründen oft nicht passen, von großer Bedeutung. In vielen der von mir porträtierten Gärten hat sich eine eigene Trauerkultur herausgebildet. Aus denselben Gründen entwickeln viele Gärtner*innen eine eigene Spiritualität, die sich auf symbolische Elemente aus den Gärten bezieht bzw. den Garten auch als spirituellen Raum gestaltet. Dafür gibt es im Film wunderbare und kreative Beispiele.

Ein weiteres wichtiges Element ist, dass queere Menschen seltener Kinder bekommen als heterosexuell lebende Personen und oft auch mit ihren Herkunftsfamilien gebrochen haben. Daher suchen sie nach einer anderen Möglichkeit oder Erzählung von Kontinuität, Verbundenheit und der Anbindung an das Leben. Die Wahlfamilie mit anderen Queers, aber auch die Nähe zu Pflanzen und nichtmenschlichen Gartenbewohner*innen und der eigene Beitrag in der Gestaltung eines Gartens bieten diese Möglichkeit.

Wo siehst du – und wo sehen deine Protagonist*innen – den Zusammenhang zwischen Queerbewegung und Gartenbewegung? Wo gibt es Überschneidungen des einen wie des anderen Engagements?

Da gibt es viele Zusammenhänge auf ganz verschiedenen Ebenen. Zum einen suchen LGBTQIA*-Gärtner*innen nach einem neuen Verständnis von Ökologie, das ihre Lebenswirklichkeit mit einbezieht. Das tun sie ganz aktiv in den Gärten, indem sie dort miterleben und für andere erfahrbar machen, dass auch in der Natur Heterosexualität nicht immer die Norm ist. Da gibt es zum Beispiel in einem Garten die beiden männlichen Enten, die als Paar leben. Ein*e Protagonist*in, Jonah Mossberg, verweist darauf, dass Pflanzen auch auf ungeschlechtliche Art vermehrt werden können. Jonah nennt das „queer" und sagt, dass es eine Menge Queerness in der natürlichen Welt gibt, die Menschen oft nicht wahrnehmen, weil sie sie nicht erwarten. Queer Ecology hat nicht nur den Nachweis über homosexuelles, bisexuelles und transsexuelles Verhalten von Tieren geführt, sondern vor allem gezeigt, wie einer heteronormativ geprägten Wissenschaft dieses Verhalten entgeht.

Zum anderen wollen queere Menschen auch die Möglichkeit haben, sich ohne Stigmatisierung gärtnerisch zu betätigen und sich mit guten Nahrungsmitteln selbst zu versorgen und unabhängiger zu werden vom industriellen Ernährungssystem.

Beide Konzepte von Natur und Landwirtschaft als Praxis sind leider immer noch stark mit Geschlechternormen verbunden. Das hat dazu geführt, wie Jonah Mosberg sagt, dass queere Menschen Landwirtschaft eher gemieden haben, weil sie dort nicht akzeptiert wurden. Das beklagen zum Beispiel auch die Frauen*, die in Deutschland das Netzwerk ELAN gegründet haben, um sich gegen Diskriminierungen, die sie als Frauen, Lesben, transsexuelle Personen in landwirtschaftlichen

Betrieben erfahren, zusammenzuschließen.[2] Dass das Verständnis von Ökologie und „Natur" normativ geprägt ist und heterosexistische Normen transportiert, hat zum einem mit der Entstehungsgeschichte der Ökologie als wissenschaftlicher Disziplin zu tun, die von weißen bürgerlichen Männern wie Justus von Liebig geprägt wurde, und zum anderen mit der Geschichte der Ökologie*bewegung* und ihrer zuweilen großen Nähe zu konservativem, rechtem oder sogar faschistoidem Gedankengut[3]. Es gibt ja ökologisch orientierte Strömungen, die für ein traditionelles Geschlechterverhältnis eintreten und Homosexualität sowie sonstige Queerness verurteilen bzw. für unnatürlich halten. Beim ökologischen Engagement oder Naturschutz werden mitunter auch problematische Bilder aufgerufen wie das einer „eigentlichen" Natur, die vor „Überfremdung" oder auch vor „Genderismus" geschützt werden müsste. Die Diskussion um Neophyten ist teilweise sehr haarig. Zudem sympathisiert Naturschutz gelegentlich auch mit autoritären Maßnahmen. Gegen all das wendet sich Queer Ecology. Aber es gab selbstredend von Anfang an auch progressive ökologische Bewegungen.

Du sagst, urbane Gemeinschaftsgärten seien „queerfreundliche Räume". Was meinst du damit, wo beobachtest du das?
Ich denke, in urbanen Gemeinschaftsgärten lösen sich, egal ob bewusst oder unbewusst, binäre Normen tendenziell auf, zwischen Natur/Kultur, Stadt/Land, privat/öffentlich. Sie sind unordentlich, präsentieren eine neue Ästhetik, mixen vieles durcheinander. Hier gärtnern Menschen, die vorher wenig mit Pflanzen zu tun hatten. Dadurch gibt es eine Fehlerfreundlichkeit, weil klar ist, dass alle lernen. Hochbeete berücksichtigen unterschiedliche körperliche Fähigkeiten. Es gibt eine gewisse Vielfalt, inklusive marginalisierter Personen aller Art. Das ist eine gute Voraussetzung, um auch Geschlechternormen nicht ganz so ernst zu nehmen. Queerfreundlich sind sie unter anderem auch in dem Sinne, dass sie offen sind für viele marginalisierte Gesellschaftsschichten. Was so typisch für die Interkulturellen Gärten war bzw. ist. Ich persönlich würde ja gerne bei diesem Begriff bleiben. Oder ihn erweitern, jedenfalls nicht abschaffen. Einfach um zu betonen, dass Migrant*innen in den Gärten eine zentrale Rolle spielen und hier unterschiedliche kulturelle Erfahrungen aufeinandertreffen, eben Interkultur entsteht. Nicht, als ob das abgegrenzte, klar unterscheidbare Kulturen wären, sondern selbstverständlich hybride Kulturen. Ich finde jedenfalls, das ist eine besondere und wertvolle Geschichte, die die urbane Gartenbewegung in Deutschland von der in anderen Ländern unterscheidet. Weil hier über die Benennung als Interkulturelle Gärten ein spezifischer Blick darauf geworfen wurde und hochgehalten wurde, dass in den Gärten so viele Menschen, vor allem auch Frauen, mit Migrationsgeschichte aktiv

2 ELAN: Emanzipatorisches Landwirtschaftsnetzwerk. Vernetzung von FLINTA* in der Landwirtschaft elannetzwerk.wordpress.com

3 Siehe zur (umstrittenen) Frage einer zum Beispiel nationalsozialistischen Erblast in Ökologie und Naturschutz: Radkau & Uekötter, 2003; Glättli & Niklaus, 2014; Bierl, 2014.

sind. Ich reise ja viel, auch im internationalen Kontext, und Gemeinschaftsgärten sind fast immer Räume für Minoritäten oder für Menschen, die wenig Zugang zu öffentlichen Räumen, zu Grünräumen haben, die weniger Ernährungssouveränität haben, die einen erschwerten Zugang zum Gesundheitssystem haben. Die Gärten sind Orte, die das alles ermöglichen, und sie ermöglichen auch, sich um solche Themen herum zu organisieren.

Welchen Schwerpunkt die Leute sich dann suchen, ist ja oft zufällig oder daran orientiert, was gerade vor Ort notwendig ist. In Deutschland war es die *interkulturelle* Geschichte, die im Vordergrund stand. Das hat ja einfach auch für viele Jahre viel bedeutet und für Vernetzung gesorgt und für eine Ermächtigung oder Stärkung zumindest; jedenfalls habe ich das so wahrgenommen.

Die urbanen Gärten sind Orte, in denen Binaritäten aufgebrochen werden: Care-Arbeit findet hier im öffentlichen Raum statt, und damit stehen auch Geschlechterrollen infrage. Gartenarbeit, die ja auch immer irgendwie mit Sorgearbeit, Ernährung und Gestaltung und gleichzeitig mit dreckigen Händen und Maschinen zu tun hat, lässt sich ohnehin nicht ganz so eindeutig Männern oder Frauen zuteilen, und in den Gärten gibt es ja oft einen Überhang von Frauen. Deshalb sind Gärten für mich immer schon ein bisschen queer, weil sie Freiräume für Geschlechtsunstereotypisches bieten. Und ich glaube, das spüren auch queere Leute. Jedenfalls ist mir, das sage ich ja auch im Film, über die Jahre ein größerer Prozentsatz von queeren Menschen in den Gärten aufgefallen als sonst üblich. Auch in Deutschland ist das so.

Aber thematisiert wird Queerness in den Gemeinschaftsgärten hierzulande nicht besonders?
Ja, vielleicht weil wir eine anders strukturierte Queer-Bewegung haben als in den USA. Oder vielleicht auch, weil die Gemeinschaftsgärten hier zunächst ein Anliegen von Geflüchteten und anderen Migrant*innen waren. Jedenfalls gibt es nach meiner Wahrnehmung viele biodeutsche[4] queere Gärtner*innen in den Interkulturellen Gärten, und das wird zwar nicht verheimlicht, aber auch nicht besonders thematisiert. Es scheint für alle Beteiligten kein Problem zu sein, sondern höchstens entlastend, nach dem Motto: „Ach, ihr seid auch anders. Wir ja auch."

Es könnte ja auch sein, dass Identität im Garten generell nicht so eine Rolle spielt und dass genau das als angenehm und entlastend erlebt wird? Der Gemeinschaftsgarten als von Identitätspolitik freier oder befreiter Raum?
Ja, das gibt es auch. Eine Protagonistin in meinem Film, Stacey Givens, sagt zum Beispiel, dass sie sich als Landwirtin, als Küchenchefin, als Mensch sieht und nicht mehr in erster Linie als queer. Dass das nicht mehr der wichtigste Teil von ihr sei. Dass für sie persönlich „dieser Kampf", wie sie sagt, endlich vorbei sei. Aber ihr ist trotzdem wichtig, dass ihre Farm ein Ort zum Beispiel für Teenager ist, die ihren

4 Menschen ohne Zuwanderungsgeschichte.

Eltern sagen müssen, dass sie queer sind und die einen Ort brauchen, um Menschen zu treffen, die genauso sind wie sie. Und sie sagt auch, dass ein Gemeinschaftsgarten ein guter Ort ist, um sich eine Wahlfamilie aufzubauen, einfach weil es viele Leute braucht, um so einen Garten aufzubauen.

Wie meinst du das, als du vorhin gesagt hast, die Queer-Bewegung sei in den USA „anders strukturiert"?
In den USA ist der Staat viel weniger Sozialstaat, und soziale Sicherung wird mehr über die Zugehörigkeit zu Gruppen und Identitäten, über Kirche, Sportverein, Waffenverein, über alles Mögliche organisiert. Das lässt sich nicht mit Deutschland vergleichen. Der Zugang zum Gesundheitssystem ist viel prekärer und der Zugang zu Selbsthilfe viel existenzieller. Und deshalb liegt es in den USA näher oder erscheint es dringlicher, sich als queere Gärtner*innen sichtbar zu machen. Es gab ja diese eine schöne Aktion, wo sie vom Berliner Gemeinschaftsgarten Allmende-Kontor auf dem CSD mit der Parole „Für mehr Blümchensex" angetreten sind. Aber das war eine Ausnahme. Dabei ginge es aber meiner Meinung nach sowieso nicht nur darum, die Öko-Bewegung zu „queeren", sondern auch darum, die Queer-Bewegung zu „ökologisieren". In den USA ist das letztlich auch ähnlich, dass diejenigen, die sich in Gemeinschaftsgärten und für Ernährungssouveränität engagieren, in der Queer-Bewegung nicht so sichtbar sind. Für meinen Film habe ich aber gezielt *diese* Aktivist*innen aufgesucht.

Du sagst, es sei dein Anliegen, Ökofeminismus weiterzuentwickeln. Kannst du erläutern, wie du das meinst? Wie können deiner Ansicht nach queere Ansätze ökofeministische Ansätze bereichern?
Es gibt ja viele ökofeministische Ansätze. In einigen waren auch schon vor Jahrzehnten Ansätze angelegt, die ich heute als queer bezeichnen würde. Der Ökofeminismus, dem ich mich verbunden fühlte, integrierte auch immer schon intersektionale Sichtweisen. Trotzdem haben sich mit der queerfeministischen Analyse nochmal andere Nuancen ergeben, wie die Analyse des heteronormativ geprägten Blicks in der ökologischen Wissenschaft, die dezidierte Loslösung von binären Geschlechtsvorstellungen und die Abkehr von einer rigorosen Technikkritik, die teilweise mit dem Hinweis auf eine vermeintliche Natürlichkeit operierte.

Und die damit auch die Illusion einer strikten Trennung von Gesellschaft und Natur nährte bzw. die Illusion, Natur sei natürlich und Gesellschaft sei unnatürlich, während ja alles längst vermischt ist?
Ja, genau. Donna Haraway schrieb schon 1985 darüber, dass wir unausweichlich verstrickt sind mit Technik – und aus dieser Erkenntnis hat sie ihren Cyborg-Begriff entwickelt. Sie wendet sich also gegen die Annahme, wir könnten Technik ablehnen und zur Natur zurück. Sie bestreitet überhaupt, dass es eine Trennung von „Natur" und „Gesellschaft" gibt, und spricht stattdessen von „NatureCultures" – NaturenKulturen. Haraway wendet sich gegen diese Gegenüberstellung, gegen

die Pauschalisierung von „Natur“ und „Kultur“. Und wenn du das nicht mehr so ordentlich getrennt denkst, in diesen zwei Kategorien, dann ist aber auch nicht mehr klar, was genau Technik ist. Genauso wie es nicht die gute glückliche Familie mit den ordentlichen Geschlechterrollen gibt und nicht den perfekten Körper und nicht Gesundheit und Krankheit als zwei feste Entitäten, sondern das muss alles verhandelt werden und ist alles miteinander verwoben, komplex, nicht schwarz-weiß. Und das ist für mich auch das Entscheidende an Queer Studies, Kategorien infrage zu stellen, immer und immer wieder. Queerness ist vielleicht nur ein anderes Wort für „immer wieder Normen zu hinterfragen“. Im Film sagt Nik Hahn: „Queer-Aktivismus fragt immer: Warum? Und auch beim Gärtnern müssen wir dauernd fragen: Warum?“ Und das kann eben im Garten auch gelernt werden, diese offene Haltung, sich nicht sicher zu sein, dass diese oder jene Praxis absolut stimmt, sondern immer wieder einzugehen auf die Situation, die da ist, auf die Lebewesen, die da sind, zu lernen, sie besser zu verstehen, mit ihnen zu kooperieren. Und das ist für mich auf jeden Fall Queerness.

Wieso ist Offenheit Ausdruck von Queerness?

Wie die französische Philosophin Vinciane Despret ausführt, beschäftigt sich Queer Ecology nicht deshalb mit homo- und bisexuellem Verhalten von Tieren, um Homosexualität als etwas „Naturgegebenes“ hinzustellen, sondern um für Vielfältigkeit zu plädieren. Bruce Bagemihl, das ist der Autor des Buches *Biological Exuberance: Animal Homosexuality and Natural Diversity*, gehe es, sagt Despret, um eine Welt, in der es erlaubt ist, verschieden zu sein, in der das Ungewöhnliche honoriert wird, ohne etwas Vertrautes oder Kontrollierbares daraus zu machen. Eine solche – politische – Haltung, die nicht nur den Umgang mit Menschen betrifft, sondern überhaupt die Art und Weise, mit der Welt zu interagieren, bezeichnet sie als „queer“.[5]

Du würdest also sagen, dass queerer Feminismus Herrschaftsverhältnisse noch radikaler infrage stellt als der Feminismus der zweiten Frauenbewegung und dass „queer“ mehr eine Haltung als eine Identität ist?

Ich würde immer betonen, dass sich Queerfeminismus aus dem Feminismus entwickelt hat. Ohne Donna Haraway lässt sich Queerfeminismus nicht denken. Ich selbst komme aus der feministischen Naturwissenschaftskritik; mit den queeren Ansätzen radikalisiert sich das Infragestellen einfach noch etwas. Ich finde allein schon den Begriff „queer“ ein bisschen spannender. Lieber als auf den Begriff „Frau“ beziehe ich mich auf einen Begriff, der von Anfang an ein Infragestellen von Geschlechtskonstruktionen bedeutet: queer übersetzt mit „anders“, „komisch“, „pervers“, quer zur heterosexuellen Norm, einfach weil mir der Aspekt so sehr wichtig ist.

---

5 Vgl. Bagemihl, 1999; Despret, 2019, S. 183ff.

Queerfeminismus nimmt ja auch für sich in Anspruch, intersektionale Machtverhältnisse[6] im Blick zu haben und aufbrechen zu wollen. In deinem Film geht es um verschiedene Unterdrückungsverhältnisse und Ausgrenzungssysteme, deine Gesprächspartner*innen setzen Kapitalismuskritik, Feminismus, Postkolonialismus, Diskriminierung aufgrund von körperlicher und psychischer Beeinträchtigung usw. mit Raumplanung, kollektiven Lebensmodellen, alternativer Ökonomie, privatem Vergnügen usw. in Beziehung.
Ja, meine Interviewpartner*innen sind auch abgesehen von ihrer Queerness sehr divers. Es gibt Menschen mit unterschiedlichen körperlichen Fähigkeiten und Handicaps, sie sind Menschen unterschiedlicher Hautfarbe, Migrant*innen und Angehörige von First Nations[7]. All diese Aspekte bzw. Perspektiven spielen in ihre Gartenpraxis rein. Was sie thematisieren, ist immer wieder die Zugänglichkeit, sind Fragen der Aneignung, Fragen der Anerkennung, und ganz stark immer wieder Land- und Eigentumsverhältnisse.

Das ist noch ein weiterer Grund dafür, dass ich diesen Film gemacht habe, weil ich hoffe, dass ich die intersektionalen Fragestellungen auch in der queerfeministischen Bewegung hier stärken kann.

In der jungen Generation ist das sowieso nochmal ganz anders. Viele, die derzeit politisch aktiv sind, zum Beispiel die jungen Leute von Fridays for Future, verfolgen sehr engagiert intersektionale Perspektiven. Das merke ich auch an den Reaktionen auf meine neue Performance über das „Queere Mikrobiom", in uns und in den Böden. In der Performance behaupte ich einfach: Wir sind alle queer, weil wir mit Mikroben in Symbiosen leben, und wer das Mikrobiom liebt und pflegt, ist ökoaktivistisch. Ich verbinde also Öko-Aktivismus mit Queerness, und das scheint gut anzukommen bei den jungen Menschen.[8]

Einige der Protagonist*innen, die du in deinem Film zu Wort kommen lässt, schienen mir gar nicht „queer", sondern eher lesbisch-feministisch zu sein, einige leben und gärtnern ja auch in Projekten, die schon seit den 1970er/80er Jahren bestehen. Aber du siehst da offenbar auch eine Kontinuität. Kannst du das erläutern, worin sie deiner Ansicht nach besteht und um was es dir hier geht?
Lesben sind für mich auch queer, einfach deshalb, weil sie nicht heterosexuell leben. Auch wenn es da durchaus Vorbehalte gibt, sich als queer zu bezeichnen. Aber ich habe sie überzeugen können, dass sie mit in dem Film sein müssen. Sie hätten ja sagen können: „Du musst uns rausnehmen." Ich habe gesagt: „Ihr seid wirklich die Vorreiterinnen der Queer-Bewegung, und dass euch die Queer-Bewegung, wie sie sich gerade entwickelt, nicht gefällt, kann ich gut verstehen, aber ihr müsst drinnen bleiben, sichtbar bleiben, eure Sichtweisen einbringen."

6 Intersektionalität: Überschneidungen und das Zusammenwirken von verschiedenen Diskriminierungsformen, zum Beispiel Patriarchat, Rassismus und Klassismus.

7 First Nations: Indigene in Nordamerika.

8 Näheres zum Theaterstück: luftartistin.de/narrativer-zirkus-und-strassentheater/queer-love-for-the-microbiome/

Was gefällt ihnen nicht an der Queer-Bewegung?
Dass Oldschool-Feministinnen nicht als Vorkämpferinnen wertgeschätzt werden, die die Grundlage mitgeschaffen haben, auf der sich Queerfeminismus entwickeln konnte. In den USA ist das richtig krass, da werden von einigen Queer-Aktivist*innen alle Feminismen mit dem Argument abgelehnt, dass manche Feminist*innen explizit nur auf Cis-Frauen[9] Bezug nehmen. Das ist eine schwierige Situation, die die queerfeministische Bewegung spaltet. Mein Anliegen, oder das des Films, ist es, zu zeigen, dass es verbindende und drängende Themen gibt, für die wir alle Kräfte brauchen, wie den Zugang zu Land, zu Landwirtschaft, Ernährungssouveränität für FLINTAS[10], Gesundheitsversorgung und Rassismus.

Du sagst, du findest es wichtig, sich auch als Queer-Bewegung mit dem Zugang zu Land, mit dem Erhalt und Wiederaufbau von Böden und mit Fragen der Ernährungssouveränität zu beschäftigen?
Ja. Warum die Gartenbewegung die „Bodenfrage" stellt, ist ja klar. Die Gartenbewegung arbeitet mit dem Boden und produziert Nahrungsmittel, und dann ist es nicht weit bis zu Boden- und Ernährungsfragen. Für die queerfeministische Bewegung ist das nicht ganz so offensichtlich. Aber in dem Moment, wo sie sich intersektional versteht und die Rechte von Indigenen und People of Color mitgedacht werden, geht es eigentlich immer auch um den Zugang zu Boden, um das Recht auf Nahrung und Subsistenz. Weil für viele sich als indigen verstehende Menschen die Erfahrung des Verlusts des Landes und der Verlust von Souveränität, gerade auch von Ernährungssouveränität, ein wichtiges Thema ist. Eine*r meiner Interviewpartner*innen, Gordon Brent Brochu-Ingramm, spricht im Film über den pazifischen Holzapfelbaum, der eine zentrale Rolle in der Ernährung von indigenen Gruppen in Nordamerika spielte, bevor die koloniale Ordnung viele der traditionellen Obstgärten zerstörte. Inzwischen haben der Baum und die Äpfel einen schlechten Ruf, weil sie mit nativen Kulturen identifiziert wurden. Der Versuch, den Apfelbaum wieder in der Landschaft zu etablieren, ist für ihn ein Statement gegen die Entwertung indigenen Wissens und indigener Lebens- bzw. Ernährungsweisen.

Manche deiner Protagonist*innen leben und gärtnern auf dem Land, andere Projekte sind im städtischen Umfeld angesiedelt. Ist das Zufall oder Absicht? Siehst du auch hier eher Parallelen als Unterschiede? Möchtest du auch hier etwas zusammenführen?
Ich hatte zwischenzeitlich vor, einen Film nur über Landprojekte zu machen. Ich wollte aber die Perspektiven von People of Color stärker berücksichtigen. Deswegen bot es sich an, doch mehr städtische Projekte mit reinzunehmen, denn

9 Cis (diesseits) bezeichnet – im Unterschied zu trans (jenseits) – Menschen, die sich mit dem bei der Geburt zugeschriebenen Geschlecht identifizieren.

10 FLINTAS: Frauen, Lesben, intersexuelle, nicht-binäre, trans und agender Personen.

queere People of Color sind im ländlichen Raum noch sehr selten anzutreffen, und das war mir wichtig, das wäre sonst zu einseitig geworden. Der postkoloniale und antirassistische Diskurs wurde immer stärker in den letzten zehn Jahren. In den Interviews lässt sich auch gut nachvollziehen, dass die Leute inzwischen anders sprechen. Heute sagen sie: „Wir befinden uns hier auf dem Land der so und so." Also die Bezugnahme auf First Nations oder Native Americans ist viel stärker. In den ersten Interviews, 2011, war das noch nicht so, das kommt erst in den späteren Interviews, die ich auf meiner letzten Reise, 2018, geführt habe. Die „Black Lives Matter"-Proteste haben da eine wichtige Rolle gespielt, aber auch andere postkoloniale Diskurse.

Die erste Version des Films war noch ganz anders. Zum Beispiel Jonah Mossberg, die Person, mit der der Film beginnt, identifiziert sich auch als Person of Color. In dem Film reden wir aber nur über queere Positionen und nicht über Rassismus. Ich selbst habe das damals weniger intersektional als parallel gesehen und Queerfeminismus nicht unbedingt mit Antirassismus verwoben. Das hat sich inzwischen geändert. Wenn ich das Interview mit Jonah heute noch einmal führen würde, würden wir auch über Rassismus sprechen, da bin ich mir sicher. Es ist in den USA und Kanada das Umgekehrte passiert, was bei meinen Interviews für den Film über die Gärten hier in Deutschland[11] passiert ist. Hier habe ich mit den Gärtner*innen viel über Rassismus gesprochen. Und über queer und Queerness gar nicht.

Du findest, in den Interkulturellen Gärten ist Rassismus ein Thema?
Ja. Es gab immer den Konsens, dass es hier in Deutschland ein berechtigtes Anliegen ist, als Migrant*innen zusammen zu gärtnern. Einer der Gedanken der Interkulturellen Gärten ist ja, einen Raum zu schaffen, in dem sich People of Color vernetzen und selbstermächtigen, als Grundvoraussetzung, um eine Diskussion über Rassismus überhaupt führen zu können. So würde ich das sehen. Auch wenn Interkulturelle Gärten nicht rassismusfrei sind, es immer auch problematischen Paternalismus weißer Menschen gab und Interkulturelle Gärten gerne mal als Feigenblatt genutzt wurden und werden, statt rassistische Strukturen zu verändern. In meinem Film über die urbanen Gemeinschaftsgärten in Deutschland wird das von einer Protagonistin, Saniye Özkaya aus dem Interkulturellen Frauengarten Rose in Oberhausen, auch thematisiert.

Sind People of Color dann gewissenmaßen immer auch queer?
Nein, aber auch ohne das gleichzusetzen, es gibt konkrete Gemeinsamkeiten: Queers und People of Color wurden im Kolonialismus klassifiziert, abgewertet und entrechtet.

11 Ella von der Haide (2016). *Eine andere Welt ist pflanzbar*, Teil V, Gemeinschaftsgärten in Deutschland. Dokumentarfilm

Die Queers of Color, die ich im Film in ihren Gärten porträtiere, sind Expert*innen des Intersektionalismus. Einige dieser QTPoC-Gärtner*innen[12] entwickeln enge, empathische Beziehungen zu ihren Pflanzen, und sie erkennen in der Art und Weise, wie mit Pflanzen umgegangen wurde und wird, Parallelen zum Umgang mit indigenen Menschen. Wie Menschen wurden auch Pflanzen im Kolonialismus klassifiziert und ausgebeutet. Eine*r der Gärtner*innen sagt, dass die Widerstandskraft von Unkräutern der Widerstandskraft queerer People of Color ähnelt. Das sind Metaphern, die ich hilfreich finde. Wir brauchen Metaphern, um neue Welt-Bilder zu begründen und uns auf den Weg einer Transformation zu begeben. Das ist auch ein Grund, warum ich gerne mit Film arbeite: um durch die Bilder Alternativen sichtbar zu machen und den Zuschauer*innen zu ermöglichen, sich diesen Alternativen auch emotional zu nähern.

Deine Interviewpartner*innen stellen einen Zusammenhang zwischen Rassismus und Heterosexismus her und begreifen beides außerdem als Folge von Kolonialismus. Ich fand interessant, wie mehrere Gärtner*innen betonen, dass der Siedlerkapitalismus sich gleichermaßen gegen das Indigene und gegen Transsexuelle oder Genderfluide, gegen Two-Spirit People[13] – übrigens ein sehr schöner Ausdruck – bzw. gegen das Queere gerichtet hat und dass es ihnen darum geht, die indigene und die queere Identität im Umgang und Austausch mit den Pflanzen und dem Land neu zu bestimmen bzw. neu zu erfinden. Diese Perspektive, ist das typisch für die USA?
Diese „Wokeness", was wir vielleicht mit „intersektional-politischem Denken" übersetzen können, wird in Nordamerika auf einem anderen praktischen und theoretischen Niveau verhandelt. Das lässt sich auch historisch erklären. In Nordamerika sind Kolonialismus, die Geschichte der Native Americans und die Geschichte der Sklaverei viel präsenter und wirken sich stärker auf die Diskurse und den Zugang zu Land aus.

Einer der Protagonisten, Edgar Xochitl, sagt, dass der Kolonialismus die Indigenen bzw. die PoCs dazu gebracht habe, traditionelles ökologisches Wissen infrage zu stellen und trans bzw. Two-Spirit People für unnatürlich zu halten. Das Gärtnern begreift er entsprechend als dekolonisierendes Projekt. Er spricht davon, dass Indigene und People of Color darüber das Recht auf ihr Land und ihre Lebensweise, ihr philosophisches Weltbild und ihre Lebensmittel neu zu begründen suchen. Dass sie versuchen, ein anderes Naturverhältnis zu re-etablieren, das auch ein anderes Verhältnis zu Sex und Gender beinhaltet. Das fand ich interessant, dass sich das Gärtnern explizit gegen die Vernichtung des Wissens, gegen das kolonialistische (Wissens-)Regime wendet, das sowohl

12 QTPoC : Queer, Trans People of Color.

13 Two-Spirit People: indigene Menschen, die außerhalb des westlich-binären Geschlechtersystems leben.

Transgeschlechtlichkeit als auch eine bestimmte Form der landwirtschaftlichen Praxis delegitimierte. Und dass beim gemeinsamen Gärtnern darum gerungen wird, hier etwas Zerstörtes und Enteignetes neu zu erfinden. In dem Zusammenhang bezieht er sich auf „Flowerbending". Kannst du erklären, wie man sich das vorstellen kann?
Flowerbending meint verschiedene Dinge, zum Beispiel bewusst eine andere, freundschaftlich-verwandtschaftliche Beziehung zu den Pflanzen zu kultivieren und die Welt aus der Sicht der Blumen zu verstehen. Es ist damit verbunden, sich an die lokalen Namen der Pflanzen zu erinnern und an die Rituale, bei denen sie verwendet wurden. Ein Ritual, das Edgar Xochitl zum Beispiel wichtig ist, ist ein Toten- oder Trauerritual, um sich mit den Mexica-Vorfahren[14] zu verbinden, um die Ahn*innen aus dieser Kolonialgeschichte zu befreien und die Rolle der Ahn*innen im Widerstand zu würdigen. Edgar geht es darum, die zu ehren, die das indigene Wissen am Leben erhalten haben, und gleichzeitig will er auch die Queers ehren, die aktuell umgebracht werden. Flowerbending bedeutet auch, sie aus diesem binären Geschlechtssystem zu befreien und nicht mehr von männlichen und weiblichen, sondern von pollenbildenden und fruchtbildenden Blüten zu sprechen. Edgar sagt, wir können uns von den Vorstellungen von Männern wie Carl von Linné oder Charles Darwin befreien, die Blumen bestimmten und ihre Vorstellungen von Sexualität und Geschlecht auf Pflanzen projizierten.

Er sagt ja auch, dass Queerness Teil der Lösung des Klimaproblems sein könnte. Denkst du das auch?
Ja, unbedingt. Was er da meint, ist, dass Queerness Menschen dazu befähigen kann, sich in einer bestimmten Weise mit der Pflanze in Beziehung zu setzen. Und das könnte sie inspirieren, das Potenzial von Photosynthese noch besser zu nutzen. Photosynthese ist für ihn ein magischer Moment, dem wir uns noch nicht genügend hingeben. Er plädiert dafür, Photosynthese als Magie zu nutzen. Er sagt, Unkraut tut viel mehr dafür, das Klimaproblem zu lösen, als menschliche Individuen.

Jetzt könnte man fragen: Was ist daran queer, CO_2 im Boden binden zu wollen?
Das magische Denken dabei. Edgar integriert in seine magischen Praktiken Sexualität und Spiritualität und gewinnt dadurch neue Handlungsmöglichkeiten. Das ist auch ein sehr basisdemokratischer Ansatz der Selbstermächtigung. Niemand muss auf technische Geoengineering-Lösungen großer Konzerne hoffen, sondern wir alle können sofort selber anfangen. Alle können mitmachen und Teil der Lösung sein, auch die bisher Abgewerteten. Magisches Denken ist das Eingeständnis, dass wir nicht alles wissen oder auch nur wissen können, und dass es keine „Wahrheit" gibt, nach der wir andere Menschen oder auch Pflanzen aburteilen und ausnutzen dürfen.

14 Mexica: Selbstbezeichnung der Azteken, eine der indigenen Kulturen in Mexiko.

Du hast deinen Film inzwischen ja schon oft gezeigt. Wie sind denn so die Reaktionen auf den Film?
Bis jetzt sind sie sehr positiv. Es gibt immer viele Fragen, und das freut mich, dass die Menschen neugierig werden auf diese anderen Weltbilder und Standpunkte.

Was finden die Zuschauer*innen interessant?
Die Hauptfrage hier war immer: Wo gibt es so was in Deutschland? Leider muss ich dann immer sagen, dass es hierzulande nur wenige Projekte gibt.

Du meinst, es gibt wenig queere Gartenprojekte?
Ja. Projekte, in denen es explizit um *queeres* Gärtnern geht, sind rar. Nach meinem Film würden manche Zuschauer*innen gerne sofort in die USA fahren und die queeren Gärtner*innen treffen und mehr über die Projekte erfahren.

Sind es denn hauptsächlich Queers, die sich den Film anschauen?
Nein, ganz gemischt. Also es sind schon eher queerfreundliche Leute, aber auch Menschen, die bisher mit Queerness noch sehr wenig zu tun hatten. Viele wollen auch teilhaben an dieser queeren Neuformulierung von Ökologien.

Worin besteht die queere Neuformulierung?
Auch ökologische Konzepte trennen oft zwischen Kultur und Natur, auch wenn sie einen anderen gesellschaftlichen Umgang mit Natur einfordern. Neuere – posthumanistische, Akteur-Netzwerk- und neomaterialistische sowie queerfeministische – Ansätze gehen von einer unentwirrbaren Gemengelage von Menschen, nichtmenschlichen Lebewesen und Dingen aus. Queere Ökologie bekennt sich ausdrücklich zum Zusammenwirken menschlicher und nichtmenschlicher Akteure, spricht von der mehr-als-menschlichen Welt. Auch die Protagonist*innen in meinem Film sprechen davon, wie sie mit den nichtmenschlichen Akteuren kooperieren, mit den Pflanzen, Tieren, der Erde und den Steinen. Sie verkörpern die Idee regelrecht: dass die Umwelt, die Natur kein außerhalb des Menschen befindliches Terrain ist, sondern ein lebendiger Zusammenhang, dem wir ganz und gar angehören. Dabei geht es allerdings nie um unberührte Natur. Menschen sind längst – bzw. eigentlich immer schon – hybride Wesen aus organischen und technischen Elementen und Teil eines Gefüges von anderen Lebewesen und Materie.

Würdest du sagen, dass Queers über eine besondere Kompetenz verfügen, was die Reformulierung der Ökologie angeht? Sind sie deshalb die Anwält*innen für ein anderes Naturverhältnis, weil sie selbst Opfer patriarchaler, kolonialer und normierender Zugriffe sind oder weil sie mehr Talent oder Übung haben oder zu haben scheinen, Dichotomien zu hinterfragen?
Ja, irgendwie schon. Aber ich will da auch nichts verallgemeinern. Es gibt auch andere Menschen, die von patriarchaler, rassistischer, klassistischer Unterdrückung betroffen sind.

Es ist eine Strategie von mir, die mir selber erst langsam klar geworden ist. Ich versuche mit meinen Filmen über urbane Gemeinschaftsgärten und ihr politisches Umfeld, Sichtweisen von ausgegrenzten bzw. weniger privilegierten Menschen für ein breiteres Publikum dadurch nachvollziehbar zu machen, dass ich sie mit den anschlussfähigen und akzeptierten Themen rund um Gartenbau und Landwirtschaft verknüpfe. Dadurch, so hoffe ich, stehen kritische politische Aussagen dann in einem Kontext, der Empathie und Offenheit erzeugt. Eine Art trojanisches Pferd. Queere und postkoloniale Positionen werden über das Thema der Gärten konkret und verständlich auch für Menschen, die in ihrem Alltag und aufgrund ihrer Lebensweise wenig Berührung mit queerfeministischer Theorie haben. Ich habe auf einem Netzwerktreffen der Interkulturellen Gärten vor vielen, vielen Jahren, das war vielleicht 2015, schon einmal erste Filmausschnitte vorgestellt. Und da hatte ich eigentlich ziemliche Bedenken. Denn auf diesem Treffen waren ja auch viele Migrantinnen, die bewusst ein Kopftuch trugen und nicht gerade aus einem für seine Queer-Freundlichkeit bekannten Umfeld kamen. Aber sie haben sehr positiv auf den Film reagiert.

Ja, daran erinnere ich mich auch, dass es viele offenbar entlastend fanden, in deinem Film zu sehen, dass die Lebensweisen der Mitmenschen oft sehr viel bunter sind, als es zunächst den Anschein hat. Was mich wundert, ist, dass du sagst, dass auch die nicht queeren Gärtner*innen an einem queeren, nicht hegemonialen Naturverhältnis teilhaben wollen. Könnten sie das denn nicht? Es geht doch generell in Gemeinschaftsgärten um ein anderes ökologisches Verständnis und um ein nicht hegemoniales Naturverhältnis.
Das stimmt, aber es wird selten so herausgearbeitet, wie ich das in dem Film gemacht habe. Was die Zuschauer*innen attraktiv finden, ist, dass es als Projekt Neue Ökologien *gelabelt* wird. Und dann haben die Protagonist*innen im Film tatsächlich auch sehr weitgehende philosophische Gedankengänge, das finden viele spannend. Meine Interviewpartner*innen sagen: Queeres Gärtnern, also zusammen mit queeren Gefährt*innen und mehr-als-menschlichen Lebewesen zu gärtnern, bedeutet für meine Vorstellung vom Leben nach dem Tod das und das. Und für meine Trauerrituale und für meine Freundschaften und für mein Beziehungssystem und für meinen Ort in der Welt bedeutet es das und das. Das ist auch ein sehr philosophischer und sehr spiritueller Film. Dieser Zugang fehlt mir in Deutschland, vielleicht weil wir berechtigterweise eine größere Skepsis gegenüber spirituellen Bewegungen haben. In den queerfeministischen Gärten in den USA gibt es viele Statuen von Kuan Yin, eine*r Trans-Bodhisattva[15].

Die queerfeministischen Stimmen sind für mich Teil der basisdemokratischen Öko-Bewegungen, die gegen den Klimawandel, aber auch für mehr soziale Gerechtigkeit kämpfen.

15 Bodhisattva: Erleuchtete.

Literatur

Bagemihl, B. (1999). *Biological Exuberance. Animal Homosexuality and Natural Diversity*, London.

Bierl, P. (2014). *Grüne Braune. Umwelt-, Tier- und Heimatschutz*. Münster: Unrast.

Despret, V. (2019). *Was würden Tiere sagen, würden wir die richtigen Fragen stellen?* Münster: Unrast.

Glättli, B. & Niklaus, P.-A. (Hrsg.) (2014). *Die unheimlichen Ökologen*. Zürich: Rotpunktverlag.

Radkau, J. & Uekötter, F. (Hrsg.) (2003). *Naturschutz und Nationalsozialismus*. Frankfurt/New York: Campus.

Dimensionen der Stadt der Zukunft

Gärten im System politischer Governance

Kontext, Prozess, Zukunft: Das Berliner Gemeinschaftsgarten-Programm

Undine Giseke, Toni Karge, Carolin Mees

Im Januar 2023 beschloss der Berliner Senat als erste Landesregierung Deutschlands ein Gemeinschaftsgarten-Programm (vgl. SenUMVK, 2023). Dem vorausgegangen war ein fast zweijähriger kooperativer Prozess der Erarbeitung. Zahlreiche Gemeinschaftsgärtner*innen, Expert*innen aus der Verwaltung, Planende, Wissenschaftler*innen und Vertreter*innen von Verbänden wirkten daran mit. Es wurde eine Programmstruktur entwickelt, die einerseits einen festen Handlungsrahmen schafft, deren praktische Anwendung in der sogenannten Werkzeugkiste (s. u.) jedoch auch zahlreiche Möglichkeiten für eine kooperative Weiterentwicklung bietet. Die Umsetzung des von der Berliner Gartenszene lange geforderten Vorhabens kann nun beginnen.

Gemeinschaftsgärten als integrale Bestandteile der Stadt der Zukunft

Gemeinschaftsgärten stehen für eine neue Form der gemeinschaftlichen Aneignung von Stadträumen: Eine Voraussetzung dafür ist der Zugang zu einem Stück Land, das von einer Gruppe von Personen gemeinsam gestaltet, genutzt und bewirtschaftet wird. Ihr verbindendes Charakteristikum ist, dass sie gemeinschaftlich und durch freiwilliges Engagement angelegt und betrieben werden und so letztlich auch den Zusammenhalt in der Nachbarschaft und die Identifikation mit dem Quartier stärken.

Neben sozialen Vorteilen für die Stadt- und Freiraumentwicklung adressieren Gemeinschaftsgärten insbesondere ökologische und gesundheitliche Aspekte: Sie sind produktive Freiräume mit Möglichkeiten der selbstbestimmten städtischen Nahrungsmittelproduktion. Sie bieten Raum für Tiere und Pflanzen, fördern einen bewussten Umgang mit Ressourcen und tragen so zu Artenvielfalt, Klimaanpassung und Kreislaufwirtschaft in der Stadt bei.

Kurz: Gemeinschaftsgärten sind selbstorganisierte Transformationsräume, die unmittelbare und alltagstaugliche Verbindungen zu den großen Themen der Stadtentwicklung wie Verdichtung und Freiraumentwicklung,

BERLINER GEMEINSCHAFTSGÄRTEN

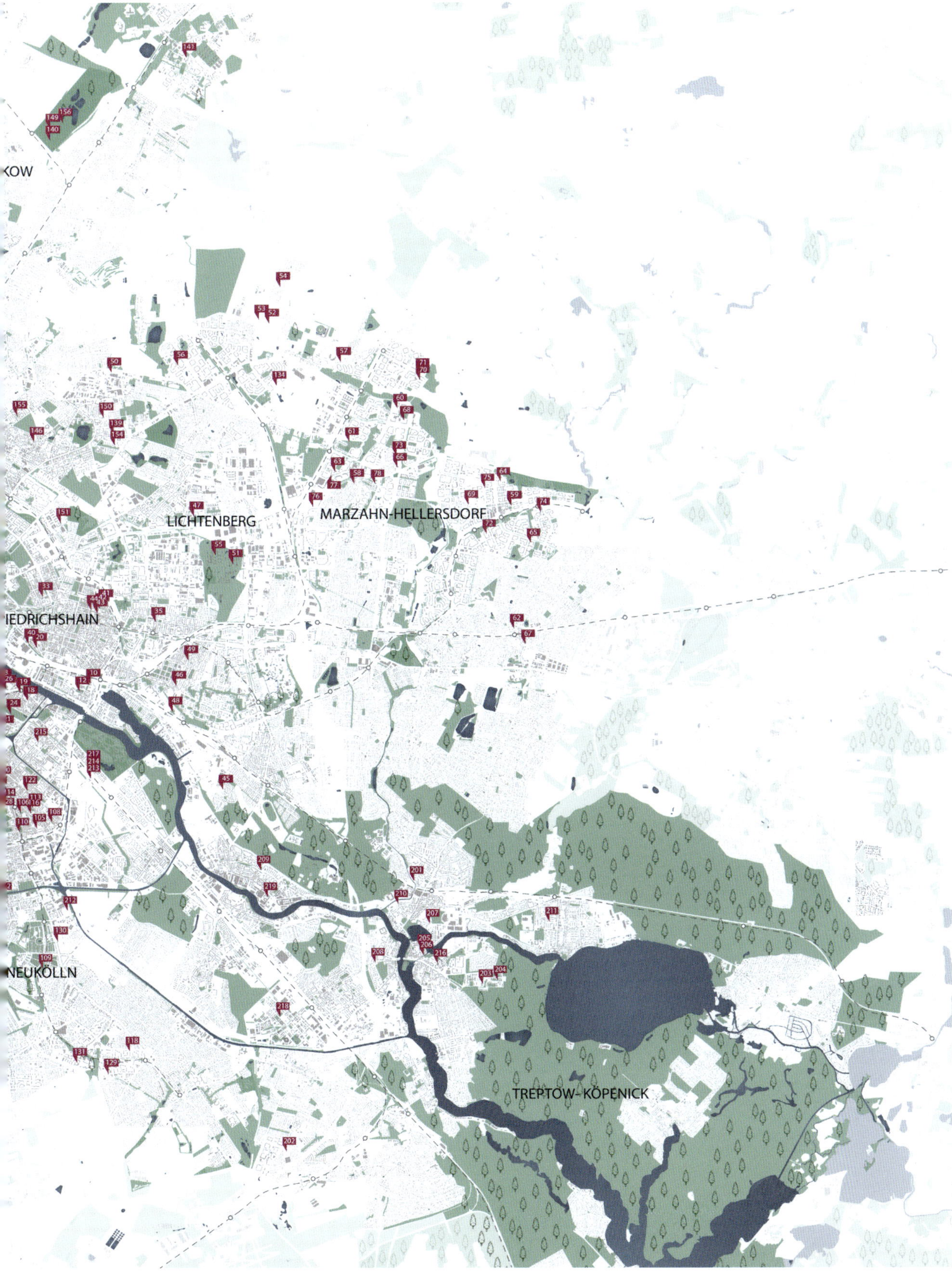
KOW
LICHTENBERG
MARZAHN-HELLERSDORF
IEDRICHSHAIN
NEUKÖLLN
TREPTOW-KÖPENICK
141
149
156
140
54
53
52
56
50
57
71
70
134
60
68
155
150
139
154
146
61
73
66
63
58
78
77
76
64
75
69
59
74
151
47
72
65
55
51
33
41
35
62
67
40
20
49
10
12
46
19
18
48
24
215
217
214
213
45
122
113
116
106
108
105
110
209
201
219
210
212
207
211
130
205
206
216
208
203
204
109
218
118
131
129
202

Klimawandel, Ressourcenmanagement oder Biodiversität herstellen und auf diese Herausforderungen mit aktiv umgesetzten Transformationsvorschlägen antworten.

In Berlin gibt es heute bereits mehr als 200 Gemeinschaftsgärten. Sie befinden sich in allen Teilen der Stadt, jedoch lässt sich eine deutliche Konzentration in Großwohnsiedlungen und in der sogenannten Inneren Stadt beobachten – oft Areale, die sich mit den Gebieten des Städtebauförderprogramms „Sozialer Zusammenhalt" überlagern.

Die Bandbreite der Gartentypen reicht von Gemeinschaftsgärten in öffentlichen Parks über Dachgärten auf privaten Grundstücken bis hin zu mobilen Gärten.

Gartengruppen auf kommunalen Grundstücken gründen häufig Vereine, um mit der Verwaltung Verträge abschließen zu können; andere gärtnernde Anwohner*innen organisieren sich lieber flexibel und regeln ihre Anliegen intern während regelmäßiger Treffen. Die wenigsten Pachtverträge und Nutzungsüberlassungen sind langfristig, sodass einige Gärten mehrfach „umziehen" mussten.

Auch bei den Initiator*innen, Macher*innen und Träger*innen der Gemeinschaftsgärten gibt es unterschiedliche Konstellationen – von Nachbarschafts- und Quartiersgruppen über Aktivist*innen und politische Gruppen bis hin zu religiös-karitativen Initiativen und anderen Kooperationsformen.

Gemeinschaftsgärten stellen neue Aneignungs- und Kooperationsmöglichkeiten im Freiraum her und bereichern die Stadt um eine kooperative, nachhaltige und kostensparende städtische Flächennutzung. Zugleich machen Gemeinschaftsgärten Konflikte in der gegenwärtigen Flächennutzung deutlich: Durch die noch junge Form dieser gemeinschaftlichen Freiraumnutzung werden eine Reihe organisatorischer, rechtlicher oder technischer Fragen aufgeworfen, die es für eine zukunftsgerichtete, nachhaltige Stadt- und Freiraumentwicklung zu klären gilt. Diese betreffen zum Beispiel die Gestaltung von Nutzungsvereinbarungen, die Übernahme von Kosten, die Genehmigungsfähigkeit von Bauten oder die Möglichkeiten des Regenwassermanagements.

Zugleich werden mit den Gemeinschaftsgärten Konflikte und Spannungen in der sich rasant verdichtenden Stadt deutlich: Um allen Stadtbewohner*innen in der wachsenden Stadt, gerade in Krisenzeiten wie der Covid-19-Pandemie, Zugang zu gemeinschaftlich genutzten Freiräumen zu ermöglichen, ging es bei der Erarbeitung des Berliner Gemeinschaftsgarten-Programms darum, bestehende Flächen zu sichern und weitere Flächenpotenziale für Gemeinschaftsgärten zu erschließen. Dazu müssen Gemeinschaftsgärten sowohl als eigenständige grün-soziale Infrastruktur gestärkt als auch mit anderen Flächennutzungen gekoppelt und im Sinne einer Mehrfachnutzung von Flächen und für das Erarbeiten von multidimensionalen Antworten auf multiple Krisen gefördert werden.

Das Besondere des Berliner Gemeinschaftsgarten-Programms

Das Berliner Gemeinschaftsgarten-Programm als ein Projekt der Senatsverwaltung für Umwelt, Mobilität, Verbraucher- und Klimaschutz (SenUMVK) bindet sich in ein vielfältiges Spektrum von langjährigen Aktivitäten ein, die sich aus unterschiedlichen Perspektiven mit der sozial- und umweltgerechten Stadt- und Freiraumentwicklung Berlins, der Rolle des urbanen Gärtnerns und der städtischen Ernährung beschäftigen.

Die langjährigen, von der anstiftung und internationalen Netzwerken unterstützten und getragenen Diskussionen in der Gartenszene sowie deren interne Organisation zur Sicherung ihrer gemeinschaftlich genutzten Freiräume waren ausschlaggebend für die Entwicklung des Programms: Vielfältige stadtweite Treffen führten im Jahr 2014 zum Urban-Gardening-Manifest, im Jahr 2016 zur Aufnahme des Themas in den Koalitionsvertrag und schließlich im Jahr 2019 zur Einrichtung einer Koordinationsstelle für Urban Gardening in der Senatsverwaltung. Diese setzt sich für die Belange der Gemeinschaftsgärtner*innen innerhalb der Verwaltung ein. Unterstützung fand das urbane Gärtnern auch durch vorangegangene gesamtstädtische Freiraumkonzeptionen wie die Strategie Stadtlandschaft und die Charta für das Berliner Stadtgrün. Heute verdeutlicht zudem eine Vielzahl von Projekten, Initiativen und im Themenfeld aktiven Institutionen das wachsende Interesse der unterschiedlichen Akteur*innen der Stadtgesellschaft am Thema Gemeinschaftsgärten.

Eine Besonderheit des Berliner Gemeinschaftsgarten-Programms, die es von anderen Programmen der Berliner Verwaltung unterscheidet, ist die Tatsache, dass es in einem partizipativen Prozess mit verschiedenen Beteiligten entwickelt wurde. Mit dem Ziel, die besonderen Potenziale von Gemeinschaftsgärten für die Stadt zu stärken und sie als eine Facette städtischer Freiräume langfristig im Stadtraum und in der Stadtgesellschaft zu verankern, sollten mit dem Programm die Partizipation und Zusammenarbeit unter und zwischen den verschiedenen Verwaltungen, Expert*innen und Gemeinschaftsgärten gefördert werden.

Kurz: Das Berliner Gemeinschaftsgarten-Programm ist so aufgebaut, dass es Transformation, Rückkopplung und Revision ermöglicht, sich an eine Vielzahl von Akteur*innen richtet und diese in die fortwährende Entwicklung einbezieht: Es soll ein Lösungskorridor abgesteckt werden und bewusst unfertig und nicht abschließend geplant sein.

Der Prozess des Gemeinschaftsgarten-Programms ist damit als ein offener Diskurs angelegt, der gemeinsam gestaltet, gepflegt und verankert wurde und auch längerfristig gemeinsam weiterentwickelt werden soll. Entsprechend wurde auch das vorliegende Rahmenprogramm von der Senatsverwaltung für Umwelt, Mobilität, Verbraucher- und Klimaschutz zusammen mit den Berliner Gemeinschaftsgärtner*innen, Flächengeber*innen und anderen Beteiligten erarbeitet. Es bildet den Startpunkt für eine kontinuierliche partizipative Programmfortschreibung in Feedback-Loops, begleitet von Gemeinschaftsgärtner*innen.

Damit kann das Gemeinschaftsgarten-Programm auch in Zukunft nur dann „funktionieren", wenn alle *das Programm tragen, ausprobieren, diskutieren und weiterentwickeln*: auf Senats-und Bezirksebene, in Berlin ansässigen Unternehmen, in der organisierten Zivilgesellschaft und mit den Bewohner*innen Berlins.

Die Formate der partizipativen Programmentwicklung

Die übergeordnete Aufgabe des Berliner Gemeinschaftsgarten-Programms ist es, die Vielfalt der Gemeinschaftsgärten zu erfassen, auf die sich aus dieser Vielfalt ergebenden besonderen Rahmenbedingungen mit spezifischen Strategien und Werkzeugen zu reagieren und die spezifische Landnutzungsform von Gemeinschaftsgärten zu unterstützen, zu sichern und zu fördern. Kurz: Ziel des Programms ist es, die Bandbreite der bestehenden Gärten zu sichern und neue Gärten zu fördern.

Für die partizipatorische Entwicklung des Gemeinschaftsgarten-Programms wurden in einem ersten Schritt in enger Rückkopplung mit den Gartengruppen die Berliner Gärten in Hinsicht auf ihre Lage, Organisationsform und rechtlichen Status hin untersucht und in verschiedene Kategorien unterteilt. Insgesamt wurden zwölf Kategorien identifiziert. Die Analyse und Ausformulierung dieser unterschiedlichen Gartenkategorien wurde durch typologische Gartenporträts unterstützt. Dabei wurde diese aus dem Bestand abgeleitete Gruppierung nicht trennscharf und abschließend verstanden, sondern so angelegt, dass weitere Kategorien möglich wären. Basierend auf dieser Analyse wurden als ein weiterer Schritt erste Fragen und Problemfelder identifiziert.

Der Einstieg in die partizipative Erarbeitung erfolgte über eine Reihe von fünf Workshops, an denen sich mehr als 40 Mitwirkende aus Gärten und flächengebenden Institutionen beteiligten. Die Workshops fokussierten auf die Darlegung der aktuellen Situation der Gemeinschaftsgärten sowie auf die weitere Identifikation und Präzisierung von besonderen Problemlagen und Herausforderungen für die Gärten.

Im Ergebnis führte dies zur Clusterung von Themenfeldern. Vorläufige Ziele für die Verankerung des Programms wurden formuliert und für die Entwicklung von Werkzeugen Themensammlungen aufgestellt, die sich auf Fläche, Ressourcen, Zeit und rechtliche Rahmenbedingungen konzentrieren.

In einer weiteren Workshopserie, die im Sommer in den drei Gemeinschaftsgärten himmelbeet, Peace of Land und Klunkergarten stattfanden, wurden spezifische Werkzeuge zu den Themenbereichen Netzwerke, Rechtliches und Förderung entwickelt. 50 Akteur*innen aus 35 Gemeinschaftsgärten diskutierten in diesen Workshops zusammen mit Expert*innen, die anhand konkreter Inputs den Austausch bereicherten. Um den Austauschprozess zwischen den Veranstaltungen aufrechtzuerhalten und kontinuierlich Feedback von

Gemeinschaftsgärten auf öffentlichen
Park-Platzflächen

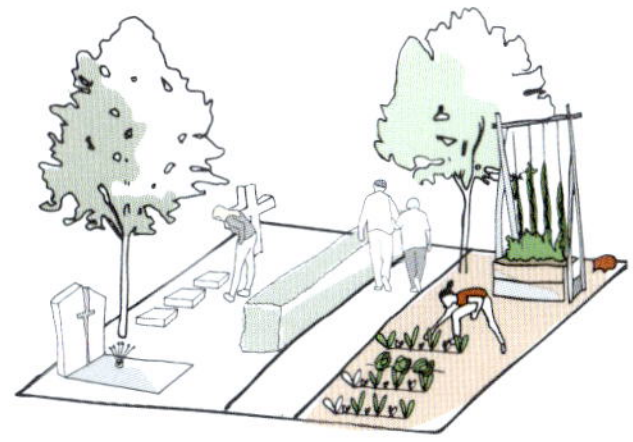

Gemeinschaftsgärten auf
auslaufenden Friedhofsflächen

Gemeinschaftsgärten im öffentlichen Raum:
Straßenraum und Parkplatzflächen

Gemeinschaftsgärten auf Dachflächen

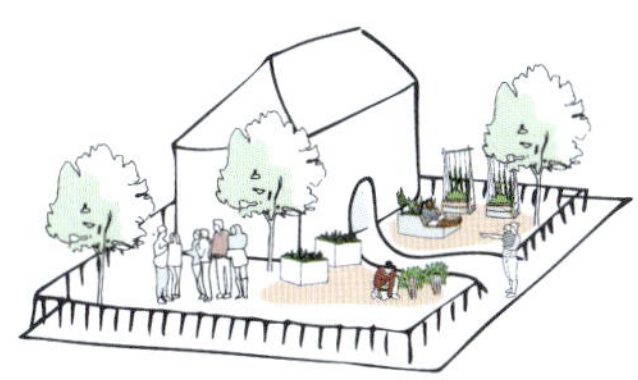

Gemeinschaftsgärten neben und in sozialen und
kulturellen Einrichtungen

Gemeinschaftsgärten auf
Transformationsfläche

Gemeinschaftsgärten auf Flächen für Kinder

Gemeinschaftsgärten auf Flächen von Wohnanlagen

Gemeinschaftsgärten in und neben
privaten Geschäftshäusern

Gemeinschaftsgärten in Kleingartenanlagen

Gemeinschaftsgärten auf Landwirtschaftsflächen

Gemeinschaftsgärten auf Flächen
öffentlicher Bildungseinrichtungen

Gemeinschaftsgärtner*innen zu bekommen, wurden die Zwischenergebnisse auf die Berliner Beteiligungsplattform mein.Berlin gestellt. Die gesammelten Rückmeldungen wurden in die Programmentwicklung integriert.

Sowohl die ersten Zwischenergebnisse als auch der Entwurf des Programms wurden in zwei größeren Veranstaltungen vorgestellt, diskutiert und über verschiedene Medien kommentiert – von Gärtner*innen und aus den verschiedenen Verwaltungen. Ziel der großen Veranstaltungen mit insgesamt über 260 Teilnehmer*innen war es, alle Mitwirkenden durch internationale Erfahrungen und Berliner Beispiele zu inspirieren, den internationalen sowie den Berlin-typischen Kontext zu erkennen, den aktuellen Status der Entwicklung des Programms gemeinsam zu reflektieren sowie Vorstellungen für die weiteren Entwicklungsschritte zu formulieren. Die individuellen Anregungen und Wünsche wurden gesammelt und in den jeweils nachfolgenden Workshopreihen differenzierter besprochen, um gemeinsam Lösungsansätze für angesprochene Problemstellungen zu entwickeln.

Die große Bandbreite der Veranstaltungsformate – von bilateralen Einzelgesprächen über kleinere Workshops bis hin zu Großveranstaltungen und Online-Beteiligungen – stellte sicher, dass die Vorstellungen vieler unterschiedlicher Beteiligter in die Erarbeitung des Gemeinschaftsgarten-Programms einfließen konnten. Auf diese Weise gelang es, einen spezifischen Berliner Erfahrungspool zu erstellen. Dieser sollte die Grundlage für die Entwicklung der Bausteine des Programms bilden.

Die Bedeutung des gemeinschaftlichen Gärtnerns für die Stadtbevölkerung und der Wille, am Prozess der Verankerung von Gemeinschaftsgärten in der Stadt mitzuwirken, wurden auch durch die rege Beteiligung der Öffentlichkeit an der Programmentwicklung deutlich: Insgesamt 300 Mitwirkende begleiteten den Prozess in unterschiedlichen Veranstaltungsformaten.

Essentials des kooperativen Erarbeitungsprozesses

Gemeinschaftsgärten brauchen neben einer Gartengruppe vor allem Fläche. Flächenpotenziale finden sich in vielfältiger Form im Berliner Stadtgebiet – egal ob untergenutzte Flächen oder solche, die für eine Multicodierung geeignet sind. Diese Flächen müssen zunächst identifiziert und sichtbar gemacht werden. Um sie dann interessierten Anwohner*innen-Gruppen längerfristig für die Nutzung durch Gemeinschaftsgärten zugänglich zu machen, bedarf es zudem oft akteursspezifischer Zugänge. So muss beispielsweise die Schulleitung von der Öffnung eines Schulgartens für die Nachbarschaft überzeugt werden oder das Grünflächenamt das gemeinschaftliche Gärtnern in der Grünanlage überhaupt zulassen. Langfristiges Ziel ist dabei immer, die gemeinschaftliche Landnutzung zu unterstützen und die Flächen vertraglich langfristig abzusichern, damit sich die sozialen und ökologischen Vorteile der Gärten auch wirklich entfalten können. Hier skizziert das

Gemeinschaftsgarten-Programm erste flächenspezifische Ansätze und übergeordnete Werkzeuge, um diese Flächenpotenziale zu erschließen. Zudem braucht es das Gemeinschaftsgarten-Programm mit einer Förderstruktur, die auf verschiedenen Ebenen ansetzt.

Zudem brauchen Gärten Zeit, um sich für Mensch, Pflanze und Tier zu etablieren, sowie Zeit für Organisation und Kommunikation. Gemeinschaftsgärten können eine kurzfristige Landnutzungsform sein, beispielsweise in Form mobiler Gärten. Um ihr volles soziales und ökologisches Potenzial entfalten zu können, brauchen sie und die Gärtner*innen jedoch langfristige Perspektiven.

Und ein weiterer Aspekt ist zentral: Gemeinschaftsgärten als gemeinschaftlich angelegte, gestaltete und gepflegte Freiräume benötigen über ihre Fläche hinaus vielfältige weitere Ressourcen, die von zivilgesellschaftlichem Engagement bis zur materiellen Ausstattung der Gärten reichen. Diese Ressourcen gilt es zu organisieren und zu finanzieren, wobei das für das Stellen von Förderanträgen notwendige Wissen oft zeitaufwendig selbst erarbeitet wird. Deshalb brauchen Gemeinschaftsgärten niedrigschwellige Förderanträge sowie eine Unterstützung und Wissensvermittlung dazu, wie diese Förderanträge gestellt werden können. Das Gärtnern, das Kommunizieren untereinander und das Sich-Etablieren in der Nachbarschaft erfordert komplexes Wissen und manchmal auch Beratung durch Expert*innen.

Gemeinschaftsgärten brauchen schließlich nicht nur Flächen, Zeit und Ressourcen, sondern auch eine rechtliche Rahmensicherung. Bei bestehenden Gärten, die den Prozess der Flächensuche und des Gartenaufbaus schon durchlaufen haben, geht es vor allem darum, die Nutzung der Fläche langfristig zu sichern. Neue Gemeinschaftsgartengruppen können aktiv durch den Aufbau eines Flächenkatasters oder die Bildung eines Flächenpools unterstützt werden, in dem geeignete kommunale wie private Flächen eingetragen werden, die sie bei der Flächensuche unterstützen könnten. Egal, ob als temporäre Nutzung, als eigene Flächenkategorie oder als Teil eines multikodierten Nutzungskonzepts: Zur aktiven Flächensicherung gehört auch die Entwicklung von maßgeschneiderten (planungs-)rechtlichen Instrumenten, die auf die Vielfalt der Gartenkategorien zugeschnitten sind.

Um die übergeordnete Zielsetzung des Programms zu spezifizieren, wurden folgende vier operative Ziele formuliert:

1. Anerkennung des Stellenwerts und Stärkung der Vielfalt,
2. Flächensicherung und Flächenaktivierung,
3. Bereitstellung von Werkzeugen und Verankerung einer dynamischen Programm-Fortschreibung sowie
4. Stärkung von Gemeinschaftsgärten als Zentren partizipativer, sozialer Infrastruktur und Wissensvermittlung.

Programmstruktur und Werkzeuge

Als Ergebnis des kooperativen Erarbeitungsprozesses ist das Berliner Gemeinschaftsgarten-Programm mit einer Rahmenstruktur aus den drei Programmbausteinen A Steuerung + Verwaltung, B Kommunikation und C Operationalisierung entstanden. Den drei Bausteinen sind in einem Werkzeugkasten jeweils übergeordnete und spezifische Werkzeuge zugeordnet. Die übergeordneten Werkzeuge beziehen sich auf Aufgabenfelder in den jeweiligen Bausteinen, die übergreifende Handlungsanweisungen und übergeordnete Koordination erfordern. Spezifische Werkzeuge fokussieren auf punktuelle Fragestellungen und stellen Handlungshilfen für Akteur*innen bereit.

Über **Baustein A** erfolgt die Koordination und Weiterentwicklung der Aktivitäten des Gemeinschaftsgarten-Programms. Der Fokus liegt hier auf der kontinuierlichen Verankerung und Ausdifferenzierung des Programms, zum Beispiel Aufbau des Förderprogramms und Konkretisierung der beiden weiteren Programmbausteine. Eine zentrale Aufgabe ist zudem die Sondierung und Aktivierung von Flächenpotenzialen. Außerdem geht es um das Testen, Evaluieren, Nachjustieren und Weiterentwickeln des Rahmenwerks durch partizipative Feedback-Loops. Dazu wird unter anderem eine Begleitgruppe aus Gemeinschaftsgärtner*innen eingerichtet.

Der Aufbau und die Koordination eines landesweiten Förderprogramms zur Unterstützung von Gemeinschaftsgärten sollen den Schwerpunkt haben, Materialzuschüsse und Beratungsleistungen zur Verfügung zu stellen. Notwendig ist dabei eine niedrigschwellige Antragstellung in Kooperation mit Baustein C.

Ein weiteres wichtiges Werkzeug ist die Entwicklung eines (planungs-)rechtlichen Rahmenwerks für Gemeinschaftsgärten.

Über **Baustein B** wird die Kommunikation und Öffentlichkeitsarbeit sowie die Vermittlung von Wissen organisiert. Es werden grundlegende kommunikative Werkzeuge ausgearbeitet und umgesetzt, die den Ausbau des berlinweiten Gartennetzwerkes fördern. Die Begleitgruppe aus Gemeinschaftsgärtner*innen wirkt daran mit. Die Weiterentwicklung einer zentralen Webseite für Gemeinschaftsgärten zählt ebenso dazu wie die Entwicklung von Handbüchern oder die Auslobung eines Gartenpreises.

Für die konkrete Unterstützung der einzelnen Gemeinschaftsgärten ist **Baustein C** besonders relevant. Er hilft Gemeinschaftsgärtner*innen bei der Organisation der Gartengruppe sowie bei Planung, Aufbau und Verstetigung des Gartens. Zudem wird Hilfe bei der Beschaffung von grundlegenden Ressourcen sowie bei der Beantragung und Abrechnung von Fördermitteln angeboten. Dafür soll ein stadtweites Team von Gartenlots*innen aufgebaut werden.

Zentrale Werkzeuge sind hier zum Beispiel eine grundlegende Gartenausstattung durch ein Förderprogramm sowie der Aufbau einer Tauschbörse oder eines Technikpools. Verschiedene Leitfäden sollen die Gemeinschaftsgärten darüber hinaus in rechtlichen Fragen unterstützen.

Nicht alle Werkzeuge sind von Beginn an umsetzbar, vielmehr erfolgt ein schrittweiser Aufbau der Werkzeugkiste. Im Aktionsplan werden die mit Priorität bereitzustellenden Werkzeuge zusammengefasst.

Verankerung

Werkzeuge

Baustein A
Programmaufbau, Fortschreibung und Management

Steuerungsebene

A
Übergeordnete Werkzeuge

Fokus: Flächenpotentiale und -aktivierung
Berliner Erfahrungspool Werkzeuge

Baustein B
Öffentlichkeit, Netzwerke und Know-how

Kommunikationsebene

B
Übergeordnete Werkzeuge

Fokus: Kommunikation
Berliner Erfahrungspool Werkzeuge

Baustein C
Gemeinschaftsgarten-Förderung und Gartenberatung

Operative Ebene

C
Übergeordnete Werkzeuge

Fokus: Ausstattung der Gärten Berliner Erfahrungspool Werkzeuge

Fokus: Rechtliches und Management Berliner Erfahrungspool Werkzeuge

Aktionsplan
Priorisierung von Umsetzungen

Das Ziel dieser kombinierten Programmstruktur mit ihren drei Ebenen und zugeordneten Werkzeugen ist es, stadtweit Synergien zu aktivieren und Win-win-Situationen zu schaffen, von denen alle beteiligten Akteur*innen profitieren und an denen sie mitwirken können: Gemeinschaftsgärtner*innen, die Senatsverwaltung für Umwelt, Mobilität, Verbraucher- und Klimaschutz (SenUMVK), weitere Senatsverwaltungen, Bezirksämter sowie andere Interessierte, Unterstützer*innen und Beteiligte bis hin zur gesamten Stadtgesellschaft.

Diese Struktur – so die Erwartung – schafft ausreichende Optionen, um auf die unterschiedlichen Anforderungen der Gemeinschaftsgärten zu reagieren und so Garteninitiativen zu unterstützen, bestehende Gärten zu sichern sowie die Einrichtung weiterer Gemeinschaftsgärten voranzutreiben. In die Entwicklung der Werkzeuge sind zahlreiche Aspekte des umfassenden Berliner Erfahrungspools eingeflossen. In dynamischen Programmfortschreibungen ist diese Verankerungsstruktur mit ihrem dazugehörigen Werkzeugkasten kontinuierlich zu monitoren, anzupassen und weiterzuentwickeln – so die Programmphilosophie.

Ein besonderes Augenmerk wurde bei der Entwicklung der Werkzeuge auf die Aktivierung von weiteren Flächenpotenzialen und auf die Verbesserung der rechtlichen Rahmenbedingungen gelegt. In der weiteren Ausdifferenzierung des Programms und seiner Ziele ist zu untersuchen, welche Flächen im Bereich Schule und Sport, Universitäten und Kliniken, Grün- und Freiflächen, Kleingärten, Friedhöfe, Gewerbeflächen, Flächen von Wohnungsbaugesellschaften sowie Flächen, die bei der Planung von Neubauquartieren bereits berücksichtigt wurden, für eine Öffnung der Gemeinschaftsgärten ins Quartier prädestiniert sein könnten. Parallel dazu sollten die rechtlichen Rahmenbedingungen geklärt werden.

Mithilfe dieser dreiteiligen Verankerung des Gemeinschaftsgarten-Programms und einer damit einhergehenden verstetigten Koordination zwischen Verwaltung, Expert*innen und Gemeinschaftsgärtner*innen können

- bestehende Gemeinschaftsgartenflächen besser gesichert,
- neue Gemeinschaftsgartenflächen durch das Gewinnen neuer Flächengeber*innen und die Aushandlung von Mehrfachnutzungsprozessen aktiviert,
- die Entwicklung und Umsetzung spezifischer und übergeordneter planungsrechtlicher Werkzeuge gestärkt,
- bestehende Gartengruppen bei der Ausstattung und Vernetzung ihrer Gärten sowie der Koordination rechtlicher Belange aktiv unterstützt und
- Gemeinschaftsgärten als Zentren nachbarschaftlicher Interaktion, kultureller Austauschs und der Umweltbildung aktiv gestärkt werden.

Gärtnerische Großwetterlage in Berlin

Trotz des oben beschriebenen umfangreichen Partizipationsprozesses stellen Gemeinschaftsgärten für die kommunale Verwaltung eine häufig noch unübliche Form der Nutzung des öffentlichen Raums dar und passen nicht in die eingeübten Abläufe des Verwaltungshandelns. Die immer wieder aufflammende (und unseres Erachtens irreführende) Diskussion, ob Gemeinschaftsgärten eine Privatisierung des öffentlichen Raums darstellen, zeigt deutlich, dass die Nutzung des öffentlichen Raums durch kollektive Akteure der Zivilgesellschaft immer noch nicht mit einer gemeinwohlorientierten Programmierung des öffentlichen Raums verbunden wird. Dies stellt eine nicht zu unterschätzende Hürde dar.

Somit ist es als ein großer Erfolg zu werten, dass die jahrelangen Forderungen aus der Gemeinschaftsgartenszene nach mehr Unterstützung dieser spezifischen urbanen Freiräume durch die kooperative Erarbeitung eines Gemeinschaftsgartenprogramms deutliches Gehör gefunden haben. Mit dem Senatsbeschluss vom Januar 2023 wird die Flächensicherung anvisiert und Urban Gardening weiter gestärkt. Gemeinschaftsgärten, die als Zentren partizipativer, sozialer Infrastruktur und Wissensvermittlung implementiert wurden, erhalten endlich größere politische Rückendeckung.

Auch der Umbau des Straßenraums, der durch die Covid-19-Pandemie einen großen Schub erfahren hat – weg von der Pkw-Dominanz hin zu mehr Nahmobilität mit Fuß und Rad – stellt eine Möglichkeit dar, dass kleine, selbstorganisierte Grün- und Freiräume im Quartier mehr Raum einnehmen können. Die Initiativen zur Klimastraße oder das Konzept der Superblocks zeigen bereits in diese Richtung, auch wenn die Maßnahmen nicht unumstritten bleiben werden. Zu beachten ist, dass auch andere Akteure auf den neu zu verteilenden Straßenraum schauen und ihren Anteil einfordern werden: Raum für informellen Sport und Bewegung, für Gastronomie, den Schutz der Biodiversität, für Kinder und Jugendliche und die Nahmobilität (zum Beispiel Fahrradinfrastruktur). Auch wenn dieser Konflikt lösbar ist, da die Ansprüche kombinierbar sind, werden Diskussionen um den Stellenwert der einzelnen Ansprüche unausweichlich.

Eine weitere Flächenressource eröffnet dem Urban Gardening neue Möglichkeiten. Die Umstrukturierung und Auflassung von Friedhöfen erfordert zumindest in Berlin neue Modelle, um sie als Grünräume zu erhalten. Insbesondere in der Zeit bis zum Ende der Pietätsfrist, wenn nur noch vereinzelt Grabstellen auf großen Arealen zu finden sind, bedarf es ruhiger Nutzungen, die eine gewisse soziale Kontrolle garantieren. Hier zeigen die Pionierprojekte Prinzessinnengarten und ElisaBeet bereits, wie dies funktionieren kann.

Auf der strategisch-politischen Ebene kann das Gemeinschaftsgarten-Programm auch von der Umsetzung anderer Berliner Strategien profitieren:

1. Die geplante Fortschreibung der Berliner Ernährungsstrategie wird das Thema der urbanen Lebensmittelproduktion nicht ausklammern können. Neben Gemeinschaftsgärten entwickeln sich bereits andere Formen der urbanen Landwirtschaft, wie Stadtäcker oder Indoor-Farmen. Gemeinschaftsgärten in ihrer sehr anpassungsfähigen Form können einen wichtigen Baustein für die urbane Lebensmittelproduktion darstellen.
2. Auch die anstehende Fortschreibung der Berliner Strategie zur Biologischen Vielfalt weist Bezüge zum Gemeinschaftsgarten-Programm auf. Eine zentrale Frage ist hierbei, wie sich die Bevölkerung stärker an den Maßnahmen beteiligen lässt. Kooperative Umweltbildung, wie sie in den Gärten bereits praktiziert wird, kann hier ein Vehikel sein.

3. Schließlich kann die zunehmende Relevanz von (dringend notwendigen) Klimaanpassungsmaßnahmen zukünftig ein großer Treiber für die Umsetzung des Berliner Gemeinschaftsgarten-Programms werden. Nachbarschaftliche Kleinstgrünräume in besonders dicht bebauten Quartieren werden in der Wertschätzung der Stadtbevölkerung, aber auch der Planer*innen steigen. Dass diese dann zivilgesellschaftlich oder in Kooperation zwischen Verwaltung und Anwohnenden bewirtschaftet werden, kann für die ressourcenschwachen Grünflächenämter einen zusätzlichen Anreiz darstellen.

Ausblick auf Veränderung

Ein wichtiges Ziel des Programms ist – neben der konkreten Bereitstellung von unterstützenden Elementen – eine systematische Integration der Gemeinschaftsgärten in das Freiraumplanungssystem Berlins – also ein Umsteuern und weniger eine 180-Grad-Wende. Wurden Gemeinschaftsgärten bisher eher als urbane Heterotopien charakterisiert, vollzieht sich nun ein Wandel in ihrer Einordnung und Bewertung: Die interstitielle Transformationslogik der Nischen, kleinen Kooperativen und Gegen-Projekte (vgl. Wright, 2010, 2019; nach Gusenbauer et al., 2021), die bisher beim Thema Gemeinschaftsgärten vorherrschte, wird erweitert durch eine symbiotische Transformationslogik, bei der Zivilgesellschaft und Staat (insbesondere Kommune) kooperativ an einer sozial-ökologischen Transformation arbeiten – ganz im Sinne eines neuen Munizipalismus (vgl. BBSR, 2020, S. 95).

Der initiierende politische Impuls und das über Jahre aufgebaute Wissen der selbstorganisierten Urban-Gardening-Szene um ihre Bedürfnisse sind dafür eine wichtige Grundlage: Gärten brauchen Zeit, Flächen, Ressourcen und rechtliche Rahmenbedingungen. Gleichzeitig sind die Ressourcen der öffentlichen Hand begrenzt, und Gemeinschaftsgärten stehen im Wettbewerb mit vielen anderen Anliegen um politische Aufmerksamkeit. Der im Programm enthaltene Aktionsplan priorisiert daher die vorgeschlagenen Ansätze (43 Werkzeuge) nach Dringlichkeit und Umsetzbarkeit.

Die Operationalisierung der Werkzeuge wird Teil der Umsetzung des Berliner Gemeinschaftsgarten-Programms sein. Sie kann – wie schon die Erarbeitung des Programms – nur im Zusammenspiel von Gartenszene und Verwaltung gelingen, da ihre beiden Logiken zusammengebracht werden müssen. Insbesondere gilt es langfristig tragbare Zugänge zu Flächen zu entwickeln. Hier verfolgt das Berliner Gemeinschaftsgarten-Programm beispielsweise den Doppelansatz, dass sektoral-administrativ Akteure bestimmter Flächentypen adressiert werden sollen – gemäß dem bereits in der Charta für das Berliner Stadtgrün formulierten Ansatz der Mehrfachnutzung von Freiräumen – und zugleich – im Sinne zivilgesellschaftlicher Logik – ein offener Flächenaufruf in die Stadtgesellschaft hinein erfolgen soll.

Das Zusammenführen beider Sphären gilt es aufrechtzuerhalten und weiterzudenken: Die für die notwendige Transformation der Stadt- und Freiraumplanung unabdingbare Akzeptanz der gärtnerischen Nutzung und Gestaltung sollte sich in einer Dynamik der zukünftigen Programmgestaltung spiegeln.

Literatur

BBSR – Bundesinstitut für Bau-, Stadt- und Raumforschung (Hrsg.) (2020). *Glossar zur gemeinwohlorientierten Stadtentwicklung*. Bonn. Online verfügbar unter bbsr.bund.de/BBSR/DE/veroeffentlichungen/sonderveroeffentlichungen/2020/glossar.html (letzter Zugriff am 07.07.2023).

Gusenbauer, D., Müller, H. L., von Maltzahn, L., Hollweg, M., Dersch, P. (2021). Solidarische Postwachstumsstadt Wien: Strategien für eine sozial-ökologisch Transformation. *dérive*, 85, 13–18.

SenUMVK – Senatsverwaltung für Umwelt, Mobilität, Verbraucher- und Klimaschutz (Hrsg.) (2023). *Berlin gärtnert: Das Berliner Gemeinschaftsgarten-Programm*. Berlin. Online verfügbar unter: berlin.de/gemeinschaftsgaertnern/_assets/programm/gemeinschaftsgarten-programm.pdf (letzter Zugriff am 27.06.2023).

Wright, E. O. (2010). *Envisioning Real Utopias*. London/New York: Verso Books.

Wright, E. O. (2019). *How to Be an Anticapitalist in the Twenty-First Century*. London/New York: Verso Books.

Ernährungsrat, Essbare Stadt, Gemeinschaftsgärten: Innere und äußere Logiken und Widersprüche der sozial-ökologischen Transformation durch Urban Gardening am Beispiel Köln

Alexander Follmann und Dorothea Hohengarten

*Gemeinschafts*gärten sind sowohl für urbane Gärtner*innen als auch für Besucher*innen sowie in zunehmendem Maße auch für Stadtverwaltungen aus deutschen Städten nicht mehr wegzudenken. Als soziale Bewegung gestartet, um unsere Städte grüner, essbarer und partizipativer zu machen, verstehen sich viele Gärten als neuartige, gemeinschaftlich verwaltete Urban Commons – als städtisches Gemeingut bzw. als urbane Allmende. Die tagtägliche Umsetzung des Commons-Gedankens in den Projekten und ihre Verknüpfung mit den äußeren Rahmenbedingungen in der Kommune ist jedoch nicht frei von Widersprüchen und Konflikten: Wie aus einer Zwischennutzung ein längerfristiges, gemeinschaftliches Projekt aufbauen? Passen Gemeinschaftsgärten in öffentliche Grünflächen? Wie umgehen mit *Zuspruch* und *Gegenwind* aus Politik und Verwaltung? Wie definieren Gemeinschaftsgärten ihre Rolle als Ausgangspunkt für ein ernährungspolitisches Engagement? Kurz gefragt: Wie ist die sozial-ökologische Transformation der Stadt über urbanes Gärtnern umzusetzen?

Der Beitrag kann keine abschließenden Antworten auf diese komplexen Fragen liefern. Vielmehr ist er ein Versuch, die inneren und äußeren Logiken und Widersprüche der sozial-ökologischen Transformation der Stadt durch Urban Gardening zu diskutieren. Hierbei widmen wir uns insbesondere dem Zusammenspiel unterschiedlicher zivilgesellschaftlicher *Aktivierungsprozesse*, die darauf abzielen, Bürger*innen, Politiker*innen, Planer*innen und Stadtverwaltungsmitarbeiter*innen für das urbane Gärtnern zu begeistern.

Am Beispiel Köln erläutern wir konkret das Zusammenspiel des Ernährungsrats für Köln und Umgebung e. V., der Essbaren Stadt sowie der Gemeinschaftsgärten. Bei Letzteren liegt unser Fokus auf dem Projekt Kölner Neuland e. V., mit dem beide Autor*innen eng verbunden sind. Abschließend widmen wir uns insbesondere der Rolle, die der Gemeinschaftsgarten NeuLand als Ausgangspunkt für ein ernährungspolitisches Engagement spielte und umgekehrt. Dabei gehen wir zunächst autobiografisch vor und beschreiben die Aktivierungsprozesse, die wir selbst durch unsere Arbeit im Gemeinschaftsgarten NeuLand und dem Ernährungsrat erfahren haben. Auf dieser Basis identifizieren wir dann die mögliche Rolle urbaner Gärten in der sozial-ökologischen Transformation der Stadt.

Der Gemeinschaftsgarten Kölner NeuLand

Den Gemeinschaftsgarten Kölner NeuLand e. V. (kurz: NeuLand) und seine nun mehr als zehnjährige Entwicklungsgeschichte nehmen wir, um dessen Verknüpfung mit dem Ernährungsrat für Köln und Umgebung e. V. (kurz: Kölner Ernährungsrat) und der Idee sowie dem Projekt der Essbaren Stadt nachzuzeichnen.

NeuLand entstand ab 2012 durch immenses ehrenamtliches Engagement auf einer ca. 10.000 Quadratmeter großen Industriebrache im Kölner Süden. Die Entstehung und Entwicklung des Gartens ist eine Folge der Grundstückspekulation, die zur langjährigen Brache beigetragen hatte, sowie der Planungen für den neuen Stadtteil *Parkstadt Süd* (für eine detaillierte Beschreibung der Entstehungs- und Entwicklungsgeschichte siehe Viehoff & Follmann, 2017 und Follmann & Viehoff, 2019). Der Garten verstand sich von Anfang an als bürgerschaftliche Antwort auf diese Grundstücksspekulationen und wurde mit dem Ziel gegründet, das Gärtnerische als „raumaneignende Praxis" (Viehoff & Follmann, 2017, S. 241) zu nutzen. Mit einem starken Allmende-Gedanken wurde diese Idee Wirklichkeit. Es entstand insofern nicht nur ein neuer grüner Treffpunkt in der Stadt, sondern auch ein neuartiger zivilgesellschaftlicher Akteur, der Menschen aus der Nachbarschaft und überörtliches Interesse auf die Brache lockte, Grundstücksspekulation und Stadtentwicklungsplanung in der Kölner Südstadt politisierte und insbesondere für eine ergebnisoffene Bürgerbeteiligung sowie für mehr partizipatives Grün im Stadtraum eintrat. Während sich der Gemeinschaftsgarten trotz interner Konflikte – zum Beispiel um die Bedeutung des Allmende-Gedankens[1] – rasch

1 Mit der Zeit kam der reine Allmende-Garten, bei dem die gemeinschaftliche Bewirtschaftung aller Beete oberste Priorität hatte, an seine organisatorischen und auch ideologischen Grenzen. Heute *vermietet* der Garten private Beetkisten und nur noch ein Teil der Beete werden gemeinschaftlich bewirtschaftet. Zudem ist der öffentliche Zugang zum Garten durch Öffnungszeiten beschränkt. Gründe dafür waren unter anderem gestiegene Arbeitsbelastung bei gleichzeitigem Rückgang des Engagements, Vandalismus und Ernteklau. Innerhalb der Gartengemeinschaft gab es jedoch konträre Ansichten sowohl zur Praxis als auch zur Theorie eines Allmende-Gartens. Geblieben ist der Allmende-Anspruch sowie das

etablierte und die Idee des urbanen Gärtnerns stadtweit bekannt machte, war der Versuch, sich aktiv in die Stadtentwicklung im Kölner Süden und darüber hinaus einzubringen, voraussetzungsvoller als zunächst gedacht.

Neben vielen Erfolgen hatte der Garten auch mit erheblichen Widerständen zu kämpfen und musste Rückschläge verkraften: Von der Gartengemeinschaft entwickelte Umzugspläne in den neu entstehenden Teil des Inneren Grüngürtels wurden seitens der Stadt lange abgelehnt, und es wurde mehr als einmal deutlich, dass Gemeinschaftsgärten in den Planungen der Stadt für den Kölner Süden keineswegs gesetzt waren. Im Gegenteil, in öffentlichen Grünflächen waren Gemeinschaftsgärten seitens der Stadt vielmehr lange Zeit explizit ausgeschlossen. In Teilen der Politik und Verwaltung herrschte lange die Meinung vor, dass Gemeinschaftsgärten lediglich Zwischennutzungen sein könnten. Im Jahr 2022 bot die Stadt Köln NeuLand schließlich doch eine dauerhafte Perspektive am Rande des neu entstehenden Teils des Inneren Grüngürtels, des zentralen Parksystems von Köln, an. Seitdem bereiten sich die Gärtner*innen auf den Startschuss für den Umzug auf die neue, dauerhafte Fläche vor. Dieser letztliche Erfolg ist aus unserer Sicht nur im Kontext des Zusammenspiels der bemerkenswerten Ausdauer der Akteur*innen des Gartenprojekts, des entstandenen zivilgesellschaftlichen Netzwerks sowie weitreichender stadtgesellschaftlicher Veränderungen im Kontext der Klimawandel- und Nachhaltigkeitsdebatten zu verstehen.

Im Folgenden zeichnen wir diese Entwicklungen autobiografisch nach und beschreiben die Aktivierungsprozesse, die wir durch unsere Arbeit im und für den Gemeinschaftsgarten NeuLand sowie dem Ernährungsrat erfahren haben.[2]

Netzwerk der Gemeinschaftsgärten Köln

2011 war das Gründungsjahr für drei Gemeinschaftsgärten neuen Typs in Köln. Alle drei Gärten gründeten sich unabhängig voneinander aus der jeweiligen Nachbarschaft heraus: der Gemeinschaftsgarten NeuLand im südlichen Stadtteil Bayenthal, die Pflanzstelle Kalk im östlichen Stadtteil Kalk sowie die Gartenwerkstadt im

Ziel, sich aktiv in die Stadtentwicklung im Kölner Süden und darüber hinaus einzubringen.

2 Ich (Doro) gehörte zu den Gründungsmitgliedern sowohl des NeuLand Gartens 2011 als auch des Ernährungsrats 2016. Von 2011 bis 2018 war ich Teil des Vorstands des Kölner NeuLand e. V. Als Sprecherin des Ausschusses Essbare Stadt/Urbane Landwirtschaft des Ernährungsrats vertrat ich von 2016 bis 2022 insbesondere die Interessen der Gemeinschaftsgärten und begleitete die Entwicklung und Umsetzung des Aktionsplans Essbare Stadt Köln. – Ich (Alex) kam im Winter 2011/12 zu NeuLand. Neben meinem Engagement als langjähriger Gärtner und Imker bei NeuLand habe ich mich als Geograph auch wissenschaftlich mit dem Garten auseinandergesetzt (Follmann & Viehoff, 2015, 2019; Viehoff & Follmann, 2017). Seit 2020 bin ich zudem Mitglied des geschäftsführenden Vorstands des Kölner Ernährungsrats. Zuvor hatte ich an der vom Ernährungsrat vorangetriebenen Ernährungsstrategie für Köln mitgeschrieben (Ernährungsrat für Köln und Umgebung, 2019).

westlichen Stadtteil Ehrenfeld. Alle drei nutzten brachliegende Flächen in Form einer Zwischennutzung. Auf städtischem Gelände gingen die Pflanzstelle und die Gartenwerkstadt an den Start: die Pflanzstelle auf dem ehemaligen Gelände einer Metallfabrik und die Gartenwerkstadt Ehrenfeld auf einem Gelände, für das die städtische Wohnbaugesellschaft GAG bereits den Bau von Wohngebäuden geplant hatte.

Von Anfang an hielten die drei Gemeinschaftsgärten engen Kontakt zum Netzwerk der anstiftung und zum Prinzessinnengarten Berlin, der sich ein Jahr zuvor gegründet hatte. Schnell – bereits im Herbst 2011 – begann auch die Vernetzung zwischen den Kölner Gemeinschaftsgärten. Eine wichtige Rolle spielte dabei das Haus der Architektur (hdak), ein unabhängiger Verein, der sich der partizipativen Stadtentwicklung verschrieben hat. Er lud die neuen Gemeinschaftsgärten ein, in einer Abendveranstaltung die neue Bewegung in Köln der Öffentlichkeit vorzustellen. Es folgten weitere Veranstaltungen, bei denen das hdak auch andere Akteure der Stadtgesellschaft mit den Gemeinschaftsgärten zusammenbrachte und so die neue Idee der Gemeinschaftsgärten bei wichtigen Stakeholdern, zum Beispiel im Grünflächenamt der Stadt und in den Medien, bekannt machte. In der Folge gründeten sich weitere Urban-Gardening-Projekte in Köln.

Im hdak-Kubus im zentral gelegenen Haubrich-Forum gründeten die drei Pionierprojekte und weitere inzwischen entstandene Garteninitiativen wie der Pantaleonsgarten 2012 das Netzwerk Urbanes Grün Köln (NUGK). Da kostenlos nutzbare Räumlichkeiten zu diesem Zeitpunkt keinem Gemeinschaftsgarten zur Verfügung standen, nahmen die Initiativen das Angebot des hdak, seine Räume zu nutzen, gerne an. Das Netzwerk Urbanes Grün Köln blieb kein reines Gemeinschaftsgarten-Netzwerk. Ihm schlossen sich weitere Gruppen und Initiativen an mit dem gemeinsamen Ziel, die grüne Stadtentwicklung in Köln voranzutreiben. Das NUGK war in gewisser Weise ein bunter Haufen: Das Netzwerk Bürger für Bäume war genauso Mitglied wie der Pantaleonsgarten, eher politische Initiativen wie NeuLand oder auch der Gemeinschaftsgarten Thurner Hof, der als Volkshochschul-Garten bereits seit mehr als 20 Jahren in Köln aktiv ist. Immer wieder schlossen sich auch Einzelpersonen an, die gerade Gärten gründeten, ebenso wie neu entstehende Gemeinschaftsgärten.

Die Gemeinschaftsgärten innerhalb des NUGK organisierten 2013 auch Kölns erste Samentauschbörse, die schnell erfolgreich und ab 2016 in Kooperation mit der Volkshochschule Köln als Saatgutfestival zu einer wichtigen Veranstaltung für das praktische, politische und nachhaltigkeitsorientierte Gärtnern in Köln wurde. Mehrere Jahre gehörte ich (Doro) als Vorstandsmitglied von NeuLand und Vertreterin im NUGK zum Organisationsteam von Saatguttauschbörse und Saatgutfestival. In dieser Rolle konnte ich unter anderem aus den Kontakten des NeuLand-Netzwerkes schöpfen, um das Bühnenprogramm und Podiumsdiskussionen mitzugestalten. Das Saatgutfestival, das von einer steigenden Zahl – zuletzt von mehr als 1000 Besucher*innen – besucht wurde, bot von Anfang an nicht nur privaten und kleinkommerziellen Saatgutvermehrer*innen die Möglichkeit, ihre Saaten miteinander zu tauschen und einander zu verkaufen, sondern war auch

Diskussionsort für Fragestellungen rund um Urban Gardening und eine nachhaltige Stadt- und Gesellschaftsentwicklung. Unter anderem brachte das NUGK und seine Folgeorganisation (s. u.) Akteure der Stadt, zum Beispiel die Grünflächenamtsleitung und das Umweltamt, mit Akteuren der Zivilgesellschaft, zum Beispiel Open Source Seeds, FIAN und den Naturgarten e. V., miteinander in Kontakt und auf die Bühne und schuf so den Rahmen für Wissensaustausch und Möglichkeiten zur Zusammenarbeit. Der stetige öffentliche Austausch zu diesen Themen leistete einen wichtigen Beitrag zum allmählichen Veränderungsprozess innerhalb der Kölner Stadtverwaltung und Politik, die sich über die Jahre nach und nach für Urban Gardening öffneten und später auch gute Rahmenbedingungen für die Neugründung von Gärten bereitstellten.

Andererseits zeigte sich jedoch, dass die Schnittmengen zwischen den Mitgliedern des NUGK nicht groß genug waren, um dauerhaft eine fruchtbare Netzwerkarbeit zu bewerkstelligen. Differenzen entstanden zum Beispiel um die Frage von gemeinschaftlich genutztem Grün in Parks. Für NeuLand war diese Frage existenziell, weil dieser Gemeinschaftsgarten inzwischen perspektivisch in der neu entstehenden Parkstadt Süd innerhalb des neuen Grüngürtel-Parkstücks nach einer Möglichkeit zur Verstetigung suchte. Auch die anderen mobilen Gemeinschaftsgärten waren der Auffassung, dass neue Gemeinschaftsgärten durchaus auch in Parks und das Grünsystem der Stadt integriert werden könnten, insbesondere in mindergenutzten Flächen, und widersetzten sich deshalb einem Ratsbeschluss, dass „privates Gärtnern durch Gemeinschaftsgärten“ in Kölner Parks nicht erlaubt sein sollte. Hier zeigten sich unterschiedliche Vorstellungen innerhalb des NUGK zu Gemeinschaftsgärten: Während die Aktiven ihre Gemeinschaftsgärten überwiegend als partizipatives, öffentliches oder zumindest teilöffentliches Grün verstanden, wurden die Projekte von anderen Mitgliedern des Netzwerks – ähnlich wie von der Politik und insbesondere dem Grünflächenamt der Stadt Köln – als „privat“ betrachtet, und ihre Ausrichtung und Interessenlage wurde vermehrt mit dem Kleingartenwesen verglichen, wenn nicht sogar damit gleichgesetzt.

Auch zeigte sich, dass es starke Differenzen über Sinn und Zweck des Netzwerkes und seinen Nutzen gab. Akteure wie NeuLand wollten ein Netzwerk nach dem Vorbild des Hamburger Netzwerks Recht auf Stadt entwickeln, bei dem sich lokale Initiativen gegenseitig durch gemeinsame Aktionen oder Demonstrationen eine Stärke für gemeinsame Anliegen verschafften. Die Idee war, auch in Köln Druck auf Politik und Verwaltung auszuüben, um die grüne Stadtentwicklung weiter voranzubringen. Diese solidarisch-politische Ausrichtung trugen jedoch andere Mitglieder nicht mit, die auf einen stärker kooperativen Austausch mit der Politik und Verwaltung setzten.

Bei der Diskussion, ob sich das Netzwerk dem 2014 von NeuLand mitverfassten Urban-Gardening-Manifest (urbangardeningmanifest.de) anschließen sollte, zerbrach es endgültig. Ein Teil der Initiativen trug die starke Ausrichtung auf die Gemeinschaftsgarten-Bewegung nicht mit. Besonders einzelne Formulierungen, die den Anspruch vieler Gemeinschaftsgärten treffend wiedergeben, wie zum Beispiel das im Manifest formulierte Ziel, „Aneignungsmöglichkeiten“ zu schaffen, widersprachen klassischen Vorstellungen öffentlicher Parks, wie sie andere Mitglieder des Netzwerks vertraten. Das NUGK splittete sich in der Folge auf in das Netzwerk Gemeinschaftsgärten Köln, in dem sich die Gemeinschaftsgärten zusammenfanden, und das NetzwerkGrün Köln, in dem sich weitere Initiativen, unter anderem Baum- und Grünflächenschützer*innen, formierten.

Die Zustimmung zum Urban-Gardening-Manifest wurde zur Aufnahmebedingung für das Netzwerk Gemeinschaftsgärten Köln (gemeinschaftsgaerten-koeln.de). Das neu gegründete Netzwerk trug Saatguttauschbörse und Saatgutfestival weiter und setzte so die Kooperation mit der Volkshochschule fort. Es verfolgt bis heute das Ziel, die Belange der Gärten solidarisch zu vertreten und sich für den Erhalt, den Betrieb, die Weiterentwicklung und die Sicherung von Gärten einzusetzen. Dazu gehört auch der Einsatz für eine Verstetigung der Gärten, die zwar mobil angelegt waren, deren Gemeinschaften aber ein großes Interesse an einem dauerhaften Betrieb hatten. So kümmerte sich das Netzwerk um die politische Arbeit, aber auch um ganz praktische Dinge wie zum Beispiel die Bereitstellung von Wasseranschlüssen in Gärten.

Das Jahr 2016 markierte einen langsamen Wechsel im Engagement. Teile des Netzwerks Gemeinschaftsgärten organisierten sich im Kölner Ernährungsrat. Bereits in den frühen Jahren hatte das NeuLand-Kernteam Kontakt zur Foodsharing-Bewegung um Valentin Thurn geknüpft, die auf dem Gelände von NeuLand einen der ersten öffentlichen Fairteiler-Schränke für gerettetes Essen aufstellte.

Kölner Ernährungsrat und die Essbare Stadt

Der Ernährungsrat für Köln und Umgebung wurde im März 2016 als erster Ernährungsrat in Deutschland gegründet.[3] Ziel des Kölner Ernährungsrats ist es, die Ernährungspolitik zurück auf die kommunale Ebene zu holen und die regionale Lebensmittelversorgung zu stärken (vgl. Ernährungsrat für Köln und Umgebung e. V. 2023). Der Ernährungsrat ist als eingetragener Verein rechtlich verankert und über partizipative Ausschüsse organisiert, die allen Bürger*innen offenstehen. Neben diesem ehrenamtlichen Teil arbeitet ein Projektbüro mit hauptamtlichen Mitarbeitenden, die unter anderem Projekte im Bereich der kommunalen Ernährung umsetzen, Fördermittel beantragen und lokalen Initiativen beratend zur Seite stehen. Dabei wird das Personal des Projektbüros zum Teil aus Mitteln der Stadt Köln finanziert. Die Ausschüsse sind verantwortlich für die inhaltliche Arbeit des Ernährungsrats, und die Sprecher*innen der Ausschüsse bilden zusammen mit dem gewählten, geschäftsführenden Vorstand des Vereins den Gesamtvorstand des Ernährungsrats. Dieser steht in engem Austausch mit der Stadt Köln, die

3 Der Trägerverein wurde ursprünglich unter dem Namen Taste of Heimat e. V. gegründet. 2020 nannte sich der Verein in Ernährungsrat für Köln und Umgebung e. V. um.

ebenfalls Mitglied im Ernährungsrat ist und unter anderem eine koordinierende Stelle im Grünflächenamt als städtisches Gegenüber geschaffen hat. Beide arbeiten Hand in Hand. Das Thema Urban Gardening ist dabei im Ausschuss „Urbane Landwirtschaft/Essbare Stadt" eine inhaltliche Säule des Ernährungsrats.

Im Jahr 2017 lud der Ernährungsrat gemeinsam mit dem Agora Köln e. V. zu einem Auftakt-Workshop Essbare Stadt ein und Anfang 2018 folgte ein Barcamp. Der Workshop war mit rund 100 geladenen Gästen der Startschuss für die Entwicklung eines Aktionsplans „Essbare Stadt". Der Aktionsplan sollte ein vom Rat der Stadt Köln beschlossenes Essbare-Stadt-Konzept mit messbaren Zielen und konkreten Maßnahmen füllen. In einem mehrmonatigen Prozess arbeiteten öffentliche Arbeitsgruppen partizipativ an den verschiedenen Kapiteln des Aktionsplans. Ziele und Maßnahmen zur Entwicklung der Essbaren Stadt wurden in verschiedenen Bereichen recherchiert und formuliert – zum Beispiel für Kleingärten, Parks und öffentliche Plätze, Gemeinschaftsgärten und Firmengelände. Der Aktionsplan wurde schließlich auf dem Barcamp 2018 vorgestellt und dort von den 300 Teilnehmenden zivilgesellschaftlich angenommen. Das Barcamp fungierte zugleich als Netzwerktreffen von Menschen aus der ganzen Stadt, die sich mit eigenen konkreten Aktionen und Ideen für ein essbares Köln einbringen wollten und dafür Mitstreiter*innen suchten und fanden.

Ein Teil der bei Aktionsplan und Barcamp Aktiven arbeitete anschließend im Ausschuss Essbare Stadt weiter mit und trieb dort neben öffentlichkeitswirksamen Aktionen, wie zum Beispiel mit der Volkshochschule organisierten Führungen zu den Gemeinschaftsgärten der Stadt, die Entwicklung des Konzepts der Essbaren Stadt voran. In einem mehrmonatigen Prozess mit Vertreter*innen aus Grünflächen- und Umweltamt überführte ein Team aus Ausschusssprecher*innen und hauptamtlichen Mitarbeitenden des Ernährungsrats den Aktionsplan schließlich in eine mehrheitsfähige Ratsvorlage. Der Aktionsplan wurde vom Rat der Stadt Köln am 4. Juni 2020 angenommen und dient jetzt als offizielle Leitlinie für die Entwicklung der Essbaren Stadt Köln. Sie umfasst unter anderem Vorgaben zur Neugestaltung von Grünflächen jeder Art – hier sollen für Menschen oder Tiere essbare Pflanzen bei Neubepflanzungen Priorität haben. Weiterhin beinhaltete die Leitlinie Vorgaben zum Schutz, zur Förderung und zur Weiterentwicklung von Gemeinschaftsgärten sowie den Bestandsschutz für Kleingartenanlagen und die Verpflichtung, einen Schulgartenaktionsplan zu entwickeln.

Mit dem Aktionsplan-Prozess Essbare Stadt Köln entwickelt sich auch eine bis heute bestehende Arbeitsteilung zwischen Ernährungsrat und Gemeinschaftsgärten, die von den meisten Engagierten als sehr gewinnbringend und praktisch entlastend wahrgenommen wird. Der Ernährungsrat übernimmt dabei über den Ausschuss Essbare Stadt/Urbane Landwirtschaft die politische Arbeit für ein gemeinwohlorientiertes Stadtgrün im Sinne der Essbaren Stadt und ist Anlaufstelle für alle, die sich mit Ideen in die Essbare Stadt einbringen wollen. Das Projektbüro des Ernährungsrats kümmert sich beratend und vernetzend um neu entstehende Essbare-Stadt-Initiativen, insbesondere Gemeinschaftsgärten, sowie um die Öffentlichkeitsarbeit und Sensibilisierung der Stadtgesellschaft. Es hält den direkten

Draht in die Stadtverwaltung, um neuen Initiativen den Weg zu ebnen. Es ist außerdem inzwischen Hauptorganisatorin des Saatgutfestivals Köln. Das Netzwerk Gemeinschaftsgärten hingegen fokussiert sich auf die Vernetzung der Gemeinschaftsgärten untereinander und ist eher praktisch orientiert. Die Mitglieder unterstützen sich zum Beispiel gegenseitig mit Arbeitseinsätzen vor Ort, organisieren Workshops zu Themen wie Saatgutvermehrung und Permakultur und beschaffen Arbeitsmaterialien oder Kompost gemeinschaftlich. Regelmäßig nehmen Vertreter*innen des Netzwerks auch an Treffen des Ausschusses teil. Aktuell ist einer der Vorsitzenden des Ausschuss Essbare Stadt/Urbane Landwirtschaft z.B. auch Mitglied eines Gemeinschaftsgartens, sodass es Austausch und Transparenz in alle Richtungen gibt.

Fazit

Die Etablierung von Gemeinschaftsgärten bzw. die Verstetigung von Zwischennutzungen zu dauerhaft gesicherten, partizipativen Räumen ist kein Selbstläufer. Im Gegenteil! Wie unsere Erfahrungen aus Köln aufzeigen sollen, ist es noch ein langer Weg zur „gartengerechten Stadt" des Urban-Gardening-Manifests. Während hier und dort neue Gärten aus dem Boden sprießen, verschwinden andere oder erfinden sich an anderer Stelle und/oder in anderer Konstellation neu. In Köln war es insbesondere die Vernetzung unter den Initiativen, die dazu beigetragen hat, dass Köln grüner, essbarer und partizipativer geworden ist und über immer mehr gemeinschaftlich verwaltete Urban Commons verfügt. Aktuell gibt es in Köln rund 30 Gemeinschaftsgärten, mehr als die Hälfte davon ist im Netzwerk Gemeinschaftsgärten Köln organisiert. Zu den meisten der Initiativen hält auch der Ernährungsrat Kontakt. Aber „gartengerecht" ist Köln sicher noch lange nicht.

Viele Initiativen existieren weiterhin als Zwischennutzungen, für andere haben sich langfristige Perspektiven aufgetan – teilweise in oder am Rande öffentlicher Grünflächen. Aus der Erfahrung unserer Mitarbeit sowohl im Gemeinschaftsgarten NeuLand als auch im Ernährungsrat und der Essbaren Stadt erscheint es uns als besonders zielführend, dass sich im Laufe der Jahre eine Art Arbeitsteilung zwischen den unterschiedlichen Akteuren herauskristallisierte. Dabei helfen der Ernährungsrat und das Netzwerk der Gemeinschaftsgärten den Gemeinschaftsgärten nicht nur als kooperative Plattform und für den Erfahrungsaustausch, sondern übernehmen auch politische (Lobby-)Arbeit, die viel Zeit und Kraft kostet und die die Gartenakteur*innen oft nicht zusätzlich zu ihrem Engagement im Projekt leisten können. Die kooperativ-strategische Arbeit auf der Ebene der Stadt profitiert zudem von langjährigen Kontakten und Erfahrungen in der Zusammenarbeit mit Politik und Verwaltung. Ehrenamtlich ist die nötige Konstanz und Intensität kaum aufrechtzuerhalten. Insofern erscheint uns hier die städtische Finanzierung festen Personals, zum Beispiel im Rahmen eines Ernährungsrats, als wichtiger Baustein auf dem Weg zur Essbaren Stadt. Ein finanzielles Engagement der Stadt würde im Gegenzug den ehrenamtlichen Aktiven in den Gemeinschaftsgärten erlauben, sich stärker auf die Arbeit in der Gemeinschaft und am Beet zu konzentrieren. Allerdings können auch in den Gemeinschaftsgärten selbst bezahlte Stellen, finanziert zum Beispiel über Fördermittel, den Projekten wertvolle Ressourcen zur Koordination zur Verfügung stellen und das Ehrenamt entlasten. Auf allen Ebenen – sowohl in den Gemeinschaftsgärten als auch im Ernährungsrat – ist es jedoch wichtig, personelle Überschneidungen und die Transparenz der Aufgabenteilung zwischen Ehrenamt und bezahlter Arbeit im Auge zu behalten, damit die Arbeitsteilung gut funktioniert und auf beiden Seiten keine falschen Erwartungen entstehen.

In Köln funktioniert aus unserer Perspektive die Kooperation zwischen den unterschiedlichen Ebenen sowie zwischen Ehrenamt und bezahlten Kräften mittlerweile gut – obwohl es auch hier immer wieder Widersprüche und Konflikte gibt, für die es Lösungen zu finden gilt. Insgesamt weist Köln heute ein Förderklima für Gemeinschaftsgärten auf, das sicherlich deutschlandweit – und vielleicht sogar darüber hinaus – beispielhaft ist. Vor dem Hintergrund der Finanzprobleme der Stadt erscheint uns das keineswegs selbstverständlich, und die Auszeichnung Kölns mit dem Edible City Award für den besten Gesamtansatz der Essbaren Stadt (2023) – im Rahmen des Edible Cities Network – betrachten wir als Ergebnis dieser gelungenen Kooperation – insbesondere auch mit der Stadt Köln.

Literatur

Ernährungsrat für Köln und Umgebung (Hrsg.). 2019. *Impulse für die kommunale Ernährungswende. Eine Ernährungsstrategie für Köln und Umgebung – Handlungsfelder, Bestandsaufnahme und Zielvorgaben.* Redaktion: Dürscheid, H., Follmann, A., Heinzelmann, L., Herrndorf, M., Heuschkel, Z., Hirsch, D., Kreutzberger, S., Lück, S., Nagel-Dürscheid, M., Sander, F., Schwaderer, F., Schwartz, K., Thurn, V., Wiedemann, C. & Wissmann, A. Köln. Online verfügbar unter ernaehrungsrat-koeln.de/wp-content/uploads/2019/05/Impulse-f%c3%bcr-eine-kommunale-Ern%c3%a4hrungswende_Ern%c3%a4hrungsstrategie-f%c3%bcr-K%c3%b6ln_Ern%c3%a4hrungsrat-Mai2019_klein.pdf (letzter Zugriff am 12.07.2023).

Follmann, A. & Viehoff, V. (2015). A green garden on red clay: creating a new urban common as a form of political gardening in Cologne, Germany. *Local Environment* 20 (10), 1148–1174.

Follmann, A. & Viehoff, V. (2019). Public-access community gardens: a new form of urban commons? Imagining new socio-ecological futures in an urban gardening project in Cologne, Germany. In C. Tornaghi & C. Certomà (Hrsg.), *Urban Gardening as Politics* (S. 66–88). New York: Routledge.

Viehoff, V. & Follmann, A. (2017). Das Politische eines Gemeinschaftsgartens – NeuLand in Köln als Experimentierort für urban commoning? In S. Kumnig, M. Rosol & A. Exner (Hrsg.), *Umkämpftes Grün. Zwischen neoliberaler Stadtentwicklung und Stadtgestaltung von unten* (S. 233–261). Bielefeld: transcript.

Umweltgerechtigkeit

Interview mit Christa Böhme,
Projektleiterin im Forschungsbereich Stadtentwicklung,
Recht und Soziales des Deutschen Instituts für Urbanistik (Difu)[1]

Was genau ist unter dem Begriff „Umweltgerechtigkeit" zu verstehen?
Eine allgemein verbindliche Definition des Begriffs „Umweltgerechtigkeit", der sich vom englischen Terminus „environmental justice" ableitet, gibt es in Deutschland nicht. Das Deutsche Institut für Urbanistik (Difu) hat aber vor einigen Jahren eine Begriffsdefinition entwickelt, die inzwischen auch Verbreitung gefunden hat. Umweltgerechtigkeit zielt nach dieser Definition darauf ab, eine Konzentration gesundheitsrelevanter Umweltbelastungen wie Lärm, Feinstaubbelastung oder Hitzeinseln in sozial benachteiligten Quartieren und Wohnlagen zu vermeiden bzw. abzubauen sowie ihren Bewohner*innen Zugang zu gesundheitsbezogenen Umweltressourcen – dazu gehören vor allem Grün- und Freiflächen – zu ermöglichen. Es geht um eine faire räumliche Verteilung von gesundheitsrelevanten Umweltbelastungen und -ressourcen, und zwar unabhängig vom Wohnstandort und vom Sozialstatus. Sozial benachteiligte Bevölkerungsgruppen, die aufgrund ihrer individuellen (Einkommens-)Situation auch weniger mobil sind und daher Umweltbelastungen nicht gut ausweichen können, sollen mittels Verbesserung ihrer umweltbezogenen Lebenssituation „vor der Haustür" entlastet werden. Dies ist vor allem auch deshalb wichtig, weil soziale Benachteiligung bzw. Armut gesundheitlich anfälliger gegenüber Umweltbelastungen macht, als dies bei weniger benachteiligten Bevölkerungsgruppen der Fall ist. Zentral für den Ansatz Umweltgerechtigkeit ist vor diesem Hintergrund der Dreiklang von Umwelt, Gesundheit und sozialer Lage.

Wie wird Umweltungerechtigkeit sichtbar und bei welchen städtischen Gruppen?
Es gibt sie in jeder größeren Stadt: die Wohnlagen an lauten Hauptverkehrsstraßen mit hoher Feinstaubbelastung und wenig Grün vor der Haustür. Wohnen möchte hier kaum jemand! In schrumpfenden Städten stehen diese Wohnungen daher häufig leer. In wachsenden Städten – und das sind heute die meisten – werden

1 Die folgenden Ausführungen basieren zu großen Teilen auf folgender Quelle: Deutsches Institut für Urbanistik (2021). Toolbox Umweltgerechtigkeit: toolbox-umweltgerechtigkeit.de

dagegen auch diese Wohnlagen aufgrund des angespannten Wohnungsmarktes nachgefragt. Oft sind dies Haushalte, die sich aufgrund ihres geringen Einkommens Wohnstandorte in besseren Gegenden nicht leisten können, unter anderem Bezieher*innen von Arbeitslosen- oder Sozialhilfe, Alleinerziehende, ältere Menschen mit geringer Rente. Untersuchungen belegen den räumlichen Zusammenhang von niedrigem Sozialstatus und höheren Umweltbeeinträchtigungen wie Lärm, Luftschadstoffe, mangelnde Ausstattung mit Grün- und Freiflächen, bioklimatische Belastungen. Nicht selten sind hiervon ganze Quartiere und ihre Bewohnerschaft betroffen. Und diese schlechte Umweltsituation hat gesundheitliche Folgen: Zu den Erkrankungen, die auch dem Straßenverkehr zugeschrieben werden, zählen unter anderem Lungenkrebs, Asthma und Bronchitis sowie Erkrankungen des Herz-Kreislauf-Systems. Bei Kindern in diesen Quartieren kann das fehlende Grün in der Nachbarschaft eine Mitursache für Bewegungsmangel sein, der ungenügende körperliche Fitness, Haltungsschäden und Übergewicht zur Folge haben kann.

Wer sind die zentralen Akteure, wenn es darum geht, mehr Umweltgerechtigkeit zu schaffen? Welche Rolle kommt den benachteiligten Quartiersbewohner*innen selbst zu?

Umweltgerechtigkeit ist ein integrativer Handlungsansatz. Das heißt, verschiedene Themenfelder wie Umwelt, Gesundheit, Verkehr, Stadtentwicklung, Soziales, Bildung spielen eine Rolle. Sie müssen zusammengedacht und zusammengebracht werden – von einer Vielzahl unterschiedlicher Akteure aus Politik, Kommunalverwaltung, Zivilgesellschaft und natürlich den Quartiersakteuren vor Ort.

Politik: Ohne politische Unterstützung ist Umweltgerechtigkeit in den Kommunen kaum zu realisieren. Aus der Perspektive von Städten, die sich mit diesem neuen Ansatz bereits auseinandersetzen, zeigt sich deutlich: Bundes-, Landes- und Kommunalpolitik sollten ihren Beitrag leisten. Dabei reicht die Spannbreite der Handlungsmöglichkeiten von der Gestaltung geeigneter Förderprogramme über die Bereitstellung von Know-how bis zur politischen Rückendeckung für die kommunale Verwaltungsebene.

Kommunalverwaltung: Viele Amts- bzw. Fachbereiche einer Kommunalverwaltung – insbesondere Umwelt/Grün, Stadtentwicklung/Stadtplanung, Verkehr, Gesundheit, Soziales, Bildung – sind gefragt, ihren jeweiligen Beitrag zu mehr Umweltgerechtigkeit in ihrer Stadt zu leisten. Um zu wissen, wo genau in der Kommune Handlungsbedarf für mehr Umweltgerechtigkeit besteht, müssen die Verantwortlichen in der Kommunalverwaltung erst einmal analysieren, in welchen städtischen Teilräumen sich in besonderem Maße umweltbezogene, soziale und gesundheitliche Benachteiligungen, also Mehrfachbelastungen, konzentrieren. Für diese mehrfach belasteten Quartiere sind dann von den verschiedenen Verwaltungsbereichen zielgruppenbedarfsgerecht Maßnahmen und Projekte zur Verbesserung der Umweltsituation im Quartier zu entwickeln und umzusetzen.

Quartiersakteure/-bevölkerung: Von zentraler Bedeutung ist aber, dass nicht nur professionelle Akteure „von außen“ etwas für mehrfach belastete Quartiere und ihre Bewohner*innen tun, sondern dass gerade auch „von unten“ im Sinne von mehr Umweltgerechtigkeit gehandelt wird. Gefragt ist die Perspektive derjenigen, die vor Ort leben, arbeiten, handeln und die Situation als Teil ihres alltäglichen Lebens genau kennen: Quartiersbewohner*innen, lokale Gewerbetreibende, Kita- und Schulpersonal sowie andere Vor-Ort-Akteure.

Insbesondere um die Sichtweisen der Quartiersbevölkerung auf ihr Wohnumfeld einzubeziehen und mit ihr gemeinsam Maßnahmen für mehr Umweltgerechtigkeit zu entwickeln und auch umzusetzen, ist ein partizipativ ausgerichtetes Agieren erforderlich. Häufig stellt sich jedoch das Problem, dass bestimmte Bevölkerungsgruppen mit etablierten Beteiligungsformaten wie beispielsweise Stadtteilkonferenzen nicht erreicht werden. Gründe hierfür können Sprach- und kulturelle Barrieren, fehlende Übung in der Diskussion mit anderen, resignative Einschätzungen der eigenen Wirksamkeit oder schlicht „Lampenfieber" sein. Hier gilt es, passgenauere Lösungen zu finden, zum Beispiel aufsuchende und aktivierende Arbeit in einem informelleren Rahmen.

Über welche Qualitäten müssen Orte bzw. Räume verfügen, um einen nachhaltigen Beitrag zu Umweltgerechtigkeit leisten zu können?
Diese Frage lässt sich nur schwer generell beantworten. Welche Maßnahmen erforderlich sind, um nachhaltig mehr Umweltgerechtigkeit zu schaffen, lässt sich nur mit Blick auf das jeweilige mehrfachbelastete Quartier entscheiden. Dafür muss zunächst gemeinsam mit der Quartiersbevölkerung herausgefunden werden, wo im Quartier die (drängenden) Handlungsbedarfe im Hinblick auf Umweltgerechtigkeit liegen. Welche gesundheitsrelevanten Umweltbelastungen müssen verringert oder sogar abgebaut, welche gesundheitsförderlichen Umweltressourcen erweitert werden? Und was heißt das ganz konkret, wo genau liegen die Probleme, aber auch die Ressourcen? Auf Basis dieser Quartiersanalyse können dann ebenfalls unter intensiver Beteiligung der Bewohnerschaft für das Quartier detaillierte Maßnahmen und Aktivitäten entwickelt und umgesetzt werden. Meist haben dabei folgende Handlungsfelder eine besondere Bedeutung:

- Lärmschutz,
- Luftreinhaltung,
- Freiraumentwicklung,
- Klimaschutz/Anpassung an den Klimawandel,
- Mobilität/Verkehr,
- Gesundheitsförderung,
- Umweltbildung.

Wichtig ist bei all dem, mögliche Gentrifizierungseffekte zu beachten und zu vermeiden. Die Verbesserung der Umweltsituation darf nicht dazu führen, dass die Bewohnerschaft aus ihrem Quartier verdrängt wird.

Welche Rolle spielen Gemeinschaftsgärten bei der Herstellung von mehr Umweltgerechtigkeit?
Umweltgerechtigkeit meint nicht nur, gesundheitsrelevante Umweltbelastungen wie Lärm und schlechte Luftqualität in sozial benachteiligten Quartieren

abzubauen, sondern auch, Defizite mit Blick auf gesundheitsbezogene Umweltressourcen zu beheben. Da die Quartiere häufig schlecht mit Grün- und Freiflächen versorgt sind, liegt hierbei der Fokus in der Regel auf der Verbesserung der Grünausstattung des Quartiers – sowohl quantitativ als auch qualitativ. Gemeinschaftsgärten können hierfür einen wichtigen Beitrag leisten. Sie sind Orte der nachbarschaftlichen Begegnung und Kommunikation und Orte der Umweltbildung. Durch die Möglichkeit, Obst und Gemüse anzubauen, tragen Gemeinschaftsgärten zur Subsistenz bei. Und nicht zuletzt dienen sie der Erholung und dem Abbau von Alltagsstress und wirken sich damit positiv auf die psychische und physische Gesundheit aus. Der für den Ansatz Umweltgerechtigkeit zentrale Dreiklang von Gesundheit, Umwelt und sozialer Lage findet sich also ganz konkret in Gemeinschaftsgärten wieder. Sie sind daher ein wichtiger Baustein auf dem Weg zu mehr Umweltgerechtigkeit.

Welche konkreten Erkenntnisse konnten Sie bei Ihren Forschungen zu Umweltgerechtigkeit mit Blick auf Gemeinschaftsgärten in benachteiligten Quartieren gewinnen?
Die Förderung von Gemeinschaftsgärten wie auch von Umweltgerechtigkeit im weiteren Sinne erfordert eine intensive Kommunikation und Vernetzung zwischen den verschiedenen Beteiligten im Quartier (zum Beispiel Quartiersmanagement, Vereine, Schule, Flächeneigentümer*innen) und in der Verwaltung (insbesondere Bereiche Stadtplanung, Grün, Umwelt, Soziales). Auch wenn viele Gemeinschaftsgärten bottom-up initiiert werden, ist es wichtig, sie in kommunale und quartiersbezogene Konzepte und Planungen zur Stadt- und Freiraumentwicklung sowie in Integrations-, Bildungs- und andere sozial-integrative Konzepte einzubinden. So können Gemeinschaftsgärten eine langfristige Perspektive erhalten und ihr sozialintegratives Potenzial – auch für mehr Umweltgerechtigkeit – entfalten.

Wie unterscheidet sich der Ansatz „Gesunde Stadt“ von dem Ansatz „Umweltgerechtigkeit“?
Die „Gesunde Stadt“ verfolgt den „Health in All Policies-Ansatz“ der Weltgesundheitsorganisation (WHO). Gesundheit und Lebensqualität der Bevölkerung sollen danach in allen Politik- und Verwaltungsbereichen berücksichtigt, ausgebaut und verbessert werden. Ein wichtiger Politikbereich der „Gesunden Stadt“ ist eine gesundheitsfördernde Stadtentwicklung. Programmatischen Niederschlag findet der Einfluss der Stadtentwicklung auf die Gesundheit in der 2020 neu formulierten Leipzig-Charta, dem Leitdokument für die Stadtentwicklung in Deutschland und Europa. Die Charta beschreibt mit der gerechten, grünen und produktiven Stadt drei Dimensionen gemeinwohlorientierter Stadtentwicklung und zählt hierzu ausdrücklich ein gesundes Lebensumfeld, gesunden Wohnraum, ein gesundes Stadtklima, eine ausreichende Gesundheitsversorgung und Umweltgerechtigkeit für alle gesellschaftlichen Gruppen. Umweltgerechtigkeit ist also Teil einer gesundheitsfördernden Stadtentwicklung und damit auch des Ansatzes „Gesunde Stadt“.

Öffentliche Bibliotheken und Gemeinschaftsgärten

Interview mit Tim Schumann, Leiter der Böll-Bibliothek in Berlin-Pankow und einer der zentralen Akteure des bundesweiten Grüne-Bibliotheken-Netzwerks. Auf dem Dach seiner Bibliothek plant Schumann einen Gemeinschaftsgarten.

Gemeinschaftsgärten in Großstädten sind damit konfrontiert, dass immer weniger Flächen für gemeinnützige Projekte zur Verfügung stehen. Seit einiger Zeit bieten sich Stadtbibliotheken als mögliche Flächengeber für solche Gartenprojekte an. Wie kam es dazu? Inwiefern lohnt es sich für Bibliotheken, mit Gemeinschaftsgärten zu kooperieren?
Öffentliche Bibliotheken stehen vor der Herausforderung, sich neu zu erfinden zu müssen. In ihrer angestammten Form erleiden sie seit geraumer Zeit einen Bedeutungsverlust. Ihr wichtigster Service, die Ausleihe von Büchern, wird immer weniger nachgefragt. Andererseits war das Ausleihen von Büchern noch nie die einzige Funktion von Bibliotheken. Daneben hatten sie immer schon eine wichtige Rolle als Begegnungsort für die Nachbarschaft. Sie sind oft eine feste Größe im Viertel und als solche eine Institution, die Identifikation mit dem Quartier ermöglicht. Die Zusammenarbeit mit Gemeinschaftsgärten lohnt sich für öffentliche Bibliotheken aber nicht nur aufgrund ihres Interesses an Community-Bildung bzw. ihres Interesses, eine wichtige Institution im Viertel zu bleiben, sondern auch, weil sie als öffentliche Institutionen für Nachhaltigkeit und gegen den Klimawandel aktiv werden möchten.

Öffentliche Bibliotheken sind also gezwungen, ihre traditionelle Rolle zu hinterfragen?
2007 datierte Ross Dawson in einem berühmt gewordenen Blogeintrag das Aussterben von Bibliotheken auf das Jahr 2019. Grund für diese Voraussage waren die rasanten gesellschaftlichen Veränderungen und der Beginn des digitalen 21. Jahrhunderts. Die Entstehung der dezentralen Wissensgesellschaft schien Bibliotheken als privilegierten Ort der Bücher überflüssig zu machen. Wenige Jahre später revidierte Ross Dawson seine Aussage zum Bibliothekstod, weil er erkannte, dass sich die Ausrichtung der öffentlichen Bibliotheken zusehends wandelte.

In welche Richtung wandelte …?
Öffentliche Bibliotheken sind mittlerweile Orte, an denen Menschen mit ganz unterschiedlichen Hintergründen und Meinungen zusammentreffen und in gemeinschaftlichen Co-Creation-Prozessen ihre Nachbarschaft gestalten.

Für die Bibliotheken bedeutet das: Sie decken nicht nur ein fixes Angebot ab – wie das Ausleihen von Büchern oder die Hilfestellung bei der Büchersuche –, sondern bieten einen flexibel nutzbaren Werkzeugkasten, damit die Nutzer*innen selbst entscheiden können, was sie brauchen.

Wie zeigen sich diese Veränderungen konkret?
Um den skizzierten Herausforderungen gerecht zu werden, probieren öffentliche Bibliotheken unterschiedliche Formate aus. Sie nehmen zum Beispiel, wie die Münchener Stadtbibliothek, aktiv am Tag der offenen Gesellschaft teil oder, wie die Stadtbücherei Frankfurt am Main, am Parking Day und arbeiten dabei mit zivilgesellschaftlichen Initiativen zusammen. Sie sind gesuchte Orte für Podiumsdiskussionen, auch bei schwierigen gesellschaftlichen Themen, und versuchen so, Menschen mit unterschiedlichen Ansichten ins Gespräch zu bringen. Darüber hinaus gestalten Bibliotheken, wie zum Beispiel die Stadtbibliothek Leipzig, ihre Räume um, um sie der Stadtgesellschaft anzubieten. Insgesamt verbinden sich Bibliotheken immer stärker mit der Stadtgesellschaft und transformieren sich zu „Wohnzimmern der Stadtgesellschaft“ oder zu sogenannten Dritten Orten.

Durch ihre neue Rolle werden öffentliche Bibliotheken auch immer mehr zu „urbanen Werkstätten“. Dabei orientieren sie sich an der Idee von Makerspaces und bauen Infrastrukturen auf, damit Menschen gemeinsam kreativ sein und gemeinsam lernen können. Die Pablo-Neruda-Bibliothek in Berlin-Friedrichshain/Kreuzberg bietet zum Beispiel den „WerkRaum“ an, sodass Menschen aus dem Kiez zusammenkommen können, um gemeinsam zu werkeln. Auch das „FreeLab“ in der Schiller-Bibliothek in der Stadtbibliothek Berlin-Mitte bietet der Community eine breite Palette von Werkzeugen, von Nähmaschinen bis 3-D-Druckern an, in der Heinrich-Böll-Bibliothek in Pankow stellt der „MediaMakerSpace“ den Menschen eine hochwertige technische Infrastruktur zur Verfügung, um eigene Podcasts oder Videos zu produzieren und professionell zu schneiden.

Sie engagieren sich schon seit Längerem für „Grüne Bibliotheken“. Was genau ist darunter zu verstehen?
Die Idee der Green Library bzw. der Grünen Bibliothek kam in den 1970er Jahren in den USA auf. Anfangs lag der Fokus auf Technik und Architektur. Die Idee entwickelte sich jedoch stetig weiter. Heute stellen weltweit immer mehr Grüne Bibliotheken die Themen Klimaschutz *und* Umweltgerechtigkeit ins Zentrum ihrer Arbeit. Grüne Bibliotheken behandeln soziale und ökologische Nachhaltigkeit immer zusammen. Es reicht ihnen nicht aus, Strom oder andere Ressourcen zu sparen, sie richten ihren Fokus auf ihre lokalen Umgebungen und Nachbarschaften und deren Probleme und Fragestellungen.

Auf diese Weise sind sie in der Lage, Lösungsansätze zu entwickeln, die sich an den lokalen Gegebenheiten orientieren. Daraus folgt: Bibliotheken in Südamerika oder Afrika entwickeln andere Projekte als Bibliotheken in Europa oder Asien. Ebenso setzen Bibliotheken in ländlichen Räumen auf andere Lösungen als Bibliotheken in Großstädten.

Inzwischen gibt es viele architektonische Beispiele von nachhaltigen Bibliotheksgebäuden. Eines der eindrucksvollsten ist die neue Nationalbibliothek in Südafrika, die überwiegend mit Materialien aus der lokalen Umgebung errichtet wurde und über eine natürliche Gebäudeklimatisierung verfügt. Die Public Library im kanadischen Semiahmoo beeindruckt durch die größte „living wall" an ihrer Außenwand in Nordamerika. Mehr als 10.000 Pflanzen bieten hier Lebensraum und Nahrung für eine Vielzahl von Lebewesen.

Andere Bibliotheken, die keine Einflussmöglichkeiten auf ihre Architektur haben, entwickeln neue Services und Angebote für Menschen. So organisiert die Stadtbibliothek im schleswig-holsteinischen Bad Oldesloe ab dem Jahr 2016 mit „Ernte deine Stadt" ein jährlich wiederkehrendes Event, das lokale Akteur*innen der Nachhaltigkeit mit der Stadtgesellschaft zusammenbringt. Im Zuge dieser Veranstaltungsreihe fand die erste Solidarische Landwirtschaft im Landkreis die nötigen Unterstützer*innen.

Öffentliche Bibliotheken bieten auch Repair Cafés an oder verleihen als „Bibliotheken der Dinge" nicht nur Bücher, sondern auch andere Gebrauchsgegenstände. Damit soll einerseits der Ressourcenverbrauch gesenkt werden, andererseits sollen auch ärmere Menschen unterstützt werden. In New York verleiht die Public Library zum Beispiel hochwertige Kleidung für Job-Interviews. Eine Facette ihres Engagements für eine nachhaltigere Gesellschaft ist die Kooperation von Bibliotheken mit Gemeinschaftsgärten.

Was sind die wichtigsten Gründe dafür?

Öffentliche Bibliotheken und Gemeinschaftsgärten verfolgen ganz ähnliche Interessen, was den sozialen Zusammenhalt im Viertel angeht. Beide engagieren sich für partizipative Stadtentwicklung und gegen den Klimawandel. Beide sind Orte der Bildung, des Wissensaustauschs. Insofern sind Gemeinschaftsgärten und öffentliche Bibliotheken ideale Bündnispartner. Bei beiden handelt es sich um nicht-kommerzielle (halb-)öffentliche Räume, in denen prinzipiell alle Menschen willkommen sind und ermutigt werden sollen, ihr städtisches Umfeld aktiv mitzugestalten. Beide Orte funktionieren nach dem Prinzip des Teilens von Ressourcen und Infrastrukturen und fördern somit Ideen der Nachhaltigkeit.

Eine weitere Gemeinsamkeit betrifft den Umgang mit Wissen. Öffentliche Bibliotheken basieren wie Gemeinschaftsgärten auf der freien Weitergabe von Wissen, auf den Prinzipien des freien Experimentierens und des gemeinsamen Lernens. Sie agieren nach den Ideen des Do it yourself bzw. des Do it together. Öffentliche Bibliotheken sind, wie Gemeinschaftsgärten, urbane Werkstätten, die nur funktionieren können, wenn sie von einer lebendigen Community getragen werden.

Welche Beispiele gibt es heute schon für die Zusammenarbeit von Bibliotheken und Gemeinschaftsgärten?
Bisher gibt es weltweit nur wenige Gemeinschaftsgärten an öffentlichen Bibliotheken. Das liegt sicherlich daran, dass diese Formen der Kooperation erst dann realisiert werden können, wenn die Rolle von öffentlichen Bibliotheken wirklich neu gedacht wird bzw. wenn sie in ihrem Transformationsprozess weiter vorangeschritten ist. Diese Entwicklungen stehen ja noch am Anfang. Hinzu kommt, dass nicht jede Bibliothek über Grün- oder Freiflächen, Innenhöfe oder Dächer verfügt, die sie für gemeinschaftliche Gartenprojekte zur Verfügung stellen kann. Auch Neuplanungen von Bibliotheken werden bisher nur sehr selten mit Flächen für gemeinschaftliches Gärtnern versehen. Insofern überrascht die Kreativität, mit der einzelne Bibliotheken agieren, um gemeinschaftliches Gärtnern zu ermöglichen und lokale Lösungen für lokale Probleme zu finden.

Die meisten Beispiele sind aus den USA bekannt. So initiierte die Public Library in Stickney (Illinois) einen „pizza garden", in dem Familien und Jugendliche alle Kräuter und Gemüsesorten anbauen können, die man für eine gute Pizza braucht.

In Oakland entstand aus dem Saatgutprojekt der Public Library schließlich ein kleines Gartenprojekt. Die Saatgutbibliothek war auch eine Idee der Bibliotheksleitung. Es gab Leute im Viertel, die den Wunsch hatten, einen Garten anzulegen. „Freunde der Bibliothek" beschafften Erde und Behälter, um Gemüsepflanzen in der Bibliothek ziehen zu können. Die Pflege der Beete wurde vor allem durch spanischsprachige Nutzer*innen der Bibliothek übernommen, die dort zu Sprachkursen zusammenkamen.

In Cicero (NY) errichtete die Public Library eine sogenannte LibraryFarm, auf der 58 Beete zur individuellen oder gemeinsamen Nutzung bereitgestellt wurden. Die Bibliothek stellte die Infrastruktur und die Werkzeuge zur Verfügung. Die Organisation erfolgte über verschiedene „gardening committees". Ziel der LibraryFarm war und ist es, eine Gruppe zu bilden, die den Garten dauerhaft betreibt.

Bei dem Neubau einer Bibliothek in Long Beach fiel kurz vor der Eröffnung auf, dass noch Platz für einen Community Garden war; es fanden sich dann innerhalb einer Woche sehr viele Interessent*innen, die hier gemeinsam Gemüse anbauen wollten.

In Südafrika entwickelten Bibliotheken in Pietermaritzburg das Projekt „One House, one Garden". In Pietermaritzburg, wo sehr viele arme und erwerbslose Menschen leben, nutzen mittellose Menschen den Garten, um sich selbst mit Lebensmitteln zu versorgen. Während sich die Eltern im Garten um die Pflanzen kümmern, können deren Kinder in der Bibliothek an unterschiedlichen Aktivitäten teilnehmen.

Und wie sieht es in Deutschland aus? Wie ist die Lage hier?
Auch hier gibt es Bibliotheken, in denen gegärtnert wird. In Duisburg startete die Stadtbibliothek in Kooperation mit der WerkStadt Duisburg an zwei Standorten ein gemeinsames Gartenprojekt. In den Innenhöfen der Bibliotheken kann ab sofort eigeninitiativ gegärtnert werden. Unterstützt werden die Menschen dabei durch Saatgutbibliotheken.

Auch im Innenhof der Stadtbibliothek in München-Sendling gärtnert seit 2022 eine kleine Gruppe von Menschen, seit ein Teil des Lesegartens in einen „Naschgarten“ verwandelt wurde. Die Bibliothek stellt die nötigen Geräte und andere Materialien.

Im Entstehen ist in Dresden an der Staats-, Landes- und Universitätsbibliothek (SLUB) ein Gemeinschaftsgartenprojekt für Nachbar*innen und Studierende. Dies ist mit der kommunalen Nachhaltigkeitsstrategie der Stadt verknüpft. Während die Nachbarschaft hier vor allem einen Begegnungsort finden soll, sollen die Grünflächen den Studierenden auch als grüne Lernräume dienen, als Orte zum konzentrierten Lernen oder auch als Orte fürs eigene wissenschaftliche Experimentieren.

In Berlin sind bisher drei Gartenprojekte an Bibliotheken entstanden, wobei das Projekt „wachsen lassen“ das bekannteste ist und auch am weitesten gediehen ist. Im Stadtteil Berlin-Tiergarten entwickelte die Bibliothek mit dem benachbarten Stadtteilzentrum mehrere Gartenprojekte. Während die Menschen auf den Flächen des Stadtteilzentrums gemeinsam gärtnern, betreut die Bibliothek eine Saatgutbibliothek und eine Bibliothek der Dinge, unter anderem mit Gartengeräten. Die eigenen Grünflächen überlässt die Bibliothek gezielt der lokalen Pflanzen- und Tierwelt und fördert die Vielfalt dementsprechend.

Im Stadtteil Tempelhof sprach die Bibliothek ihre Nutzer*innen an, um sie für ein gemeinsames Gartenprojekt zu gewinnen. Der bisherige Rosengarten sollte teilweise in einen Nutz- und Lerngarten umgestaltet werden. Einige Freiflächen bieten sich zum Aufstellen von Bienenkörben an. Inzwischen bildete sich eine kleine Gruppe von Gärtner*innen, und die Bienen fanden im Außenbereich der Bibliothek ein neues Zuhause.

Das jüngste Projekt in Berlin ist das „Green Lab“ in der Gottfried-Benn-Bibliothek in Berlin-Steglitz. Auch hier wird neuerdings im Innenhof der Bibliothek, der bisher als Lesegarten und Veranstaltungsort genutzt wurde, in Hochbeeten gemeinschaftlich gegärtnert.

Vernetzen sich die Bibliotheken mit anderen Gemeinschaftsgärten? Agieren sie als Teil des wachsenden Netzwerkes?
Seit mehreren Jahren bauen immer mehr öffentliche Bibliotheken Saatgutbibliotheken bzw. Seed Libraries auf und geben Saatgut an die Nachbarschaft aus. Dabei arbeiten Bibliotheken oft mit lokalen Gärtner*innen, Vereinen wie dem VERN (Verein zur Erhaltung und Rekultivierung von Nutzpflanzen) oder Gemeinschaftsgärten zusammen. Sie teilen das Ideal, dass der Zugang zu Saatgut offen und unbeschränkt sein muss.

Wie könnten sich gemeinschaftliches Gärtnern und die damit verbundenen thematischen Felder noch besser mit öffentlichen Bibliotheken verknüpfen lassen?
Zwar existiert bisher keine Übersicht von Gemeinschaftsgärten, die mit Bibliotheken zusammenarbeiten und vielleicht sogar die Freiflächen von Bibliotheken nutzen. Unstrittig ist aber, dass Bibliotheksgärten nur durch Partnerschaften mit

Gemeinschaftsgarten-Communitys funktionieren können. Durch die Zusammenarbeit können beide ihre Rolle weit über eigene Kapazitäten hinaus erweitern. Bibliotheken können vor allem ihre Verankerung im Quartier und ihre institutionelle Einbindung sowie ihr Image als vertrauenswürdige Institution und natürlich auch ihre Flächen in Partnerschaften einbringen. Die gegenwärtigen Strukturen von Bibliotheken stellen allerdings immer noch ein Problem für Kooperationen dar, denn bisher sind die Flächen nur zu den Öffnungszeiten der Bibliothek zugänglich, und die sind gerade an den Wochenenden stark eingeschränkt. Hier kann die Idee der „Open Library" helfen, die sich in vielen Ländern und zunehmend auch in Deutschland als Zukunftsvision und Entwicklungsziel durchsetzt. Die Open Library umfasst viele Dimensionen der Transformation. Mit Blick auf das hier angesprochene Problem des Zugangs bedeutet sie, dass die Bibliotheken mittels einer Software über die Servicezeiten hinaus für alle Mitglieder zugänglich sind. Die Bibliothek kann also auch genutzt werden, wenn kein Bibliothekspersonal anwesend ist.

Diese Öffnung ist die Voraussetzung für weitergehende Kooperationen mit Gemeinschaftsgärten. Dann können Bibliotheken ihre Freiflächen oder Grünflächen dauerhaft und rechtssicher an eine Gemeinschaftsgarten-Community abgeben oder mit dieser teilen und damit den häufig prekären und lediglich geduldeten Gemeinschaftsgärten eine bessere Perspektive bieten.

Literatur

Brujnzeels, R. (2015). Die Bibliothek: aussterben, überleben oder erneuern? *Bibliothek – Forschung und Praxis* 39 (2), 225–234.

Bruijnzeels, R. (2014). Neue Prozesse gestalten. die Bibliothek im Umbruch. In O. Eigenbrodt & R. Stang (Hrsg.). *Formierungen von Wissensräumen. Optionen des Zugangs zu Information und Bildung*. Berlin: De Gruyter Saur, 221–231.

Schumann, T. (2020). „It's the end of the world as we know it": Ein Essay über Öffentliche Bibliotheken als zentrale lokale Einrichtung, dem Klimakollaps zu begegnen und ein Werkstattbericht aus der Heinrich-Böll-Bibliothek / Stadtbibliothek Pankow. *LIBREAS. Library Ideas*, 38. Online verfügbar unter: libreas.eu/ausgabe38/schumann/ (letzter Zugriff am 27.06.2023).

Schumann, T. (2021). Wieviel CO_2 erzeugt eine Stadtbibliothek? Die Ermittlung der Klimabilanz der Stadtbibliothek Pankow. *Bibliothek Forschung und Praxis*, 45(3), 440–449. Online verfügbar unter: doi.org/10.1515/bfp-2021-0075 (letzter Zugriff am 27.06.2023).

Scott Banks, C. & Mediavilla, C. (2019). *Libraries & Gardens. Growing together.* Chicago: ALA Editions.

Dimensionen der Stadt der Zukunft

Gärten als Ökosysteme

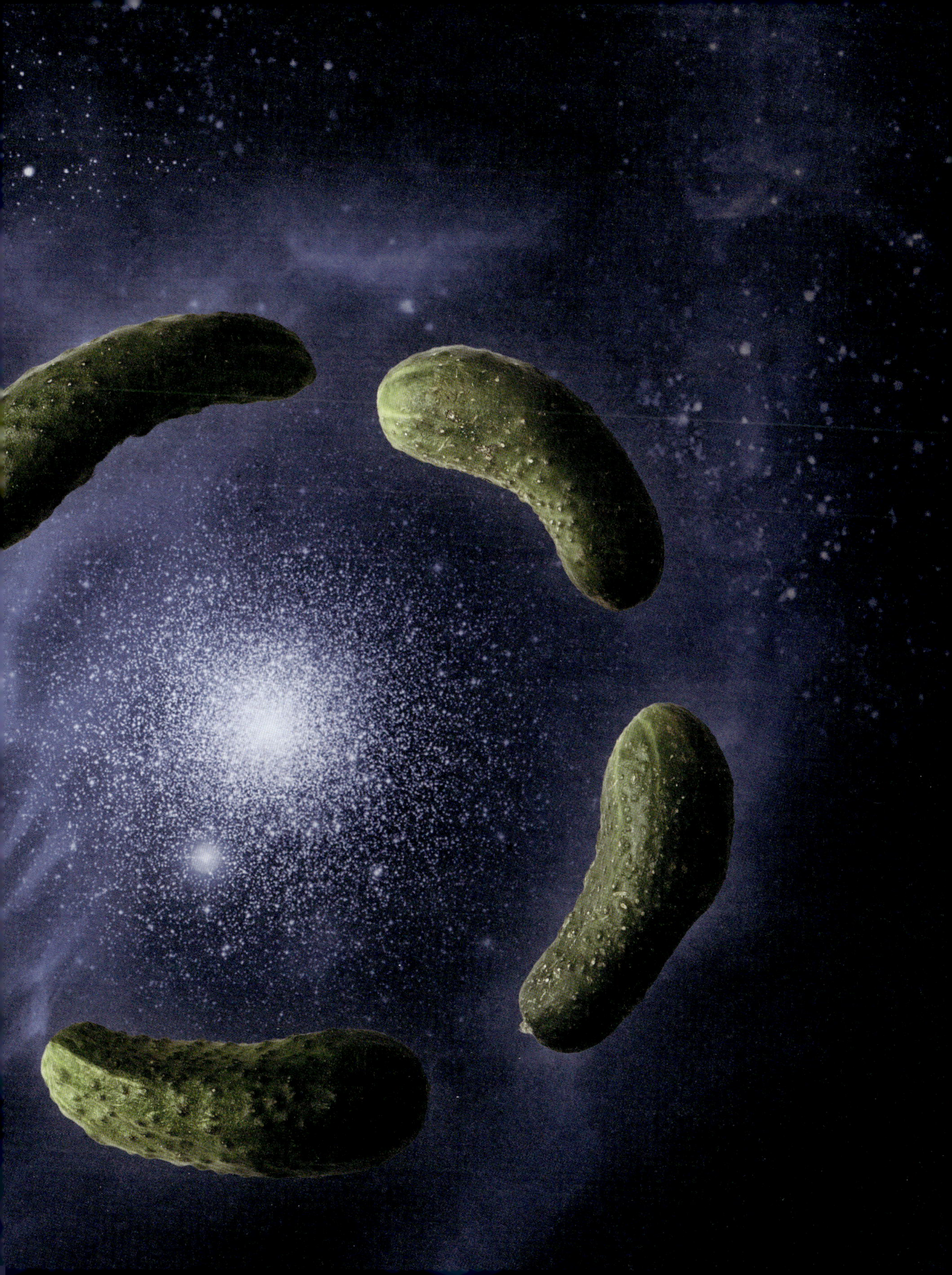

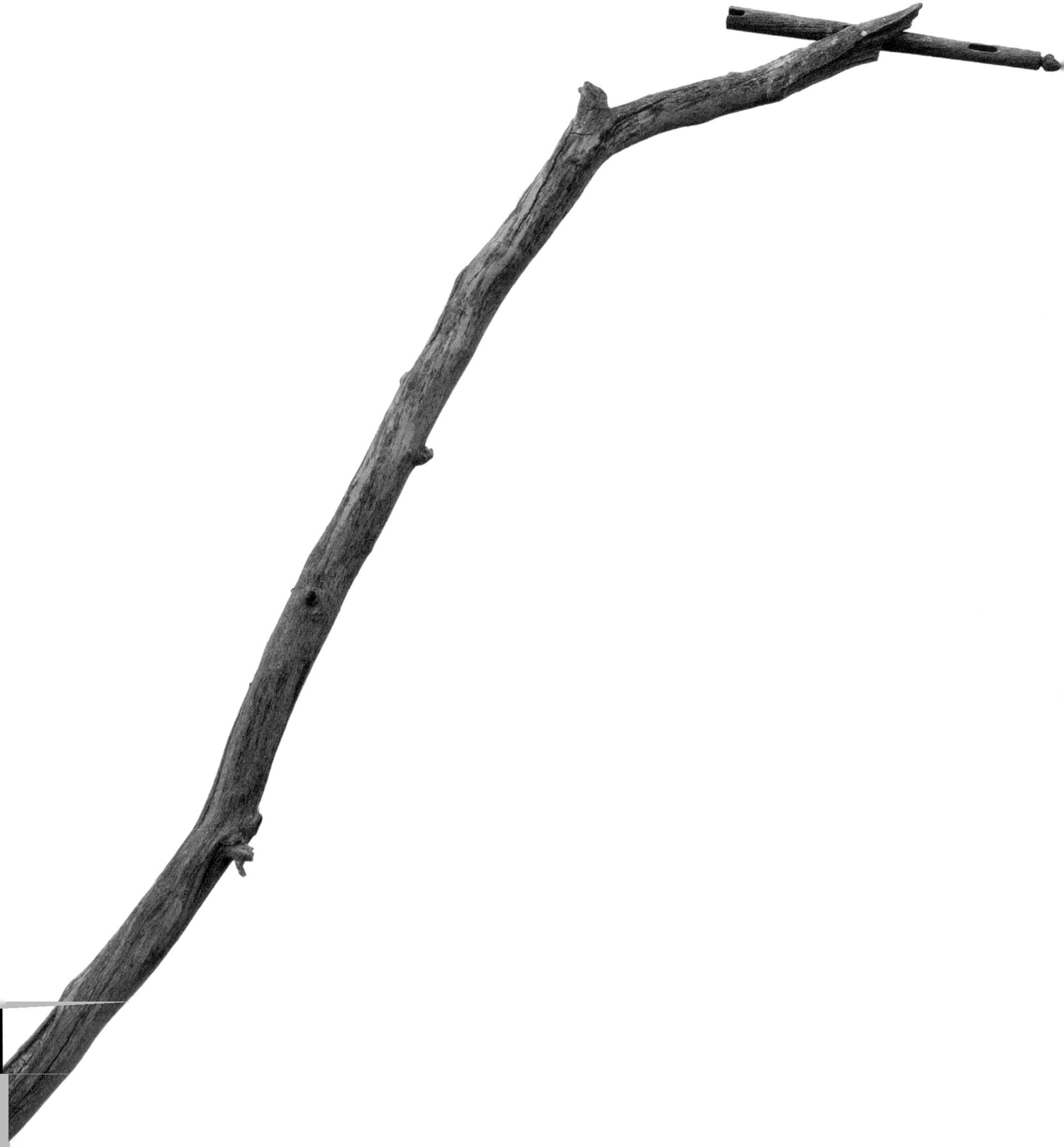

Gemeinschaftsgärten als Orte der Biodiversität in der Stadt

Monika Egerer und Ulrike Sturm

Die Stadt wird häufig als Gegensatz zur Natur verstanden. Dabei können Städte geradezu Hotspots der Biodiversität sein und sind zu wichtigen Lebensräumen für Pflanzen und Tiere geworden. Die Zusammensetzung von Pflanzen- und Tierpopulationen in Städten wird von zahlreichen Faktoren wie Klimaveränderungen, Umweltverschmutzung, Landnutzungsänderungen und biologischer Invasion beeinflusst. Im Unterschied zu ländlichen Regionen zeichnen sich Städte durch eine große Habitat-Heterogenität aus: Hier finden sich Parks, Friedhöfe, städtische Wälder, Brachflächen, Bahnanlagen, private Gärten und Kleingartenanlagen, außerdem neuartige städtische Lebensräume – wie Gemeinschaftsgärten – mit großem Potenzial für die biologische Vielfalt (vgl. Swan et al., 2021).

Urbane Gemeinschaftsgärten können eine wichtige Rolle spielen, um ein Gleichgewicht zwischen Erhalt und Nutzung des „natürlichen Kapitals" von Städten herzustellen. Sie bilden eine Schnittstelle zwischen städtischer Lebensmittelproduktion, Stadtbegrünung, Mensch-Natur-Verbindungen und öffentlicher Gesundheit und sind dabei Refugien für unterschiedliche biologische Gemeinschaften (vgl. Egerer & Lin, 2022; Jha et al., 2023).

Forschung zur biologischen Vielfalt in Gemeinschaftsgärten leistet einen wichtigen Beitrag, das Potenzial dieses Lebensraumes im Natur- und Biodiversitätsschutz in der Stadt zu verstehen und den Erhalt der biologischen Vielfalt durch wissensbasiertes Biodiversitätsmanagement zu unterstützen. Beispielsweise können Gärtner*innen gezielt den Erhalt wild wachsender Pflanzen oder die Vermehrung und Kultivierung bedrohter Pflanzenarten fördern.

Ein Umdenken zu einer sogenannten Versöhnungsökologie – in der Naturnutzung und Naturschutz keinen Widerspruch darstellen – ist mittlerweile unumgänglich. Denn längst gibt es nicht mehr genügend unberührte Fläche, um traditionellen Naturschutzkonzepten folgend die gesamte Artenvielfalt der Erde in ausgewiesenen Naturschutzgebieten zu retten. Biodiversität muss daher innerhalb und nicht jenseits der von Menschen dominierten Ökosysteme gefördert werden (vgl. Rosenzweig, 2003).

Gemeinschaftsgärten spielen angesichts der Verdichtung der Städte und des Verlustes von größeren Grünanlagen eine immer wichtigere Rolle für den Erhalt der Biodiversität. Sie sind ein interessantes System, denn durch die Heterogenität der Gärtner*innen sind die Gartenaktivitäten rund um Pflanzenproduktion und Naturschutz entsprechend vielfältig. So entstehen besonders heterogene Lebensräume, die Unterschlupf, Nahrung und Nistmöglichkeiten für verschiedenste Tiere bieten. In Gemeinschaftsgärten entsteht biologische Vielfalt durch geplante Bewirtschaftung und als Nebenfolge spezifischer sozial-ökologischer Kräfte.

In unserem Beitrag werden wir (1) kurz den Begriff urbane Biodiversität definieren, (2) darlegen, wie Gemeinschaftsgärten die biologische Vielfalt von Pflanzen und Tieren fördern – dabei dient unsere Forschung in Berliner Gemeinschaftsgärten als Fallstudie –, und (3) einen Ausblick geben, wie Gärtner*innen im Hinblick auf Erhalt und Förderung von Biodiversität Flächen bewirtschaften können.

Urbane Biodiversität und Wildtiere

Nach der Definition der Vereinten Nationen meint biologische Vielfalt die Vielfalt des Lebens auf der Erde. Biologische Vielfalt umfasst alle Organismen, Arten und Populationen, die genetische Variation zwischen ihnen und ihre komplexe Zusammensetzung in Gemeinschaften und Ökosystemen. Biologische Vielfalt referiert auch auf die wechselseitige Beziehung zwischen Genen, Arten und Ökosystemen und damit auf ihre Wechselwirkungen mit der Umwelt. Die drei Ebenen der biologischen Vielfalt umfassen die genetische, die Arten- und die Ökosystemvielfalt.

Biodiversität in urbanen Ökosystemen wird einerseits kultiviert, geplant und weitgehend von Menschen verwaltet; andererseits entsteht Biodiversität wild und ungeplant. Der Begriff „wild" klingt in Bezug auf Stadt und städtische Lebensräume ungewohnt. Nach der Definition des Cambridge-Wörterbuchs umfasst „wildlife" „Tiere und Pflanzen, die unabhängig vom Menschen wachsen, normalerweise unter natürlichen Bedingungen". Das meint auch spontane, ungepflegte Vegetation in städtischen Wäldern und bestäubende Insekten in städtischen Gärten und Straßenlandschaften. Beide, die bewirtschafteten wie die wildlebenden Arten, spielen eine zentrale Rolle für die Funktion des urbanen Ökosystems, einschließlich des Nährstoffkreislaufs, der Zersetzung und der Bestäubung.

Urbane Biodiversität umfasst sowohl Pflanzen- und Tierarten, die wir überall sehen und an die wir gewöhnt sind, als auch solche Arten, die nur noch selten vorkommen. Es geht um die Artenvielfalt unter der Erde, um Springschwänze, Regenwürmer und Bakterien, und über der Erde, um Schmetterlinge, Vögel und Bäume. Die biologische Vielfalt sichert viele Ökosystemleistungen, von denen Menschen profitieren und die eine lebenswerte Stadt erst ausmachen, wie zum Beispiel Schatten- und Temperaturregulierung, Verringerung der Umweltverschmutzung, Bodenbildungsprozesse, Bestäubung und Schädlingsbekämpfung sowie die Bereitstellung von Nahrungsmitteln und Fasern. Darüber hinaus gibt es deutliche Hinweise darauf, dass städtische Wildnis und biologische Vielfalt wie überhaupt der Kontakt zur Natur für die physische und mentale Gesundheit und Wohlbefinden von Stadtbewohner*innen wichtig sind.

Biodiversität in Gärten

Als Grünfläche in der städtischen Matrix können Gemeinschaftsgärten eine wichtige Rolle bei der Schaffung von Lebensraum für die biologische Vielfalt spielen. Allgemein weisen Gärten eine Mischung aus verschiedenen Flächennutzungen, Ökosystemen und Ökozonen auf, von Gemüsebeeten über blühende Wiesen und Obstgärten bis hin zur Ruderalvegetation. Unterschiedliche Mikroklimata in Gärten können Lebensraum für unterschiedliche Tiere, Pflanzen und Pilze schaffen.

Urbane Gemeinschaftsgärten tragen erheblich zur urbanen Pflanzenvielfalt bei, weil sie eine Mischung aus Kultur- und Wildpflanzen sowie eine Mischung aus einheimischen und nicht einheimischen Zierpflanzen beherbergen. Die Pflanzenvielfalt wiederum beeinflusst die Populationsdichte und Vielfalt von Stadttieren. Im Folgenden werden wir kurz erörtern, wie die Pflanzenvielfalt zustande kommt, die das grüne „Rückgrat" der Gärten ausmacht und die ihrerseits die ober- und unterirdische Tiervielfalt beeinflusst. Wir beziehen uns dabei auf die Fallstudien aus unserer Forschung in Berliner Gemeinschaftsgärten.

Gemeinschaftsgärten als Lebensraum für Pflanzen

Ein hoher Anteil an nichtheimischen Arten begünstigt die Pflanzenvielfalt in Städten (vgl. Swan et al., 2021). Handel, Verkehr und Gartenbau sind wichtige Ausbreitungswege für neue Pflanzen. Infolgedessen kann der Artenreichtum von Pflanzen in städtischen Ökosystemen wie Gärten höher sein als in nicht-städtischen Ökosystemen (vgl. Kühn, Brandl & Klotz, 2004).

Gemeinschaftsgärten weisen vermutlich deshalb eine besonders hohe Vielfalt an Pflanzenarten auf, weil das Vorkommen der Arten zusätzlich zur für das städtische Ökosystem typischen anthropogenen Samenverteilung durch die jeweiligen Vorlieben der Gärtner*innen (für bestimmte Zierpflanzen oder Gemüse) bedingt ist (vgl. Philpott et al., 2020). So kultivieren beispielsweise chinesische Gärtner*innen in Chicago traditionelles Saatgut und entsprechende Pflanzenpopulationen in ihren Gemeinschaftsgärten (vgl. Taylor & Lovell, 2014). Die Flora von Gärten wird generell insbesondere durch das Zusammenspiel menschlicher Aktivitäten wie Bepflanzung, Jäten (einschließlich Herbizideinsatz), Bewässerung, Bodenbearbeitung und Düngung beeinflusst. Abgesehen von den Beiträgen zur Pflanzenvielfalt auf Artenebene weisen Gemeinschaftsgärten auch eine hohe Sortenvielfalt auf (vgl. Ong et al., 2022).

Ergebnisse unserer Studie in Berliner Gemeinschaftsgärten

Es gibt nur wenige umfassende Studien über die Pflanzenvielfalt in städtischen Gärten (vgl. z. B. Loram et al., 2008), und nur wenige analysieren sowohl kultivierte als auch wild wachsende Pflanzen (vgl. z. B. Frey & Moretti, 2019). Dabei sind diese Studien wichtig, um ein grundlegendes ökologisches Verständnis der taxonomischen und funktionalen Vielfalt, die in diesen Systemen beheimatet ist und die den Ökosystemprozessen zugrunde liegt, zu erhalten. Darüber hinaus fehlen wissenschaftliche Erkenntnisse, die das Management städtischer Grünflächen dabei unterstützen, Entscheidungen zur Erhöhung der Biodiversität zu treffen, z. B. durch die stadtplanerische Einbeziehung von Gemeinschaftsgärten in öffentlichen Parks und auf öffentlichen Plätzen sowie durch die Erhaltung und Integration von Spontanvegetation auf städtischen Grünflächen (vgl. Goddard, Dougill & Benton, 2010). Schließlich kann eine hohe Pflanzenvielfalt in urbanen Gärten tiefgreifende positive Auswirkungen auf die damit verbundene Biodiversität haben, unter anderem auf Gliederfüßler, Vögel und Säugetiere.

In unserer Forschung in Berliner Gemeinschaftsgärten interessierte uns: Wie hoch ist der Artenreichtum aller kultivierten (Nutzpflanzen, Zierpflanzen) und wildwachsenden Pflanzen (Wildpflanzen, Unkraut, Spontanpflanzen) in Gemeinschaftsgärten? Um diese Frage zu beantworten, haben wir sowohl die kultivierte als auch die spontan wachsende Pflanzenartenvielfalt in 18 städtischen Gemeinschaftsgärten untersucht. Dabei haben wir Folgendes festgestellt: Gemeinschaftsgärten beherbergen sowohl eine hohe Vielfalt kultivierter Pflanzen, die die städtische Lebensmittelproduktion unterstützt, als auch eine hohe Vielfalt von Wildpflanzen. Zweitens koexistieren kultivierte und wilde Pflanzenarten mit dem Potenzial, Kompromisse zwischen Erhaltung (von Arten) und Produktion (von Lebensmitteln) im Sinne eines „Land Sharing" bzw. einer „Versöhnungsökologie" zu ermöglichen. Im Folgenden berichten wir über die Ergebnisse zur Pflanzenvielfalt, auch im Vergleich zu anderen Studien über Gemeinschaftsgärten.

Wir dokumentierten in den Gemeinschaftsgärten 404 verschiedene Taxa (ohne Gräser), darunter 194 kultivierte und 184 wildwachsende Arten. Die Anzahl der wildwachsenden Arten entspricht 7 Prozent der in Berlin insgesamt gefundenen Arten (vgl. Seitz et al., 2012). Die durchschnittliche Gesamtartenzahl pro Garten betrug etwa 84 Arten. Vergleicht man dies mit einer Studie über die floristische Zusammensetzung verschiedener urbaner Ökosysteme (Parks, private Hausgärten, Kleingartenanlagen usw.) in 32 europäischen Städten (vgl. Lososová et al., 2012), lag die Artenzahl in den Gemeinschaftsgärten etwas unter dem Durchschnitt aller Lebensräume, aber gleichauf mit Parks und Boulevards. Kronenberg und Kowarik (1989) verzeichneten 400 Arten (257 kultivierte und 143 wildwachsende) in fünf Berliner Hausgärten. Biodiversitätsuntersuchungen in Kleingärten und Gemeinschaftsgärten in Leipzig ergaben geringere Artenzahlen mit 290 (150 kultivierte und 140 wildwachsende) Arten in sechs Kleingärten und 255 (98 kultivierte und 157 wildwachsende) Arten in sechs Gemeinschaftsgärten (vgl. Cabral et al., 2017). Die Anzahl der Arten ist in Hausgärten womöglich deshalb höher als in Gemeinschaftsgärten, weil Hausgärten meist relativ alte Flächen sind, die kontinuierlich von der gleichen Person bearbeitet werden. Gemeinschaftsgärten sind dagegen häufig Zwischennutzungen und in Deutschland ein relativ neues Phänomen, daher eher junge Flächen, die vorher anders und dann auch noch von unterschiedlichen Personen genutzt wurden.

Erwartungsgemäß haben wir festgestellt, dass in den Gemeinschaftsgärten viele verschiedene Nutz- und Blumenkulturen angebaut werden, die zur Lebensmittelproduktion beitragen. Die in diesen Gärten häufig angebauten Pflanzen wie Tomaten, Erdbeeren, Gartenkürbisse, Rote Bete sind auch in Gemeinschaftsgärten andernorts zu finden (vgl. Philpott et al., 2020). Es wurden jedoch auch einige „unerwartete" Pflanzen gefunden, darunter Sojabohne und Shisokraut (in jeweils einem Garten). Auch historisch wichtige und in Vergessenheit geratene Nutzpflanzen wie Amarant, Tabak und Hülsenfrüchte (Serradella) oder Heilkräuter (wie *Artemisia abrotanum*, *Silybum marianum* oder *Leonurus cardiaca*) wurden angebaut. Gemeinschaftsgärten können somit zur Erhaltung der genetischen Vielfalt seltener Nutzpflanzen beitragen.

Aus Sicht des botanischen Naturschutzes beherbergen diese Gärten Pflanzen, die in der Region unter Naturschutz stehen und eine vielfältige Naturgeschichte der Gartenflora darstellen. Unter den wildwachsenden Arten fanden wir sechs bedrohte Arten. Drei Arten (*Anthemis arvensis, Galium spurium, Lathyrus tuberosus*) sind typisch für Agrarökosysteme und wachsen auf sandigen und lehmigen Äckern, drei Arten (*Barbarea vulgaris, Leonurus cardiaca, Verbena officinalis*) sind typisch für Ruderalflächen und Wegränder in Dörfern (vgl. Jäger et al., 2017). Leonurus und Verbena wurden historisch als Heilpflanzen genutzt. In der intensiven Kulturlandschaft sind sie selten geworden, sie finden heute eher in extensiv bewirtschafteten Gärten geeignete Lebensräume. Auch wenn diese Arten nur in einem oder zwei Gemeinschaftsgärten vorkamen und ihre Populationen klein waren, zeigen sie, dass städtische Gärten Lebensraum für aus landwirtschaftlichen und ländlichen Gebieten stammende seltene und gefährdete Arten anbieten. Und während des Überlebens von Populationen gefährdeter Pflanzenarten in vielen städtischen Lebensräumen eine Herausforderung darstellt, fanden sich in Berliner Grünanlagen etablierte Populationen einiger gefährdeter Arten von Ruderalflächen (vgl. Planchuelo, Kowarik & Lippe, 2020). In Gemeinschaftsgärten könnten diese Pflanzen zusätzlich vom ökologischen Anbau und dem Verzicht auf Herbizide profitieren (vgl. Albrecht et al., 2016). Dies unterstreicht die mögliche Schutzfunktion urbaner Ökosysteme für seltene Arten.

Gemeinschaftsgärten können die natürlichen Lebensräume gefährdeter Pflanzenarten durch absichtliche Anpflanzung oder zufällige Einbringung erweitern. So fanden wir zum Beispiel Labkraut (*Galium spurium)* in einem Gemeinschaftsgarten auf dem Dach. Diese typische Ackerpflanze ist in Berlin ausgestorben. Die Art dürfte mit Substrat oder Pflanzmaterial ins Hochbeet gelangt sein. So können auch neuartige Ökosysteme wie Dachgärten zur urbanen Biodiversität beitragen und ein überraschendes Reservoir für gefährdete Pflanzenarten sein. Unter den kultivierten Arten gab es 13 weitere Arten mit

Naturschutzrelevanz, darunter Ackerunkräuter wie *Agrostemma githago* und *Centaurea cyanus*. Auch wenn sich der Status auf der Roten Liste in der Regel auf Wildpopulationen bezieht, zeigen diese Beispiele das Potenzial von Gärten als Lebensraum für seltene und bedrohte Arten auf.

Gemeinschaftsgärten als Lebensraum für Tiere

Die Pflanzenvielfalt in Gemeinschaftsgärten hat weitreichende Auswirkungen auf die biologische Vielfalt von Tieren, die Interaktionen zwischen den Arten und die Funktionen von Ökosystemen. Es ist anzunehmen, dass viele Tiere Gemeinschaftsgärten nutzen, darunter Vögel und Fledermäuse sowie kleine Säugetiere wie Eichhörnchen oder Igel. Diese Tiere sind wichtig für Ökosystemfunktionen wie Bestäubung, Schädlingsbekämpfung, Samenausbreitung und die Nährstoffkreisläufe. So dienen insektenfressende Vögel der Schädlingsbekämpfung. Artenreichere Vogelgemeinschaften erhöhen die Wirksamkeit dieser Schädlingsbekämpfung. Dabei kommt es mitunter zu Konflikten zwischen Tier- und Pflanzenpopulationen, wenn z. B. Tiere Schäden an Blättern oder Wurzeln der Pflanzen verursachen. Die Tiervielfalt in Gemeinschaftsgärten hängt immer mit den biophysikalischen Merkmalen der Gärten und der Art der Gartenbewirtschaftung zusammen.

In der Biodiversitätsforschung wurde eingehend untersucht, wie Gemeinschaftsgärten Wildbestäuber unterstützen (vgl. Baldock et al., 2019). Gemeinschaftsgärten können eine Vielfalt von Wildbienenarten beherbergen (vgl. Baldock et al., 2015). Bei unseren Untersuchungen in Berliner Gemeinschaftsgärten haben wir 102 Wildbienenarten aus 26 Gattungen gefunden, die etwa 40 Prozent der Arten in der Stadt ausmachen. Darüber hinaus haben wir 24 Wildbienenarten dokumentiert, die auf der Roten Liste Berlins stehen, darunter *Anthophora aestivalis* und die entsprechende Kuckucksbiene *Melecta luctousa* (Cleptoparasit). Durch die Bereitstellung verschiedener Ressourcen für Bienen können Gemeinschaftsgärten bestimmte Wildbienenarten mit unterschiedlichen funktionalen Merkmalen unterstützen – einschließlich einer Vielfalt an Verhaltensmustern beim Pollensammeln (und -transport) sowie beim Nist- und Sozialverhalten. Diese biologischen Merkmale der Bienenarten sind für eine effiziente Bestäubungsleistung in diesen Gärten von Bedeutung. Wir entdeckten auch seltenere Arten in den Gärten. So ist zum Beispiel der Nachweis von *Anthophora furcata* bemerkenswert: Sie ist die einzige oligolektische Grabbiene mit einer starken Vorliebe für Stachys-Pflanzenarten – die in Gärten wegen ihrer vielfältigen medizinischen Eigenschaften gepflanzt werden. Diese Art ist auch eine der wenigen, die ihre Brutzellen in verrottendem Holz ausgraben können. Zudem fanden wir weitere interessante Arten, die auf Pollen spezialisiert sind. Die Biologie der Bienen, die in den Gärten gefunden wurden, verdeutlicht, warum Gartenfaktoren wie Pflanzenvielfalt und Verfügbarkeit von Totholz insbesondere für die Spezialisten unter den Wildbienen so wichtig sind.

Neben den Bienen gibt es weitere organismische Gruppen und Tierarten, die Gemeinschaftsgärten als Lebensraum nutzen. Vögeln und kleinen Säugetieren dienen sie als „Trittsteine", die wichtige Vernetzungen der Landschaft herstellen und so die Mobilität von Arten, die Nutzung von Lebensräumen und damit die Vielfalt erhöhen. Kleingärten sind beispielsweise nicht nur wegen der Nahrungsressourcen wichtige Habitate für Igel, sondern ermöglichen ihnen auch die Wanderung durch die Stadtlandschaft (vgl. App et al., 2022). Darüber hinaus sind bodenbewohnende Organismen ein wichtiger Faktor für biologische Vielfalt, da viele agrarökologische Prozesse, die der Pflanzenproduktion zugrunde liegen, vom „Boden aus" beginnen. Bodenlebewesen wie Regenwürmer, Springschwänze, Pilze und Bakterien sind essenziell für die Bodenfruchtbarkeit und das Funktionieren des Bodens, z. B. für den Nährstoffkreislauf und die Belüftung. Tresch et al. (2019) zeigen, dass eine höhere Pflanzenvielfalt ebenso wie eine geringere Intensität der Bodenbearbeitung in Kleingartenparzellen die Vielfalt der Bodenfauna erhöht.

Gärten im Sinne der Biodiversität bewirtschaften

Gemeinschaftsgärten können eine Vielfalt von Pflanzen- und Tierarten mit unterschiedlicher Biologie beherbergen, einschließlich gefährdeter und spezialisierter Arten. Dabei beeinflussen die Lebensraumeigenschaften von Gemeinschaftsgärten die taxonomische Vielfalt und die funktionale Zusammensetzung der ökologischen Gemeinschaften. Die Gärtner*innen können die Böden und die Bodenbedeckung, aber auch die Pflanzenvielfalt beeinflussen. Durch Mulch kann im Rahmen des Boden- und Bewässerungsmanagements gezielt Lebensraum für bodenbewohnende Organismen geschaffen werden (vgl. Tresch et al., 2019). Mit dem Schaffen von Sandstrukturen oder Totholz können auch boden- und höhlenbrütende Bienen und Wespen unterstützt werden.

Im Berliner Forschungsprojekt haben wir festgestellt, dass sowohl die Vegetation als auch die Nistressourcen für das Vorkommen von Wildbienen von entscheidender Bedeutung sind. Eine Erhöhung der Artenzahl und Vielfalt der Pflanzenarten sowie eine Zunahme des Totholzes in Gärten führt zu einer Erhöhung der Artenzahl und Vielfalt von Wildbienen (vgl. Felderhoff et al., 2022). Darüber hinaus begünstigt ein höherer Anteil an Rohbodenbedeckung bodenbrütende Bienenarten, während ein hoher Grad an Undurchlässigkeit der Vegetation das Vorkommen von oberirdisch nistenden Arten fördert.

Nistressourcen werden sowohl in der Forschung als auch in der Praxis oft übersehen, vor allem aufgrund ästhetischer Vorbehalte, die z. B. Totholz betreffen. Gemeinschaftsgärten können helfen, ästhetische Vorlieben zu verändern, um mehr „wilde Ecken" zur Förderung der biologischen Vielfalt zu schaffen.

Fazit

Insgesamt legen unsere Forschungsergebnisse nahe, dass es sich bei urbanen Gemeinschaftsgärten um ein (Öko-)System handelt, das neben seinen sozialen Zwecken wie Bildung und Geselligkeit eine hohe biologische Vielfalt in der Stadt beherbergen kann. Gemeinschaftsgärten sind teilweise regelrechte Hotspots für häufige und seltene Pflanzen- und Tierarten. Sie sind Orte, an denen menschliche Bedürfnisse und biologische Vielfalt nebeneinander bestehen und gefördert werden (können). Damit leisten sie einen wichtigen Beitrag zur Versöhnungsökologie. Zukünftig gilt es, dieses Potenzial in der Zusammenarbeit von Forschung und Praxis verstärkt zu nutzen und sich gemeinsam für mehr biologische Vielfalt in der Stadt einzusetzen.

Literatur

Albrecht, H., Cambecèdes, J., Lang, M. & Wagner, M. (2016). Management options for the conservation of rare arable plants in Europe. *Botany Letters*, 163, 389–415.

App, M., Strohbach, M. W., Schneider, A.-K. & Schröder, B. (2022). Making the case for gardens: Estimating the contribution of urban gardens to habitat provision and connectivity based on hedgehogs (Erinaceus europaeus). *Landscape and Urban Planning*, 220, 1–9.

Baldock, K. C. R., Goddard, M. A., Hicks, D. M., Kunin, W. E., Mitschunas, N., Morse, H., Osgathorpe, L. M., Potts, S. G., Robertson, K. M., Scott, A. V., Staniczenko, P. P. A., Stone, G. N., Vaughan, I. P. & Memmott, J. (2019). A systems approach reveals urban pollinator hotspots and conservation opportunities. *Nature Ecology & Evolution*, 3, 363–373.

Baldock, K. C. R., Goddard, M. A., Hicks, D. M., Kunin, W. E., Mitschunas, N., Osgathorpe, L. M., Potts, S. G., Robertson, K. M., Scott, A. V, Stone, G. N., Vaughan, I. P. & Memmott, J. (2015). Where is the UK's pollinator biodiversity? The importance of urban areas for flower-visiting insects. *Proceedings of the Royal Society B: Biological Sciences*, 282, 20142810–20142849.

Cabral, I., Keim, J., Engelmann, R., Kraemer, R., Siebert, J. & Bonn, A. (2017). Ecosystem services of allotment and community gardens: A Leipzig, Germany case study. *Urban Forestry & Urban Greening*, 23, 44–53.

Egerer, M. & Lin, B. (2022). Balancing urban agriculture with sustaining ecosystem services. *CAB Reviews: Perspectives in Agriculture, Veterinary Science, Nutrition and Natural Resources*, 17.

Felderhoff, J., Gathof, A. K., Buchholz, S. & Egerer, M. (2022). Vegetation complexity and nesting resource availability predict bee diversity and functional traits in community gardens. *Ecological Applications*, e2759.

Frey, D. & Moretti, M. (2019). A comprehensive dataset on cultivated and spontaneously growing vascular plants in urban gardens. *Data in Brief*, 25, 103982.

Goddard, M. A., Dougill, A. J. & Benton, T. G. (2010). Scaling up from gardens: biodiversity conservation in urban environments. *Trends in Ecology and Evolution*, 25, 90–98.

Jäger, E. J., Müller, F., Ritz, C., Welk, E. & Wesche, K. (2017). *Rothmaler-Exkursionsflora von Deutschland, Gefäßpflanzen*. Grundband Springer-Verlag.

Jha, S., Egerer, M., Bichier, P., Cohen, H., Liere, H., Lin, B., Lucatero, A. & Philpott, S. M. (2023). Multiple ecosystem service synergies and landscape mediation of biodiversity within urban agroecosystems. *Ecology Letters*, 1–15.

Kronenberg, B. & Kowarik, I. (1989). Naturverjüngung kultivierter Pflanzen in Gärten. *Verhandlungen des Berliner Botanischen Vereins*, 7, 3–30.

Kühn, I., Brandl, R. & Klotz, S. (2004). The flora of German cities is naturally species rich. *Evolutionary Ecology Research*, 6, 749–764.

Loram, A., Thompson, K., Warren, P. H. & Gaston, K. J. (2008). Urban domestic gardens (XII): The richness and composition of the flora in five UK cities. *Journal of Vegetation Science*, 19, 321–330.

Lososová, Z., Chytrý, M., Tichý, L., Danihelka, J., Fajmon, K., Hájek, O., Kintrová, K., Láníková, D., Otýpková, Z. & Řehořek, V. (2012). Biotic homogenization of Central European urban floras depends on residence time of alien species and habitat types. *Biological Conservation*, 145, 179–184.

Ong, T. W., Lin, B. B., Lucatero, A., Cohen, H., Bichier, P., Egerer, M. H., Danieu, A., Jha, S., Philpott, S. M. & Liere, H. (2022). Rarity begets rarity: Social and environmental drivers of rare organisms in cities. *Ecological Applications*, 1–19.

Philpott, S. M., Egerer, M. H., Bichier, P., Cohen, H., Cohen, R., Liere, H., Jha, S. & Lin, B. B. (2020). Gardener demographics, experience, and motivations drive differences in plant species richness and composition in urban gardens. *Ecology and Society*, 25, art8.

Planchuelo, G., Kowarik, I. & Lippe, M. von der (2020). Plant traits, biotopes and urbanization dynamics explain the survival of endangered urban plant populations. *Journal of Applied Ecology*, 57, 1581–1592.

Rosenzweig, M. L. (2003). Reconciliation ecology and the future of species diversity. *Oryx*, 37, 194–205.

Seitz, B., Ristow, M., Prasse, R., Machatzi, B., Klemm, G., Böcker, R. & Sukopp, H. (2012). *Der Berliner Florenatlas*. Verhandlungen des Botanischen Vereins von Berlin und Brandenburg, Beiheft 7. Rangsdorf: Natur+Text Verlag.

Swan, C. M., Brown, B., Borowy, D., Cavender-Bares, J., Jeliazkov, A., Knapp, S., Lososová, Z., Padullés Cubino, J., Pavoine, S., Ricotta, C. & Sol, D. (2021). A framework for understanding how biodiversity patterns unfold across multiple spatial scales in urban ecosystems. *Ecosphere*, 12, 1-15.

Taylor, J. R. & Lovell, S. T. (2014). Urban home gardens in the Global North: A mixed methods study of ethnic and migrant home gardens in Chicago, IL. *Renewable Agriculture and Food Systems*, 30, 22–32.

Tresch, S., Frey, D., Le Bayon, R.-C., Mäder, P., Stehle, B., Fliessbach, A. & Moretti, M. (2019). Direct and indirect effects of urban gardening on aboveground and belowground diversity influencing soil multifunctionality. *Scientific Reports*, 9, 9769.

Gemeinschaftsgärten sind Gold wert – ein Forschungsprojekt belegt das empirisch[1]

Jesko Hirschfeld, Lea Kliem und Malte Welling

Gärten erbringen vielfältige Leistungen – nicht nur Obst, Gemüse, Salat, Blumen und Kräuter für die Gärtner*innen und ihre Familien und Freund*innen, sondern für die ganze Bevölkerung und natürlich auch für die Tier- und Pflanzenwelt in der Stadt. In den immer heißer werdenden Sommern sind sie kühle, grüne Oasen, in denen man Luft holen und etwas entspannen kann, während sich rundherum der Beton aufheizt und das Pflaster glüht. Und wenn dann einer der ebenfalls häufiger und intensiver gewordenen Starkregen fällt, helfen sie dabei, das Wasser aufzufangen, es versickern zu lassen und damit auch für die Grundwasserbildung zu speichern. Es einfach ablaufen zu lassen kann dazu führen, die Kanalisation zu überlasten, sodass das Wasser in Keller, Unterführungen oder ungeklärt in den nächsten Wasserlauf strömt. Ist der Regen vorbei, steht das Wasser im Garten zur Verdunstung zur Verfügung und lässt die Pflanzen umso besser wachsen.

Neben der Nahrungsmittelerzeugung leisten die urbanen Gärten also wichtige Beiträge für die Kühlung des Stadtklimas, für den Rückhalt von Regenwasser und Luftschadstoffen sowie für die Speicherung von Kohlenstoff. Nicht zuletzt bieten sie kostenfreie soziale Begegnungsräume, Naturerlebnisse und praktische

1 Das Projekt „GartenLeistungen – Urbane Gärten und Parks: Multidimensionale Leistungen für ein sozial, ökologisch und ökonomisch nachhaltiges Flächen- und Stoffstrommanagement" wurde 2019 bis 2022 vom Bundesministerium für Bildung und Forschung im Rahmen des Förderschwerpunkts „Ressourceneffiziente Stadtquartiere für die Zukunft (RES:Z)" gefördert und in einer zweiten Phase bis 2025 verlängert. Projektpartner der ersten Phase waren neben dem IÖW die Technische Universität Berlin, die Humboldt-Universität zu Berlin, die Universität Stuttgart, die Berliner Senatsverwaltung für Umwelt, Mobilität, Verbraucher- und Klimaschutz, das Amt für Stadtplanung und Stadterneuerung der Stadt Stuttgart, die Gemeinschaftsgärten himmelbeet und Inselgrün, die Grün Berlin GmbH, das Umweltplanungsbüro Terra Urbana sowie die anstiftung. Weiterführende Informationen zum Projekt und zur Methodik, auf der dieser Beitrag beruht, finden sich auf gartenleistungen.de.

Umweltbildung für Jung und Alt und helfen dabei, die Artenvielfalt auch in den Städten aufrechtzuerhalten und zu fördern. Von der Stadtbevölkerung werden sie als wichtige Erholungsräume, die zur physischen und psychischen Gesundheit beitragen, hochgeschätzt.

Das Forschungsprojekt „GartenLeistungen" hat sich über drei Jahre lang intensiv damit beschäftigt, diese Leistungen abzubilden, messbar zu machen und schließlich auch in Geldwerten auszudrücken. Dies geschah in enger Zusammenarbeit mit Praxispartnern, mit Gemeinschaftsgarteninitiativen in Stuttgart und Berlin sowie städtischen Verwaltungen, die an Programmen zur Unterstützung und Förderung urbaner Gärten arbeiten.

Das Institut für ökologische Wirtschaftsforschung (IÖW) hat die hohe Wertschätzung der Gärten durch die Stadtbevölkerung in repräsentativen Umfragestudien erhoben, die Humboldt-Universität zu Berlin hat die stadtklimatischen Effekte der Gärten gemessen und modelliert und die Universität Stuttgart hat die Konzeption und Durchführung von Reallaboren wissenschaftlich begleitet. In den Reallaboren konnten Gartenakteure aus den Gemeinschaftsgärten Inselgrün in Stuttgart und himmelbeet in Berlin Prozesse zur Sicherung ihres Fortbestehens und zahlreiche praktische Projekte, wie ein Pilzzuchtlabor, vertikalen Salatanbau unter Verwendung von Grauwasser oder Kochworkshops, entwickeln und umsetzen.

Unser Beitrag gibt einen Einblick in einige der zentralen Ergebnisse der ersten Projektphase (2019–2022). In einer Verstetigungsphase werden seit 2022 zusätzliche Praxispartner in Leipzig, Frankfurt am Main und Stuttgart einbezogen, um Ergebnisse aus der ersten Projektphase zu übertragen und weiterzuentwickeln. Begleitet wird das Projekt, wie schon in der ersten Phase, von der anstiftung, die sich an der Diskussion der Gartenkonzepte, der städtischen Förderprogramme und an der Verbreitung der Ergebnisse und Erkenntnisse des Projektes in die Gartenszene hinein beteiligt.

Das Berliner himmelbeet als Beispiel für die vielfältigen Leistungen eines Gemeinschaftsgartens

Das himmelbeet ist ein interkultureller Gemeinschaftsgarten in Berlin, der seit 2013 auf 1700 m^2 zum Mitgärtnern und Selberernten einlädt. Anliegen der urbanen Gärtner*innen ist es, Kindern und Erwachsenen Ökologie, Nachhaltigkeit und gesunde Ernährung näherzubringen und dabei als lebendiges Experimentierfeld der Stadtgesellschaft Raum für sozialen Austausch und Bildung zu bieten. Das Gartenteam betreut außerdem Nutzgärten auch an anderen Orten in der Stadt – im Auftrag von Bildungsträgern, sozialen Einrichtungen, Wohnungsbaugesellschaften und Nachbarschaften. Gestaltung und Umsetzung von Umweltbildungsangeboten sind ein wesentlicher Teil der Arbeit. Mit der eigenen Gastronomie und Gemüseproduktion orientiert sich das himmelbeet stark an den Ansätzen der Gemeinwohlökonomie. Ursprünglich auf einer

Sportplatzbrache am Leopoldplatz im Wedding angesiedelt, musste das himmelbeet im Sommer 2022 nach langjährigem Kampf um seine Fläche umziehen und richtet sich aktuell an seinem neuen Standort in Berlin-Mitte ein.

Die Leistungen von Gärten mit dem Ökosystemleistungskonzept erfassen

Die Leistungen von Gärten sind so vielfältig, dass es nicht einfach ist, sie vollständig abzubilden oder gar auf einen Nenner zu bringen. Ein Konzept, das sich für eine Erfassung anbietet und sich bereits in einer Reihe von Kontexten bewährt hat, ist das sogenannte Ökosystemleistungskonzept. Es teilt die Leistungen von Ökosystemen, zu denen auch Gärten gezählt werden können, in vier Kategorien ein: versorgende, regulierende, kulturelle und unterstützende Ökosystemleistungen.

Zu den versorgenden Leistungen von Gärten zählt die Bereitstellung von Nahrungsmitteln und Biomasse, zum Beispiel Grünschnitt. Regulierende Leistungen sind unter anderem der Rückhalt von Wasser, von Nähr- und Schadstoffen, die Festlegung von Kohlenstoff und die unmittelbar kühlende Wirkung auf das Stadtklima. Kulturelle Ökosystemleistungen beinhalten zum Beispiel die Erholungsfunktion, Naturerfahrungsräume, Umweltbildung, soziale Gemeinschaftserlebnisse, die Ästhetik des Stadtbildes bis hin zu spirituellen Aspekten der Mensch-Natur-Beziehung. Unterstützende Ökosystemleistungen betreffen beispielsweise die Bodenbildung, den Nährstoffkreislauf und die Biodiversität.

Versorgende Ökosystemleistungen

Nahrungsmittel

Biomasse zur stofflichen und energetischen Verwertung

Trinkwasser

Regulierende Ökosystemleistungen

Wasserhaushalt

Kohlenstoffspeicherung

Mikroklima

Regulation von Luft-, Boden- und Wasserschadstoffen

Kulturelle Ökosystemleistungen

Stadt- und Landschaftsbild

Erholungsnutzen

Soziale Erlebnisräume

Umweltbildung

Biodiversität

Unterstützende Ökosystemleistungen

Bodenbildung, Nährstoffkreislauf, Biodiversität

Gärten produzieren hochwertige regionale Nahrungsmittel

Gemeinschaftsgärten stellen Nahrungsmittel mitten in der Stadt bereit. Die Nahrungsmittelproduktion wird seit Jahrtausenden auch in Städten praktiziert, doch gerade in den letzten Jahren erlebt sie wieder einen Aufschwung. Mit einem wachsenden Bewusstsein für die Herkunft und Qualität von Lebensmitteln wird das städtische Gärtnern für immer mehr Bürger*innen interessant. Werden hochwertige, oft ökologisch produzierte Nahrungsmittel vor Ort geerntet, reduzieren sich zugleich Transportwege und damit verbundene Treibhausgasemissionen. Auch im himmelbeet wird fleißig Gemüse angebaut: jährlich rund 1700 kg Gemüse und Kräuter. Das entspricht einer Erntemenge von 5,45 kg pro m^2. Grundlage für die Berechnungen waren Erntetagebücher, in denen die Gärtner*innen ihre Ernte eine Saison lang erfasst haben, und eine umfassende Literaturrecherche.[2] Bei einem durchschnittlichen Gemüsepreis von 1,31 Euro pro Kilo ergab sich daraus ein jährlicher monetärer Wert von mindestens 2200 Euro (vgl. Kliem & Kuhlmann, 2022). Geht man von Preisen für Biolebensmittel (oder auch von den seit dem Bezugsjahr 2021 weiter gestiegenen Lebensmittelpreisen) aus, kommt man auf deutlich höhere Werte.

Gärten regulieren Wasserkreisläufe, Schadstoffe, Kohlenstoff und das städtische Mikroklima

Gärten schaffen grüne, kühle Erholungsräume, in denen man auch an heißen Sommertagen durchatmen kann. Wie die Stadtklimamodellierung der Humboldt-Universität Berlin gezeigt hat, liegen die Temperaturen in den Gärten 5 bis 8 Grad unter den im Straßenraum gemessenen Werten. Und die kühle Luft aus den Gärten wirkt zumindest einige Meter abkühlend auch in das umliegende Quartier hinein.

Neben dem Kühleffekt filtern die Pflanzen über ihre Blätter Schadstoffe aus der Luft und tragen damit zur Verbesserung der Stadtluft bei, was wiederum positive Gesundheitseffekte für die Stadtbevölkerung mit sich bringt. Insbesondere Bäume und Büsche, aber auch Kompost und Humus speichern Kohlenstoff und wirken damit zumindest geringfügig gegen den globalen Klimawandel. Die vermiedenen Transportwege durch die Produktion direkt in der Stadt tragen zusätzlich zur Reduzierung von Treibhausgasemissionen bei.

Eine weitere wichtige Regulationsleistung ist der Rückhalt von Niederschlagwasser, das in den Beeten und, im Fall entsiegelter Gartenflächen, auch in tiefer gelegenen Bodenschichten versickern kann. Damit reduziert sich gegenüber versiegelten Flächen der Oberflächenabfluss. Das kann bei Starkregen helfen, die Kanalisation zu entlasten, Überflutungen zu vermindern und Gewässerverschmutzungen zu verhindern.

---

2 Die Methodik ist beschrieben in Kliem & Kuhlmann, 2022.

Gärten sind wichtige soziale und kulturelle Orte

Auch auf kultureller und sozialer Ebene sind Gemeinschaftsgärten ein großer Gewinn für die Lebensqualität und den gesellschaftlichen Zusammenhalt in einer Stadt. Sie sind ein Treffpunkt für Menschen unterschiedlicher Herkunft und sozioökonomischer Lebenssituation, ein Ort für gemeinsame Naturerfahrung, Austausch, Erholung, und bieten Umweltbildung und kulturelle Aktivitäten. Im Berliner Gemeinschaftsgarten himmelbeet treffen sich Menschen aus dem Quartier im Garten-Café oder zu Backtagen am Lehmofen, nehmen an Workshops zu Stadtnatur, Klimaschutz und Gemüseanbau teil, arbeiten zusammen an Büchern in Leichter Sprache und vor allem gärtnern sie gemeinsam im Garten.

Um zu untersuchen, wie die Stadtgesellschaft von solchen Angeboten profitiert, führte das IÖW im Jahr 2020 eine repräsentative Bevölkerungsbefragung mit 2300 Personen aus Berlin und Stuttgart durch. Ein Viertel der Befragten gab an, schon einmal einen Gemeinschaftsgarten besucht zu haben. Fast jede*r Zehnte kommt sogar regelmäßig. Auch wenn Gemeinschaftsgärten nicht so stark frequentiert werden wie beispielsweise Parks, ziehen sie deutlich mehr Stadtbewohner*innen an als nur den harten Kern der Gärtner*innen. Was lockt die Gäste in die Gärten? Am häufigsten wurde in der Umfrage genannt, um „Natur zu erleben", „zu entspannen" und „andere Menschen zu treffen".

Die vielseitigen kulturellen und sozialen Funktionen, die Gemeinschaftsgärten für ihre Stadt erfüllen, lassen sich nicht mit all ihren Facetten in einer Zahl oder einem Geldwert fassen. Aber durch umweltökonomische Methoden kann ermittelt werden, wie hoch die Zahlungsbereitschaft der Anwohner*innen ist, um einen Garten dieser Art in der Nachbarschaft zu haben. Eine solche Zahlungsbereitschaft kann als Maß der Wertschätzung der Anwohner*innen für die kulturellen und sozialen Funktionen eines Gartens betrachtet werden. Als Teil der Bevölkerungsbefragung führte das IÖW ein sogenanntes Choice Experiment (vgl. Mariel et al., 2021) durch. Aus den Antworten kann mit statistischen Modellen abgeleitet werden, was den Stadtbewohner*innen ein Garten in ihrer Nachbarschaft wert wäre: Im Durchschnitt ist ein*e Berliner*in bereit, zwischen 37 und 98 Euro pro Jahr für einen Gemeinschaftsgarten in der Nachbarschaft zu zahlen. Für ausgewählte Gemeinschaftsgärten rechnete das IÖW die Zahlungsbereitschaft aller Anwohner*innen zusammen. Für das himmelbeet ergab sich dabei ein Wert von jährlich 1,5 Millionen Euro für die Nachbarschaft in Berlin-Wedding.

Die Leistungen der Gärten für die Stadtbevölkerung sind Millionen wert

Auch in Stuttgart erbringen Gemeinschaftsgärten einen großen Mehrwert für die Stadtgesellschaft. Der Agenda-Garten, ein multikultureller, generationenübergreifender Garten mit Obstbäumen, Beerensträuchern und Beeten, bietet seit über 20

Jahren Raum für Begegnungen und Naturerfahrungen. Im Gemeinschaftsgarten Chloroplast stehen große Gewächshäuser und weitläufige Außenflächen mit viel Platz für gärtnerische Tätigkeiten zur Verfügung. Werkstätten zu Nachhaltigkeitsthemen sowie soziale und kulturelle Veranstaltungen bieten ein abwechslungsreiches Programm für die Nachbarschaft. Auch das GartenKulturLabor ermöglicht Einzelpersonen wie sozialen, pädagogischen und kulturellen Einrichtungen aus dem Quartier zusammenzukommen, um gärtnerisch und handwerklich aktiv zu werden. Die interkulturellen Bürgergärten Hallschlag sind seit 2008 ein wichtiges Naherholungsgebiet für die Nachbarschaft und stellen unter anderem Umweltbildungsangebote für Kinder und Jugendliche bereit. Der Stadtacker Wagenhallen hat auf der Fläche eines ehemaligen Ausbesserungswerks der Bahn eine grüne Oase geschaffen, auf der eine bunte Mischung aus Studierenden, jungen Familien und Einwanderer*innen unterschiedlicher Herkunft zusammen gärtnern. Und der Gemeinschaftsgarten Inselgrün zeigt, wie auf kleinster Gartenfläche umfassende Kultur- und Umweltbildungsangebote stattfinden können.

Die sieben untersuchten Gemeinschaftsgärten schaffen mit ihren Leistungen einen hohen Wert für die Stadtgesellschaft: je nach Größe und Angebot des jeweiligen Gartens zwischen etwa 100.000 und 1,5 Millionen Euro pro Jahr. Dabei machen die kulturellen und sozialen Funktionen im Vergleich mit der reinen Gemüseproduktion einen deutlich größeren Teil aus. Viele Anwohner*innen äußern ihre hohe Wertschätzung für einen Gemeinschaftsgarten in ihrer Nachbarschaft, weil sie ihn als Treffpunkt und Ort für Erholung, Naturerfahrung und für kulturelle Angebote nutzen können. Bei den untersuchten Gärten ist der diesbezügliche Wert im Berliner himmelbeet am höchsten. Dies liegt zum einen an den vielen offenen Veranstaltungen und Aktivitäten, zum anderen an der hohen Bevölkerungsdichte in der Nachbarschaft.

Gemeinschaftsgärten sind natürlich auch eine Quelle für Gemüse, Kartoffeln und Kräuter. Abhängig vor allem von der Anbaufläche bewegt sich die jährliche Ernte bei den sieben Gärten zwischen 900 und 7600 kg. Die bepflanzten Flächen in den Gärten halten bei Starkregen bis zu 20.000 Liter Regenwasser zurück, was einem Wert von mehreren Hundert Euro jährlich entspricht. Die Pflanzen entfernen bis zu 800 kg Treibhausgase und 8 kg Luftschadstoffe wie Feinstaub aus der Luft, was jährliche Klima- und Gesundheitskosten in Höhe von bis zu 200 Euro vermeidet. Die Tabelle gibt einen detaillierten Überblick über die im Forschungsprojekt ermittelten physischen und monetären Werte.

Wie die Politik die Leistungen der Gärten sichern und stärken kann

Viele urbane Gärten befinden sich auf Flächen, die perspektivisch bebaut werden sollen. Dabei sind gerade urbane Gemeinschaftsgärten auf innerstädtische Flächen angewiesen, um für die Nachbarschaft gut erreichbar zu sein. Freie Flächen

	Größe	Nahrungsmittel		Regenwasser		Treibhausgase		Luftschadstoffe		Kulturelle und soziale Leistungen	Gesellschaftlicher Gesamtwert der Leistungen
	m²	kg	€	l	€	Kg	€	Kg	€	€	€
himmelbeet	1.700	1.700	2.200	9.000	400	200	40	2	20	1.500.000	über 1,5 Millionen
Agenda-Garten	1.420	3.000	4.000	13.000	500	600	100	6	60	150.000	etwa 160.000
Bürgergärten Hallschlag	1.500	4.800	6.300	14.000	600	600	100	6	60	190.000	über 200.000
Chloroplast	1.420	1.600	2.100	8.000	300	300	60	3	30	120.000	gut 120.000
GartenKultur-Labor	1.100	3.300	4.300	10.000	400	400	80	5	50	200.000	gut 210.000
Inselgrün	600	900	1.200	2.000	90	70	10	1	10	280.000	knapp 280.000
Stadtacker Wagenhallen	2.040	7.600	9.900	20.000	800	800	140	8	80	310.000	knapp 320.000

Der Wert der Ökosystemleistungen von sieben untersuchten Gemeinschaftsgärten (eigene Berechnungen)

im Innenstadtbereich sind jedoch rar und Ausweichflächen nur schwer zu finden. Wenn Städte nicht aktiv gegensteuern, fallen Entscheidungen bei Flächenkonflikten häufig zugunsten vermeintlich lukrativerer Nutzungsformen aus: Gärten müssen in diesem Fall neuen Wohngebieten oder Bürogebäuden weichen. Die Sicherung urbaner Gärten einschließlich ihrer multidimensionalen Leistungen ist daher eine große Herausforderung, die zukünftig noch stärker in Stadtentwicklung und -planung einbezogen werden muss.

Die vielschichtigen Fragestellungen und Arbeitsweisen von Gemeinschaftsgärten erfordern neue, dauerhafte und partnerschaftliche Allianzen aus Zivilgesellschaft und Verwaltung sowie eine permanente ressortübergreifende Zusammenarbeit innerhalb der Verwaltung. Dafür sind feste Ansprechpartner*innen in den Kommunen und Partizipationsprozesse auf Augenhöhe nötig.

In Berlin wurden bereits erste Erfolge erzielt: 2019 setzte die Berliner Senatsverwaltung für Umwelt, Mobilität, Verbraucher- und Klimaschutz eine Ansprechperson für die Belange der urbanen Gärten ein. Im Folgejahr startete eine Austauschplattform für Gemeinschaftsgärtner*innen mit der Verwaltung. Von 2020 bis 2022 entstand schließlich in einem partizipativen Prozess das Berliner Gemeinschaftsgarten-Programm, mit dem neue Gemeinschaftsgärten ermöglicht und bestehende unterstützt werden sollen.[3] Der Flächenknappheit soll mit dem Ansatz der Mehrfachnutzung begegnet werden, sodass bestehende Freiflächen, beispielsweise rund um öffentliche Gebäude, auch gärtnerisch genutzt werden können.

Die Stadt Stuttgart unterstützt mit dem Förderprogramm „Urbane Gärten" seit 2014 Gemeinschaftsgärten, Nachbarschaftsgärten und Schulgärten, unter anderem mit Finanzmitteln und Beratung. Ein zweckgebundener Zuschuss soll die Kosten für den Unterhalt eines urbanen Gartens zumindest teilweise auffangen und so den Erhalt von ehrenamtlich getragenen Gärten langfristig unterstützen.

Das Projekt GartenLeistungen konnte zeigen, dass der vielfältige Nutzen urbaner Gärten die Kosten ihrer Einrichtung und Unterhaltung in der Regel bei weitem übersteigt. Gärten erzeugen nicht nur Nahrungsmittel direkt dort, wo sie benötigt werden, sie produzieren viel mehr: Saubere Luft, Kühle im Sommer, sie speichern Wasser, erhalten die Artenvielfalt, bieten soziale Begegnungsräume und machen einfach gute Laune.

Stadtregierungen, denen die Gesundheit, das Wohlbefinden und der soziale Zusammenhalt in ihren Städten am Herzen liegt, die ihre Städte fit machen wollen für die Herausforderungen, die mit dem Klimawandel auf sie zukommen, und die von ihren Bürger*innen für eine verantwortungsvolle und erfolgreiche Stadtpolitik wiedergewählt werden möchten, sollten urbane Gärten ermutigen, fördern und erhalten. Unsere wissenschaftlichen Ergebnisse können dazu dienen, in stadtpolitischen Debatten über Flächennutzungen, Planungsalternativen und den Einsatz von Haushaltsmitteln die Position der Gemeinschaftsgärten zu stärken, um die Lebensqualität der Bevölkerung in den Städten nachhaltig zu verbessern.

3 Siehe auch den Beitrag von Giseke, Karge und Mees in diesem Band.

Literatur

Kliem, L. & Kuhlmann, M. (2022). *Reiche Ernte in Berliner und Stuttgarter Gärten. Ermittlung der Nahrungsmittelproduktion in Gemeinschaftsgärten, Kleingärten und auf Mietäckern in Berlin und Stuttgart.* (GartenLeistungen Arbeitsbericht) Berlin. Online verfügbar unter: ioew.de/fileadmin/user_upload/BILDER_und_Downloaddateien/Publikationen/2022/Kliem_Kuhlmann_2022_Reiche_Ernte_in_Berliner_und_Stuttgarter_Gaerten.pdf (letzter Zugriff am 27.06.2023).

Mariel, P., Hoyos, D., Meyerhoff, J., Czajkowski, M., Dekker, T., Glenk, K., Jacobsen, J. B., Liebe, U., Olsen, S. B., Sagebiel, J. & Thiene, M. (2021). *Environmental valuation with discrete choice experiments: Guidance on design, implementation and data analysis.* Springer Nature.

Püffel, C., Kliem, L., Welling, M., Hirschfeld, J. (2022): *Ökosystemleistungen urbaner Gärten und Parks – Quantifizierung und Bewertung. Arbeitsbericht zur Quantifizierung von Stoffströmen, weiterer Ökosystemleistungen und ihrer ökonomischen Bewertung.* Berlin. Online verfügbar unter: ioew.de/fileadmin/user_upload/BILDER_und_Downloaddateien/Publikationen/2023/GartenLeistungen_Arbeitsbericht_Oekosystemleistungen_urbaner_Gaerten_und_Parks_IOEW_2022.pdf (letzter Zugriff am 25.07.2023).

Urbane Waldgärten Eine naturnahe, multifunktionale Form des Urban Gardening

Jennifer Schulz

Angesichts vielfacher ökologischer und sozialer Anforderungen an städtische Grünflächen bedarf es neuer Nutzungsformen, die es sowohl ermöglichen, Grünflächen ökologisch zu qualifizieren, als auch Stadtbewohner*innen Mitwirkungsmöglichkeiten zu eröffnen. Eine steigende Nachfrage diesbezüglich zeigt sich z. B. in der wachsenden Beliebtheit verschiedener Formen des Urban Gardening. Dabei wollen Stadtgärtner*innen oft nicht nur ihre eigenen Kräuter, eigenes Obst und Gemüse anbauen, sondern häufig auch ihre direkte Umgebung lebenswerter gestalten. Bisher findet Urban Gardening oft nur als Zwischennutzung in Hochbeeten oder in vielfach naturfernen Kleingärten statt. Damit wird das ökologische Potenzial der Flächen nur begrenzt genutzt, während dringend städtische Flächen für Klimaanpassung und Artenschutz benötigt werden. Gleichzeitig wünschen sich Menschen langfristige Entwicklungsperspektiven für urbane (Gemeinschafts-)Gärten samt ihren ökologischen und sozialen Beiträgen. Um bei knapper werdendem innerstädtischem Raum sozial-ökologische Synergien zu ermöglichen, kann das multifunktionale Konzept des Waldgartens einen langfristigen Lösungsansatz bieten. Es wird im Projekt „Urbane Waldgärten" auf verschiedenen städtischen Grünflächen praktisch und unter intensiver Mitwirkung von Bürger*innen erprobt und fortlaufend evaluiert.

In Deutschland lebt ein Großteil der Bevölkerung in dicht besiedelten Gebieten, und die Urbanisierung schreitet weiter voran. Die nachhaltige, sozial und ökologisch verträgliche Stadtentwicklung steht vor immensen Herausforderungen. Vor dem Hintergrund der Auswirkungen des Klimawandels, mangelnder Umweltgerechtigkeit und fortschreitender Entfremdung vor allem jüngerer Bevölkerungsteile von Naturerfahrungen wird es immer schwieriger, gute Lebensbedingungen in den Städten zu sichern. Zunehmender Nutzungsdruck und konkurrierende Flächenansprüche verlangen neue Nutzungsformen in städtischen Ballungsräumen.

Zentral ist dabei die Frage, wie sich ökologische Anforderungen an städtische Grünflächen, z. B. Anpassungsmaßnahmen an den Klimawandel oder Schaffung von Lebensräumen für den Erhalt der Artenvielfalt, mit klassischen Nutzungsansprüchen wie Erholung, Begegnung und Bewegung verbinden lassen. Wie können städtische Grünflächen zu Refugien der Artenvielfalt werden und trotz menschlicher Nutzung ihr Potenzial durch kleinräumige, vielfältige Strukturen entfalten? Wie kann der angesichts zunehmender Wetterextreme steigende Bedarf an Flächen für Kühlung und Wasserregulation mit den Nutzungswünschen der Stadtbewohner*innen verbunden werden? Und wie kann dabei der Boden als zentrales Nutzungselement so bearbeitet und bepflanzt werden, dass er als Grundlage für eine widerstandsfähige Vegetationsentwicklung langfristig erhalten bleibt? Und nicht zuletzt, wie lassen sich städtische Räume schaffen, die Dialog, Austausch und gemeinsames Lernen aller Altersgruppen ermöglichen? Lassen sich städtische Grünflächen dahingehend entwickeln, dass sie einer urbanen Nahrungsmittelproduktion Raum geben und gleichzeitig angenehme Aufenthaltsorte sind?

Das sind nur einige der Fragen, die sich auf der Suche nach integrativen Grünflächenkonzepten stellen. Und es ist positiv zu sehen, welche Vielfalt an Lösungsansätzen in letzter Zeit auf unterschiedlichen Grünflächentypen erprobt wird. Auffällig ist dabei, dass weiterhin vorwiegend ein räumlich über die Stadt verteiltes Nebeneinander verschiedener Flächennutzungs(-kategorien) und deren spezifischer Funktionszuweisungen besteht. Angesichts des Flächendruckes werden jedoch dringend multifunktionale Flächennutzungsformen benötigt und diese auch seit etlichen Jahren in freiraumplanerischen Ansätzen, z. B. unter dem Stichwort Multicodierung, gefordert (vgl. BMUB, 2017).

Im Projekt „Urbane Waldgärten" geht es um den Versuch, eine integrative, multifunktionale Nutzungsform urbaner Grünflächen, basierend auf umfangreichen Beteiligungs- und Mitwirkungsprozessen der Stadtgesellschaft, zu entwickeln. Gefördert im Bundesprogramm Biologische Vielfalt, werden von 2021 bis 2027 drei urbane Waldgärten in Berlin und Kassel auf unterschiedlichen städtischen Grünflächen praktisch erprobt und kontinuierlich evaluiert (vgl. BfN, 2021).

Was ist ein Waldgarten?

Ein Waldgarten besteht aus mehreren Höhenschichten vorwiegend essbarer Pflanzen, die sich, ähnlich der räumlichen Struktur natürlicher Wälder, teilweise überlappen. Waldgärten sind gezielt geplante Nutzgärten, in denen die Pflanzen so kombiniert werden, dass sie miteinander gedeihen und geerntet werden können. Damit sind Waldgärten eine Form von mehrschichtigem Agroforstsystem, welches mindestens Bäume, Sträucher und eine krautige Schicht vereint. Die Vegetation besteht zu einem hohen Anteil aus mehrjährigen, essbaren Pflanzen wie Obst- und Nussbäumen, Beerensträuchern, Gemüse und Kräutern. Dabei soll dieses waldartige Anbausystem einen vielfältigen Ertrag von Nahrungsmitteln liefern, die durch ökologische Regulationsmechanismen (z. B. eine hohe Arten- und Sortenvielfalt) widerstandsfähig gegenüber Wetterextremen oder Schädlingen heranwachsen. Eine gezielte Kreislaufführung der Nährstoffe durch Mulchen und Kompostwirtschaft und die Einbindung von Pflanzen, die Schädlingsabwehr oder eine Nährstoffakkumulation ermöglichen, machen Waldgärten zu einer naturnahen Anbauweise, die ohne künstliche Düngemittel und Pestizide auskommt. Der Waldgarten kann durch seine strukturelle Ähnlichkeit zum Wald mit zunehmendem Alter auch mehrere ökologische Funktionen erfüllen.

Ökologische und soziale Funktionen von Waldgärten

Ähnlich wie Wälder können Waldgärten durch ihr langfristig hohes Grünvolumen und ihre zunehmend humusreichen Böden zur Regulierung des Stadtklimas beitragen. Neben den ökologischen Funktionen und dem Anbau von Nahrungsmitteln sollen urbane Waldgärten Orte der Begegnung und des gemeinsamen Lernens sein. Sie sollen von den Menschen in der Stadt mitgestaltet und betrieben werden. So entsteht eine neue, multifunktionale Form des Urban Gardenings.

Gut für das Stadtklima

Besonders die Aspekte Kühlung und Regulierung des Wasserhaushaltes sind in Städten von entscheidender Bedeutung. Dabei ist die Vegetations- und Bodenausprägung entscheidend für das Aufnahme- und Verdunstungsvermögen der Niederschläge. Durch die mehrschichtige Vegetation des Waldgartens und eine gut durchwurzelte, humose Bodenschicht wird einerseits der Wasserrückhalt bei Starkniederschlägen ermöglicht und andererseits bei Hitze die Wasserverdunstung und damit die Kühlung der Umgebung erhöht. Die Verdunstung des Bodenwassers wird durch den Schattenwurf der Baumschicht verringert und so steht der Vegetation mehr Wasser zur Verfügung, was wiederum Kühlung durch Verdunstung fördert. Waldgärten könnten so ein Baustein in der Strategie der „Schwammstadt" sein und damit zur Klimaanpassung in Städten beitragen. Dabei ist es sinnvoll, ein möglichst großes Artenspektrum, darunter heimische und auch trockenresistente Pflanzen aus wärmeren Breiten, zu integrieren. So verringert sich über die Artenvielfalt das Risiko, dass das ganze System bei Witterungsextremen kollabiert. Gleichzeitig entsteht mit zunehmender Waldstruktur ein städtisches Refugium für die Artenvielfalt.

Stadtnatur und biologische Vielfalt

Waldgärten bieten durch ihr Nahrungsangebot und ihre Strukturvielfalt Lebensraum für viele Tier- und Pflanzenarten. Die mehrschichtige Vegetation kann aus 100 bis 200 Pflanzenarten mit unterschiedlichen Wuchsformen bestehen. Mit zunehmendem Alter des Waldgartens entsteht eine Vielfalt an räumlichen

Strukturen, die sich durch geringfügige Pflegeeingriffe zu nischenreichen Biotopen entwickeln können. Dabei bietet das große Pflanzenspektrum mitsamt den unterschiedlichen Blüh- und Reifezeiten eine kontinuierliche Nahrungsquelle für Insekten, Vögel und kleine Säugetiere. Die Biodiversität des Bodens ist von entscheidender Bedeutung für die Bodenfruchtbarkeit und die Wasserregulation im System Waldgarten.

Schutz der Bodenfunktionen

Der Schutz und die Entwicklung des Bodens ist im Waldgarten von zentraler Bedeutung für eine langfristig ertragreiche Nahrungsmittelproduktion. Um mit den Jahren gezielt Humus aufzubauen, werden abgeschnittene bzw. abgestorbene Pflanzenteile innerhalb des Waldgartens als Mulchmaterial verwendet oder nach einer zwischenzeitlichen Kompostierung in den Kreislauf zurückgeführt. Dadurch steigt die Kapazität des Bodens, Regenwasser zu speichern, es verbessern sich die Bedingungen für das Bodenleben und langfristig auch für die Bodenfruchtbarkeit. Die Pflanzengesellschaften aus Bäumen, Sträuchern und Stauden durchwurzeln verschieden tiefe Bodenschichten dauerhaft. Durch die unterschiedlichen Wurzelformen werden Nährstoffe und Wasser aus unterschiedlichen Tiefen erreicht. Das macht den Waldgarten widerstandsfähiger gegenüber Trockenheit und schützt zusammen mit der Mulchschicht den Boden vor Erosion.

Mehrschichtiger Nahrungsmittelanbau

Das Produktionspotenzial von Waldgärten ist verhältnismäßig hoch, da der Raum dreidimensional, teils in überlagerten Schichten, zum Gärtnern genutzt wird. Die Auswahl und Kombination vielfältiger Pflanzenarten und besonders auch ertragreicher Sorten zielt darauf ab, während der Vegetationszeit eine kontinuierliche Ernte zu ermöglichen. So werden z. B. von einer Art wie der roten Johannisbeere (Ribes rubrum) früh- und spättragende Sorten so kombiniert, dass ein möglichst langer Erntezeitraum entsteht. Des Weiteren werden unterschiedliche Pflanzen so angeordnet, dass sie gut beerntet werden können und gleichzeitig eine Schädlingskontrolle entsteht. Der Anbau ohne synthetische Pflanzenschutz- und Düngemittel trägt dazu bei, natürliche Räuber-Beute-Beziehungen (Insekten, Vögel und Kleinsäuger) zu fördern. Das führt einerseits zu einer guten Bestäubungsleistung und andererseits zu einer ausgewogenen Schädlingsregulation.

Umweltbildung

Obwohl der Anbau von Lebensmitteln in urbanen Waldgärten angesichts derzeit kleiner Flächen kaum einen Beitrag zur Lebensmittelversorgung leisten kann, können Waldgärten einen großen Beitrag zur Sensibilisierung der Stadtbewohner*innen für das Thema Ernährung leisten. Sei es durch das Kennenlernen von unbekannten heimischen und exotischen Obstarten oder durch Maßnahmen zum Erhalt alter Kulturpflanzen und der Bodenfruchtbarkeit. Neben der Veranschaulichung ökologischer Prinzipien steht die Naturerfahrung im Sinne eines Gärtnerns „mit der Natur" im Mittelpunkt. Im naturnahen Anbausystem werden beim praktischen Gärtnern ökologische Zusammenhänge erlebbar, z. B. wie man natürlichen Prozessen mehr Raum lassen und damit gleichzeitig eine langfristige Produktivität fördern kann.

Gemeinschaftliches Gärtnern

Eine enge Einbindung der Stadtgesellschaft und die Entwicklung dauerhafter sozialer Strukturen werden als entscheidende Erfolgsfaktoren für die Implementierung und das Gelingen urbaner Waldgärten angesehen. Beim gemeinschaftlichen Gärtnern soll ein gemeinsamer Lernprozess parallel zur dynamischen Entwicklung des Waldgartens erfolgen. Dabei ist ein koordiniertes Vorgehen bei der Planung, Pflanzung und Pflege erforderlich, das nur miteinander entwickelt werden kann. Wenn das gelingt, können gemeinschaftliche Waldgärten nicht nur ökologisch, sondern auch als Lern- und Begegnungsort an Qualität gewinnen und sowohl für Beteiligte als auch für Stadtverwaltungen eine neue Verteilung der Verantwortung bei Gestaltung und Pflege ermöglichen.

Nutzungs- und Gestaltungsanforderungen für Waldgärten in Städten

Für die Entwicklung urbaner Waldgärten ist es entscheidend, die Nutzungsanforderungen der Stadtbewohner*innen umfassend zu berücksichtigen. Anders als private Waldgärten sind urbane Waldgärten grundsätzlich offen für die Stadtgesellschaft konzipiert und müssen damit verschiedenen Nutzer*innengruppen gerecht werden. Dementsprechend müssen klassische Themen öffentlicher Grünflächen wie Verkehrssicherheit, Barrierefreiheit oder Müllentsorgung mit den Bedarfen gemeinschaftlich nutzbarer Infrastruktur für Aufenthalt und Bewirtschaftung wie z. B. Sanitäranlagen, Bewässerung, Aufbewahrung für Gartengerätschaften und ggf. Möglichkeiten für Lagerung oder Verarbeitung von Erntegut gepaart werden. Dadurch entstehen Gestaltungsanforderungen, die über die Planung des eigentlichen Anbausystems Waldgarten weit hinausgehen und im Kontext von Grünflächenplanung und -management innovative Lösungen erfordern. Dies stellt bestimmte Anforderungen an die verschiedenen Fachverwaltungen und/oder Flächeneigentümer. So müssen für eine langfristige Bewirtschaftung von Waldgärten geeignete Träger- und Betreiberstrukturen ausgehandelt werden. All das erfordert einen frühzeitigen Dialog der verschiedenen Akteure bzw. einen umfangreichen Beteiligungsprozess interessierter Bürger*innen und Institutionen.

Standort- und Partnersuche

Bevor es an die Gestaltung eines urbanen Waldgartens geht, muss die Flächen- und Partnersuche erfolgreich bewältigt werden; das kann unter Umständen ein langwieriger Prozess sein. Um diesen Prozess unterstützend zu strukturieren, wurden im Projekt „Urbane Waldgärten" unter Beteiligung von Fachverwaltungen und Fachplaner*innen Kriterien zur Standortauswahl und Eignungsprüfung sowie ein Leitfaden zum Vorgehen bei der Projektentwicklung erarbeitet (vgl. Schulz et al., 2022). Neben den Standorteignungsfaktoren wurde auch ein GIS-basiertes Verfahren (GIS = Geoinformationssystem) zur systematischen, stadtweiten Standortsuche entwickelt und in drei Städten getestet. Das Verfahren hat zum einen das Ziel, Flächen zu finden, die für urbane Waldgärten grundsätzlich geeignet sind. Zum anderen können geeignete Flächen im stadträumlichen Kontext identifiziert werden, die für Waldgärten aus ökologischer, klimatischer und sozialer Sicht gleichermaßen vorteilhaft wären und wo sie ihr multifunktionales Potenzial am effektivsten entfalten könnten.

Aushandlung einer Träger- und Betreiberstruktur

Sind ein Standort und interessierte Partner gefunden, muss in einem dialogischen Verfahren eine verlässliche Träger- und Betreiberstruktur entwickelt werden. So müssen für eine langfristige Vertragsgestaltung Fragen zur Pflege und Ernte, zu Betriebskosten, zur Finanzierung sowie zur Haftung geregelt werden. Auch die Betreiberkonstellation und die Betriebsbedingungen (Verantwortlichkeiten, Zugangsmöglichkeiten etc.) müssen ausgehandelt werden. Die konkrete Ausgestaltung des Vertrags kann stark von den gesetzlichen Vorgaben einer vorhandenen Grünflächenkategorie abhängen. So erfordert z. B. die Integration in den Kontext Kleingärten die Einpassung in das Bundeskleingartengesetz, während die Integration in das öffentliche Grün z. B. eine umfassende Diskussion erfordert, ob und in welcher Form Zugangsbeschränkungen sinnvoll und nötig sind.

Räumlicher Planungsprozess

Um den nächsten Schritt in die Umsetzung zu machen, ist ein räumlicher Planungsprozess vonnöten, der den Vorstellungen der aktiv Beteiligten gerecht wird und gleichzeitig die Interessen der Stadtgesellschaft berücksichtigt. Da dies umfassende fachplanerische Kenntnisse erfordert, ist hier die Unterstützung durch Expert*innen unabdingbar. Eine Herausforderung stellt insbesondere die Pflanzplanung mit essbaren Pflanzen und das spezifische Wissen zum Konzept des Waldgartens als naturnahes Anbausystem dar. Hier sind unter anderem die langfristige Dynamik der Pflanzen, aber auch Fluktuationen bei der Pflege und die Zugänglichkeit für die Ernte zu berücksichtigen. Auch sollten die Pflanzenauswahl und Geländegestaltung hinsichtlich verschiedener Klimaextreme, wie Trockenheit oder Starkniederschläge, geplant werden. Bisher gibt es nur wenige Fachplaner*innen, die über Erfahrungen in der Planung von Waldgärten verfügen. Allerdings zeichnet sich ein Interesse „grüner Berufe" an diesem neuen Nutzungskonzept ab. Neben einem Vorgehen mit professioneller Unterstützung ist auch ein selbstorganisiertes Vorgehen von Initiativen denkbar und wird vielerorts bereits erprobt. Bei Vernetzungsveranstaltungen von städtischen Waldgarteninitiativen 2022 zeigte sich, dass es überall ähnliche Herausforderungen gibt, bei denen ein Erfahrungsaustausch und ein fachlicher Wissenstransfer hilfreich sind.

Ob Waldgärten die beschriebenen erwarteten Wirkungen entfalten, wird im Forschungsprojekt anhand der drei Modellwaldgärten in Berlin und Kassel engmaschig untersucht. Dabei werden einerseits die Auswirkungen der Waldgärten auf ökologische Funktionen (Klimaregulation, Lebensraumfunktion für Tier- und Pflanzenarten, Bodenentwicklung) betrachtet. Andererseits wird ermittelt, welcher Wissenstransfer zu verschiedenen Teilen der Stadtbevölkerung erfolgt und welche Lernprozesse die Beteiligten durchlaufen. Ziel ist dabei unter anderem, eine Wissensplattform aufzubauen, die andere Städte und Initiativen bei der Entwicklung urbaner Waldgärten unterstützt. Hierbei werden auch Erfahrungen mit Projekten einbezogen, die in Eigenregie von Initiativen in Deutschland entwickelt werden.

Noch bleibt abzuwarten, wie das Konzept in der Praxis funktioniert und ob diese neue Form der Grünflächennutzung und -pflege Einzug in die Stadtplanung halten wird. Ein Erfolg wird nicht nur von einem konstruktiven Zusammenwirken verschiedener Institutionen über Ressortgrenzen hinweg abhängen, sondern auch von einem guten Zusammenspiel von Fachleuten und engagierten Bürger*innen.

Literatur

BfN Bundesamt für Naturschutz (2023). *Projektsteckbrief Waldgärten als langfristige, multifunktionale Flächennutzung im urbanen Raum.* Bonn: Bundesamt für Naturschutz. Online verfügbar unter bfn.de/projektsteckbriefe/waldgaerten-als-langfristige-multifunktionale-flaechennutzung-im-urbanen-raum (letzter Zugriff am 05.07.2023).

BfN Bundesamt für Naturschutz (2021). *Projektsteckbrief Urbane Waldgärten: Mehrjährig, mehrschichtig, multifunktional.* Bonn: Bundesamt für Naturschutz. Online verfügbar unter bfn.de/projektsteckbriefe/urbane-waldgaerten (letzter Zugriff am 05.07.2023).

BMUB Bundesministerium für Umwelt, Naturschutz, Bau und Reaktorsicherheit (Hrsg.) (2017). *Weißbuch Stadtgrün – Grün in der Stadt – Für eine lebenswerte Zukunft.* Berlin: Bundesministerium für Umwelt, Naturschutz, Bau und Reaktorsicherheit.

Schulz, J., Zurell, A., Gedon, L., Krutzke, J. & Lipp, T. (2022). *Waldgärten im urbanen Raum.* BfN-Schriften 633 – Bonn: Bundesamt für Naturschutz. bfn.de/publikationen/bfn-schriften/bfn-schriften-633-waldgaerten-im-urbanen-raum (letzter Zugriff am 05.07.2023).

Dimensionen der Stadt der Zukunft

Gärten als Orte der Ernährung

Urbane Gemeinschaftsgärten als Orte von Empowerment und Ernährungssouveränität – Einblicke in die Stadtgartenlandschaft von Bogotá

Birgit Hoinle

Zwischen grauem Asphalt, roten Ziegeln und dichtem Verkehr sprießen an immer mehr Orten in Bogotá grüne Oasen, in denen eine bunte Vielfalt an Gemüse und Früchten wächst. In der kolumbianischen Hauptstadt finden sich Stadtgärten versteckt in Hinterhöfen, auf Flachdächern neben aufgehängter Wäsche oder auf ungenutzten Brachflächen am Rande der Stadt. Vielfältig ist auch das Saatgut, das die Stadtgärtner*innen einsetzen, miteinander tauschen und selbst nachziehen. Es stammt aus den unterschiedlichsten Gegenden des Landes. Denn die Stadtgärtner*innen sind meist vom Land in die urbane Peripherie Bogotás gekommen, entweder als Vertriebene des Bürgerkriegs[1] oder aufgrund der Perspektivlosigkeit im ländlichen Raum. Mit den Menschen gelangt auch ihr lokales, landwirtschaftliches Wissen in die Stadt, findet dort aber meist wenig Anwendung und Anerkennung. Außer in Gemeinschaftsgärten! Die Gartenprojekte sind Orte der Begegnung und der Selbstorganisation. In ihnen finden Menschen unterschiedlicher regionaler Herkunft zusammen. Peu à peu beginnen sie, ihre Rechte einzufordern und sich für den Ort einzusetzen, an dem sie jetzt leben. Vor allem sind es Frauen, die sich in den Gemeinschaftsgärten engagieren und hier zum Teil überaus aktive Rollen einnehmen, etwa als Stadtteilsprecherin gegenüber den Behörden oder als Workshopleiterin, die ihr Wissen weitergibt.

1 Kolumbien zählt mit ca. 7 Millionen Vertriebenen zu den Ländern weltweit mit der höchsten Anzahl an Binnenflüchtlingen. Auch mit Abschluss des Friedensvertrags 2016 kommt es weiterhin zu Bedrohungen und Gewalt durch paramilitärische Gruppen.

Städtische Gemeinschaftsgärten sind für sie Orte des Empowerments und tragen zur Ernährungssouveränität der Menschen in den informellen Stadtvierteln[2] bei.[3]

Empowerment und Ernährungssouveränität: Konzepte aus dem Globalen Süden

Empowerment und Ernährungssouveränität sind Konzepte, deren Wurzeln im Globalen Süden liegen. Sie wurden von Akteur*innen dort in der Praxis entwickelt und anschließend in die internationale Öffentlichkeit und den wissenschaftlichen Diskurs getragen. Mittlerweile spielen sie auch in der Stadtgartenbewegung eine zentrale Rolle.

Der Begriff der Ernährungssouveränität geht zurück auf die weltweite Kleinbauernbewegung *La Vía Campesina*. Auf dem Welternährungsgipfel 1996 verlangten Aktivist*innen dieser sozialen Bewegung erstmals laut und vernehmlich Ernährungssouveränität. Damit forderten sie demokratische Mitbestimmung bei der Agrar- und Ernährungspolitik in den Ländern des Globalen Südens. Der Begriff versteht sich als Antwort auf den Diskurs um Ernährungssicherheit, den u.a. die Weltbank im Kontext der neoliberalen Umbrüche in den 1980er Jahren geprägt hatte. Die Bezugnahme auf Ernährungssicherheit dient der Legitimierung von Handelsliberalisierungen, dem Ausbau einer weltmarktorientierten Landwirtschaft und einer Vertiefung des agrarindustriellen Modells der Grünen Revolution (Jarosz, 2014). Das Konzept der Ernährungssouveränität hingegen priorisiert die lokale Produktion und den lokalen Konsum sowie die Förderung regionaler Wertschöpfungsketten.

2 In vielen lateinamerikanischen Großstädten wurden ganze Stadtviertel in Eigenregie von Menschen errichtet, die vom Land in die Städte wanderten. Diese Viertel haben zunächst keinen legalen Status und keinen Zugang zu öffentlicher Infrastruktur. Sie werden in Brasilien als *favelas*, in Argentinien als *villas* und in Kolumbien als *barrios informales* oder *barrios populares* bezeichnet. Auch wenn im Laufe der Zeit eine Legalisierung der Viertel erreicht wird, leben die meisten Menschen dort in prekären Verhältnissen und haben weniger Zugang zu öffentlichen Dienstleistungen, zum Gesundheits- und Bildungssystem.

3 Meine Ausführungen basieren auf einer rund 18-monatigen Feldforschung in Bogotá im Zeitraum zwischen 2014 und 2017. Mein Ansatz stützt sich auf die Partizipative Aktionsforschung; im Sinne des kolumbianischen Soziologen Orlando Fals-Borda habe ich versucht, „Forschung mit Aktion zu verschmelzen, um soziale Realitäten zu transformieren" (Fals-Borda & Rahmann, 1992, S. 207). Während der Zeit vor Ort habe ich das Netzwerk für Ernährungssouveränität Red Raíces de la Sabana, das aus 13 agrarökologischen Gruppen in der Metropolregion von Bogotá besteht, mit Mapping-Workshops und partizipativen Erhebungen beim Aufbau einer solidarischen Landwirtschaft begleitet. Außerdem führte ich 24 narrative Interviews mit Stadtgärtner*innen sowie 18 weitere Interviews mit Akteur*innen aus Wissenschaft, Zivilgesellschaft und Stadtverwaltung. Mit virtuellen Interventionen, wie etwa dem gemeinsamen Aufbau einer Mapping-Plattform *Mapeo AgroEcoBogotá*, habe ich auch selbst etwas zur Sichtbarkeit und Vernetzung der vielfältigen agrarökologischen Initiativen in Bogotá beigetragen.

Nach der Idee von Ernährungssouveränität wird das Essen nicht als handelbare Ware aufgefasst, sondern als Gemeingut, über das alle Beteiligten demokratisch mitentscheiden können sollten (vgl. Vivero-Pol, 2019). Den Kernpunkt von Ernährungssouveränität bildet die Saatgutsouveränität. Laura Gutiérrez-Escobar (2015) versteht sie als „Recht der Völker und Nationen, selbst darüber zu entscheiden, welches Saatgut aufbewahrt und kultiviert wird, wer Zugang zu und Rechte über Saatgut hat, im Einklang mit den bestehenden kulturellen Normen“ (2015, S. 16). Tatsächlich ist die Saatgutfrage ein wesentlicher Konfliktpunkt zwischen *La Vía Campesina* und den Institutionen des agroindustriellen Modells. Während im Kontext der Grünen Revolution auch die Gentechnik massiv gefördert wurde, lehnen die Kleinbauernbewegungen deren Einsatz ab und setzen auf einheimisches, sortenfestes Saatgut (vgl. Jarosz, 2014, S. 174). Auch in Kolumbien sind diese Auseinandersetzungen nach wie vor aktuell: Mit dem Abschluss der Freihandelsabkommen mit den USA 2012 und der EU 2013 wurden gesetzliche Neuerungen getroffen (u. a. Gesetz 1512 aus dem Jahr 2012 sowie Verordnung 970 und 3168), die nur noch den Handel mit zertifiziertem Saatgut zulassen, das üblicherweise von transnationalen Konzernen (u. a. Bayer-Monsanto) auf den Markt gebracht wird (vgl. Hoinle, 2019; Vélez, 2014). Traditionelle Praktiken von Saatgutnachzüchtung und Saatguttausch indigener und kleinbäuerlicher Gemeinschaften werden damit kriminalisiert und mit scharfen Sanktionen belegt. In den urbanen Gemeinschaftsgärten bewegen sich viele Akteur*innen in einer rechtlichen Grauzone, wenn sie weiterhin ihr selbst gezüchtetes Saatgut mit anderen tauschen und damit einen Beitrag zum Erhalt der regionalen Sortenvielfalt und des damit verbundenen Wissens leisten.

Auf der Weltfrauenkonferenz 1988 in Nairobi wird „Empowerment“ als ein Ansatz in die internationale Debatte eingebracht, der in der konkreten Praxis von Frauenorganisationen entstanden war.

Im Begriff *Empowerment* steckt *Power* – Macht. In der Debatte werden verschiedene Machtformen differenziert: *Power over* (Macht als Herrschaftsform), *Power from within* (Macht von innen), *Power with* (kollektive Machtformen) and *Power to* (Gestaltungsmacht, um ein Ziel zu erreichen) (vgl. Rowlands, 1997, S. 13). Gerade die letzten drei Formen sind entscheidend, wenn es um Empowerment im Sinne eines kollektiven Prozesses zur Erlangung von mehr Handlungsmacht geht. Auch Hannah Arendt betont die kollektive Dimension von Macht als „Fähigkeit, sich mit anderen zusammenzuschließen und im Konsens zu handeln“ (1970, S. 45).

Das Empowerment-Konzept wurde in der Development-Forschung und in feministischen Theorien weiterentwickelt (vgl. Friedman, 1992; León, 2002). Die Definitionen erstrecken sich von eher individuell angelegten Ansätzen, die die Stärkung der eigenen *agency* betonen (vgl. Kabeer, 1999), bis hin zu strukturell orientierten Entwürfen, die eine Transformation der geschlechtlichen Machtverhältnisse anvisieren (vgl. Young, 1993). Regina Scheyvens versteht Empowerment als „enabling process“ (2019, S. 469) von benachteiligten Gruppen, der verschiedene Schritte umfasst und damit von individuellen zu kollektiven Veränderungen reicht: „Conscious raising, self-belief, moving people towards collective action and achievement of political power" (ebd. S. 464f.). Empowerment weist damit u. a. individuelle, ökonomische, politische, aber auch räumliche Dimensionen auf (vgl. Hoinle et al., 2013). Im räumlichen Sinn bedeutet Empowerment die Ausweitung von Handlungsmacht auf Räume, die den Akteur*innen bislang verschlossen waren, sie zeigt sich in mehr Sichtbarkeit und Stimme im öffentlichen Raum (vgl. Hoinle, 2020, S. 381). Empowerment-Prozesse im Sinne eines „claiming space" (Scheyvens, 2019, S. 469) erscheinen im Fall der Stadtgärten von besonderem Interesse, da sie sich gegen die Verdrängung marginalisierter Gruppen im Kontext einer neoliberalen Stadtpolitik zur Wehr setzen müssen.

Die Diskurse um Empowerment und Ernährungssouveränität verweisen wechselseitig aufeinander: Beide sind aus konkreten Kämpfen im Globalen Süden entstanden und fordern eine stärkere politische Teilhabe bislang benachteiligter Akteur*innen wie Kleinbäuer*innen und Frauen. Aus dekolonialer Sicht geht es jeweils um die Stimmergreifung derjenigen, die historisch betrachtet aufgrund ihrer ethnischen Zugehörigkeit, ländlichen Herkunft, Klasse oder Geschlecht im wissenschaftlichen und politischen Diskurs kaum gehört werden. Gerade in Lateinamerika (und nicht nur dort) ist politischen Räumen eine männlich-weiße Identität eingeschrieben, was zur Exklusion derjenigen führt, die nicht dieser Norm entsprechen, wie etwa Indigene oder Frauen (vgl. Schurr, 2013). Während bei Ernährungssouveränität die materiellen und politökonomischen Aspekte im Vordergrund stehen, etwa bei der Forderung nach einem gleichberechtigten Zugang zu Land, Wasser und Saatgut, zielt der Empowerment-Ansatz auch auf einen Wandel soziokultureller Rollenbilder. Beide Ansätze stellen wichtige Bezugspunkte für die politischen Kämpfe im Globalen Süden dar und sind als Vision für eine gesellschaftliche Transformation bis heute relevant.

Blick über den Gartenzaun: Facetten der Stadtgartenlandschaft in Bogotá

Die Stadtgärten in Bogotá zeichnen sich durch vielfältige Raumnutzungen und gleichzeitig hohe Agrobiodiversität aus. Diese Diversität ist geprägt durch die verschiedenen kulturellen Einflüsse, die von Migrant*innen aus den unterschiedlichen Regionen Kolumbiens (u. a. Andenregion, afrokolumbianisch geprägte Pazifikküste, Karibik, *Llanos Orientales*) in die Stadt mitgebracht wurden. Urbane Landwirtschaft ist in allen Bezirken der 8-Millionen-Metropole präsent und reicht von urbaner Tierhaltung über Gemüseäcker auf Brachflächen bis hin zu Maisfeldern am Stadtrand. Ein besonderer Schwerpunkt liegt vielerorts im Anbau von Heilpflanzen (u. a. Brennnessel, Tabak) und Küchenkräutern wie Koriander, der in der kolumbianischen Küche bei Suppen und anderen Gerichten nicht fehlen darf. Die Sortenvielfalt erstreckt sich von andinem Obst (u. a. *uchuvas*, *curuba*) über Wurzelgemüse (*cubios*) bis hin zu Hülsenfrüchten (u. a. *chachafrutos*). Auch andine Getreidesorten wie Amaranth und Quinoa werden derzeit wiederentdeckt.

Diese wurden während der Kolonialzeit durch die spanischen Eroberer verboten, da u. a. der Amaranth als indigene Ritualpflanze galt (Alimonda, 2011, S. 49). Das Stadtgärtnern wird meist von Frauen praktiziert – mit dem Geernteten tragen sie zur Essensversorgung der Familie bei und sparen Ausgaben, indem sie die erforderlichen Zutaten selbst anbauen. In vielen Fällen sind es daher auch Frauen, die die Stadtgarteninitiativen auf der Graswurzelebene vorantreiben.

Auf der partizipativen Mapping-Plattform *Mapeo AgroEcoBogotá* sind 109 agrarökologische Initiativen in der Metropolregion von Bogotá verortet – es ist jedoch davon auszugehen, dass es in der Praxis viele weitere, noch nicht verzeichnete gibt[4]. Oft werden auch kleinste Nischen und die in Bogotá üblichen Flachdächer zum Gärtnern benutzt. Eine auf dem ersten Blick scheinbar individuelle Tätigkeit spannt tatsächlich vielfältige Netzwerke auf: So treffen sich Stadtgärtner*innen im Stadtviertel Diana Turbay im Süden von Bogotá regelmäßig in *mingas. Mingas* haben ihren Ursprung in den indigenen Gemeinschaften der Anden und kamen mit der Land-Stadt-Migration in die urbanen Gärten. Es handelt sich dabei um solidarische Arbeitseinsätze, bei denen alle Mitglieder anpacken, um beispielsweise gemeinsam ein Haus zu errichten – oder einen Garten aufzubauen.[5] In den urbanen Gärten bilden *mingas* Zusammenkünfte, bei denen Saatgut getauscht, gemeinsam geackert, Wissen weitergegeben, Rezeptideen vermittelt und Gerätschaften geteilt werden.

Die Stadtgartenbewegung in Bogotá ist sehr vielfältig und auf verschiedenen Ebenen (*scales*) organisiert: In vielen Vierteln gibt es eine starke gemeinschaftliche Vernetzung rund um die urbanen Gärten (beispielsweise Diana Turbay). Bisweilen sind Netzwerke darüber hinaus auf Bezirksebene organisiert, wie etwa das *Red de Huertas Comunitarias de Ciudad Bolívar*. Die *Mesa Distrital de Agricultura Urbana* ist ein Zusammenschluss (Runder Tisch), der sich mit den politischen Forderungen der Gartenaktivist*innen an die Stadtpolitik richtet, etwa was die Nutzung von Flächen für Stadtgärten oder die Förderung von Schulgärten anbelangt.

Ab 2006 förderte die Stadtverwaltung die urbane Landwirtschaft. Inspiriert vom Anti-Hunger-Programm in Brasilien *Fome Zero* führte der damalige Bürgermeister von Bogotá, Luíz Garzón, ein Programm für Ernährungssicherheit ein, das von der FAO (Landwirtschafts- und Ernährungsprogramm der Vereinten Nationen) finanziert wurde. Urbane Landwirtschaft bildete darin ein zentrales Handlungsfeld. Der Botanische Garten der Stadt wurde damit beauftragt, das Programm für urbane Landwirtschaft umzusetzen. In der Folge wurden hier Versuchsgärten zu Forschungszwecken angelegt und Trainer*innen ausgebildet, die in den einzelnen

4 renaac.ushahidi.io/views/map (letzter Zugriff am 17.04.2023). Die Mapping-Plattform wurde im Jahr 2015 von einem Kollektiv von Geograph*innen und Anthropolog*innen entwickelt (Kharen Pinilla, Ana-Maria, Juliana Cepedes und die Autorin) und wird derzeit über die Universidad Nacional weiter betreut (vgl. Pinilla et al., 2018).

5 Vgl. Erläuterung zu den mingas im Kurzfilm „Voces de la siembra" / „Stimmen aus den Stadtgärten". Video-Produktion: vimeo.com/528249104 (ab Minute 5:10).

Bezirken gärtnerische Fortbildungen anbieten, Materialien aushändigen und versuchen sollten, Netzwerke aufzubauen. Das Programm des Botanischen Gartens trug wesentlich zur Sichtbarkeit und politischen Relevanz von urbaner Landwirtschaft bei; fast wurde darüber vergessen, dass urbanes Gärtnern lange vor der institutionellen Intervention im Alltag der informellen Stadtviertel längst verankert war.

Mit den Regierungswechseln im Rathaus in den folgenden Legislaturperioden wurde das Programm schrittweise gekürzt; viele Projekte, die stark von der Förderung des Botanischen Gartens abhingen, liegen seitdem brach. Aber die Kürzungen des Programms machten auch die Stärke der zivilgesellschaftlichen Bewegung für urbane Landwirtschaft deutlich. Ab 2017 entstand ein unabhängiges Netzwerk agrarökologischer Initiativen im Süden von Bogotá, *Red Agroecológica del Sur de Bogotá*. Hier schlossen sich Stadtgarteninitiativen der peripheren Bezirke wie Ciudad Bolívar, Kennedy und Bosa zusammen. Sie organisieren *mingas*, bieten Workshops an und veranstalten agrarökologische Märkte, um den Stadtgärtner*innen einen Zuverdienst zu ermöglichen. Die Bewegung ist auch unmittelbar politisch aktiv und wendet sich öffentlich gegen Vorfälle von Umweltungerechtigkeit, wie etwa gegen die Umweltverschmutzungen durch die Riesenmüllhalde *Rellenero Doña Juana*. Gerade die Bewohner*innen und kleinbäuerlichen Gruppen am Südrand von Bogotá sind von den toxischen Auswirkungen besonders stark betroffen (Quimbayo Ruiz, 2019, S. 164).

Nach dem partiellen Rückzug der Stadtverwaltung unterstützen vor allem Universitäten und studentische Initiativen die Stadtgartenbewegung. Ein Netzwerk agrarökologischer Märkte nahm seinen Ausgangspunkt an der Universität *Uniminuto*. Dort und an weiteren Standorten finden regelmäßig agrarökologische Märkte auf dem Uni-Campus statt. Auch einzelne Lehrstühle und studentische Initiativen sind in der Begleitung von Projekten aktiv.[6] Damit zeigt sich ein diverses Bild der Akteurslandschaft der urbanen Gärten Bogotás, die zum Teil top-down befördert, vor allem aber von vielfältigen Graswurzelinitiativen bottom-up angestoßen, gelebt und geprägt werden.

Orte der Ermächtigung. Ernährungssouveränität und Empowerment in den Stadtgärten von Bogotá

Ausgangspunkt für Empowerment-Prozesse ist ein Zustand des ‚Disempowerment' – des strukturellen sozialräumlichen Ausgeschlossenseins. Dies zeigt sich insbesondere im Fall von Vertriebenen bzw. der Bewohner*innen informeller Siedlungen am Süd- und Westrand von Bogotá. Frauen, die vom Land kommen

6 Etwa die Initiative *Semillas Independientes* der Universidad Nacional, die eine lokale Gemeinde in den östlichen Bergen (*Cerros Orientales*) von Bogotá unterstützte, ihr Land durch die Umstellung auf agrarökologischen Anbau zu verteidigen, als sie es aufgrund einer Naturschutzverordnung verlassen sollten.

und oft nur einen niedrigen Bildungsabschluss haben, finden meist nur ein Auskommen als Haushaltshilfe; im Umland von Bogotá arbeiten viele auch in der Blumenproduktion für den Weltmarkt. Die Blumenzucht ist durch besonders prekäre Arbeitsbedingungen geprägt; vor Anlässen wie Muttertag oder Valentinstag schuften die Arbeiter*innen bis zu 20 Stunden täglich. Gerade für alleinerziehende Frauen ist es schwierig, diese Erwerbsarbeit mit der Zuständigkeit für Care-Arbeit zu verbinden (vgl. González, 2014).

Aufgrund patriarchaler Gewaltstrukturen ist der Aktionsradius von Frauen oftmals auf die Wege zwischen Treibhäusern und Haushalt begrenzt. Disempowerment zeigt sich hier in der geringen Autonomie, über die eigene Zeitorganisation zu entscheiden, sowie in einer Eingrenzung auf gesellschaftlich zugeschriebene (Handlungs-)Räume und Rollen. Hinzu kommen Fälle häuslicher Gewalt und Femizide. So berichtet eine Aktivistin aus der *Casa de Igualdad* (Gleichstellungszentrum) im Bezirk Kennedy, dass Männer Säureanschläge auf ihre Partnerinnen begehen, um sie vom Ausgehen abzuhalten. Die städtischen Gemeinschaftsgärten sind Orte, an denen sich Frauen über ihre gemeinsamen Erfahrungen austauschen können. Dies unterstreicht das Zitat einer Trainerin des Botanischen Gartens:

> „Es gibt also Frauen, die sind hier wegen der Gesundheit, andere mehr wegen der Ablenkung, um andere Dinge zu tun, […] um etwas Neues aufzubauen, um sich mit anderen Frauengruppen zu vernetzen, die ihnen weiterhelfen könnten, und um nicht bloß zuhause zu sein, um auf den Ehemann zu warten. Ja, das ist eine andere Tätigkeit. Und das hat sie sehr bestärkt."

Die Gärten werden so zu Orten kritischer Bewusstseinsbildung, indem sie es ermöglichen, dass sich Frauen über die eigene Situation im Kontext ungleicher gesellschaftlicher bzw. patriarchaler Verhältnisse bewusster werden. Auch wenn die Motivation vieler Frauen zunächst nur darin besteht, etwas Produktives zu tun und zu einer kostengünstigen Versorgung der Familie mit gesundem Gemüse beizutragen, kann es zu einer „Politisierung des Alltäglichen" (Brumer & dos Anjos, 2008, S. 226) kommen. Durch das Zusammentreffen geteilter Problemlagen und Bedürfnisse können neue kooperative Organisationsformate entstehen und strategische Interessen (z.B. nach geschlechtlicher Gleichstellung) gebündelt werden, so die Trainerin des Botanischen Gartens weiter:

> „Die urbane Landwirtschaft ist wie ein Startpunkt zur Bewusstseinsbildung, viele beginnen sich weiter zu engagieren, zum Beispiel in der Casa de Igualdad."

Die Aneignung neuer Handlungsräume hat zum einen eine ganz materielle, handgreifliche Dimension. Durch gemeinsame Aktionen (*mingas*) entstehen auf urbanen Brachflächen und verwahrlosten Orten neue Gemeinschaftsgärten. So etwa im Arbeiter*innenviertel La Perseverancia, wo in mehreren *mingas* eine

Fläche, die über 40 Jahre als Müllhalde genutzt wurde, in eine agrarökologische Oase verwandelt wurde. Ein anderes Beispiel ist der Gemeinschaftsgarten der *Casa de Igualdad* in Kennedy, der direkt neben dem Bezirksrathaus liegt. Laut Interviewpartnerin trägt die politische Nähe zum Rathaus zur Politisierung der Gärtnerinnen bei:

> „Hier kommt man dazu, in die Ämter reinzuschauen, im Vorbeigehen bekommt man Dinge mit, wir stellen uns auch beim Bürgermeister vor. Das ist gut für die Frauen, das ist auch ein politischer Austausch! Wer bislang nichts mit Politik anfangen konnte, beginnt hier, sich dafür zu interessieren."

Die materiellen Raumaneignungen bedürfen jedoch immer wieder neuer Aushandlungsprozesse und teils zäher Verhandlungen mit Behörden. Agrarökologische Initiativen im südlichen Bezirk Usme haben sich beispielsweise in der *Mesa del Borde Urbano-Rural* zusammengeschlossen, um über die Grenze zwischen Stadt und Land zu verhandeln, also darüber, bis wie weit die Urbanisierungen und Besiedelungen gehen dürfen. Ziel der Aktivist*innen ist es, das bislang kleinbäuerlich genutzte Land in Usme weiterhin für die agrarökologische Nahrungsmittelproduktion zu sichern und gegen top-down geplante Infrastrukturprojekte zu verteidigen. In einem Fall gelang es durch die Vernetzung von Stadtteilinitiativen und ländlichen Gruppen, den Bau einer Autobahn zu verhindern; heute sieht man sogar auf Google-Maps-Bildern von Usme den Beginn des ersten und am Ende gestoppten Bauabschnitts als „weißen Elefanten" in der Landschaft.

Die Organisierung in der urbanen Landwirtschaft trägt dazu bei, dass Frauen aus unteren sozialen Schichten eine Stimme in Räumen erlangen, von denen sie bislang ausgeschlossen waren. Zum Beispiel sagt eine Stadtgärtnerin im Projekt *Huerta Santaelena,* das im Unterschichtsviertel La Perseverancia liegt, über sich selbst:

> „Ich habe mich sehr verändert. Früher war ich viel zu schüchtern, um im Öffentlichen zu reden. Jetzt bin ich sehr offen. Jetzt werde ich als Forscherin für urbane Landwirtschaft anerkannt und sogar an Universitäten eingeladen."

Die Stadtgärten können zu einem *Ort des Dialogs diverser Wissensformen – Diálogo de Saberes* (Castro-Gómez, 2007) – werden, an dem Wissen aus akademischen und kleinbäuerlichen Kontexten zusammentrifft. Gerade das sehr handlungsbasierte Erfahrungswissen rund um die Saatgutnachzucht, das die Land-Stadt-Migrant*innen aus den ruralen Kontexten mitbringen, stößt in den Stadtgärten auf neues Interesse, insbesondere bei Studierenden. Dies zeigte sich beispielsweise auf einer Veranstaltung im Goethe-Zentrum Bogotá, als eine Stadtgärtnerin aus einem Dorf in der andinen Region des Cauca über den Ursprung ihres Saatgutwissens und ihre Arbeit im Netzwerk *Custodias de Semillas* (Saatguthüterinnen) mit Studierenden sprach:

> „Meine Eltern sind Kleinbauern, ich bin dort mit dieser Bildung aufgewachsen. Dass nicht alles zum Essen ist, nein, nein, sondern von jeder Ernte wird Saatgut genommen. Bei jeder Ernte wurde Saatgut aufbewahrt, um wieder aussäen zu können. Wir haben uns nie angewöhnt, die Technologiepakete zu kaufen. Stattdessen gab es zuhause immer Saatgut, um wieder aussäen zu können."

Die Anerkennung kleinbäuerlichen und indigenen Wissens birgt auch eine dekoloniale Dimension: Wissensformen, die im Kontext des Kolonialismus gewaltsam angeeignet oder ausgelöscht wurden, erfahren in der agrarökologischen Bewegung neue Sichtbarkeit und Wertschätzung. Aber gerade am kleinbäuerlichen und indigenen Wissen gibt es auch heute Interessen für eine kapitalistische Inwertsetzung (beispielsweise durch Pharmakonzerne), wogegen sich die Saatguttinitiativen und Netzwerke wie *Red de Semillas Libres* wehren.

Ein weiterer Aspekt räumlichen Empowerments besteht im Überschreiten gesellschaftlich zugeschriebener Rollen und Räume. Durch die kooperativen Organisationsformate, insbesondere bei den solidarökonomischen Projekten, eröffnen sich Gestaltungsräume, um über die eigene Zeit und Alltagsorganisation zu entscheiden. Dies trifft insbesondere auf die ehemaligen Blumenarbeiter*innen zu, die sich im Netzwerk *Red Raíces* eine neue ökonomische und ökologische Alternative aufbauen wollen, wie eine Gärtnerin erläutert:

> „Vorher war ich nur zuhause, ohne was zu tun. In meinem Alter findest du keine Arbeit mehr bei den Blumen. Jetzt habe ich meinen Raum und bestimme über meine Zeit."

Die solidarökonomische Organisationsform erleichtert es zudem gerade Alleinerziehenden, bezahlte Tätigkeiten mit Kindererziehung und Care-Arbeit zu verbinden, wie eine Aktivistin aus der Gruppe *Las Herreras* berichtet:

> „Der Vorteil für mich war, dass ich bei dieser Arbeit meinen Sohn immer dabeihaben konnte, in der Aussaat, beim Verkauf (..). Die urbane Landwirtschaft bedeutet für mich daher eine Möglichkeit, mein Kind aufzuziehen und meinen Lebensunterhalt zu bestreiten."

Die Vereinbarung von bezahlten und Care-Tätigkeiten sowie das Engagement in der lokalen Gemeinde sollte jedoch nicht zu einer Mehrfachbelastung für Frauen führen. Es sind Transformationen von Machtverhältnissen und Rollenvorstellungen auf Haushaltsebene erforderlich, um Empowerment-Prozesse zu verwirklichen. Aus diesem Grund bietet die Gruppe *Las Herreras* den Blumenarbeiter*innen sowohl Fortbildungen zu Solidarischer Ökonomie als auch zu Gender und Empowerment an. Empowernd ist es, wenn Frauen im öffentlichen Raum in neuen Rollen sichtbar werden. Das Frauennetzwerk im Bezirk Fontibón – *La Red de Mujeres Productoras de Fontibón* ist regelmäßig auf agrarökologischen Märkten präsent.

Durch den Verkauf ihrer Produkte stärken die Frauen nicht nur ihre ökonomische Autonomie, sie werden in der Öffentlichkeit auch anders wahrgenommen, nämlich als Produzentinnen (*productoras*). Die Organisierung von Märkten leistet zudem einen Beitrag zur Stärkung der Ernährungssouveränität, sie fördert lokale Wirtschaftskreisläufe und Wertschöpfungsketten. Wichtig ist jedoch, dass die Produkte der agrarökologischen Produzent*innen nicht nur im reichen Norden der Stadt verkauft werden, wo in den letzten Jahren eine steigende Nachfrage nach lokalen Bioprodukten zu beobachten ist. Viele Initiativen legen Wert darauf, dass die Produkte auch für Haushalte in den Unterschichtsvierteln zugänglich sind, um die lokale Verfügungsmacht über die Ernährung zu erhöhen. Gerade die graduelle Unabhängigkeit von kapitalistischen Märkten und die eigenständige Kontrolle über den Ernährungsprozess, vom Saatgut bis hin zu Produktion, Verteilung, Verarbeitung und Zubereitung, wird von den Akteur*innen als Ermächtigung – als ‚Ernährungsempowerment' – verstanden:

> „Wer die Macht über das Saatgut hat, hat die Macht über die Menschheit, denn er hat die Macht über das Essen. Wer die Macht über das Essen hat, beherrscht die Welt. Also, wenn ich die Macht über mein Essen habe, kannst du mich nicht unterdrücken. Die Idee ist, Widerstand zu leisten und zu zeigen, dass ich leben kann, ohne den Kapitalismus so sehr zu brauchen … Jawohl, das ist eine Art Widerstand."

Ausblick: Stadtgärten im Kontext der politischen Umbrüche in Kolumbien

Wie die Beispiele zeigen, tragen die urbane Landwirtschaft und die Organisation in agrarökologischen Netzwerken einerseits zu Empowerment-Erfahrungen bei. Stadtgärten können in diesen Zusammenhängen zu Orten kritischer Bewusstseinsbildung, des Austauschs diverser Wissensformen, der Selbstorganisation und transformativer Prozesse werden, die die bestehenden Machtverhältnisse hinterfragen und verändern. Gleichzeitig wird ein Beitrag zu Ernährungssouveränität im Sinne des gleichberechtigten Zugangs zu Land, Wasser und Saatgut geleistet. Gerade die kooperativen Organisationsformen ermöglichen das Teilen und die gemeinsame Kontrolle über die Produktionsmittel. Die Handlungsspielräume für Empowerment-Prozesse und Ernährungssouveränität sind jedoch permanent durch Gentrifizierung im Stadtkern oder Land-Grabbing durch top-down geplante Mega-Projekte im Umland von Bogotá bedroht. So hat nach einem Bürgermeisterwechsel im Vorort Madrid die Gruppe *Asoquimad* (Teil des *Red Raíces*) ihr Landstück ausgerechnet an die Blumenfirma verloren, für die die Frauen der Gruppe vorher in prekären Verhältnissen gearbeitet hatten. Der Erhalt der Gartenflächen braucht also immer wieder neue Aushandlungsprozesse und Widerstände. Die Organisierung in solidarischen Netzwerken sowie die Sichtbarmachung der agrarökologischen Projekte und ihres Beitrags für die Versorgung der Stadtbevölkerung mit frischen ökologischen Nahrungsmitteln sind bestärkende Faktoren in diesen Auseinandersetzungen.

Hoffnungsvoll stimmt jedenfalls der Machtwechsel auf nationaler Ebene. Die Regierung von Gustavo Petro und Francia Márquez ist 2022 angetreten, das Friedensabkommen von 2016 mit der Guerilla in konkrete Praxis umzusetzen. Die darin enthaltenen Vereinbarungen, wie die Förderung solidarökonomischer Projekte auf dem Land sowie die Verbesserung der Situation von Vertriebenen in der Stadt, könnten nun wieder aufgegriffen werden. Die urbane Landwirtschaft hat das Potenzial, Brücken zwischen Stadt und Land zu schaffen, Akteure verschiedener regionaler Herkünfte zusammenzubringen und Netzwerke zwischen ländlichen und städtischen Gruppen zu befördern – und damit zu lokalen Friedensprozessen im Sinne von „Territorien des Friedens zwischen Stadt und Land" beizutragen (Hoinle et al., 2019).

Literatur

Alimonda, H. (2011). La colonialidad de la naturaleza. Una aproximación a la ecología política latinoaméricana. In H. Alimonda (Hrsg.), *La naturaleza colonializada. Ecología política y minería en América Latina* (S. 21–59). Buenos Aires: CLACSO.

Arendt, H. (1970). *Macht und Gewalt*. München: Piper.

Brumer, A. & Dos Anjos, G. (2008). Relações de gênero em assentamentos: A noção de empoderamento em questão. In A. L. Lopes & A. Butto (Hrsg.), *Mulheres na reforma agrária, a experiência recente no Brasil* (S. 219–240). Brasilía: Ministério do Desenvolvimento Agrário.

Castro-Gómez, S. (2007). Decolonizar la universidad. La hybris del punto cero y el diálogo de saberes. In S. Castro-Gómez & R. Grosfoguel (Hrsg.), *El giro decolonial: Reflexiones para una diversidad epistémica más allá del capitalismo global* (S. 79–92). Bogotá: Siglo del Hombre Editores.

Fals Borda, O. & Rahman, A. (1992). La situación actual y las perspectivas de la IAP en el mundo. In M. C. Salazar (Hrsg.), *La investigación-acción participativa: inicios y desarrollos* (S. 205–230). Madrid: Editorial Popular.

Friedman, J. (1992). *Empowerment: The Politics of Alternative Development*. Cambridge: Blackwell.

González, E. (2014). *Las mujeres en la industria colombiana de las flores.* Madrid (Cundinamarca): Asociación Paz con Dignidad.

Gutiérrez-Escobar, L. (2015). Soberanía alimentaria. La red de semillas libres de Colombia. *[Con]textos*, 4(13), 11–24.

Hoinle, B. et al. (2013). Empoderamiento espacial de mujeres marginalizadas a través de la Economía Solidaria. *Revista Cuadernos de Desarrollo Rural/ International Journal of Rural Development*, 10(71) 117–139. Online verfügbar unter: revistas.javeriana.edu.co/index.php/desarrolloRural/article/view/7025 (letzter Zugriff am 28.06.2023).

Hoinle, B. (2019). Das Saatgut gehört uns! In den Stadtgärten Kolumbiens gedeiht der Widerstand gegen das Freihandelsabkommen mit der EU, *Südzeit* N°80, 18–19.

Hoinle, B., Rodríguez, F. B., Leal, C. & Pérez, M. (Hrsg.) (2019). *Construyendo territorios de paz entre el campo y la ciudad. Agroecologías urbanas y circuitos agroalimentarios para la paz.* Bogotá: Editorial Universidad Externado.

Hoinle, B. (2020). *Räume für Empowerment. Urbane und solidarische Landwirtschaft in Bogotá.* München: oekom.

Jarosz, L. (2014). Comparing Food Security and Food Sovereignty Discourses. *Dialogues in Human Geography*, 4(2), 168–181.

Kabeer, N. (1999). Resources, Agency, Achievements: Reflections on the Measurement of Women's Empowerment. *Development and Change*, 30(3), 435–464.

León, M. (2002). El empoderamiento en la teoría y práctica del feminismo. *Acta Sociológica*, N°36, 59–80.

Pinilla, K., Hoinle, B., Macheha-Groot, A. & Cepeda, J. (2018). Mapping the Agrodiversity in Bogotá – the Platform Mapeo AgroecoBogotá. *International Journal of Design & Nature and Ecodynamics*, 13(4), 407–414.

Quimbayo Ruíz, G. (2019). Urbanización y conflictos socio-ambientales: El Borde Urbano/Rural sur de Bogotá. In B. Hoinle, F. B. Rodríguez, C. Leal Soto & M. Pérez (Hrsg.), *Construyendo territorios de paz entre el campo y la ciudad. Agroecologías urbanas y circuitos agroalimentarios para la paz* (S. 157–174). Bogotá: Editorial Universidad Externado.

Rowlands, J. (1997). *Questioning empowerment. Working with women in Honduras.* Oxford: Oxfam.

Scheyvens, R. (2019). Empowerment. In R. Kitchin & N. Thrift (Hrsg.), *International Encyclopedia of Human Geography* (S. 464–470). Amsterdam: Elsevier.

Schurr, C. (2013). *Performing Politics, Making Space: A visual ethnography of political change in Ecuador.* Stuttgart: Steiner.

Vélez, G. (2014). Las leyes de semillas en Colombia contra la soberanía y autonomía alimentaria de las comunidades rurales. In C. Toro Pérez, E. Bravo & G. Vélez (Hrsg.), *La Ecología Política de la Bioseguridad en América Latina* (S. 153–171). Bogotá: Editorial Universidad Nacional de Colombia.

Vivero-Pol, J. L. (2019). The Idea of Food as a Commons: Multiple Understandings for Multiple Dimensions of Food. In J. L. Vivero-Pol, Luis, T. Ferrando, O. De Schutter & U. Mattei (Hrsg.), *Routledge Handbook of Food as a Commons* (S. 25–41). New York: Routledge.

Young, K. (1993). *Planning development with women. Making a world of difference.* London: Macmillan.

Solidarische Landwirtschaft. Konzept und Praxis einer gemeinschaftsgetragenen Wirtschaftsweise

Lukas Lapschieß

Gegenwärtig gibt es in Deutschland eine Vielzahl von zivilgesellschaftlichen Bewegungen, die einen Wandel im Ernährungssystem anstreben und alternative Formen einer nachhaltigen Landwirtschaft in einer teils real-utopischen Praxis erproben.[1] Generell bilden soziale Bewegungen häufig den Ausgangspunkt für gesellschaftlichen Wandel, da von ihnen soziale Probleme oft am schnellsten erkannt – und durch Protest sowie die Anwendung von alternativen Handlungsweisen adressiert werden. Zu den momentan stark wachsenden dieser Bewegungen gehört die *Solidarische Landwirtschaft*. Diese sich bereits seit den 1980er Jahren in Deutschland entwickelnde gemeinschaftsgetragene Wirtschaftsweise verfolgt das Ziel einer sozial gerechten und ökologisch-nachhaltigen Lebensmittelnahversorgung, indem Produzent*innen und Konsument*innen auf solidarische Weise wirtschaftlich kooperieren. Dieser Beitrag liefert einen kurzen Überblick über die besonderen Qualitäten der Solidarischen Landwirtschaft. Zunächst werden die Spezifika dieser Wirtschaftsweise erläutert und anschließend skizziert, wie in den vergangenen rund zehn Jahren aus einzelnen Initiativen eine vielfältige Bewegung gewachsen ist und welchen wichtigen Anteil das Netzwerk Solidarische Landwirtschaft daran hatte. Abschließend werden einige Unterschiede und Überschneidungen zum Urban Gardening aufgezeigt, um die gemeinsame zivilgesellschaftliche Relevanz beider Bewegungen zu verdeutlichen.

1 Dieser Beitrag entstand im Kontext des vom BMBF geförderten Forschungsprojekts „Teilgabe. Die bürgerschaftliche, genossenschaftliche und sozialunternehmerische Schaffung und Gestaltung gemeinwohlorientierter Versorgung“ (Fördernummer: 01UG2016C) und basiert neben der angegebenen Literatur auf eigenen empirischen Untersuchungen. Daher enthält dieser Beitrag Textstellen, die in ähnlicher Form bereits in unseren anderen Publikationen erschienen sind (Degens & Lapschieß, 2023a, b). Weitere Informationen zum Projekt und Veröffentlichungen (u. a. Blome-Drees et al., 2021) finden sich auf teilgabe.net. Zudem bedanke ich mich herzlich bei Philipp Degens für wertvolle Überarbeitungshinweise zu diesem Beitrag.

Die gemeinschaftsgetragene Wirtschaftsweise der Solidarischen Landwirtschaf

Das Wirtschaftsprinzip der Solidarischen Landwirtschaft (kurz: Solawi[2]) basiert auf einer vom Markt entkoppelten Produktion und Distribution landwirtschaftlicher Erzeugnisse. Produzent*innen und Konsument*innen schließen sich zu lokalen Wirtschaftsgemeinschaften zusammen, um die Kosten und Risiken der landwirtschaftlichen Produktion gemeinsam zu tragen. Die Gruppe der Verbraucher*innen übernimmt für ein Jahr oder zumindest eine Erntesaison die gesamten Kosten der Produktion (z. B. Saatgut, Setzlinge, Betriebsmittel, Gehälter) und erhält im Gegenzug einen Anteil an der Ernte, ohne dass für die einzelnen Erzeugnisse weiteres Geld gezahlt werden muss (vgl. Rommel & Knorr, 2021, S. 196). Solawi folgt dem Motto: „Das Lebensmittel verliert seinen Preis – und gewinnt an Wert!" (Solawi-Netzwerk, 2020, S. 4). Dadurch findet eine Dekommodifizierung der Lebensmittel statt, d. h., diese werden nicht wie Waren auf einem Markt gehandelt, sondern als Ausgleich für die geleisteten Beiträge unter den Solawi-Mitgliedern verteilt (vgl. Boddenberg et al., 2017, S. 258). Bei den Erzeugnissen, die, meist wöchentlich, an die Mitglieder verteilt werden, handelt es sich hauptsächlich um Gemüse, es gibt aber auch Solawi-Betriebe, die Fleisch und weiterverarbeitete Produkte (z. B. Eingemachtes, Milchprodukte, Honig, Brot) herstellen (vgl. Degens & Lapschieß, 2023a, S. 198).

Wie hoch die zu entrichtenden monatlichen Beiträge für einen Ernteanteil sind, wird meist in sogenannten „Beitragsrunden" ermittelt. Dabei handelt es sich um eine soziale Aushandlungspraxis, bei der jedes Mitglied angibt, welchen monatlichen Beitrag es für den regelmäßigen Erhalt eines Ernteanteils bereit ist zu zahlen. Ziel ist es, durch den Gesamtbetrag die Finanzierung der landwirtschaftlichen Tätigkeit mit allen weiteren notwendigen Kosten für das Betriebsjahr zu gewährleisten (vgl. Wellner & Theuvsen, 2017, S. 238). Anhand dieses Verfahrens lässt sich der zweifache Solidaritätsgedanke von Solawi illustrieren: Erstens wird mittels der Beitragsrunde die gemeinschaftliche Aufteilung des Produktionsrisikos initiiert, denn die Solawi-Mitglieder verpflichten sich zur Entrichtung ihrer Beiträge unabhängig von der Erntemenge. Im Sinne der Dekommodifizierung werden nicht einzelne Produkte gekauft, sondern die mit der landwirtschaftlichen Produktion verbundenen Kosten für Rohstoffe, Betriebsmittel und Gehälter der Arbeitskräfte bedarfsgerecht und verbindlich gedeckt. Zweitens wird auch innerhalb der sozioökonomisch heterogenen Verbraucher*innengruppe[3] ausgehandelt, wie hoch die individuellen und monatlich zu zahlenden Beiträge sein sollen (vgl. Klemisch, 2021,

2 Mit dieser Kurzform werden ebenfalls die Einzelorganisationen bezeichnet, die Solidarische Landwirtschaft betreiben.

3 Hier ist anzumerken, dass in der Solawi durchaus sozio-ökonomische Ausschlüsse stattfinden, da die Mitgliedsbeiträge eine Hürde für Menschen mit geringerem Einkommen darstellen können (vgl. Boddenberg et al., 2017, S. 257).

S. 313). Die Konsument*innen sind aufgerufen, ihre Gebote davon abhängig zu machen, was sie beitragen können und wollen. Wenn besserverdienende Mitglieder einen höheren Beitrag bieten, wird es für einkommensschwächere Mitglieder möglich, einen niedrigeren Beitrag zu zahlen. Die Beitragsrunde wird meist während einer Mitgliederversammlung zu Beginn des Jahres abgehalten. Die Produzent*innen geben die voraussichtlich zu erwartenden Gesamtkosten für das kommende Erntejahr bekannt sowie einen Richtwert, an dem sich die einzelnen Gebote orientieren sollen. Dieser Richtwert ergibt sich für gewöhnlich aus den erwarteten Gesamtkosten, geteilt durch die Anzahl der Mitglieder und die Anzahl der Monate. Jedes Mitglied gibt ein oder mehrere anonyme Gebote ab. Können nach der ersten Beitragsrunde die zu erwartenden Kosten nicht gedeckt werden, wird die Beitragsrunde wiederholt. Das Abhalten der Beitragsrunde bildet für viele Mitglieder das zentrale Element der Solidarischen Landwirtschaft, jedoch wird dieses Verfahren nicht von allen Solawis praktiziert (vgl. Boddenberg et al., 2017, S. 256).

Des Weiteren zeichnen sich Solawis durch partizipativ-demokratische Organisationsstrukturen aus, in denen es den Verbraucher*innen möglich ist, nicht nur an Entscheidungen teilzuhaben, sondern aktiv an der Produktion der Lebensmittel mitzuwirken (dazu ausführlich: Degens & Lapschieß, 2023b). Das Verschwimmen der Grenzen zwischen Produktion und Konsumtion wird auch als *Prosuming* (Boddenberg et al., 2017, S. 260) bezeichnet, was ein Kofferwort aus den englischen Verben *pro*duce und con*sum*e darstellt und in Tradition von Erzeuger*innen-Verbraucher*innen-Genossenschaften steht (ausführlich bei Flieger, 2016). Neben der gelegentlichen Mithilfe bei der landwirtschaftlichen Arbeit sind Solawis häufig auf freiwilliges Engagement ihrer Mitglieder in der Verwaltung sowie im Transport und der Verteilung der Ernteanteile angewiesen. Doch auch hier unterscheiden sich die Solawis. In manchen gibt es regelmäßige Mitmachtage, an denen sich alle Verbraucher*innen beteiligen sollen, bei anderen sind nur wenige Mitglieder aktiv tätig, was manchmal seitens der Produzent*innen auch explizit so gewünscht ist.

Ein weiteres Kernmerkmal der Solawi ist deren Ausrichtung an ökologischer Nachhaltigkeit (vgl. Diekmann & Theuvsen, 2019). Die bewusste Abkehr von der kapitalistisch betriebenen und umweltschädigenden industriellen Landwirtschaft ist ein wesentliches Ziel der Solawis. Dies wird u. a. dadurch deutlich, dass die Mitglieder der Solawis Blühstreifen pflegen und Ausgleichsflächen zum Erhalt der Biodiversität anlegen, ohne einen direkten wirtschaftlichen Nutzen daraus zu ziehen. Auch Bildungsarbeit und Kooperationen (z. B. mit Schulen) gehören zu den Angeboten, die insbesondere gemeinnützige Solawis nicht nur für ihre Mitglieder erbringen.

Zusammenfassend lässt sich das Solawi-Prinzip als Versuch der sozialen Wiedereinbettung der Ernährungswirtschaft verstehen (vgl. Kropp & Müller, 2018), durch den einerseits Konsument*innen Transparenz darüber erlangen, woher ihre Lebensmittel stammen und wie diese produziert werden, andererseits ermöglicht Solawi den Produzent*innen, ökologisch nachhaltige, regionale Lebensmittel zu erzeugen, mit der Sicherheit, für diese Abnehmer*innen zu haben, und somit die entstehenden Kosten decken zu können.

Entstehung und Wandel der Solidarischen Landwirtschaft in Deutschland

Der Ursprung des gemeinschaftsgetragenen Wirtschaftsprinzips der Solawi wird im Japan der 1960er Jahre verortet. Dort schlossen sich Frauen in ländlichen Regionen zusammen, um ein persönliches Kooperationsverhältnis zwischen ihnen als Landwirtinnen und ihren lokalen Verbraucher*innen zu schaffen (vgl. Schnell, 2007, S. 552). Die ökologische Ausrichtung und enge räumliche sowie persönliche Beziehung zwischen den Produzentinnen und Konsument*innen richtete sich explizit gegen die groß dimensionierte industrielle Landwirtschaft, die durch ihre umweltschädigende Massenproduktion häufig als qualitativ mangelhaft empfundene normierte Güter für den anonymen Markt erzeugte (vgl. Paul, 2019, S. 164). Weitestgehend unabhängig davon wurden seit Beginn der 1980er Jahre in der Schweiz und Deutschland ebenfalls verwandte Ideen erprobt mit dem Ziel, eine kleinräumige und lokal verankerte Landwirtschaft, die mit ökologischen Anbaumethoden[4] arbeitet, mittels einer gemeinschaftlichen Finanzierung langfristig zu erhalten. Dieses Wirtschaftsprinzip mit sozial-ökologischem Anspruch begann sich Mitte der 1980er Jahre ebenso in den USA zu verbreiten und hat die heute international geläufige Bezeichnung *Community-supported agriculture* (CSA) geprägt.

Mit dem Buschberghof, ca. 40 Kilometer westlich von Hamburg, stellte 1988 der erste Betrieb in Deutschland auf das CSA-Modell um. Dabei handelte es sich um eine Initiative, die über die bloße landwirtschaftliche Tätigkeit hinausgehend ein Konzept der Sozialtherapie und Inklusion von Menschen mit Behinderungen in die landwirtschaftliche Lebens- und Arbeitsgemeinschaft verband und dieses bis heute praktiziert (buschberghof.de). Höfe, die mit einem gemeinschaftsgetragenen Wirtschaftsmodell experimentierten, bezeichneten sich selbst zunächst meist als „Wirtschafts-, Selbstversorger- oder Versorgergemeinschaft“ (Kraiß & van Elsen, 2009, S. 185). Im Jahr 2011 existierten 19 Höfe in Deutschland[5], die nach diesem Modell wirtschafteten, jedoch standen die einzelnen Initiativen nicht in organisiertem Austausch und verstanden sich auch nicht als gemeinsame Bewegung. Um die Kooperation zwischen den Einzelorganisationen zu befördern und das gemeinschaftsbasierte Wirtschaftsmodell in Deutschland aktiv weiterzuverbreiten, wurde, gemeinsam mit weiteren Unterstützer*innen und nach einiger Vernetzungsarbeit im Vorfeld, am 7. Juli 2011 das Netzwerk Solidarische Landwirtschaft e. V. gegründet (vgl. van Elsen & Kraiß, 2012, S. 62f.). Im darauffolgenden Jahr wurde „Solidarische Landwirtschaft“ als gemeinsamer deutscher Name für diese Art des Wirtschaftens markenrechtlich eingetragen und ein offizielles Logo eingeführt, mit dem

4 In ihren Anfängen war die Solidarische Landwirtschaft durch die Lehren der Anthroposophie von Rudolf Steiner beeinflusst, der das auf teils esoterischen Annahmen beruhende Modell der biologisch-dynamischen Landwirtschaft entwickelte (ausführlich bei Gruber, 2020, Kap. 2).

5 Für eine Übersicht mit den Namen und weiteren Informationen zu diesen Höfen siehe van Elsen & Kraiß, 2012, S. 62.

sich Mitglieder des Netzwerks kennzeichnen dürfen. Seit der Gründung ist das Netzwerk zur zentralen Dachorganisation der Solawi-Bewegung in Deutschland avanciert. Es tritt nicht nur als politischer Lobbyakteur der Bewegung auf, sondern bietet auch umfassende Beratungsleistungen an und organisiert zahlreiche Bildungs- und Vernetzungsveranstaltungen für seine Mitglieder und alle, die sich für Solawi interessieren. Zudem koordiniert das Netzwerk auch externe Kooperationen, z. B. mit Forschungsprojekten, und stellt auf seiner Webseite verschiedenste Info- und Mustermaterialien zur Verfügung (solidarische-landwirtschaft.org).

Seit der Netzwerkgründung hat sich die Anzahl der Solawi-Organisationen in Deutschland auf gegenwärtig 460 sowie weitere 101 in Gründung vervielfacht.[6] Mit der gestiegenen Anzahl ist auch die Heterogenität der Solawi-Organisationen gewachsen. Die gemeinsamen Wirtschaftsprinzipien ermöglichen es, Solawi in verschiedenen Organisationsformen zu praktizieren (vgl. Degens & Lapschieß, 2023a, S. 197–200). Dies belegen ebenfalls die aus unterschiedlichen Kriterien abgeleiteten Typologien mehrerer empirischer Untersuchungen der letzten Jahre (vgl. Boddenberg et al., 2017, S. 263–266; Gruber, 2020, S. 109–121; Paech et al., 2020, S. 52) sowie Publikationen aus der Solawi-Bewegung selbst (vgl. Heintz, 2018, S. 26–30; Rommel et al., 2022, S. 30–37).

Die drei Grundtypen[7]

*Die Erzeuger*innen-geführte Solawi*

Die drei organisationalen Grundtypen, die auch innerhalb der Bewegung diskutiert werden, sind: erstens die *Erzeuger*innen-geführte Solawi*, die in der Regel aus einem bereits bestehenden landwirtschaftlichen Betrieb heraus gegründet wird, der vollständig im Eigentum der Produzent*innen verbleibt, die sich um die gesamte Produktion und Abwicklung der Ernteverteilung kümmern. Die Konsument*innen schließen dabei Einzelverträge mit dem Betrieb und bilden eine ideelle, jedoch keine rechtliche Gemeinschaft.

Die Kooperations-Solawi

Der zweite Typ ist die *Kooperations-Solawi*, die ebenfalls aus (mindestens) einem eigenständigen landwirtschaftlichen Betrieb besteht, der im Unterschied zum ersten Typ jedoch eine Kooperationsvereinbarung mit einer Verbraucher*innengemeinschaft schließt, die als juristische Person zur Vertragspartnerin des Betriebs wird. Die Mitglieder bilden eine Körperschaft, häufig einen Verein, der sich um Verwaltung, Ernteverteilung und Organisation kümmert. Im Gegensatz zur

6 solidarische-landwirtschaft.org/solawis-finden/auflistung/solawis, abgerufen am 20.07.2023.

7 vgl. Rommel et al., 2022, S. 30–33

Erzeuger*innen-geführten Solawi werden Entscheidungen in Kooperations-Solawis gemeinsam mit den Verbraucher*innen oder zumindest mit (meist gewählten) Vertreter*innen getroffen.

Die Mitunternehmer-Solawi

Der dritte Grundtyp wird als *Mitunternehmer-Solawi* bezeichnet und ist dadurch gekennzeichnet, dass Produzent*innen und Konsument*innen ein Unternehmen bilden, das sich in gemeinschaftlichem Eigentum befindet. Entscheidungen werden grundsätzlich gemeinsam getroffen. Dieser Typ wird meist in den Rechtsformen eines Vereins oder einer Genossenschaft gegründet und realisiert aufgrund seines hohen partizipativ-demokratischen Anspruchs die Idee des Prosuming am stärksten.

Anhand der Herausbildung dieser unterschiedlichen organisationalen Grundtypen lässt sich auch die Entwicklung nachvollziehen, die die Solidarische Landwirtschaft seit der Gründung des Netzwerks in Deutschland genommen hat. Waren es zunächst vor allem einzelne und bereits bestehende Höfe in ländlichen Regionen, die auf ein Solawi-Modell umstellten und eine Gruppe von Verbraucher*innen für sich gewinnen mussten, gehen mittlerweile vermehrt Gründungsimpulse von den Verbraucher*innen selbst aus. Eine der ersten Solawis, die von Verbraucher*innen gegründet wurde, ist das Kartoffelkombinat (2012) in München, das bis dahin auch die erste Solawi-Genossenschaft darstellte. Zunächst wurde noch mit Partnerbetrieben kooperiert; seit 2017 verfügt das Kartoffelkombinat jedoch über einen eigenen Produktionsbetrieb, was einen Übergang vom zweiten zum dritten Solawi-Grundtyp bedeutet. Mit 2200 Ernteanteilen (Stand Februar 2023) ist das Kartoffelkombinat zudem die mitgliederstärkste Solawi in Deutschland. Generell lässt sich seit 2017 ein vermehrtes Aufkommen des dritten Solawi-Typs feststellen. Wobei vor allem die mittlerweile 22 Solawi-Genossenschaften von einem häufig eher urban geprägten Milieu von „systemkritischen und engagierten Konsumenten" (Gruber, 2020, S. 112) gegründet werden. Diesen geht es meist nicht um den Erhalt eines bestehenden Hofes. Sie verknüpfen Solawi vergleichsweise stärker mit übergreifenden politischen Zielen, insbesondere einer möglichen sozial-ökologischen Transformation durch den Aufbau regionaler Versorgungsstrukturen (vgl. ebd.). Diese Solawis werden häufig von landwirtschaftlichen Laien gegründet, die zunächst einmal die landwirtschaftlichen, betriebswirtschaftlichen und rechtlichen Voraussetzungen schaffen müssen, um überhaupt als landwirtschaftlicher Betrieb tätig werden zu können. Dazu gehört auch das Anstellen von landwirtschaftlichen Fachkräften. Im Gegensatz zu den Solawis des ersten und zweiten Typs sind sie gegenüber organisationalem und wirtschaftlichem Wachstum eher offen eingestellt und verfügen meist über eine relativ hohe Mitgliederzahl, was dem oft höheren Kostenaufwand gerade in der Gründungsphase geschuldet ist (dazu auch: Degens & Lapschieß 2023a).

Einen weiteren wichtigen Schritt, um die organisationale Vielfalt zu würdigen, die die Solawi-Bewegung bisher hervorgebracht hat, stellt die Formulierung des im Herbst 2021 veröffentlichten Selbstverständnisses der Solidarischen

Landwirtschaft dar, in dem gleichzeitig die eigenen wirtschaftlichen Grundprinzipien zur Abgrenzung gegenüber anderen Ernährungsbewegungen erläutert werden. Eine zentrale Selbsteinsicht lautet dabei:

> „Jede Solidarische Landwirtschaft ist einzigartig so wie ihre Menschen. [...] Auf Grundlage der Grundprinzipien organisieren sich Solidarische Landwirtschaften eigenständig nach den Interessen und Bedürfnissen der Beteiligten." (Solawi-Netzwerk, 2022, S. 1)

Dies verdeutlicht die mittlerweile gewonnene Übereinkunft, dass die Solawi-Bewegung heterogen ist. Das Spektrum reicht von ländlich-kleinbäuerlichen Höfen mit wenigen Dutzend Mitgliedern bis hin zu hoch professionalisierten genossenschaftlichen Unternehmen mit mehreren hundert Mitgliedern in urbanen Zentren wie München, Frankfurt oder in der Region Leipzig. All diese Einzelorganisationen lassen sich aufgrund ihrer geteilten Grundprinzipien dieser gemeinschaftsgetragenen Wirtschaftsweise zur Solidarischen Landwirtschaft zählen und erlauben es der Bewegung, auf vielfältige Weise zu wachsen.

Unterschiede und Gemeinsamkeiten zwischen Solidarischer Landwirtschaft und städtischen Gemeinschaftsgärten

Wie im vorangegangenen Abschnitt beschrieben, grenzt sich die Solawi mit ihrem spezifischen Wirtschaftsprinzip bewusst von anderen Ernährungsbewegungen ab, was allerdings nicht bedeutet, dass keine Überschneidungen existieren. So gibt es eine ganze Reihe zivilgesellschaftlicher Initiativen, die mit jeweils eigenen Konzepten und Mitteln selbstorganisierte Alternativen zum globalen und umweltschädigenden Ernährungssystem erproben (vgl. Antoni-Komar & Lenz, 2021). Neben der Regionalbewegung, den Ernährungsräten oder den Food Coops gehört sicherlich das Urban Gardening zu den nächsten Verwandten der Solawi-Bewegung. Denn wie die Solawi zählen auch die städtischen Gemeinschaftsgärten „Partizipation und Gemeinschaftsorientierung" (Müller, 2012, S. 31) zu ihren konstitutiven Charakteristika, wenn auch auf weniger stark institutionalisierte Weise. Die Parallelen beruhen nicht ausschließlich auf der gemeinschaftlichen und ökologischen Bewirtschaftung gemeinsamer Anbauflächen, ohne diese zu kommerzialisieren, sondern darüber hinaus werden in beiden Fällen auch Naturräume bewusst gepflegt und zugänglich gemacht. Allerdings markiert die organisierte wirtschaftliche Verbindlichkeit zwischen Produzent*innen und Konsument*innen, die sich mit gemeinschaftlich-solidarischen Praktiken, wie der Beitragsrunde und der reglementierten Distribution der Erzeugnisse, den Mechanismen des Marktes entziehen, den zentralen Unterschied zwischen Solawi und Urban Gardening. Letzteres ist hingegen stärker davon gekennzeichnet, „den Gemeingutcharakter des öffentlichen Raumes" (Antoni-Komar, 2018, S. 66f.) für eine gemeinschaftliche Praxis zu proklamieren und selbstorganisiert (auch in ästhetischer Hinsicht) zu gestalten.

Gemeinsam ist beiden Bewegungen jedoch der geteilte Nexus räumlich-materieller Strukturen und gemeinschaftlich-wirtschaftlicher Praxis, um dadurch unter den Beteiligten ein Bewusstsein dafür zu schaffen, an welchen Orten und unter welchen Bedingungen ihre Lebensmittel erzeugt werden. Dies beinhaltet die Möglichkeit, den passiven Konsument*innenstatus zu verlassen und als Prosument*innen selbst an der Produktion der eigenen Nahrungsmittel mitzuwirken bzw. sich gleich ganz als Selbstversorger*in zu versuchen. Sowohl Solawis als auch Gemeinschaftsgärten können darüber hinaus als Orte des gemeinsamen Lernens charakterisiert werden (vgl. Kropp & Müller, 2018, S. 197), was sich jedoch nicht auf eine fachbezogene Bildung zum Erwerb landwirtschaftlich-gärtnerischer Fähigkeiten reduzieren lässt. So berichten Beteiligte etwa, „dass sie Kompetenzen der Interessenartikulation und der kooperativen Problemlösung erwerben, die sie auch in anderen Situationen einzusetzen lernen" (Kropp & Stinner, 2018, S. 37). Auf diese Weise werden durch den selbstorganisiert-partizipativen Ansatz sowohl in der Solawi als auch im Urban Gardening „prodemokratische Haltungen und Werte auch im Umgang mit Konflikten" (Klein, 2019, S. 91) eingeübt, was als eine der wertvollsten Wirkungen solcher zivilgesellschaftlichen Erfahrungs- und Interaktionsräume zu betrachten ist.

Schlussbetrachtung

In der Vielfalt der Ernährungsbewegungen zählt die Solidarische Landwirtschaft sicherlich zu den vielseitigsten und mitgliederstärksten Initiativen. Hervorzuheben sind dabei vor allem die Spezifika des gemeinschaftsgetragenen Wirtschaftsprinzips, das breite Partizipationsmöglichkeiten mit wirtschaftlicher Tragfähigkeit verknüpft. Durch das Netzwerk Solidarische Landwirtschaft e. V. als Dachorganisation existiert zudem eine gemeinsame Vertretung für die Bewegung, die darüber hinaus diverse Unterstützungsangebote bereitstellt und dezentrale Kooperationen, z. B. in Regionalgruppen oder themenbezogenen Arbeitsgruppen, fördert. Ebenso wie beim Urban Gardening nimmt auch in der Solawi die Bildung von lokalen Gemeinschaften und die Idee des Prosumismus eine zentrale Position ein. Beiden Bewegungen ist außerdem gemeinsam, dass sie durch nachhaltige Landwirtschaft zum Erhalt einer lebenswerten Umwelt in den Städten und auf dem Land beitragen.

Literatur

Antoni-Komar, I. (2018). Gemeinschaftsorientierte Ernährungsinitiativen – Neue Chancen für eine nachhaltige Ernährungswirtschaft? *HiBiFo* 7 (2), 62–74. DOI: 10.3224/hibifo.v7i2.05

Antoni-Komar, I. & Lenz, C. (2021). Transformative communities in Germany. Working towards a sustainable food supply through creative doing and collaboration. In C. Kropp, I. Antoni-Komar & C. Sage (Hrsg.), *Food System Transformations. Social Movements, Local Economies, Collaborative Networks* (S. 141–156). New York: Routledge.

Blome-Drees, J., Degens, P., Flieger, B., Lapschieß, L., Lautermann, C., Moldenhauer, J., Pentzien, J. & Young, C. (2021). Kooperatives Wirtschaften für das Gemeinwohl in der Zivilgesellschaft. *Z'GuG* 44(4), 455–485. DOI: 10.5771/2701-4193-2021-4-455

Boddenberg, M., Frauenlob, M. H., Gunkel, L., Schmitz, S., Vaessen, F. & Blättel-Mink, B. (2017). Solidarische Landwirtschaft als innovative Praxis – Potenziale für einen sozial-ökologischen Wandel. In M. Jaeger-Erben, J. Rückert-John & M. Schäfer (Hrsg.), *Soziale Innovationen für nachhaltigen Konsum. Wissenschaftliche Perspektiven, Strategien der Förderung und gelebte Praxis* (S. 125–148). Wiesbaden: Springer VS.

Degens, P. & Lapschieß, L. (2023a). Kooperationen in der Solidarischen Landwirtschaft. Eine feldtheoretische Perspektive. In C. Kühn (Hrsg.), *Gemeinwohlorientiert, ökologisch, sozial. Aushandlungen um alternative Wirtschaftspraktiken in der Zivilgesellschaft* (S. 189–213). Wiesbaden: Springer VS.

Degens, P. & Lapschieß, L. (2023b). Community-Supported Agriculture as Food Democratic Experimentalism: Insights from Germany. *Frontiers in Sustainable Food Systems* 7, Artikel-Nr.: 1081125, 1–16. DOI: 10.3389/fsufs.2023.1081125

Diekmann, M. & Theuvsen, L. (2019). Soziale Nachhaltigkeit durch Community Supported Agriculture. Soziologie und Nachhaltigkeit - Die soziale Dimension der Nachhaltigkeit 5(1), 91–110. DOI: 10.17879/SUN-2019-2473

Flieger, B. (2016). *Prosumentenkooperation. Geschichte, Struktur und Entwicklungschancen gemeinschaftsorientierten Wirtschaftens in der Ernährungswirtschaft am Beispiel der Erzeuger-Verbraucher-Genossenschaften.* Marburg: Metropolis-Verlag (Theorie der Unternehmung, Band 63).

Gruber, S. (2020). *Bewältigungsstrategien alternativen Wirtschaftens. Wertrationalität und soziale Einbettung am Beispiel solidarischer Landwirtschaft.* Dissertation. Baden-Baden: Nomos Verlagsgesellschaft mbH & Co. KG (Wirtschaftssoziologie und Politische Ökonomie, Band 6).

Heintz, V. (2018). *Betriebsgründung, Rechtsformen und Organisationsstrukturen in der Solidarischen Landwirtschaft.* 2. aktual. und überarb. Auflage. Hamm: ABL Verl.

Klein, A. (2019). Überlegungen zum Begriff der Zivilgesellschaft. In I.-J. Werkner & M. Dembinski (Hrsg.), *Gerechter Frieden jenseits des demokratischen Rechtsstaates. Politisch-ethische Herausforderungen* (S. 79–95). Wiesbaden: Springer VS.

Klemisch, H. (2021). Genossenschaften und Non Profit Initiativen im Bereich Solidarische Landwirtschaft und Bürgerenergie. *Zeitschrift für das gesamte Genossenschaftswesen* 71(4), 306–317. DOI: 10.1515/zfgg-2021-0019

Kraiß, K. & van Elsen, T. (2009). Landwirtschaftliche Wirtschaftsgemeinschaften (Community Supported Agriculture, CSA) — ein Weg zur Revitalisierung des ländlichen Raumes? In R. Friedel & E. A. Spindler (Hrsg.), *Nachhaltige Entwicklung ländlicher Räume. Chancenverbesserung durch Innovation und Traditionspflege* (S. 183–194). Wiesbaden: Springer VS.

Kropp, C. & Müller, C. (2018). Transformatives Wirtschaften in der urbanen Ernährungsbewegung: zwei Fallbeispiele aus Leipzig und München. *Zeitschrift für Wirtschaftsgeographie* 62(3–4), 187–200. DOI: 10.1515/zfw-2017-0007

Kropp, C. & Stinner, S. (2018). Wie weit reicht die transformative Kraft der urbanen Ernährungsbewegung? *Soziologie und Nachhaltigkeit – Beiträge zur sozial-ökologischen Transformationsforschung* 4(1), 26–50. DOI: 10.17879/SUN-2018-2247

Müller, C. (2012). Urban Gardening. Grüne Signaturen neuer urbaner Zivilisation. In C. Müller (Hrsg.), *Urban Gardening. Über die Rückkehr der Gärten in die Stadt* (S. 22–53). München: oekom.

Paech, N., Rommel, M., Antoni-Komar, I. & Posse, D. (2020). Das Wirtschaftsprinzip der kleinen Einheiten – Resilienz durch gemeinschaftsgetragene Versorgungsstrukturen am Beispiel Solidarischer Landwirtschaftsbetriebe. *HiBiFo* 9(4), 47–63. DOI: 10.3224/hibifo.v9i4.04

Paul, M. (2019). Community-supported agriculture in the United States: Social, ecological, and economic benefits to farming. *Journal of Agrarian Change* 19(1), 162–180. DOI: 10.1111/joac.12280

Rommel, M. & Knorr, M. (2021). Wirtschaften ohne Marktpreise? Vom Unternehmensmodell Solidarische Landwirtschaft zu einer gemeinschaftsgetragenen Versorgungsökonomie. In AgrarBündnis e. V. (Hrsg.). *Schwerpunkt: Welt im Fieber – Klima & Wandel* (196–200). Konstanz/Hamm: ABL Bauernblatt Verlag (Der kritische Agrarbericht, 2021).

Rommel, M., Posse, D., Paech, N., Wittkamp, M. & Antoni-Komar, I. (Hrsg.) (2022). *Handbuch Solidarische Landwirtschaft. Solawis erfolgreich gründen & gestalten*. Unter Mitarbeit von Matthias Middendorf, Lukas Egli, Klaus Strüber, Alina Reinartz, Simon Scholl und Petra Wähning. Online verfügbar unter: solidarische-landwirtschaft.org/Solawis-aufbauen/handbuch (letzter Zugriff am 03.07.2023).

Schnell, S. M. (2007). Food With a Farmer's Face: Community-Supported Agriculture in the United States. *Geographical Review* 97(4), 550–564. DOI: 10.1111/j.1931-0846.2007.tb00412.x

Solawi-Netzwerk (2020): Selbstdarstellung des Netzwerks Solidarische Landwirtschaft e. V., online verfügbar unter: solidarische-landwirtschaft.org/fileadmin/media/solidarische-landwirtschaft.org/Das-Netzwerk/Ueber-uns/Selbstdarstellung_2021_DRUCK.pdf (letzter Zugriff am 25.01.2023).

Solawi-Netzwerk (2022): Selbstverständnis Solidarische Landwirtschaft. Online verfügbar unter: solidarische-landwirtschaft.org/fileadmin/media/solidarische-landwirtschaft.org/Das-Konzept/Netzwerk- -Vision-und-Grundprinzipien.pdf (letzter Zugriff am 25.01.2023).

van Elsen, T. & Kraiß, K. (2012). Solidarische Landwirtschaft. Community Supported Agriculture (CSA) in Deutschland. In AgrarBündnis e. V. (Hrsg.): *Schwerpunkt: Zusammen arbeiten – für eine andere Landwirtschaft* (S. 59–64). Konstanz/Hamm: ABL Bauernblatt Verlag (Der kritische Agrarbericht, 2012).

Wellner, M. & Theuvsen, L. (2017). Community Supported Agriculture in Deutschland. *Berichte über Landwirtschaft* 95(3), 1–22. DOI: 10.12767/BUEL.V95I3.181

Geographien der Essbaren Stadt - Governance-Konzepte und Co-Creation Essbarer Städte im internationalen Vergleich

Ina Säumel

Die Essbare Stadt ist in aller Munde. Was ist damit gemeint? Weltweit haben sich Stadtbewohner*innen in sehr unterschiedlichen Kontexten auf den Weg gemacht, um städtische Ernährungssysteme nachhaltiger und zukunftssicherer zu gestalten. Im Fokus stehen die lokale Nahrungsmittelproduktion, -verarbeitung und -konsumtion. Die Bewegung knüpft an Praktiken der Versorgung innerhalb und nah der Stadtgrenzen an, die mit der Industrialisierung und der Globalisierung landwirtschaftlicher Wertschöpfung weitgehend verschwanden.

Urbane Gärten, Landwirtschaftsparks, Obstbaumalleen, Anbausysteme von Kräutern, Salat, Pilzen, Insekten oder Fisch in und an Gebäuden mit ökologischem Design und ressourcenschonenden Technologien, Food-Sharing-Initiativen oder Ernährungsräte sind keine Seltenheit mehr in unseren Städten. Essbare-Stadt-Akteure wirtschaften entweder gemeinnützig oder verfolgen Geschäftsmodelle, die zunehmend auf dem wettbewerbsorientierten Lebensmittelmarkt bestehen. Die Elemente der Essbaren Stadt, sogenannte „Essbare-Stadt-Lösungen", sind per se *multifunktional* und verkleinern den ökologischen Fußabdruck der Stadt (vgl. Säumel et al., 2019). Essbares Stadtgrün ist nicht nur ein Ort der Erholung, sondern bietet Lebensraum für Flora und Fauna, kühlt und reinigt Luft und Wasser, stärkt Zusammenhalt und Umweltgerechtigkeit im Quartier. Die Essbare Stadt sichert Ernährung und bekämpft Armut, auch im Globalen Norden, wie die Tafelgärten zeigen, in denen Bedürftige über die Tafeln mit lokal angebauten Lebensmitteln versorgt werden.

Essbare-Stadt-Lösungen entstehen oft von unten durch Graswurzelinitiativen. Sie verbessern die Gesundheit und das Wohlbefinden der Menschen und helfen, die Kluft zwischen „Hof und Gabel" zu überbrücken. Sie gehören aber auch zum Portfolio stadtplanerischer Interventionen. Immer mehr Städte bzw.

Stadtverwaltungen nehmen das Label Essbare Stadt für sich in Anspruch und vernetzen sich lokal, regional sowie global, um städtische Versorgungssysteme nachhaltiger zu gestalten.[1]

Die *Transformation städtischer Ernährungssysteme* in eine nachhaltige Richtung ist komplex und herausfordernd. Wir wissen noch wenig über deren Triebkräfte und Prozesse. Die vielschichtigen und oft unerwarteten Auswirkungen dieser Transformation sind schwer abzuschätzen (vgl. Chapman et al., 2017). Stadtregionen sind dennoch vielversprechende Steuerungs- und Verwaltungseinheiten für Innovationen und Veränderungen. Hier treffen Problemlagen und Lösungsansätze exemplarisch aufeinander und wirken ins Umland (vgl. Jennings et al., 2015; Blay-Palmer et al., 2018).

Essbare Städte entstehen und funktionieren sehr unterschiedlich je nach ihrem lokalen und regionalen Kontext. Wichtig ist, gezielte Veränderungen in die jeweiligen Geographien einzubetten (vgl. Maye & Duncan, 2017), den Umbau schrittweise zu gestalten und alle Akteure einzubeziehen. Zukunftssicherung von Ernährungssystemen muss ganzheitlich, reflektiert und adaptiv entwickelt werden durch partizipative, sektorenübergreifende und langfristige Interventionen auf verschiedenen Ebenen. Die *orts-, beziehungs- und wertebasierte Individualität* jeder Stadtregion und jeder Nachbarschaft mit den dort verorteten Netzwerken und Prozessen stellt ein großes Entwicklungspotenzial für sozio-ökologische Resilienz und sozio-ökonomische Stabilität jenseits von Einheitslösungen dar (vgl. Ostrom & Cox, 2010; Duncan & Bailey, 2017).

Co-Creation: Die Essbare Stadt gemeinsam gestalten

Der entscheidende Akteur der Essbaren Stadt ist immer die *lokale Gemeinschaft* mit ihrem Wissen, ihren Erfahrungen und Praktiken im jeweiligen Kosmos städtischer Lebensmittelproduktion und -verteilung (vgl. Scharf et al., 2019; Säumel et al., 2022). Nur eine integrative und sektorenübergreifende Steuerung und Verwaltung (*Governance*) kann die Transformation zu nachhaltigeren Ernährungssystemen vorantreiben. Sie wird erst durch direkte und dauerhafte Beteiligung der Bürgerinnen und Bürger von der Ideenfindung bis zur langfristigen Mitverwaltung der Essbaren Stadt erfolgreich.

In den letzten Jahren sind umfangreiche theoretische Abhandlungen über diese „Co-Creation" genannten Mitgestaltungsprozesse entstanden und in Reallaboren getestet worden (vgl. Puerari et al., 2018; Frantzeskaki et al., 2018; Bylund et al., 2022). Die kollektive Intelligenz der Stadtgesellschaft treibt Innovationen in Planung, Verwaltung und Wirtschaft voran und wirkt der oftmals lähmenden Dominanz von Expert*innen unterschiedlicher Disziplinen entgegen.

---

1 Im Januar 2023 haben bereits 250 Städte das Mailänder Abkommen über städtische Ernährungspolitik unterzeichnet (milanurbanfoodpolicypact.org); andere Netzwerke sind edicitnet.com oder ruaf.org.

Co-Creation ist ein ergebnisoffener Prozess, der mit traditionellen Planungsprozessen, Entscheidungsstrukturen und Zuständigkeiten kollidieren kann, aber auch vielfältige Anwendungsmöglichkeiten für jede Phase des städtischen Umbaus bereithält. Diese Form der Mitgestaltung ist ein gemeinsamer Lernprozess und ein zeitintensives Abenteuer für die beteiligten Akteure und Akteurinnen. Co-Creation-Prozesse erfordern ein hohes Maß an Transparenz und Konsensfähigkeit, aber auch Verbindlichkeit für die vereinbarten Visionen und Umsetzungsschritte (vgl. Frantzeskaki et al., in press).

In Essbaren Städten sind ganz verschiedene *Governance*-Modelle implementiert worden: Es gibt regierungs- bzw. stadtverwaltungsgeführte Modelle wie in Havanna, Oslo oder Andernach, aber auch Modelle, in denen private Akteure und die Zivilgesellschaft die Essbare Stadt prägen und Verwaltungen nur unterstützend wirken, wie in Berlin oder Rotterdam. Dazwischen existieren viele Schattierungen, und auch die Entwicklungsphasen des Essbarwerdens können unterschiedlichen Modellen zugeordnet werden (vgl. Wilk et al., 2021). Daher hat die „essbare" Moderne viele Gesichter. Einige Erfahrungen und Beobachtungen sollen im Folgenden angerissen werden; sie stehen beispielhaft für unterschiedliche Wege.

Selbstversorgergärten des Ostens am Beispiel Ljubljana

Faktisch war die Essbare Stadt in Ost- und Südosteuropa, aber auch in kleineren Städten anderer Regionen mit vielen Küchen- und Hausgärten niemals ganz verschwunden. Gärtnerisches Wissen wird von Generation zu Generation weitergegeben, eine Tradition, die beispielsweise in Ostdeutschland erst nach der Wiedervereinigung verloren ging, als Gemüsebeete und Obstbäume englischem Rasen und Zierpflanzen wichen (vgl. Lieske, 2010).

Ljubljanas[2] Verwaltung baut dieses Potenzial der Selbstversorgergärten gezielt aus, engagiert sich in internationalen Netzwerken[3] und fördert Ansätze der lokalen Kreislaufwirtschaft mit kurzen Versorgungswegen und ernährungsbezogenen Bildungsprogrammen in Kinder- und Schulgärten. Produktive Gärten befinden sich im Wohnumfeldgrün, auch nah am Stadtzentrum und werden zum Teil als Gartendenkmale geschützt (vgl. Glavan et al., 2018). Auf Regierungsebene wurden operative Ziele und Maßnahmen festgelegt, um lokale Selbstversorgung im Rahmen der Umlandentwicklung zu erreichen. Mehr als 800 lokale landwirtschaftliche Betriebe folgen Leitlinien für eine umweltfreundliche Lebensmittelproduktion und verkaufen ihre Produkte an Verbraucher*innen und öffentliche Einrichtungen (vgl. Monaco et al., 2017). Die Stadtverwaltung

2 Hauptstadt von Slowenien, 286.000 Einwohner*innen.

3 Zum Beispiel milanurbanfoodpolicypact.org; foodmetres-kp.eu, edicitnet.com; urbanallotments.eu

unterstützt den Ausbau der landwirtschaftlichen Tätigkeiten und den Zugang zu Märkten. Sie wirbt für kurze Versorgungswege, fördert lokale Märkte und neue Verkaufsformen wie E-Marketing.

Andernach: Essbares Stadtgrün für alle

Nicht nur in Metropolen wird gegärtnert. *Andernach*[4] gehört mit Kassel zu den ersten Städten mit dem Label „Essbare Stadt" und wandelte innerstädtisches Grün in essbares Grün um. Gemüse, Obst, Kräuter und Blumen auf öffentlichen Grünflächen laden Bürger und Bürgerinnen zum Miternten ein. Anstelle von „Betreten verboten" oder „Finger weg!" steht „Bitte pflücken Sie!" auf den Schildern.

Anfangs spielte ein einzelner Visionär in der Stadtverwaltung eine Schlüsselrolle. Inzwischen gehört das Konzept zum Selbstverständnis der Stadt. Seit 2010 fördert die lokale Planung vor allem Artenvielfalt und entwickelt neue Wege, um die Kosten für die Bewirtschaftung der Grünflächen zu senken. Langzeitarbeitslose sind über eine kommunale gemeinnützige Gesellschaft mit der Pflege dieser Flächen betraut. Befragungen von Anwohnerinnen und Anwohnern ergaben, dass das essbare öffentliche Grün bisher eher als „nice to have" und kostengünstige Alternative zur Grünflächenpflege wahrgenommen wird. Viele Andernacher*innen haben einen eigenen Garten, sodass die Motivation für die Gartenarbeit im öffentlichen Raum begrenzt ist (vgl. Artmann & Sartison, 2020; Artmann, 2020). Aktuell versucht ein „Reallabor", das essbare Grün der Innenstadt auf weitere Flächen auszuweiten und den Top-down-Ansatz mit mehr Bottom-up-Elementen zu beleben. Ein Gemeinschaftsgarten wurde gegründet und zahlreiche Aktivitäten mit Kitas und Schulen entwickelt, um mehr zivilgesellschaftliche Akteure einzubeziehen und die Idee der Essbaren Stadt besser in der Bevölkerung zu verankern.

Rotterdam: Netzwerken für die Essbare Stadt

Es erscheint auf den ersten Blick überraschend, dass sich in *Rotterdam*[5] – einem der wichtigsten Umschlagsorte für Obst und Gemüse weltweit und mitten im hochindustrialisierten Gemüseanbau Südhollands mit z. B. 50 kg Tomaten pro Quadratmeter und Jahr – mehr als 200 Initiativen für eine alternative städtische Lebensmittelproduktion engagieren: Kleingärten, Gemeinschafts- und Lehrgärten. Sie agieren vereinzelt, sind begrenzt effizient und ihr Bestand ist oft gefährdet, da sie meist von Freiwilligen getragen werden. Viele sind auf finanzielle Unterstützung angewiesen.

4 Kleinstadt in Deutschland, 30.000 Einwohner*innen.

5 Stadt in den Niederlanden, 624.000 Einwohner*innen.

Einige streben die Entwicklung kommerzieller Aktivitäten an. Andere sind diesen Schritt bereits gegangen und haben sich in erfolgreiche kleine und mittlere Unternehmen oder Start-ups verwandelt. Die Idee der Initiativen, Kräfte in einer Art Dachorganisation zu bündeln, wurde von der Stadtverwaltung unterstützt und zum Thema eines virtuellen Reallabors, das mit finanziellen Ressourcen ausgestattet und mittlerweile vollständig in die Hände der Initiativen gegeben wurde. Die einzelnen Projekte, Initiativen und Unternehmen bilden ein Netzwerk, das eigene Bedürfnisse selbstständig erforscht, wirtschaftliche Selbsterhaltung, Interaktion mit anderen Akteuren und die Entwicklung eines rechtlichen Rahmens vorantreibt. Gemeinsam können Hindernisse besser abgebaut, die Interessenvertretung professionalisiert und Wissen geteilt werden (vgl. Plassnig et al., 2022).

Berlin: Essbares Grün vor der Haustür verbindet Nachbar*innen

Auch in *Berlin*[6] gibt es mehr als 300 Gemeinschaftsgärten, Schulgärten, Nachbarschaftsgärten, 2900 Hektar Kleingärten und 32.000 Hektar Stadtgüter. Einige Urban-Gardening-Projekte wie die Prinzessinnengärten oder das Allmende-Kontor wurden zu Vorbildern weit über die Grenzen Berlins und Deutschlands hinaus. Die Gartenszene, der Ernährungsrat, die Berliner Gartenfreunde, viele erfolgreiche Start-ups und Unternehmen sind aktiv, gut vernetzt und beweisen einen langen Atem beim Verankern eigener Interessen in die stadtplanerischen und politischen Ebenen der Stadt. Heute ist urbanes Gärtnern ein anerkanntes und oft angewandtes informelles Instrument von Stadtplanung und Quartiersmanagement. Die Essbare-Stadt-Aktivitäten sind in den unterschiedlichen Senatsverwaltungen verankert, die aber kooperativ zusammenarbeiten. Das Bekenntnis, eine „Essbare Stadt" werden zu wollen, steht im 2016er Koalitionsvertrag der Landesregierung; ein Gemeinschaftsgartenprogramm, Berlins Ernährungsstrategie und ein Masterplan für Essbare Kieze wurden entwickelt. Trotz des sehr erfolgreichen Mainstreamings von Essbare-Stadt-Lösungen in Berlin wird weiter experimentiert: In Hellersdorf, einem vom Großwohnsiedlungsbau der 1980er Jahre geprägten Quartier, werden auf einer ehemaligen Gewerbebrache durch ein kommunales Wohnungsunternehmen neue Wohnungen gebaut. Der existierende Gemeinschaftsgarten Gutsgarten Hellersdorf und die Integration von essbaren Elementen ins Wohnumfeldgrün sollen alte und neue Nachbar*innen zusammenbringen.

In Neukölln wird ein ehemaliger Friedhof im Besitz des Evangelischen Friedhofsverbandes in einer gründerzeitlichen Blockbebauung sanft in einen Ort verwandelt, der die Qualitäten dieser grünen Oasen für die Nachbarschaft erhält und gärtnerische Elemente integriert (Säumel et al., 2023).

6 Hauptstadt von Deutschland, 3.645.000 Einwohner*innen.

Havanna: Mach mehr aus weniger ...

Havanna[7] wurde unfreiwillig zur Essbaren Stadt. Der Zusammenbruch der Sowjetunion und des sozialistischen Blocks führte zu einer der schlimmsten Wirtschaftskrisen in der kubanischen Geschichte, einer beinahe vollständigen Abkoppelung vom Weltmarkt und einer dramatischen Verknappung von Nahrungsmitteln. In der Folge entstanden – mit staatlicher Unterstützung – urbane Gemüsegärten auf städtischen Freiflächen; Hühner und Schweine hielten Einzug auf Balkonen und in Hinterhöfen. Die Abkehr von der importabhängigen Lebensmittelversorgung hin zu einer Versorgung mittels lokal angebauter Lebensmittel wurde ab 1994 durch nationale Programme strategisch entwickelt. Havanna ist ein Beispiel für eine groß angelegte systematische Integration der städtischen Landwirtschaft. Havanna war gezwungen, eine Art und Weise der landwirtschaftlichen Produktion zu entwickeln, die „mehr mit weniger" produziert. Die städtischen Landwirte in Havanna wenden überwiegend Low-Tech-Praktiken an und erzielen laut der Ernährungs- und Landwirtschaftsorganisation der Vereinten Nationen (FAO) dennoch beachtliche Erträge von bis zu 20 kg/m^2, das Zehnfache dessen, was üblicherweise in der kleinbäuerlichen Landwirtschaft mit gemischten Kulturpflanzenarten erreicht wird. Infolge des Mangels an Agrochemikalien wurde ein agroökologischer Gartenbau mit hohen Erträgen entwickelt. Havanna arbeitet derzeit weiter an der technischen und organisatorischen Optimierung der Strukturen. Modulare Aquaponiksysteme werden auf staatlichen Farmen getestet und können von anderen hauptsächlich genossenschaftlich organisierten Betrieben nachgebaut werden. Der Einsatz ökologischen Designs und ressourcenschonender Technologien unterstützt auch die bauliche Stadterneuerung insgesamt (z. B. durch Integration von Regenwassernutzung oder Gebäudebegrünung). Das Produktportfolio wird kontinuierlich erweitert und das Wissens- und Informationsmanagement durch landwirtschaftliche Beratung und partizipative Forschung optimiert (vgl. Plassnig et al. 2022).

Oslos Strategie für urbane Landwirtschaft

In *Oslo*[8] steht die urbane Landwirtschaft seit 2010 fest auf der politischen Agenda. 2019 verabschiedete die Kommune die Strategie für urbane Landwirtschaft namens „Sprouting Oslo" (Sprießendes Oslo). Seitdem werden kontinuierlich mehr biodiversitätsfreundliche Grünflächen, Klein-, Kolonie- und Schulgärten auf einer Fläche von 93.000 m^2 (Stand 2022) angelegt. Temporäre Hochbeete und langfristige Kleingärten werden in die Planungsprozesse für neue Wohnbauprojekte

7 Hauptstadt von Kuba, 2.130.000 Einwohner*innen.

8 Hauptstadt von Norwegen, 634.000 Einwohner*innen.

einbezogen und an verschiedenen Standorten raumeffiziente Methoden zur Lebensmittelproduktion gefördert. Die Stadt prüft potenzielle Flächen für die solidarische Landwirtschaft und stellt ungenutzte Flächen für den Anbau zur Verfügung. In dem Maße, wie mehr Flächen für die städtische Landwirtschaft geschaffen werden, nimmt auch die Nutzung von stadtnahen Flächen als Weideflächen zu. Aktuell verwaltet die Stadt 20 Wiesen und 13 Weiden. Grüne Treffpunkte rund ums Gärtnern fördern die Integration in den Nachbarschaften. Bei der Planung künftiger Schulbauten werden Schulgärten und Bepflanzungen mit essbaren Kulturen integriert. Auch Kindergärten bauen ihre gärtnerischen Aktivitäten auf Gemüsebeeten kontinuierlich aus (vgl. Plassnig et al., 2022).

Quito: Biomärkte und Resilienzstrategie

Die partizipative urbane Landwirtschaft, ihre Produktverarbeitung und Vermarktung ist eine der tragenden Säulen der 2017 verabschiedeten Resilienzstrategie *Quitos*[9]. Diese wurde seit 2014 in einem Top-down-Prozess mit Konsultationen auf verschiedenen Verwaltungsebenen mit Produzenten, Handel und Konsumenten entwickelt. Anders verhält es sich in den indigenen Nachbarschaften, in denen die urbane Landwirtschaft traditionell verankert ist. Die städtische Wirtschaftsförderungsagentur (ConQuito) koordiniert seit 2002 ein Programm für urbane Gärten, um Ernährungssicherheit, ökologische Landwirtschaft und Beschäftigung vor allem in sozial benachteiligten Quartieren nachhaltig zu stärken. Kurze Lieferketten zu lokalen Biomärkten sind eine wichtige Strategie, Transportwege, Verpackung, Kühlung und Lagerung zu reduzieren. Ein ganzheitlicher sozialer und Umweltbildungsansatz vermittelt Wissen über die Herkunft von Lebensmitteln, ihre regionale Vielfalt und das Problem der Lebensmittelverschwendung (vgl. Rodriguez, 2019).

Singapur: Auf nur einem Prozent Agrarland Millionen ernähren?

Singapur[10] ist fast zu hundert Prozent von Nahrungsmittelimporten abhängig. Das ändert sich derzeit. Technologie und Design haben die physischen Grenzen der urbanen Landwirtschaft erweitert und den Beruf des Landwirts neu definiert (vgl. Sia & Diehl, 2021). Lebensmittelanbau wird nun Teil der urbanen Infrastruktur, auch auf und in Gebäuden. Der Stadtstaat zeigt heute exemplarisch ein hoch technisiertes Gesicht der Essbaren Stadt. Die lokale Lebensmittel- und Veterinärbehörde hat eine Roadmap für Ernährungssicherung entwickelt, die unter anderem darauf

9 Hauptstadt von Ecuador, 2.011.000 Einwohner*innen.

10 Südostasiatischer Stadtstaat, 5.686.000 Einwohner*innen.

abzielt, bis 2030 ein Drittel des Obst- und Gemüsebedarfs innerhalb der Stadtgrenzen zu produzieren. Zu dieser Strategie gehört, die Produktivität urbaner Lebensmittelproduktion zu optimieren und High-Tech-Systeme zu fördern. Diese Farmen benötigen nur zwei bis drei Mitarbeiter*innen, um den täglichen Betrieb aufrechtzuerhalten (vgl. Sia & Diehl, 2021).

In der globalen Urban-Gardening-Community werden diese hochtechnologisierten und oft in spektakuläres architektonisches Design gekleideten Ansätze kritisch diskutiert und ein nachhaltiger Umgang mit Ressourcen angemahnt. Das Ziel, einen signifikanten Anteil der Ernährung im stark verdichteten Singapur ohne verfügbare Flächen für Landwirtschaft selbst zu erwirtschaften, kann jedoch erst mit diesen Technologien erreicht werden.

Lomé: Verdrängung aus wachsenden Metropolen

Urbane Landwirtschaft in west-, ost- und südafrikanischen Städten ist Gegenstand vieler Publikationen. Die rasante Verstädterung in vielen afrikanischen Ländern vertreibt urbane Landwirtschaft an die Peripherie und führt zu intensiverer Produktion auf den verbleibenden Flächen (vgl. Follmann et al., 2021). *Lomé*[11] besitzt eine lange Tradition der urbanen Landwirtschaft, die nach wie vor eine wichtige Rolle spielt für den Lebensunterhalt von aus ländlichen Gegenden einwandernden Familien. Städtische und stadtnahe landwirtschaftliche Flächen werden aber fortschreitend überbaut, Böden und Wasser kontaminiert. Marktgärten können sich am ehesten noch entlang der großen Zufahrtsstraßen halten. Die wachsende Ernährungsunsicherheit und Armut der lokalen Bevölkerung wurde vorübergehend durch chinesische Importe und einen informellen Handelssektor gemildert. Städtische Landwirtschaft findet zunehmend nur noch im Nebenerwerb und auf weniger fruchtbaren Böden statt. Nationale Planungen bestehen nur auf dem Papier und urbane Landwirtschaft ist nicht im Planungsfokus. Vereinzelt entstanden Selbsthilfeprojekte zur Abfallminimierung, wie Lomés Kompostplattform oder Obstpflanzaktionen zur Begrünung der Nachbarschaften. Die 2019 eingeleitete politische Dezentralisierung hat die schon vorher kaum wahrgenommene Planungshoheit von Groß-Lomé in 13 Kommunen verlegt. Dort entstehende Entwicklungsplanungen sind in der Regel nicht öffentlich und mit geringer Durchsetzungskraft und stehen teilweise mit lokalen Machtstrukturen in den Nachbarschaften in Konflikt. Wie in vielen Städten des Globalen Südens wird urbane Landwirtschaft in Lomé von ärmeren Bevölkerungsschichten betrieben und hat ein rückständiges und „unmodernes“ Image. Die Integration von High-Tech-Ansätzen, ökologischem Design und Kreislaufwirtschaft könnte möglicherweise diesem Imageproblem begegnen und gleichzeitig ressourcenschonende und nachhaltige Technologien in der lokalen Wirtschaft und im Stadtumbau fördern.

11 Hauptstadt von Togo, 837.437 Einwohner*innen.

Fazit:
Co-Creation als (komplementärer) lokaler Steuerungsprozess?

Aus den skizzierten Erfahrungen mit Co-Creation und verschiedenen Steuerungsmodellen lassen sich einige kritische Punkte identifizieren. Top-down-Prozesse können zweifellos die Ausbreitung der Essbaren Stadt von einzelnen Pilotprojekten in die Fläche und in den Alltag der Menschen unterstützen und Barrieren systematisch abbauen. Essbare-Stadt-Lösungen werden regelmäßig im Quartiersmanagement und im Bildungssektor eingesetzt. Zumindest im Globalen Norden geht es in der Essbaren Stadt nicht primär um Nahrungsmittelproduktion, sondern vielmehr um Umweltbildung, Teilhabe oder gemeinsam das Quartier gestalten. Dabei wird Ernährungsunsicherheit zunehmend auch zum Phänomen in Industrieländern. So legen norditalienische Kommunalverwaltungen seit einigen Jahren Kleingärten auf öffentlichem Grund an, um einkommensschwache Senior*innen zu ermutigen, ihre eigenen Lebensmittel zu produzieren, ihre Gesundheit zu fördern und die Einsamkeit durch soziale Interaktionen in den Gärten zu überwinden (vgl. Tei et al., 2010). Die europäische Stadtplanung hat mehrheitlich das multifunktionale Potenzial der Essbare-Stadt-Lösungen für soziale Quartiersentwicklung, Integration, zirkuläre Ökonomie und Ressourcennutzung erkannt. Komplexe gesellschaftliche Probleme können trotz angespannter öffentlicher Haushalte angegangen werden. Ohne eine direkte Verankerung in der Stadtgesellschaft bleiben diese Ansätze aber künstlich, nicht nachhaltig und müssen mit Verwaltungsressourcen fortwährend erhalten werden.

Das Aufeinandertreffen sehr unterschiedlicher Denkmuster und Funktionsweisen in den *Top-down-bottom-up-Hybriden* ist eine Herausforderung für alle Beteiligten. So besteht oft eine Diskrepanz zwischen den Forderungen der Graswurzelinitiativen und den (angenommenen oder tatsächlichen) Handlungsmöglichkeiten der lokalen Verwaltungen (vgl. Scharf et al., 2019). Initiativen verlangen mehr kommunale Unterstützung, weniger Verfahren, Regeln und rechtliche Hindernisse, freien Zugang zu Land und finanzielle Unterstützung. Kommunale Mitarbeiter*innen betonen die Beschränkung auf sektorale Kompetenzen und Zuständigkeiten sowie das Neutralitätsgebot, das sie daran hindert, sich in politische Debatten einzubringen.

Darüber hinaus sollten Projekte unabhängiger von *politischen Richtungswechseln* werden, da die Offenheit der Politiker*innen für Forderungen stark von Wahlzyklen abhängt, was nachhaltige Interessenvertretung erschwert. Teile der Verwaltung misstrauen Selbstverwaltungs- und Bottom-up-Initiativen, da die Offenheit der Co-Creation traditionelle Planungskonzepte und sequenzielle Planung, die regelmäßig ein Modul zur Bürgerbeteiligung in den Prozess einschließt, in Frage stellt. Informelle Absprachen mit minimalen Vorgaben zum Gestaltungsprozess und seiner zeitlichen Abfolge, wie sie in nicht von Verwaltungen geführten Arrangements zu finden sind, können Raum für die notwendige Flexibilität bei iterativen und nicht-linearen Co-Creation-Prozessen bieten, die den konventionellen linearen Planungsprozessen etablierter Verfahren entgegenstehen (vgl. Wilk et al. 2021).

Co-Creation muss mit *Machtasymmetrien* zwischen den Akteuren in der lokalen Gemeinschaft umgehen. Informationen werden häufig von den Interessen der Beteiligten geframet und nicht immer auf integrative und transparente Weise weitergegeben. Verwaltungsmitarbeiter*innen sind durch bestehende Strukturen und Vorschriften eingeschränkt, selbst wenn sie bereit wären, ihr Bestes zu geben, um bürokratische Zwänge zu umgehen. Bürgerwissenschaftliche Ansätze helfen dabei, Wissensproduktion und Entscheidungsprozesse transparenter zu gestalten. Sie versetzen die Zivilgesellschaft in die Lage, kollektiv eigene Fragestellungen zu entwickeln, informierte Thesen und Antworten zu formulieren, Prozesse kritisch zu analysieren und mit fundierten Argumenten an öffentlichen Debatten teilzunehmen. Machtasymmetrien äußern sich auch in Konflikten um Zeitfenster für Treffen oder zwischen den Akteuren, die für die Arbeit bezahlt werden, und denen, die nicht bezahlt werden. Ein erleichterter Zugang zu Ressourcen und Unterstützung bei der Entwicklung von nachhaltigen Geschäftsmodellen kann die Selbstausbeutung in Initiativen und Projekten reduzieren. Die direkte Einbindung in Entscheidungsfindung und -umsetzung und eine neue Fehlerkultur machen Co-Creation für alle Akteure attraktiv.

Literatur

Artmann, M. (2020). Essbare Stadt Andernach. Ergebnisse einer Befragung mit Bürgerinnen und Bürgern. Wegweiser Bürgergesellschaft. Online verfügbar unter: buergergesellschaft.de/fileadmin/pdf/gastbeitrag_artmann_200722.pdf (letzter Zugriff am 27.06.2023).

Artmann, M. & Sartison, K. (2020). Edible City – a new approach for upscaling local food supply? The case of Andernach, Germany. In J. Breuste, M. Artmann, C. Ioja & S. Qureshi (Hrsg.), *Making Green Cities. Concepts, challenges and practice*. Cham: Springer International Publishing (129–140). DOI: 0.1007/978-3-030-37716-8_4

Blay-Palmer, A., Santini, G., Dubbeling, M., Renting, H., Taguchi, M. & Giordano, T. (2018). Validating the city region food system approach: enacting inclusive, transformational city region food systems. *Sustainability* 10, 1680. DOI: 10.3390/su10051680

Bylund, J., Riegler, J. & Wrangsten, C. (2022). Anticipating experimentation as the ‚the new normal' through urban living labs 2.0: lessons learnt by JPI Urban Europe. *Urban Transform* 4, 8. DOI: 10.1186/s42854-022-00037-5

Chapman, M., Klassen, S., Kreitzman, M., Semmelink, A., Sharp, K., Singh, G. et al. (2017). 5 key challenges and solutions for governing complex adaptive (food) systems. *Sustainability* 9, 1594. DOI: 10.3390/su9091594

Duncan, J. & Bailey, M. (Hrsg.) (2017). *Sustainable Food Futures: Multidisciplinary Solutions*. New York, NY: Routledge. DOI: 10.4324/9781315463131

Follmann, A., Willkomm, M. & Dannenberg, P. (2021). As the city grows, what do farmers do? A systematic review of urban and peri-urban agriculture under rapid urban growth across the Global South. *Landscape and Urban Planning* 215, 104186. DOI: 10.1016/j.landurbplan.2021.104186

Frantzeskaki, N., Hölscher, K., Bach, M. & Avelino, F. (2018). *Co-creating Sustainable Urban Futures, A Primer on Transition Management in Cities*. Heidelberg: Springer. springer.com/gp/book/9783319692715 (letzter Zugriff am 28.06.2023).

Frantzeskaki, N., Collier, M., Hölscher, K. et al. (in press). *Premises, practices and politics of co-creation for urban sustainability transitions.* Urban Transitions.

Glavan, M., Schmutz, U., Williams, S., Corsi, S., Monaco, F., Kneafsey, M., Guzman Rodriguez, P. A., Čenič-Istenič, M. & Pintar, M. (2018). The economic performance of urban gardening in three European cities – examples from Ljubljana, Milan and London. *Urban For Urban Green* 36, 100–122. DOI: 10.1016/j.ufug.2018.10.009

Jennings, S., Cottee, J., Curtis, T. & Miller, S. (2015). *Food in an Urbanised World: The Role of City Region Food Systems in Resilience and Sustainable Development*. London.

Lieske, H. (2010). Self-sufficiency in suburban home gardens? On the history and prospects of the idea of food production in German home gardens. *Acta Hortic* 881, 807–812. DOI: 10.17660/ActaHortic.2010.881.132

Maye, D. & Duncan, J. (2017). Understanding sustainable food system transitions: practice, assessment and governance. *Sociologia Ruralis* 57, 267–273. DOI: 10.1111/soru.12177

Monaco, F., Zasada, I., Wascher, D., Glavan, M., Pintar, M., Schmutz, U. et al. (2017). Food Production and Consumption: City Regions between Localism, Agricultural Land Displacement, and Economic Competitiveness. *Sustainability* 9, 96. DOI: 10.3390/su9010096

Ostrom, E. & Cox, M. (2010). Moving beyond panaceas: a multi-tiered diagnostic approach for social-ecological analysis. *Environ. Conserv.* 37, 451–463. DOI: 10.1017/S0376892910000834

Plassnig, S. N., Pettit, M., Reichborn-Kjennerud, K. & Säumel, I. (2022). Successful scaling of Edible City Solutions to promote food citizenship and sustainability in food system transitions. *Front. Sustain. Cities* 4, 1032836. DOI: 10.3389/frsc.2022.1032836

Puerari, E., de Koning, J. I. J. C., von Wirth, T., Karré, P. M., Mulder, I. J. & Loorbach, D. A. (2018). Co-Creation Dynamics in Urban Living Labs. *Sustainability* 10, 1893. DOI: 10.3390/su10061893

Rodríguez Dueñas, A. (2019). How the municipality of Quito supports vulnerable city dwellers through urban agriculture. *Field Actions Science Reports*, Special Issue 20, journals.openedition.org/factsreports/5641

Säumel, I., Butenschön, S., Kreibig, N. (2023) Gardens of life: Multifunctionality and ecosystem services of urban cemeteries in central Europe and beyond—Historical, structural, planning, nature and heritage conservation aspects. *Front. Environ. Sci.* 10, 1077565. DOI: 10.3389/fenvs.2022.1077565.

Säumel, I., Reddy, S., Wachtel, T., Schlecht, M. & Ramos-Jiliberto, R. (2022). How to feed the cities? Co-creating inclusive, healthy and sustainable city region food systems. *Front. Sustain. Food Syst.* 6, 909899. DOI: 10.3389/fsufs.2022.909899

Säumel, I., Reddy, S. E. & Wachtel, T. (2019). Edible City Solutions – One Step Further to Foster Social Resilience through Enhanced Socio-Cultural Ecosystem Services in Cities. *Sustainability* 11(4), 972. DOI: 10.3390/su11040972

Scharf, N., Wachtel, T., Reddy, S. E. & Säumel, I. (2019). Urban commons for the edible city – first insights for future sustainable urban food systems from Berlin, Germany. *Sustainability* 11, 966. DOI: 10.3390/su11040966

Sia, C. S. & Diehl, J. A. (2022). Blurring the Boundaries: How an Emerging Group of Urban-Integrated Farmers in Singapore Are Changing the Profile of Farm Labour. In J. A. Diehl & H. Kaur (Hrsg.), *New Forms of Urban Agriculture: An Urban Ecology Perspective*. doi.org/10.1007/978-981-16-3738-4_12

Tei, F., Benincasa, P., Farneselli, M. & Caprai, M. (2010). Allotment Gardens for Senior Citizens in Italy: Current status and technical proposals. *Acta Hortic*, 881, 91–96.

Wilk, B., Säumel, I. & Rizzi, D. (2021). Collaborative Governance Arrangements for Co-creation of NBS. In E. Croci & B. Lucchitta, B. (Hrsg.), *Nature-Based Solutions for More Sustainable Cities – A Framework Approach for Planning and Evaluation* (S. 125-149), Bingley: Emerald Publishing Limited. doi.org/10.1108/978-1-80043-636-720211012

Die Stadt
ist unser Garten
- Ortsbegehungen
Antworten auf Probleme der Stadt

Ein betonierter Platz wird entsiegelt. Ein Bremer Gemeinschaftsgarten verhandelt erfolgreich mit der Stadt

Was:	2000 Quadratmeter öffentliche Fläche werden entsiegelt
Wer:	Die Gartencommunity der Lucie, die Stadt, interessierte Anwohner*innen, das Planungsbüro
Wo:	Auf dem Lucie-Flechtmann-Platz in Bremen
Web:	lucie-bremen.de

Eine Gruppe Anwohner*innen beschließt, auf einem unbelebten Platz in der Bremer Neustadt zu gärtnern, sie stellen im Stadtteil-Beirat einen entsprechenden Antrag, der positiv beschieden wird, und erhalten vom Ordnungsamt die Erlaubnis, Hochbeete aufzustellen. Sie pflanzen Gemüse und Kartoffeln, ein Biomeiler heizt zwischenzeitlich die Bibliothek des Projekts, es finden kulturelle Veranstaltungen statt. Das Projekt ist ein voller Erfolg und kommt auch in der Nachbarschaft sehr gut an. Bald entwickeln die Gartenaktivistinnen den Plan, den Platz zu entsiegeln, um perspektivisch auch größere Gehölze pflanzen und ihn über die Hochbeete hinaus gestalten zu können. In Zeiten des Klimawandels scheint ihnen eine solche Klimaanpassungsmaßnahme dringend geboten. Nur in Hochbeeten zu gärtnern ist ohnehin nicht die Lösung: Sie taugen nicht für mehrjährige Pflanzen und haben eine schlechte Wasserbilanz. Außerdem möchte die Gruppe dauerhaft auf dem Platz bleiben, sich und die Pflanzen auf dem Boden dort verwurzeln.

Die Gartencommunity beginnt mit der Stadt zu verhandeln, und tatsächlich lässt sich Bremen nach einigem Hin und Her auf die Idee ein. Natürlich gibt es Bedingungen: Es wird ein Beteiligungsverfahren geben, an dem nicht nur die Gärtner*innen, sondern

alle, die im Stadtteil Interesse daran haben, teilnehmen können. Gemeinsam erarbeiten sie in mehreren Workshops ein Konzept.

Umgesetzt wird der Entwurf schließlich von einem Planungsbüro. Es dauert lange (von Beginn des Beteiligungsprozesses bis zur Umsetzung drei Jahre, von 2015 bis 2018). Es ist nicht immer einfach (die Stadt und die Akteur*innen müssen erst eine gemeinsame Sprache finden), und das Ergebnis ist nicht optimal (das Planungsbüro hatte seine eigene Agenda), die Lasten sind ungleich verteilt (zu ihren Ungunsten, finden die Gartenakteur*innen: Sie müssen die gesamte rechtliche und finanzielle Verantwortung für den öffentlichen Raum tragen, z. B. auch für die Verkehrssicherheit einstehen). Aber unter dem Strich ist es dennoch eine Erfolgsstory: Ungefähr die Hälfte der Fläche, ca. 2000 Quadratmeter, wird entsiegelt, es wird – schlechte – Erde angefahren, die von Plastik befreit und mit Unmengen Kompost aufgewertet wird, und dann geht es los mit den Kartoffeln und den Kürbissen, den Blumen und den Kräutern im Boden. Aber es bleibt nicht beim Gemüse, angepflanzt werden auch (essbare) Sträucher und inzwischen sogar die erhofften Bäume. Es entstehen nicht nur Gemüsebeete, es entsteht ein Biotop.

Dem Grau der Stadt wurde ein gutes Stück Natur abgetrotzt, das sich zudem als nachbarschaftsbildend erweist.

Zum Gemeinschaftsgarten gesellt sich 2018 die „KlimaWerkStadt". Die „Lucies", deren Projektname „Ab geht die Lucie" sich von dem Lucie-Flechtmann-Platz ableitet, hatten für das vom Bundesumweltministerium geförderte Projekt „Kurze Wege für den Klimaschutz" ein Konzept erarbeitet, wie ein sozialökologisches Stadtteilzentrum aussehen könnte, das klimafreundliches Alltagshandeln unterstützt. Sie bekamen den Zuschlag und stürzten sich in den Aufbau der KlimaWerkStadt, die großen Zuspruch und Zulauf aus dem Quartier erfuhr. Nach dem Ende der Förderung durch das Ministerium wird die KlimaWerkStadt von einer interessierten Community weitergeführt, mithilfe städtischer Unterstützung. Die „Lucies" konzentrieren sich wieder auf ihren Gemeinschaftsgarten und verfolgen weiter ihre Entsiegelungsstrategien. Im Rahmen des „Handlungskonzepts Stadtbäume" wurden im Frühjahr 2023 eine Linde, eine Esskastanie und zwei Apfelbäume auf der Fläche gepflanzt. Jede Pflanzgrube ist etwa zwölf Kubikmeter groß. Den Aushub werden sie nutzen, um im vorderen Bereich der Fläche einen Klimagarten anzulegen. Die Verwandlung von Grau in Grün ist schon weit fortgeschritten und immer noch im Gange.

Eine Baulücke, die bleibt. Die Gartengruppe H17 rettet ihren Gemeinschaftsgarten im Leipziger Westen

Was: Mithilfe einer Stiftung geretteter Schau- und Mitmach-Gemeinschaftsgarten für ökologische Themen und Praktiken

Wer: Eine offene Community von derzeit ca. 15 festen Gärtner*innen

Wo: Hähnelstraße 17 im Leipziger Westen (Stadtteil Lindenau)

Web: freiraumsyndikat.de

Nach der Wende fielen in Leipzig viele Flächen brach, Häuser und ganze Straßenzeilen wurden aufgegeben, Produktionsstätten mussten schließen, viele Menschen verloren ihre Arbeitsplätze, andere wollten aus der Stadt raus ins Grüne ziehen.

Einige Akteur*innen nahmen sich der leergefallenen Grundstücke an, befreiten sie von dem Schutt, der sich angesammelt hatte, und fingen an, hier Nachbarschafts- und sonstige Aktivitäten zu entfalten. In der Folge entstanden auch viele Gemeinschaftsgärten. Die Stadt nahm das bürgerschaftliche Engagement dankbar an und unterstützte es tatkräftig, räumte z. B. baufällige Gebäude ab. Es war klar, dass man nur so dem weiteren Verfall und der um sich greifenden Depression Einhalt gebieten konnte. Die neuen Nutzer*innen sorgten für neues Leben und zugleich für soziale Kontrolle auf den in Besitz genommenen Flächen. Durch Anlegung und Erhaltung von Gärten erreichten sie, dass Menschen Lust bekamen, in verlassene Wohngegenden zurückzuziehen, dass Häuser instand gesetzt und Geschäfte wiederbelebt wurden.

Inzwischen ist Leipzig keine schrumpfende Stadt mehr. Die Einwohner*innenzahl hat das Niveau vor der Wende längst wieder erreicht, die Wohnungen werden knapp, entsprechend steigen die Mieten und die Nachfrage nach Baugrundstücken. Auch viele Gemeinschaftsgärten haben ihre Flächen wieder verloren, mussten in andere Viertel umziehen oder das gemeinschaftliche Gärtnern aufgeben. Eine dieser bedrohten Flächen war das Refugium des Gemeinschaftsgartens „H17“ im Leipziger Westen. Als das Grundstück zum Verkauf stand, gelang es der Gartencommunity, eine

gemeinnützige Stiftung zu finden, die das Grundstück kaufte und seitdem an sie verpachtet. Damit konnte eine kleine Oase in dieser Nachbarschaft, die ständig nachverdichtet wird, gerettet werden.

Immerhin 550 Quadratmeter werden nun nicht überbaut, bleiben von Beton befreiter Boden und können weiter ihren sozialökologischen Nutzen entfalten, z. B. der Wasser- und CO2-Speicherung dienen.

Eigentlich hatte die Gartengruppe ein „Freiraumsyndikat" – analog zum Mietshäusersyndikat – gründen wollen, um dem Immobilienmarkt Grundstücke zu entziehen, sie zu kollektivieren und gegen Reprivatisierung abzusichern. Das glückte dann doch nicht, die zeitlichen Kapazitäten der ehrenamtlichen Gärtner*innen reichten dafür nicht. Auf der Website des Gartens werden an diesem Thema Interessierte an „Haus- und Wagen Rat e. V." verwiesen.

Ein thematischer Schwerpunkt der Gartengruppe ist Umweltbildung, sowohl theoretisch – über Ausstellungen im Garten – als auch praktisch über Workshops und Wassermanagement. Sie experimentieren damit, einen Teil ihres Brauchwassers zum Gießen der Pflanzen zurückzugewinnen. Neben der Gartenküche steht eine

mit verschiedenen natürlichen Substanzen schichtweise gefüllte Tonne, der sogenannte Grauwasserturm. Hier wird z. B. das Spülwasser vom Abwasch der Teller eingeleitet, sickert durch die verschiedenen Schichten und tritt unten als brauchbares, wiederverwertbares Wasser wieder aus. So können täglich bis zu 40 Liter leicht verschmutztes Grauwasser (Abwasser vom Abspülen und Händewaschen bzw. 20 Liter stärker verschmutztes Küchenabwasser) zu Gießwasser geklärt werden.

Das Verfahren ist simpel, die Kapazität noch begrenzt, vorläufig geht es nur darum zu zeigen: So könnte es gehen. In Zeiten des Klimawandels ist der sparsame, nachhaltige Umgang mit Wasser nicht nur in Gemeinschaftsgärten ein Topthema. Auch der Plan der Gartencommunity, ein Moorbeet zu bewirtschaften, steht unter diesem Vorzeichen.

Petersilie statt Parkplatz. Die Essbare Straße im Berliner Brunnenviertel

Was: Ein interkultureller Garten auf dem Mittelstreifen einer ehemaligen Straße

Wer: Die beiden Initiatorinnen Katharina Schütze und Sandra Zangerl, eine wachsende Zahl von Mitstreiter*innen, der Verein Brunnenviertel e. V., Anwohner*innen, zwei Mitarbeiter des Grünflächenamts, Tiere und Pflanzen

Wo: „Die Essbare Straße" blüht in der Swinemünder Straße im Brunnenviertel in Berlin-Wedding

Unter der Überschrift „Die Essbare Straße" verfolgen Katharina Schütze und Sandra Zangerl seit 2022 den Plan, den 18 Meter breiten Mittelstreifen einer ca. ein Kilometer langen verkehrsberuhigten Straße im Brunnenviertel in Berlin-Wedding mit Wildblumen und Gemüse zu bepflanzen. Orientiert an einer Multispezies-Perspektive wollen sie dabei sowohl die Bedürfnisse der menschlichen als auch die der nichtmenschlichen Lebewesen der Stadtgesellschaft einbeziehen: Gemüse für die Menschen, Wildblumen für die Insekten. Das Quartiersmanagement unterstützt sie bei ihrem Plan. Weitere Mitstreiter*innen finden sich in der Anwohner*innenschaft.

Weil sie es sowohl mit „Straßenbegleitgrün" (unbefestigten Flächen) als auch mit „Straßenland" (befestigten Flächen) zu tun haben, gestaltet sich die Umsetzung ihres Vorhabens besonders kompliziert. Denn in der Semantik von Stadtplanung und Verwaltung handelt es sich dabei um zwei verschiedene Kategorien öffentlichen Grüns, für die bei der Stadt unterschiedliche Menschen zuständig sind und für die unterschiedliche Regeln gelten. Hinzu kommt: Ein Plan wie ihrer ist einfach (noch) nicht vorgesehen, also gibt es keine Vorgaben. Die Aktivist*innen auf der einen Seite und die Verwaltungsmitarbeiter auf der anderen Seite müssen sich vorläufig mit Improvisation behelfen. In Zukunft entstehen durch die Notwendigkeit von mehr Klimaschutz womöglich neue politische Rahmenbedingungen, die eine andere Handhabe ermöglichen, rechtliche Verfahren bereitstellen und neue Routinen generieren.

Zunächst gibt es für eine Essbare-Straße-Initiative nur die Möglichkeit, so zu tun, als wollten sie ein Straßenfest feiern. Durch diesen „Trick“ kann die Verwaltung ihnen eine auf zwei Jahre befristete Erlaubnis erteilen, auf begrenzter (versiegelter) Fläche einige Hochbeete im Straßenraum aufzustellen. Theoretisch müssten diese Aufbauten aber irgendwann wieder zurückgebaut werden. Das hat die Gruppe jedoch nicht vor, ihre Hochbeete bzw. ihre Intervention in den Straßenraum sollen bleiben. Sie wollen die erste Essbare Straße Berlins werden und hoffen auf den politischen Rückenwind, der für solche Vorhaben in Berlin gerade günstig weht. Zudem wurde vom Senat beschlossen, dass für jeden im Zuge von Wohnungsbau und sozialer Infrastruktur versiegelten Quadratmeter an anderer Stelle ein Quadratmeter entsiegelt werden muss. 2022 standen dafür 10 Millionen Euro zur Verfügung, 2023 sind es 20 Millionen.

Das trifft sich gut, weil die engagierten Straßenbegrüner*innen das Pflaster gerne an möglichst vielen Stellen aufreißen würden: Die Straße führt auf einen großen, weitgehend versiegelten Platz. Im Sommer wird er von den Anwohner*innen als „Hitzefalle“ wahrgenommen und gemieden. Ohnehin ist er öde und leer. Mit anderen Worten, er wäre – nicht nur aus ihrer Sicht – die perfekte Fläche für ein Entsiegelungsprojekt, die perfekte Fläche für einen Gemeinschaftsgarten für die in den angrenzenden mehrgeschossigen Wohnhäusern lebenden Menschen.

Nach der Vorstellung von Katharina Schütze und Sandra Zangerl könnte ihr Projekt beispielhaft für ähnliche Vorhaben auf anderen Straßen werden. Denn sie erproben gerade, wie man mit den Schwierigkeiten, z. B. den Leitungen im Boden, den Haftungsfragen, den fehlenden Routinen und den fehlenden rechtlichen Vorgaben, umgeht, die unweigerlich auftauchen, wenn man sich daran begibt, auf öffentlichem Straßenland und im Straßenbegleitgrün zu gärtnern.

Sich den Straßenraum anzueignen bedeutet zweierlei: erstens, die Hegemonie des Autoverkehrs infrage zu stellen und ihr praktisch eine Alternative entgegenzusetzen, zweitens, die bei Gartenprojekten schnell auftauchende Konkurrenz zwischen Wohnungsbau und Grünfläche geschickt zu umgehen. Auf dem Mittelstreifen kann man ohnehin nicht bauen und auf dem von mehrstöckigem Geschossbau umgebenen Platz auch nicht.

Bei der angespannten Flächenlage ist es nur folgerichtig, dass auch die Straße von Umwelt-, Stadtumbau- und Gartenaktivist*innen in den Blick genommen wird. Urban Gardening empfiehlt sich durchaus auch als Teil zukünftiger Mobilitätskonzepte der zunehmend autofreien Stadt.

BodenschätzeN. Kompostworkshops in Gemeinschaftsgärten

Was: Kompostieren, Boden aufbauen, Boden schützen
Wer: (exemplarisch) Ideenwerkstatt workstation, (federführend) Miren Artola
Wo: In Berliner und anderen Gemeinschaftsgärten quer durch die Republik
Web: workstation-berlin.org/projekte/bodenschaetzen

Oftmals auf Honorarbasis oder ehrenamtlich, mitunter aber auch gefördert, bemühen sich Boden- bzw. Humus-Aktivist*innen aus der Gemeinschaftsgartenszene, den Sinn fürs Organische zu fördern, eine Sensibilität für den Umgang mit den „Reststoffen“ zu wecken sowie Verständnis und Empathie für „die anderen Organismen“, die nichtmenschlichen Wesen, zu vermitteln, die für Kompostbildung unverzichtbar sind. Hintergrund ihres Engagements ist die Einsicht, dass wir als Menschheit vom Boden abhängig sind. Boden wie eine Ressource zu behandeln, über die man ohne Verpflichtung verfügen kann, statt fair und reziprok mit ihm umzugehen, bedeutet, ihn zu zerstören. Wie mühsam es ist, Boden aufzubauen (geschweige denn einmal zerstörte Böden wiederherzustellen), wird beim Kompostieren unmittelbar anschaulich, spürbar. Kompostieren und Bodenpflege – bzw. regenerative Landwirtschaft – kann dem großflächigen Verlust von Boden entgegenwirken. Zur Lösung des Klimaproblems kann das alles allerdings nur bedingt und in kleinerem Umfang beitragen, denn einmal freigesetzten Kohlenstoff wieder im Boden zu speichern, ist voraussetzungsvoll und langwierig. Aber Kompostieren schafft ein Bewusstsein für den Wert des Bodens und für die Relevanz der Humusschicht, die so entscheidend für die Existenz der Menschen ist.

Kompost ist in jedem Gemeinschaftsgarten ein Thema, aber nicht jede Gärtner*in ist eine geborene Kompostierer*in. Kompostieren ist voraussetzungsvoll und will gelernt sein. Noch rottet der Kompost nicht in allen Gemeinschaftsgärten fachgerecht vor sich hin, nicht überall gibt es Expert*innen, die wissen, wie man hier und da nachhelfen und den Vorgang beschleunigen kann. Andererseits sind urbane Gärten ideale

Orte, um mit Kompost zu experimentieren, vorausgesetzt, Absprachen und Kommunikation funktionieren und der eine weiß, was die andere tut oder schon getan hat – z. B. etwas eingefüllt – und was deshalb jetzt im zweiten Schritt zu tun wäre.

In Berlin engagiert sich das Projekt BodenschätzeN der Ideenwerkstatt workstation e. V. seit geraumer Zeit, das gesellschaftliche Bewusstsein dafür zu schärfen, dass guter Boden im wahrsten Sinne des Wortes eine grundlegende Angelegenheit ist. Seit 2018 bieten sie deshalb Workshops zu Kompostpflege und zu bodenbezogenen Themen an, die von Gruppen oder Einzelpersonen gebucht werden können. Ständige Lernorte sind z. B. der Prinzessinnengarten am Moritzplatz und der Prinzessinnengarten (prinzessinnengarten kollektiv) auf dem St.-Jacobi-Friedhof in Neukölln.

2024 startet BodenschätzeN mit einem dreijährigen (geförderten) Programm, um (zukünftige) Gartenaktivist*innen und andere Stadtbewohner*innen in Bodenaufbau bzw. Kompostproduktion zu schulen. Überzeugt davon, dass Naturschutz letztlich eine Beziehungsfrage ist, legt das Projekt den Akzent darauf, Menschen für ein anderes Verhältnis zu Boden zu interessieren und damit positiv auf notwendige Klimamaßnahmen einzustimmen. Gemeinschaftliches Kompostieren – so die Erfahrung – verändert die Erdenbürger*innen: Der Bezug zum eigenen Abfall ordnet sich neu, „Bioabfall" wird zum Bio-Gut. Das Vertrauen in die Kreislaufwirtschaft und in die eigenen Fähigkeiten wächst: Man sieht, was möglich ist: eben z. B. ausgelaugte Böden mit organischem Abfall – ohne Dünger und teure Energie – in gute Erde zu verwandeln. Die Produktion von Humus trägt unmittelbar zur Senkung der Emissionen bei und mittelbar zu nachhaltigeren Lebensstilen: Wenn man verstanden hat, wie

der Kohlenstoffkreislauf funktioniert, sagt Projekt- und Workshopleiterin Miren Artola, setzt man sich eher für den Erhalt von Dauergrünland ein oder unterstützt das Engagement von Bio-Bäuer*innen um Bodenaufbau und -erhalt.

Konkret veranstalten die Bodenaktivist*innen von der workstation in diversen Berliner Gartenprojekten Kompostworkshops, wo sie die verschiedenen Methoden – wie offene Kompostmiete, Thermo-Komposter oder Bokashi – vorführen und von den Teilnehmer*innen testen lassen. Dabei geht es ganz praktisch auch darum, Wurmtruhen und Trommelkomposter selbst zu bauen, Holzkohle herzustellen, Pilze zu züchten oder Bodenproben zu nehmen (man kann Boden auch überdüngen). Verbunden wird die tätige Sorge um den Boden mit politischen Fragen nach künstlicher Düngung, CO2-Sequestrierung, Landgrabbing, Flächenverbrauch und Versiegelung.

In den diversen Kompostprojekten wird besonders deutlich, dass Gartenaktivist*innen Multiplikator*innen, Pionier*innen und Impulsgeber*innen sind, dass sie im informellen, kleinen Rahmen erproben, was später – formalisiert und professionalisiert – einem breiteren Publikum nahegebracht werden kann.

Eine interessante – ethische – Frage ist, ob Würmer im Kompost – und insbesondere in der Wurmkiste – Tierhaltung ist oder nicht, sprich ob die Würmer für uns oder für sich selbst verstoffwechseln. Es heißt, dass Würmer auswandern, wenn sie sich unwohl fühlen. Aus einer geschlossenen Kiste, z. B. auf dem Balkon oder in der Küche, können sie aber nicht weg, woraus eine besondere Fürsorgepflicht erwächst. Für die Lebewesen bzw. die Würmer im Kompost muss allerdings in jedem Fall gesorgt werden: Sie fühlen sich am wohlsten bei einer Temperatur zwischen 10 und 25 Grad Celsius, d. h., man muss den Kompost wärmen oder kühlen, außerdem wässern und sowieso mit dem Richtigen „füttern". Zitrusfrüchte mag der Wurm nicht, Süßes wie Erdbeeren ist ihm lieber.

„Pflücken erlaubt" statt „Betreten verboten". Puchheimer Stadtbeete als Klimaschutz

Was: Möglichkeiten zur Selbsternte auf öffentlichen städtischen Flächen.

Wer: Das Umweltamt, insbesondere Frau Dufner, die Abteilung Gartenbau des Städtischen Bauhofs, der Umweltbeirat, die Hochschule München, das Quartiersmanagement, mehrere hundert Puchheimer*innen (inklusive Kinder)

Wo: In Puchheim, Stadt in der Nähe von München.

Web: puchheim.de/stadtleben/freizeit/stadtnatur

Direkt neben dem S-Bahnhof stehen auf einer kleinen Streuobstwiese mit Gemüse und Kräutern bepflanzte Hochbeete. Sie gehören zum Projekt „Stadtbeete Puchheim". Nach dem Vorbild der Essbaren Stadt Andernach, in der seit 2011 große Teile des Altstadtkerns mit essbaren Sträuchern und Bäumen wie Haselnüssen, Johannisbeeren oder Birnen bepflanzt werden und die Bürger*innen eingeladen sind, sich an Ernte und Pflege zu beteiligen, entstand in der Stadt Puchheim bei München ein ähnlich ambitioniertes Projekt.

Bürgermeister Norbert Seidl hatte seinen Andernacher Kollegen 2015 zum Vortrag eingeladen und damit sofort Begeisterung in der Stadtverwaltung ausgelöst. Monika Dufner, Umweltbeauftragte der Stadt, machte sich nach dem Vortrag gemeinsam mit engagierten Bürger*innen an die Erarbeitung einer Umsetzungsstrategie. Im Sommer 2016 entstanden die ersten Selbsternteflächen.

Das Projekt „Stadtbeete Puchheim" umfasst unterschiedliche Mitmachformate. Neben den „Bürgergärten", den Hochbeeten auf der Streuobstwiese und anderen städtischen Grünflächen nebst Permakulturgarten und Kräuterspiralen gibt es weitere mit Kräutern und Tomaten bepflanzte, im Stadtraum verteilte Hochbeete, „Hochzeitswiesen", auf der Paare einen Streuobstbaum pflanzen können, und Flächen, die als „Bürgeräcker" ausgewiesen sind. Für einen Stationenpfad wurde ein Fußweg entsiegelt und renaturiert. Auf der 170 Meter langen und 3 Meter breiten Fläche befinden sich nun Insektenhotels, für Rollstuhlfahrer*innen geeignete Tischbeete und Stationen mit Umweltinformationen. Die ausgesäte Blumenwiese liefert Futter für Vögel und Insekten.

Auf den beiden Bürgerackerflächen können Puchheimer*innen individuelle Parzellen bewirtschaften, d. h., sie pflanzen, pflegen, ernten für sich selbst. Bei ihrer Bewerbung für ein Selbstversorgungsbeet verpflichten sie sich zum biologischen Gemüseanbau. Wasserversorgung und Werkzeuge werden bereitgestellt, die Teilnahme an den regelmäßigen Treffen am Acker ist Pflicht. In den „Bürgergärten“ und den im Stadtgebiet verteilten Hochbeeten pflanzen und pflegen freiwillige Gärtner*innen für alle, sprich, alle dürfen ernten. Diese „Stadtbeete“ sind also Schenkbeete. Auf Lebensmittelgeschenke angewiesen zu sein ist häufig mit Gefühlen von Erniedrigung und Scham besetzt. Das Angebot der Stadtverwaltung, im öffentlichen Raum Lebensmittel anbauen, pflegen und ernten zu können, ist dagegen mit Selbstermächtigung und Teilhabe verbunden. Jedenfalls in der Theorie. Denn auch Beschenktwerden will gelernt sein. Und Ernten sowieso. Oft wird zu früh geerntet, wenn Gemüse oder Früchte noch unreif sind. Bisweilen verschwindet auch eine Zitronenmelisse aus dem Hochbeet. Regelrechter Vandalismus ist eher selten, sagt Monika Dufner und räumt nebenbei einen liegen gelassenen Pizzakarton von der Sitzbank auf der Streuobstwiese. Die Grenzen zwischen behördlicher Unterstützung und Ehrenamt sind beim Projekt „Stadtbeete Puchheim“ bisweilen fließend. Grundsätzlich ist die tägliche Pflege die Sache der Bürgerschaft. Die Stadt stellt insbesondere die „Hardware“ zur Verfügung. Das ehrenamtliche Gießteam trifft sich täglich und legt Wert darauf, dass die Beete mit den Bohnen, Tomaten, Melonen, Salaten und Kräutern gepflegt aussehen.

Die Förderung von Selbsternteaktivitäten wird von der Stadt in erster Linie als Beitrag zum Klimaschutz verstanden: Mehr lokal angebautes und geerntetes Gemüse schafft Bewusstsein für den Wert von Lebensmitteln und spart Transportwege. Aber auch die Förderung von Biodiversität spielt eine Rolle beim übergeordneten Thema Stadtnatur: En passant werden Lebensräume für Pflanzen und Tiere geschaffen, überall finden sich Nisthilfen und Wildbienengärten.

Längst gelten die Puchheimer Stadtbeete als Vorzeigeprojekt in der Region. Etliche Nachbargemeinden machen es nach. Erst 2022 wurde den Puchheimer Stadtbeeten der Klima- und Umweltpreis der Bürgerstiftung und der Süddeutschen Zeitung verliehen. Nachahmenswert ist auch die Puchheimer Saatgutbibliothek. Hier wird zu Öffnungszeiten der Stadtbibliothek neben den Büchern auch Saatgut verwaltet: Man kann selbst gewonnenes Saatgut abgeben, das dann als Teil einer wachsenden Sammlung entsprechend katalogisiert und von anderen kostenlos mitgenommen, ausgesät, geerntet und zurückgebracht werden kann. Die Saatgutbibliothek dient dem Erhalt samenfester, seltener und alter Sorten.

Gepflegte Wildnis in der Mannheimer Straße. Urban Gardening in Karlsruhe

Was: Urban Gardening als städtische Strategie in einer Kommune: Randstreifenpflege und Gemeinschaftsgärten

Wer: Akteure in der Zivilgesellschaft (z.B. Daniel Wolff), Akteure in Politik und Verwaltung, Intermediäre: Bürgervereine, Umweltschutzverein (BUZ0), gemeinnützige GmbH (Urbane Gärten Karlsruhe gGmbH)

Wo: Im gesamten Stadtgebiet in Karlsruhe, Am Ostring, in der Mannheimer Straße

Im Frühjahr 2019 spannt der Ornithologe Daniel Wolff Flatterband um ein Stück Grünstreifen zwischen Fußweg und Fahrbahn vor seiner Haustür und erklärt es zur Wildblumenwiese. Vorher hatte er versucht, mit dem Gartenbauamt ins Gespräch zu kommen, ob – der Insekten wegen – auch ein anderer Zeitpunkt fürs Mähen des Grünstreifens möglich wäre. Mit seinem Anliegen stieß er zunächst auf taube Ohren. Aber das eingezäunte Grün respektierten die Gartenbaumitarbeiter, die Wiese blieb ungemäht. Drei Tage später erhielt Daniel Wolff dann auch die offizielle Erlaubnis, seinen Grünstreifen selbst instand zu halten. Seitdem ist die „Pflege der Wiese […] Teil der naturnahen Grünflächengestaltung des Gartenbauamts der Stadt", wie dem Schild zu entnehmen ist, das das Geschehen am Wegesrand erläutert.

Die Überlassung der Fläche ist mit Auflagen verbunden. Der Stadt ist wichtig, dass die Gräser nicht in die Fahrbahn ragen, der Straßenraum soll Parkraum für die Anwohner*innen bleiben, und auch der Bürgersteig darf nicht zuwuchern. Daniel Wolff kommt diesen Anforderungen gewissenhaft nach. Er sichelt den Grünstreifenrand sogar öfter, als es vorher die Stadt tat, und die Anwohner*innen danken es ihm.

Im Laufe der Jahre weitet der passionierte Naturschützer die von ihm betreute Fläche aus, inzwischen pflegt er den gesamten Grünstreifen bis zur nächsten Straßenkreuzung, immerhin 500 m². Er hat ihn in 26 nummerierte Abschnitte unterteilt, um jeweils Schwerpunkte zu setzen: Totholzhaufen, lückenhafte Vegetation, hohes Gras, sehr niedriges Gras, Krautschicht. Im Vergleich mit benachbarten Flächen beobachtet er, wie sich die Vegetation und die Insektenwelt entwickeln: Welche Formen des Mähens, welche Intervalle sind für die Artenvielfalt günstig? Mit Trockenheit und Klimawandel breitet sich gegenwärtig eine bestimmte Grassorte – die Mäusegerste – rasant aus, die anderen Kräutern kaum mehr Raum lässt und wenig Nahrung für Insekten zu bieten scheint. Seinen Grünstreifen hält er deshalb von Mäusegerste frei, entsprechend finden die diversen Kleinlebewesen hier reichlich Futter und Habitat. Daniel Wolff arbeitet grundsätzlich ohne schweres Gerät, mit der Handsense oder auch ganz ohne Gerät; die Mäusegerste zupft er händisch aus: „Würde ich hier mähen, wäre nicht nur sie weg, sondern auch Klettenkerbel, Weiße Lichtnelke, Wegwarte, Ochsenzunge, Schafgarbe, Luzerne, Färberkamille, Natternkopf.“ Einiges hat er auch selbst eingebracht, z. B. die Rundblättrige Glockenblume. Zudem unternimmt er Ansiedlungsversuche mit Klappertopf, einer Pflanze, die an die Graswurzeln geht, sich dort ihre Nahrung holt und so den Graswuchs hemmt. „Wenn sich die hier etabliert“, sagt er, „hätte ich schon weniger Arbeit.“

Um es Blumen, Kräutern, Käfern und Wildbienen möglichst (artge)recht zu machen, tauscht sich Daniel Wolff auf Wildwiesenforen aus, legt Totholzhaufen an, stellt Nisthilfen auf, baut Insektenkeller, verhindert, dass abgestorbene Bäume abgeräumt werden, sodass sie sich allmählich zu dicht besiedelten Wildbienenwohnungen mausern, und sorgt für vegetationsfreie Bodenstellen, weil etliche Insekten dort ihre Brutröhren anlegen wollen. Stoisch räumt er die Exkremente von Hunden weg; sie lieben offene Stellen ebenfalls.

Er begreift sein Engagement als Arbeit am gemeinsamen urbanen Lebensraum von Pflanzen, Tieren und Menschen. Gerne berät er andere, wie sie in einer ungenutzten Ecke ihres Gartens ein Biotop anlegen können. Irgendwie identifiziere er sich mit den kleinen Lebewesen, sagt er. Sie hätten in unserer dicht besiedelten Welt kaum jemals genügend Platz. Und hier, im öffentlichen Grün, könne man richtig etwas für sie tun.

Urban Gardening sei das nicht, weil er ja – bis auf ein paar Kartoffeln mit Nachbarskindern – keine Lebensmittel anbaue. Aber das ist eine Frage der Perspektive: Denn er baut ja durchaus Nahrungsmittel an, für Tiere eben statt für Menschen. Wildbienen in allen Farben und Formen nehmen sein Nahrungsangebot gerne an, unentwegt kommen Käfer und Hummeln, Grillen und Schmetterlinge zu Tisch.

Mehrmals im Jahr lädt er zum Wiesenfest, damit sich städtische Angestellte, Nachbar*innen und Naturbegeisterte von der positiven Wirkung seiner Maßnahmen überzeugen können. Er stellt ein paar Tische und Campingstühle auf, es gibt Kuchen, Kaffee und Tee. Daniel Wolff ist zufrieden mit der Zusammenarbeit mit den Mitarbeiter*innen des Gartenbauamts. Zum Beispiel wurde kein neuer Zierkirschbaum auf den Randstreifen gepflanzt, sondern beschlossen, dass man die beiden Jungeichen wachsen lässt, die sich von alleine angesiedelt haben und mit Hitze und Trockenheit offenbar zurechtkommen.

Insgesamt habe sich einiges getan, erkennt er an, die Stadt mache inzwischen vieles richtig gut: Sie mäht nicht mehr alles ab, sondern lässt Blühstreifen stehen.

Schade sei nur, dass sie engagierte Bürger*innen oft nur spärlich informiere – er wüsste gerne mehr über die städtischen Pläne, um noch besser im Sinne des Artenschutzes kooperieren zu können.

Bei ihrem neuesten Urban-Gardening-Projekt, einer 5700 m² großen Fläche am Ostring, unmittelbar in Daniel Wolffs Nachbarschaft, will die Stadt die Bürger*innen allerdings aktiv einbinden und die Fläche mit ihnen gemeinsam entwickeln. Da der geplante Gemeinschaftsgarten in seinem Stadtviertel liegt, ist Daniel Wolff auch bei diesem Vorhaben aktiv. Er hat sich über die dort ansässigen Gräser und Insekten bereits einen Überblick verschafft. Im Teich hat er sogar einen Gelbrandkäfer gesichtet, und der ist, je nach Unterart, selten.

Seit rund zehn Jahren stellt die Stadt Karlsruhe öffentliche Flächen für Urban-Gardening-Projekte zur Verfügung, seit 2022 gibt es im Gartenbauamt auch eine Ansprechpartnerin für Urban Gardening. Zum Gemeinschaftsgärtnern entschlossene Gruppen können sich entweder an die Bürgervereine der Stadtteile oder an die Bürgeraktion Umweltschutz Zentrales Oberrheingebiet e.V. (BUZO) wenden, die bei Überlassung einer öffentlichen Fläche als Mittler zwischen Stadt(verwaltung) und Gartengruppe agieren und die rechtlichen Vereinbarungen mit der Stadt treffen.

Der erste Gemeinschaftsgarten – namens Marstallgarten – entstand 2013; seitdem kommen immer wieder – eher kleine – Flächen öffentlichen Grüns hinzu. Mit der Fläche am Ostring geht es nun erstmals um eine große und zudem umzäunte Fläche, auf der in größerem Umfang Gemüse angebaut werden könnte.

Die Idee von Amtsleiterin und Mitarbeitenden des Gartenbauamts, dieses Gelände, das laut Bebauungsplan für eine grüne

Nutzung vorgesehen ist und bislang gewerblich genutzt wurde, für Urban Gardening zur Verfügung zu stellen, stößt auf große Resonanz. Zu einer ersten Begehung kommen sehr viele Interessierte aus dem Stadtteil. 2022 finden die Planungsworkshops statt. Die Stadt sorgt für Wasser und Strom, veranlasst Bodenproben und zieht einen Zaun zum Nachbargrundstück. Involviert in diesen Beteiligungsprozess wurde auch Urbane Gärten Karlsruhe, eine gemeinnützige gGmbH, die für die Moderation sorgte. Wenn Städte die Gründung eines Gemeinschaftsgartens anregen, stellen sie den engagierten Bürger*innen gerne Landschaftsplanungskompetenz zur Seite, und inzwischen gibt es Intermediäre, die sich auf die Begleitung von Gartengruppen spezialisiert haben.

Nach den Planungswerkstätten formiert sich bald eine Gruppe zur Gründung des Vereins, den es braucht, um die Fläche von der Stadt übernehmen zu können. Die rechtlichen Fragen zu klären, sagt Susanne Frisch, Landschaftsarchitektin und Mitarbeiterin im Gartenbauamt, sei wie dicke Bretter bohren; es stecke viel Arbeit im Vertragsabschluss.

Susanne Frisch ist von ihrem Ressort her nicht direkt zuständig, sie springt vielmehr ein, als es einen Personalengpass gibt. Denn es liegt ihr am Herzen, das Projekt zügig voranzubringen: „Wir sind in der Verwaltung ja auch Bürger*innen, wir haben persönliche Anliegen und Engagements, die wir in unsere Arbeit einfließen lassen. Und es war uns ein Anliegen, ein Urban-Gardening-Projekt auf den Weg zu bringen und die Fläche nicht wieder an eine Gärtnerei oder Ähnliches zu verpachten."

Urbane Gärten gewinnen als Klimaanpassungsmaßnahme zunehmend an Relevanz für die politischen Akteure in der Stadt, von denen erwartet wird, dass sie im Sinne des Klimaschutzes tätig werden. Förder- und Forschungsprogramme des Bundes oder der EU wirken ebenfalls in diese Richtung: Für die Entwicklung des Gemeinschaftsgartens am Ostring stellte das Gartenbauamt einen Antrag auf Zuwendung im Rahmen des Programms „Experimenteller Wohnungs- und Städtebau", Forschungsfeld „Green Urban Labs" des Bundesinstituts für Bau-, Stadt- und Raumforschung.

Regenwasser ernten im Gemeinschaftsgarten. Zwickau macht es vor

Was: Aufbau eines Regenwassertanksystems

Wer: Beteiligt sind die elfköpfige Gartengruppe, die Europäische Union (die Neugestaltung der Fläche erfolgte im Rahmen eines EFRE-Förderprojekts), die Stadt Zwickau, alle Nachbar*innen, die Interesse haben mitzutun, sowie ein kooperationsbereiter Discounter.

Wo: Im Gemeinschaftsgarten „Zum Fleißigen Winkel e. V." in Zwickau/Sachsen

Web: gemeinschaftsgarten-zwickau.de

Im Rahmen der Neugestaltung einer städtischen Brachfläche entsteht 2021 in Zwickau mit Bürgerbeteiligung ein ca. 700 m² großer Gemeinschaftsgarten. Die zum Zeitpunkt der Vereinsgründung elfköpfige Gartengruppe ist an Zuwachs interessiert. In Erinnerung an die Kleingartenanlage, die hier einst lag, nennen die Gärtner*innen ihr Domizil „Zum fleißigen Winkel". Um die Wasserversorgung zu sichern, stellt die Stadt der Gartengruppe einen Wasseranschluss in Aussicht, aber Trinkwasser zur Bewässerung von Pflanzen zu nutzen passt nicht in das ökologische Konzept des Gartens. Lieber wollen die Gärtner*innen Regenwasser „ernten", den natürlichen Wasserkreislauf unterstützen, die Grundwasserreserven speisen und vermeiden, dass der pH-Wert der Erde durch den Kalk im Trinkwasser erhöht wird. Ihr Plan ist, das Regenwasser, das auf eine benachbarte versiegelte Fläche fällt und bisher sofort in der Kanalisation verschwindet, in den Garten umzuleiten, damit es dort die Pflanzen tränkt und im Boden versickert. Außerdem planen sie den Aufbau eines Regenwassertanksystems.

Sie schließen mit dem benachbarten Lebensmitteldiscounter eine Nutzungsvereinbarung für das auf seiner Dachfläche anfallende Regenwasser. Über das Fallrohr in der Regenrinne wird ein mechanischer Regenwassersammler installiert und das Regenwasser in zwei IBC-Tanks aufgefangen. Parallel werden im Garten zwei weitere IBC-Tanks aufgestellt und über eine mobile, akkubetriebene Pumpe mit dem vom Dach geretteten

Wasser befüllt. Womöglich lässt sich die Pumpe perspektivisch auch mit Solarzellen betreiben. Bis zu 4000 Liter Wasser können so regelmäßig in die Gartengießkannen fließen. Komplettiert wird das Wassermanagement von methodischer Sparsamkeit: Systematisches Mulchen mit Rasenschnitt und Holzhäcksel hält die Feuchtigkeit im Boden, sorgt außerdem für Humusanreicherung und hält die Beikräuter in Schach.

Die Gärtner*innen verstehen sich als Bewässerungsaktivist*innen: Sie wollen – unter anderem durch ihr Wassermanagement – demonstrieren, dass und wie Gärtnern auf städtischen Flächen ökologisch sein kann. Außerdem stehen sie als Multiplikator*innen zur Verfügung und beraten andere Gemeinschaftsgärten gern.

Trotz Zusammenarbeit mit und Unterstützung durch die Kommune bei Aufbau und Ausstattung soll ihr Garten kein Projekt der Stadtverwaltung Zwickau sein, darauf – sprich auf eine gewisse Autonomie – legen sie Wert. Für alles, was noch fehlt, und für die jährliche Pacht übernimmt der Verein die Verantwortung.

Die Stadt essbar machen. Gemeinschaftsgärten und Gemüseanbau im Schutz der Fulda

Was: Gartenfrüchte für alle
Wer: Ein Verein von Urban-Gardening-Aktivist*innen: Essbare Stadt Kassel e. V.
Wo: Überall in Kassel, insbesondere im Osten der Stadt, im Überschwemmungsgebiet der Fulda
Web: essbare-stadt.de/wp

Die Essbare Stadt Kassel ist nicht bekannter, dafür aber älter als die Essbare Stadt Andernach. In Andernach ist sie (zumindest anfänglich) ein Top-down-, in Kassel ein waschechtes Bottom-up-Projekt: Hinter der Kasseler Initiative steht ein Verein, in Andernach ist die Essbare Stadt ein Projekt der Stadtverwaltung. Die Kasseler Aktivist*innen, allen voran Karsten Winnemuth, haben inzwischen Hunderte essbare Sträucher und Bäume – meist in Abstimmung mit der Stadtverwaltung – im öffentlichen Raum in Kassel gepflanzt, eine Anzahl Parzellen auf dem „Selbsternteacker" gepachtet und betreiben mehrere Gemeinschaftsgärten. Sie pflegen alte Obstbaumbestände, organisieren Baumpatenschaften und gemeinschaftliche Pflanzaktionen, veranstalten Ernte- und Kochevents und organisieren Filmabende und Workshops zum Thema essbare und nachhaltige Stadt.

Als Essbare-Stadt-Aktivist*innen durchforsten sie das Stadtgebiet und entdecken immer wieder Stellen, wo ein Nussbaum passend wäre, welcher Ecke ein Apfelbaum gut zu Gesichte stünde. Wie Guerilla-Gärtner*innen bewirtschaften sie nicht einen einzelnen Garten, sondern behalten die ganze Stadt im Blick, tun hier eine Fläche für eine Streuobstwiese auf, regen dort einen Gemeinschaftsgarten an, immer auf der Suche nach geeigneten Standorten für ihre Vision, die Stadt essbar zu machen.

Seit 2009 existiert die Initiative und hat schon einige Stadtregierungen kommen und gehen sehen. Die Zusammenarbeit war mal gut, mal weniger erfreulich. Es braucht oft einen langen Atem, um das gemeinnützig orientierte Anliegen verständlich zu machen. Bürgerschaftlich autonomes Handeln wird von Verwaltung und Politik bisweilen eher skeptisch beäugt, unzureichend gefördert oder auch vereinnahmt. Vieles gelingt aber inzwischen auch in Abstimmung mit Ortsbeiräten und Gartenamt.

Dass die Stadt Kassel heute Modellkommune für das im Bundesprogramm Biologische Vielfalt durch das Bundesamt für Naturschutz geförderte Projekt „Urbane Waldgärten“ (urbane-waldgaerten.de) ist, dafür hat der Essbare Stadt e. V. mit seinem Wald- und Gemeinschaftsgarten ForstFeld-Garten den Boden mitbereitet.

Einige der Essbare-Stadt-Projekte sowie weitere urbane Gärten befinden sich im Schutz der Fulda im Kasseler Osten. Als Überschwemmungsland ist die Fuldaaue unbebaubar. Die ansässigen Gartenprojekte brauchen also keine Vertreibung zu fürchten, deshalb treten sie hier auch gehäuft auf: der fast 40 Jahre alte Gemeinschaftsgarten an der Blücherstraße, die Solidarische Landwirtschaft „Gärtnerei Fuldaaue“ und der „Selbsterntеacker“ – der andernorts „Sonnenacker“ oder in München „Krautgarten“ heißt. Diese Form des Urban Gardening, bei der ein Feld von einem Bauern bestellt, in Parzellen aufgeteilt und an interessierte Städter*innen für eine Saison verpachtet wird, verbreitete sich von Kassel ausgehend in Deutschland.

Dass Gemeinschaftsgärten offene Werkstätten unter freiem Himmel sind, ist inzwischen fast ein Gemeinplatz. Sie generieren immer wieder auch alternative technische Lösungen. Für den seit ca. 40 Jahren bestehenden Blüchergarten im Kasseler Osten gilt das in besonderem Maße. Hier drehen sich

dem Reaktorunfall in Tschernobyl gegründet, stand die ökologische Frage auch hier von Anfang an im Fokus. Ursprünglich ein karger Acker, dann ein Ort der Gemüseproduktion, ist er inzwischen mehr ein sozialökologisches Biotop, von dem die Insekten und die nachbarschaftliche Gemeinsamkeit profitieren.

Wegen der Fulda konnten sich einige wenige Stadtgärtnereien bis heute mitten in der Stadt halten, eine von ihnen wurde zur Solidarischen Landwirtschaft: die Gärtnerei Fuldaaue. Sie entstand auf Initiative von zwei studierten Landwirten, Thomas Eickel und Timo Wilmesmeier, sie ist eine Existenzgründung, dabei aber auch das Gemeinschaftswerk der vielen aktiven Genossenschaftler*innen.

Der Düsseldorfer Künstler Markus Ambach integrierte die Urban-Gardening-Projekte in seinen Parcours „Eine Landschaft", eine Arbeit im Rahmen der documenta fifteen. Auf seinen Streifzügen durch den Kasseler Osten und auf der Suche nach den informellen Orten jenes lokalen Wissens, das helfen könnte, mit den globalen Herausforderungen umzugehen, stieß er neben Kunstprojekten, Nachbarschaftsladen und einer Recyclingautowerkstatt auch auf die Gemeinschaftsgartenprojekte, die, einige vom Essbare-Stadt-Verein initiiert, andere von anderen Akteuren, Kassel zur Essbaren Stadt machen.

– weithin sichtbar – zwei Windräder. Sie sind aus Gebrauchtmaterialien zusammengesetzt, erklärt der gärtnernde Windradbauer Philipp Balcke, und versorgen Lampen, Radio, Rasenmäher, Wasserfasspumpe, Heckenschere, Apfelsaftpresse, Häcksel und Kettensäge, also alles, was man im Garten so braucht, mit dem nötigen Strom. Der Blüchergarten entstand als Grabegartengemeinschaft schon Mitte der 1980er Jahre und darf somit als Vorläufer der Urban-Gardening-Bewegung gelten. Kurz vor

Inklusion mit Garten. Die Südstadtgärten in Oerlinghausen

Was: Sich beheimaten und für Integration sorgen durch gemeinsames – transkulturelles – Gärtnern

Wer: Die multikulturelle Gartengemeinschaft, die beiden Initiatorinnen Friederike David und Nina Schönhals, der Stadtrat, die Naturschutzbehörde

Wo: In der Südstadt, Stadtteil von Oerlinghausen (Ostwestfalen)

Web: suedstadtgaerten-oerlinghausen.de

Letztlich aufgrund eines Gesprächs zwischen zwei Freundinnen – eine mit, eine ohne Einwanderungsgeschichte – entstand in der Südstadt von Oerlinghausen, einer Kleinstadt in Ostwestfalen (ca. 17.000 Einwohner*innen), der Interkulturelle Garten Südstadtgärten. Die eine Freundin erzählte der anderen, wie sie früher gelebt hatte. Nicht wenige Gründungsgeschichten Interkultureller Gärten beginnen mit dem Seufzer: Wir hatten einen Garten, wir konnten uns selbst versorgen…

Der Stadtteil Südstadt entsteht in den 1960er Jahren. Hier leben ca. 3500 Menschen, in Wohnblocks, einigen Hochhäusern und in zahlreichen Reihen- und Einfamilienhäusern. Durch den räumlichen Abstand zur Kernstadt war die Integration der Quartiere zunächst eine Herausforderung, die Südstadt wirkte stets wie ein Anhängsel. Schon länger gibt es Bemühungen seitens der Politik und Verwaltung, die Stadtteile mehr zusammenzuführen. Der Interkulturelle Garten erwies sich als Brückenbauer, im Stadtteil selbst und mittlerweile auch zwischen Südstadt und Kernstadt.

In unmittelbarer Nähe der Südstadtgärten liegt „die Siedlung“. Dabei handelt es sich um die mehrstöckigen ehemaligen Wohnblocks britischer Soldaten, ca. 320 Wohneinheiten, die nach mehrmaligem Investorenwechsel etwas heruntergekommen sind. Hier wohnen viele Migrant*innen, bis sie bessere Wohnungen finden. Denn die eigentlich gut geschnittenen Wohnungen sind günstig zu mieten, jedoch wegen schlechter Isolierung, maroder Fenster etc. mit unkalkulierbar hohen Nebenkosten verbunden.

Viele der Zuwander*innen hatten früher einen Garten oder eine Landwirtschaft und wünschen sich die Möglichkeit zurück, Lebensmittel anzubauen. Entsprechend finden sich für die Idee der beiden Initiatorinnen Friederike David und Nina Schönhals gleich viele Mitstreiter*innen.

Die Gartengruppe in spe findet schnell Unterstützung. Sie wirbt vor allem mit der „interkulturellen Idee" für sich: Ein Gemeinschaftsgarten könnte Menschen, die sonst nicht viel voneinander hören und sehen, auf unkomplizierte Weise zusammenbringen, für Austausch und Solidarität sorgen. Mithilfe der Stadt findet sich am Rande der Siedlung, da, wo sie in den Wald übergeht, eine passende Fläche für ihr Vorhaben. Die Stadt hat ein Interesse, an der Integration der Zugezogenen mitzuwirken. Insofern kommt ihr das Projekt gelegen. Das Projektvorhaben passiert ohne Gegenstimme den Stadtrat. So es Skeptiker*innen gibt, enthalten sie sich. Die Naturschutzbehörde verhält sich zunächst zögerlich; es dauert, bis die Nutzungsvereinbarung zwischen dem Verein Südstadtgärten Oerlinghausen und der Stadt Oerlinghausen unter Dach und Fach ist.

Auf einer Fläche von ca. 2000 Quadratmetern stecken die Gärtner*innen schließlich ihre individuellen Beete ab und gestalten die Gemeinschaftsflächen. Sie bauen ein Gerätehaus fürs Werkzeug, richten die Kompoststation ein und ziehen einen Zaun, damit Hasen und Rehe nicht mitessen. Die Stadtwerke von Oerlinghausen sorgen für einen Wasseranschluss. Der Verein konstituiert sich 2019. Inzwischen sind sie ca. 40 Mitfrauen und -männer, ca. 25 Parzellen werden bewirtschaftet.

Die Oerlinghauser Bevölkerung setzt sich heute aus insgesamt 76 Nationen zusammen. Die Südstadtgärten bilden diese Vielfalt ab. Die Gärtner*innen kommen aus Georgien, Ägypten, Kasachstan, Syrien, Russland, Türkei, Polen, Irak oder „von hier". Einige kannten sich schon aus der Nachbarschaft, über gemeinsam besuchte Deutschkurse oder über die Kinder in Schule oder Kindergarten. Aber der Garten intensiviert den Austausch und ermöglicht – gerade auch den Südstädter*innen ohne Migrationsgeschichte – einen unkomplizierten Kontakt über Landes-, Kultur- und Religionsgrenzen hinweg. Ohne die Südstadtgärten hätten alle viel weniger über die verschiedenen Lebensweisen und Lebensgeschichten erfahren.

Anfangs befürworten nicht alle Südstädter*innen das Projekt. Ein Integrationsprojekt, das für Begegnung zwischen Migrant*innen und Herkunftsdeutschen sorgen soll, ist manchen Menschen auch ein Dorn im Auge. Zunächst haben die Bewohner*innen in der gegenüberliegenden Einfamilienhaussiedlung Bedenken, die sich durch persönliche Kontakte aber schnell zerstreuen. Angefeindet werden die Gärten schließlich von einzelnen Kritiker*innen, denen die Anmutung des Gemeinschaftsgartens nicht gefällt, er ist ihnen zu wenig „ordentlich".

Als es ihnen gelingt, einen Journalisten für ihre Beschwerden zu interessieren, und der einen entsprechenden Artikel schreibt, provoziert das interessanterweise nur Leser*innenbriefe, die den Gemeinschaftsgarten vehement verteidigen. Dieser – beständig wachsende – Zuspruch bezeugt den Erfolg. Anders formuliert, das Konzept Interkultureller Garten funktioniert – in Oerlinghausen wie in vielen anderen Städten bundesweit. Übers Gärtnern rücken die Stadtbewohner*innen zusammen. Nicht zuletzt deshalb, weil jederzeit ein Blick und ein Plausch über den Gartenzaun möglich sind. Dazu passt, dass die Südstadtgärtner*innen in ihren Beeten nicht nur für sich selbst anpflanzen, sondern verschenken, was sie übrig haben. Am Gartenzaun steht eine Kiste, aus der sich Vorübergehende etwas nehmen können, und mitunter bereichern ihr Gemüse oder ihre Jungpflanzen auch ein Stadtteilfest.

Umgang mit Vandalismus. Der Südgarten in München

Was: Kreativer Umgang mit den typischen Problemen eines offenen urbanen Gartens

Wer: Gartengruppe von Anwohner*innen

Wo: Auf dem Viehhofgelände in München

Im Südgarten herrscht friedliche Koexistenz von Gärtner*innen und Sprayern, das erschließt sich dem ersten Blick: Die Farben der Blumen korrespondieren mit den Farben aus den Spraydosen, gemeinsam prägen sie das markante, wild-raue Erscheinungsbild des Gartens vor Industriekulisse. Die Sprayer waren vor dem Garten da. Insofern war für die Community, die sich anschickte, auf dem schmalen Streifen am Rande des Viehhofgeländes zu gärtnern, auch klar, dass man miteinander auskommen müsste. Gärtnern im öffentlichen Raum bedeutet immer und grundsätzlich, dass der Raum auch von anderen frequentiert wird. Der Südgarten wird insbesondere von Jugendlichen als Rückzugsort und eben zum Sprayen genutzt. Mit den Sprayern gibt es kaum Konflikte, im Gegenteil, sie übernehmen gegenüber anderen Jugendlichen sogar Verantwortung für den Garten, fordern sie auf, sich rücksichtsvoll zu bewegen, und nehmen auch ihrerseits schon mal Müll mit.

Während der Pandemie häufen sich dennoch die Probleme mit Vandalismus, mit Zigarettenkippen und Scherben; auf dem abgeschiedenen Areal gibt es wenig soziale Kontrolle, und wo sollen die Jugendlichen – ihrer angestammten Treffpunkte beraubt – auch hin, um sich zu treffen? Trotzdem nerven Unachtsamkeit und Zerstörungswut.

Als sich die Situation zuspitzt, sinnen die Gärtner*innen auf einen erfolgversprechenden Umgang. Weil klar ist, dass sich der Garten nicht abschließen lässt, und es ihnen deshalb auch nicht wirklich sinnvoll und ohnehin nicht opportun scheint, sich an die Polizei zu wenden, bleibt eigentlich nur die verschärfte Kommunikation. Nach lebhafter Diskussion beschließt die Community, Infoschilder zum Garten aufzustellen und systematisch alle Menschen, die man

im Garten trifft, darauf anzusprechen, dass dieser Garten ein Ort für alle ist und dass alle doch bitte Verantwortung für ihn übernehmen, sprich nichts kaputtmachen und keinen Dreck hinterlassen sollen. Außerdem überlegen sie, wie sich noch deutlicher signalisieren lässt, dass es Menschen gibt, denen der Ort am Herzen liegt, und ob ein paar Aufhübschungsmaßnahmen sinnvoll sein könnten. Insbesondere verabreden sie, selber möglichst oft in den Garten zu gehen und Präsenz zu zeigen.

Die Sache scheint zu funktionieren. Durch die gezielte Kontaktaufnahme mit den Jugendlichen und die vermehrte Präsenz gibt es deutlich weniger Müll im Garten, auch wenn die Gärtner*innen immer noch Flaschen, Zigarettenkippen, Softdrink-Büchsen etc. entfernen müssen. Sie tun es, sagen sie, allerdings inzwischen mit weniger Ärger und größerer Gelassenheit. Zwei von ihnen, die bei einer Runde durch den Garten eine Plastiktüte mit Zigarettenkippen bei sich tragen, bestätigen, es sei viel besser geworden, und sie vermuten, das hänge einerseits mit dem konsequenten Ansprechen der Besucher*innen, andererseits womöglich mit dem Frühling, aber auch mit dem Ende des Ausnahmezustands zusammen. So hätten sich manche der Jugendlichen ihrer Clique

gegenüber zu Fürsprecher*innen des Gartens gemacht, vor allem aber könnten die Leute – seit dem Ende der Pandemie – eben wieder woandershin, also würde der Garten auch nicht mehr von so vielen Partygänger*innen heimgesucht.

Gemeinschaftsgärten auf offenem oder abgeschiedenem Gelände haben immer mit der Herausforderung zu tun, dass sich Leute im Garten aufhalten, vielleicht sogar Zuflucht suchen, sich aber nicht sorgsam dort bewegen. Manchmal handelt es sich auch um Feindseligkeit und bewusste Attacken. Ein Patentrezept dagegen gibt es nicht, oft helfen Kontakt und soziale Kontrolle, manchmal auch ein alternatives Angebot. In Bremen überzeugte die Gartencommunity der „Lucie" die Stadtverwaltung, dass es im Viertel für die Obdachlosen einen Streetworker braucht, einen Unterstand und eine Toilette. Seit es alles drei gibt, gelingt die Koexistenz von Gemeinschaftsgarten und den am Platz ansässigen Obdachlosen sehr viel besser, auch wenn die „Lucies" immer noch gelegentlich Müll aus ihrem Garten raustragen müssen und mit dem Bänke-Aufstellen zögern.

Der Druck auf das wenige innerstädtische Grün ist in vielen Städten sehr hoch, und die Gemeinschaftsgärten als tendenziell offene und niemanden ausschließende Räume bekommen das deutlich zu spüren. Vandalismus und Vermüllung gibt es aber nicht nur in Gemeinschaftsgärten, sondern auch in Parks. Die Ursachen dafür sind komplex und verweisen auf soziale Problemlagen.

Selbstorganisation à la carte. Solidarische Landwirtschaft im Gemeinschaftsgarten Trier

Was: Ein Gemeinschaftsgarten organisiert sich als Solidarische Landwirtschaft.

Wer: Die selbständige (dauerbeauftragte) Gärtnerin Eva Maria Altena, die Ernteteiler*innen plus Anhang, ab und zu freie Praktikant*innen (kein Bundesfreiwilligendienst)

Wo: In einem Gewerbegebiet in Trier

Web: solawi-trier.de

In Deutschland wurden seit 2012 ca. 450 Solidarische Landwirtschaften (Solawis) gegründet (solidarische-landwirtschaft.org/solawis-finden/auflistung/solawis), viele nicht von Bauern und Bäuerinnen, sondern von Städter*innen. Solawis sind mithin ein Teil der urbanen Landwirtschaft, einige Gründer*innen kommen direkt aus der Urban-Gardening-Bewegung, auch wenn sich die Produktionsstätten naturgemäß meist, aber nicht immer auf dem Land befinden. Zum Beispiel gibt es in Kassel und Leipzig Projekte (mitten) in der Stadt.

Eine Solidarische Landwirtschaft ist eine von einer Community getragene Landwirtschaft. Produziert wird nicht für den Markt, sondern für die Gemeinschaft. Das produzierte Gemüse wird geteilt wie auch das Risiko der Produktion: Bei Ernteausfällen wegen Witterung oder Schädlingsbefall fallen die Ernteanteile entsprechend kleiner aus.

In Trier versteht sich ein Gemeinschaftsgarten als Solidarische Landwirtschaft. Es findet eine Bieterrunde statt, es werden 65 Ernteanteile ausgegeben. Allerdings geht es den Beteiligten in erster Linie ums ökologische Gärtnern und um einen Ort für die Gemeinschaft und erst in zweiter Linie um den Gemüse-Output. Die meisten der Solawi-Genoss*innen hatten bereits Erfahrungen mit der Bewirtschaftung eines Gemeinschaftsgartens gesammelt, als die Möglichkeit in Aussicht stand, als Gruppe zwei ca. 2000 m² große Flächen kultivieren zu können. Insofern war ihnen schnell

einzubauen, reagiert auf das Problem der knappen Zeit, das viele der am Garten Beteiligten haben. Eine Gärtnerin, die sich hauptberuflich um die Erledigung der zahlreichen im Garten täglich anfallenden Arbeiten kümmern kann, leistet einen wichtigen Beitrag für die Stabilität des Projekts.

Bis in die 1950/60er Jahre wurde da, wo jetzt geackert wird, das Gemüse für die Stadt angebaut, bis sich die gärtnerische Produktion aufgrund der vergleichsweise schlechten Böden und der sinkenden Transportkosten nicht mehr lohnte. Heute ist das Gebiet als Industrie- bzw. Gewerbefläche ausgewiesen. Grund und Boden gehört der Stadt, die im Rahmen ihres Konzepts einer Essbaren Stadt Urban-Gardening-Aktivitäten unterstützt.

Die Trierer Gartenaktivist*innen wünschten sich einen produktiven Ort mit hoher Aufenthaltsqualität. So wird die eine

klar, dass es dafür eine professionelle Person mit Erfahrung im Anbau von Gemüse bräuchte, die sich hauptberuflich um den Garten kümmern könnte. Eine von ihnen, Eva Maria Altena, übernahm den Job; als erfahrene Gemeinschaftsgärtnerin ist sie die Idealbesetzung für diesen Posten. Sich wie eine Solidarische Landwirtschaft zu organisieren, d. h. eine bezahlte Kraft in die Kalkulation des Gemeinschaftsprojekts

2000 m² große Fläche als Acker, die andere, ebenso große als Garten bewirtschaftet. Auf dem Acker wird mehr oder weniger ernsthaft Gemüse angebaut, im Garten findet sich neben Stauden, Beerensträuchern, Kräutern und Salat vor allem die Infrastruktur fürs Gemeinschaften: eine Outdoor-Küche, ein Grillplatz, ein Lehmofen, ein Kompostklo, eine Kleidertauschbörse, die Gemüseabholstation und ein Aufenthaltsraum für den Winter.

Mit ihrem Solawi- bzw. Gemeinschaftsgartenbeitrag finanzieren die Ernteteiler*innen ausdrücklich nicht nur die Gemüseproduktion, sondern auch die Arbeit des Sich-um-den-Ort-Kümmerns sowie die Arbeit der Wissensvermittlung. Und während in „normalen" Solawis jenseits von anberaumten Mitmachaktionen (über)motivierte Helfer*innen die Arbeitsabläufe eher stören, gehört es hier zum Konzept, dass die Solawistas, wenn sie wollen, jederzeit vorbeikommen und lernen können, wie man Gemüse anbaut, den Boden bereitet, erntet, pflegt, verarbeitet. Neben dem, dass alle den Ort anderweitig nutzen, grillen, chillen und Feste feiern können.

Vom „No-Go" zum Vorzeigeprojekt. Zwei Gartenaktivistinnen trotzen der Stadt München einen Gemeinschaftsgarten ab

Was: Stadtplanung von unten, Gemeinschaftsgarten im öffentlichen Raum

Wer: Die Initiatorinnen Heidrun Eberle und Hannelore Schell, der Gartenkoordinator Konrad Bucher, ein dreiköpfiges StadtNatur-Team, neun Themengruppen-Sprecherinnen, derzeit 60 beteiligte Gärtner*innen, hauptsächlich Frauen; zu den Veranstaltungen kommen viele Nachbar*innen, Kooperationen bestehen mit einem lokalen Kindergarten und einer lokalen Schule, mit der Technischen Universität München und weiteren Organisationen im Bereich Umwelt, Ökologie, Urban Gardening; der Newsletter geht an 600 Personen im Quartier.

Wo: Wohnquartier Ackermannbogen in Schwabing-West, München

Web: ackermannbogen-ev.de/stadtacker

Im Münchner Stadtbezirk Schwabing-West entsteht seit Mitte der Nullerjahre mit dem „Ackermannbogen" ein neues Stadtviertel für ca. 7000 Bewohner*innen. Angestrebt sind eine gemischte Bewohner*innenschaft und eine gute Nachbarschaft. Dafür werden von der Stadt entsprechende Ressourcen wie z. B. Mittel für Bürger*innenbeteiligung und drei Nachbarschaftstreffs bereitgestellt. Der Flächennutzungsplan enthält zudem die üblichen öffentlichen Grünflächen.

Als zwei Anwohnerinnen – die Geschäftsführerin des lokalen Quartiersvereins Ackermannbogen e. V. Heidrun Eberle und die Nachbarin, Biologin und leidenschaftliche Gärtnerin Hannelore Schell – 2010 mit der Idee an die Stadt(planung) herantreten, einen Teil der geplanten Grünfläche für einen Gemeinschaftsgarten zu verwenden, heißt es zunächst kategorisch: Der Flächennutzungsplan sei abgeschlossen und ohnehin könne eine öffentliche Grünfläche nicht in einen Gemeinschaftsgarten umgewidmet und damit privatisiert werden. Dass ein Gemeinschaftsgarten nicht privat ist und der Nachbarschaft womöglich einen größeren Nutzen bietet als grüne Wiesen und freie Fläche, dieser Gedanke ist Anfang der 2010er Jahre noch zu neu, und die Angst der Verantwortlichen, dass die Begeisterung der Gärtner*innen nachlassen und die Fläche verwahrlosen könnte, ist groß.

Weil die Initiatorinnen nicht lockerlassen, weil der Ackermannbogen e. V. als verlässlicher Träger gilt und bereit ist, den Pachtvertrag abzuschließen, und weil sich herausstellt, dass die erforderliche Grünflächenformel auch nach Abzug von 1000 Quadratmetern für einen Gemeinschaftsgarten erfüllt ist, lässt sich die Stadt schließlich auf das Experiment ein, allerdings nicht ohne bestimmte Bedingungen zu formulieren, was die Ästhetik des Gärtnerns betrifft.

Im Ergebnis gehört der StadtAcker genannte Garten planerisch zur „urbanen Mitte" des Viertels, deren Gestaltung per Ausschreibung an ein renommiertes Berliner Grünplanungsbüro vergeben wird. Dass die Stadt bzw. das Berliner Planungsbüro bestimmte Vorstellungen haben und sich die Planungsphase extrem in die Länge zieht, hat für das Projekt auch Vorteile: So wird eine vergleichsweise luxuriöse Ausstattung wie Lärchenholz-Zaun, eine dazu passende Laube, asphaltierte Durchwegung, ein Grundwasserbrunnen und das Aufbringen von bester Muttererde über die städtebauliche Entwicklungsmaßnahme finanziert.

Von der Zusage (2011) bis zur Verwirklichung (2017) dauert es allerdings sechs Jahre, der Abschluss der einzelnen Bauphasen verzögert sich immer wieder. Die Gemeinschaftsgärtner*innen nutzen diese Zeit, um eine Kerngruppe aufzubauen, deren Motivation und Selbstverständnis die Basis für alle weiteren Aktivitäten sein wird. Während die Kerngruppe zusammen mit ausgewiesenen Expert*innen ein Nutzungskonzept für einen echten Gemeinschaftsgarten ohne Einzelparzellen entwickelt, wird an wechselnden Standorten im öffentlichen Raum „guerillamäßig" gegärtnert – immer mit dem trotzig-plakativen Hinweis „Der StadtAcker kommt!". Zum Zeitpunkt der Schlüsselübergabe sind alle optimal vorbereitet, sodass es bereits nach der ersten Gartensaison eine reiche Ernte gibt.

Inzwischen besteht der StadtAcker seit sechs Jahren, er blüht und gedeiht, sozial und ökologisch. Er bewährt sich gleichermaßen in Umwelt- wie in Nachbarschaftsbildung. In Zeiten der Pandemie erwies er sich als besonders wertvoll. Längst schickt die Stadt Delegationen aus anderen Kommunen in den Garten, wenn es darum geht, ein gelungenes Beispiel für sozial-ökologische Quartiersentwicklung vorzuführen.

Bereits im ersten Betriebsjahr wurde klar, dass das besondere Nutzungskonzept sehr viel interne Kommunikation und fachliche Abstimmung erfordert, was ehrenamtlich auf Dauer nicht leistbar war. Nach einer Zwischenfinanzierung für einen hauptamtlichen StadtAcker-Koordinator durch das vom Bundesumweltministerium aufgelegte Programm „Kurze Wege für den Klimaschutz“ (2019–2020) gelang die unbefristete Anschlussfinanzierung durch die Stadt München. Die Begründung des Trägers Ackermannbogen e. V.: Der Garten ist ein Freiluft-Nachbarschaftstreff. Mit den dort stattfindenden Kursen zu Gartenwissen und Umweltbildung, den Workshops zu Klima- und Gesundheitsthemen, den Kooperationen mit umliegenden Schulen und Kitas und mit einem Bauern aus dem Umland können nachweislich Zielgruppen angesprochen werden, für die die Schwelle zu den klassischen Nachbarschaftstreffs noch zu hoch ist. Das ursprüngliche Motto „Im StadtAcker wächst Gemüse, Gartenwissen und Gemeinschaft“ bewährt sich bis heute.

Die Stadt ist unser Garten – Ortsbegehungen

Mehr Gemüse für die Stadt

Die ganze Stadt ein Gemüsegarten. Wie die GemüseheldInnen in Frankfurt Gemeinschaftsgärtnern mit professionellem Gemüseanbau verbinden

Was: Ökologische Umgestaltung der Stadt, effektiver gemeinschaftlicher Gemüseanbau nach Permakultur-Methode.

Wer: Die zwei (inzwischen hauptberuflichen) Initiatorinnen Laura Setzer und Juliane Ranck, die sechs Mitarbeiter*innen des Teams „Vision&Strategie“, unzählige ehrenamtliche Gartenaktivist*innen in den verschiedenen Teams, die Gärtnerei Anja Rappelt.

Wo: Auf zwei Hektar Stadtfarm, auf vierzehn Grabelandparzellen zwischen 100 und 500 m^2, auf insgesamt ca. 4000 m^2 PermaKulturInseln; perspektivisch: überall in Frankfurt, auf großen und auf kleinen Flächen

Web: gemueseheldinnen-frankfurt.de

Die Initiative nimmt ihren Anfang 2019 in einem verwunschenen Grabelandgartengebiet im Frankfurter Stadtteil Bornheim. Während ein breites Bündnis engagierter Bürger*innen versucht, das Areal am Günthersburgpark mit dem Slogan „Grüne Lunge bleibt“ gegen die geplante Bebauung zu verteidigen, versammeln Juliane Ranck und Laura Setzer unter der Überschrift GemüseheldInnen eine damals noch kleine Gruppe von Urban-Farming-Aktivist*innen um sich und übernehmen in der „Grünen Lunge“ nach und nach vierzehn Gartenparzellen, um innerstädtisch intensiven Gemüseanbau zu betreiben. Ab 2020 bewirtschaften sie außerdem einen großen Garten in einem Kleingartengebiet, ab 2021 einen weiteren auf dem Campus Westend der Goethe-Universität, und seit 2023 wird das „Fechenheimer Pflegegärtchen“ in

einem Pflegeheim mit einer von der Stadt finanzierten Vollzeitstelle aufgebaut. Alles nach permakulturellen Methoden, um möglichst effizient ökologisch zu wirtschaften. Permakultureller Anbau benötigt weit weniger Fläche als herkömmlicher Bioanbau. Der langfristige Anspruch der GemüseheldInnen ist, dass die Stadt ihre Ernährung (zumindest mit Gemüse) mit den eigenen Ressourcen bewerkstelligt, ohne Zugriff auf Böden anderswo, ohne Emissionen durch Transportkilometer. Überall sollen „PermaKulturInseln", produktive Flächen verschiedener Art und Größe, entstehen, sodass Menschen vor ihrer Haustür bzw. in unmittelbarer Nähe zu ihrer Wohnung Gemüse anbauen und ernten können. Wenn die GemüseheldInnen mit dem Fahrrad durch Frankfurt radeln, dabei einen prüfenden Blick über die Gartenzäune werfen und überlegen, wie die Vorgärten im Sinne ihrer Vision von einer sich selbst ernährenden Stadt umzugestalten wären, scheint die Zeit „nutzloser" Grünräume passé: In der Stadt der Zukunft werden Gärten der Ernährung dienen, entweder von Menschen oder von Insekten.

Bei ihrem Engagement geht es um einen relevanten Beitrag zur klimagerechten Stadt bzw. zur klimagerechten Ernährung von Städter*innen. Inspiriert von den Ideen von Permakultur und Mikro-Agrikultur, sind die GemüseheldInnen überzeugt, dass die Zukunft der Ernährung(ssouveränität) im intensiven Anbau auf Kleinstflächen liegt. Sie entwerfen ein Gegenprogramm zur industriellen Landwirtschaft, verorten sich

dabei im professionellen Gemüseanbau. Ihr Vorbild sind weniger die anderen Gemeinschaftsgärten in Deutschland als vielmehr permakulturelle Ansätze weltweit, namentlich die französische „Ferme du Bec Hellouin" und die landauf, landab entstehenden „Market Gardens": Ihre Beete sind optimal geplant, eng wie rotierend bepflanzt, und die Erträge werden dokumentiert.

Wie die aus einem Gemeinschaftsgarten entstandene Leipziger Gemüsegärtnerei Annalinde und die Solidarische Landwirtschaft in Kassel gehören die GemüseheldInnen zu den Urban-Gardening-Aktivist*innen, die den Gemüseanbau in der Stadt professionalisieren wollen. Wie die Leipziger ergreifen sie die Chance, als sich die Möglichkeit ergibt, eine bis dato konventionell arbeitende Gärtnerei in einen gemeinschaftlich bewirtschafteten Biobetrieb umzubauen. Neben zwei bezahlten Stellen für GemüseheldInnen, helfen unzählige Urban-Farming-Aktivist*innen unbezahlt auf der Gemüsefarm mit und nehmen sich im Tausch vom Acker, was sie an Gemüse brauchen. Ansonsten kommt die Ernte in den Laden der Gärtnerei oder wird von der lokalen Gastronomie abgenommen.

Die Gründerinnen der GemüseheldInnen, Laura Setzer und Juliane Ranck, und das sechsköpfige Team „Vision&Strategie" sehen sich als Koordinatorinnen und Organisatorinnen der für die sozialökologische Transformation engagierten Bürger*innen und in dieser Eigenschaft als Partnerinnen der Stadtpolitik. Die Stadt, so ihre Überzeugung, muss Hand in Hand mit den Projekten zusammenarbeiten, um auf die Klimakrisen zu reagieren und um den sozialökologischen Wandel zu schaffen. Deshalb muss sie auch die Stellen schaffen, damit das ehrenamtliche Engagement organisiert und koordiniert werden kann, denn: „Wenn alle in ihren normalen Lohnjobs arbeiten

und alles [andere] ehrenamtlich machen, dann gibt es doch gar keine Entwicklung hin zu den Klima-Jobs, die wir jetzt brauchen.“ (Laura Setzer im Interview)

Das Projekt der GemüseheldInnen ist höchst dynamisch, steht nie still, seit 2023 bieten sie eine einjährige selbstkonzipierte Ausbildung zur „Stadtfarmer*in“ an; für deren Aufbau und Organisation stellt die Stadt eine zeitlich begrenzte Vollzeitstelle zur Verfügung. Referent*innen sind neben erfahrenen GemüseheldInnen auch auswärtige Urban-Farming-Expert*innen. Vermittelt werden Kenntnisse zu Planung, Aufbau und Pflege eines Permakultur-Gartens, außerdem zu Community-Building, Koordination, Vernetzung in die Politik, die Wirtschaft, in städtische Institutionen und die Vernetzung mit anderen Initiativen.

Hopfen im Hafen. Inklusive Beschäftigung und Gemüseproduktion auf der Gemüsewerft in der Bremer Überseestadt

Was: Gemüse-, Obst-, Kräuter-, Hopfen- und Jungpflanzenproduktion auf insgesamt ca. 8000 Quadratmeter Anbaufläche, in mehr als 800 Hochbeeten und 200 Bäckerkisten

Wer: Die gemeinnützige Gesellschaft für integrative Beschäftigung als Betreiberin der Gemüsewerft, insbesondere Michael Scheer als Geschäftsführer, ein Gemüsegärtner, eine Servicekraft im Biergarten, ca. 15 Kolleg*innen in Gartenbau und Restauration, diverse zeitweilig beteiligte Ehrenamtliche

Wo: Drei Standorte in Bremen, unter anderem im neuen Hafengebiet

Web: gib-bremen.info/urban_gardening_farming_gemuesewerft.php

Die Bremer „Gemüsewerft" ist nur zu besonderen Gelegenheiten – wie der Hopfenernte – ein Gemeinschaftsgarten; primär ist sie ein sogenannter arbeitsmarktnaher und sozialraumorientierter Zweckbetrieb. Sie verschafft – unter anderem auf dem ehemaligen Kellogg's-Produktionsgelände direkt an der Weser – psychisch beeinträchtigten, nicht erwerbsfähigen Menschen Arbeitsplätze bzw. Inklusion im Bereich urbane Landwirtschaft, Gartenbau und Gastronomie; Inklusion meint hier nach UN-Behindertenrechtskonvention, dass alle Menschen das Recht auf Gleichstellung, Selbstbestimmung und Teilhabe haben, ungeachtet möglicher psychischer oder physischer Beeinträchtigungen. Neben

Inklusion hat die Gemüsewerft den typischen Charme eines Urban-Gardening-Projektes zu bieten: Kräuter und Gemüse in Hochbeeten oder Bäckerkisten, (umwelt) politische und künstlerische Debatten im Grünen und gelegentliche Events wie das gemeinschaftliche Hopfenzupfen. Das Gemüse, das vom angestellten Gärtner und seiner Crew in Hochbeeten produziert wird, wird im eigenen Biergarten angeboten bzw. an interessierte Abnehmer*innen verkauft.

Blickfang im Beet ist der Hopfen. Sein Anbau resultiert aus einer Kooperation mit der Bremer Braumanufaktur. Jede verkaufte Flasche Bier spült etwas Geld in die Gartenkasse. Mit der Gemüseproduktion als solcher lässt sich zwar auch in der Gemüsewerft kein Blumentopf gewinnen, sprich kein (gemeinnütziges) Unternehmen finanzieren, aber zweifellos nimmt das Projekt mit seinen Produkten und Dienstleistungen am Wirtschaftsgeschehen teil. Darauf ist die Crew entsprechend stolz, zumal dies im Rahmen der Freien Wohlfahrtspflege nicht immer üblich ist. Zum tragfähigen Geschäftsmodell gehört die Kombination von eigenwirtschaftlichem Ertrag – vor allem aus der Gastronomie und dem urbanen Gartenbau – mit den Mitteln der Eingliederungshilfe: Als Träger der Freien Wohlfahrtspflege bezieht die Gemüsewerft für ihre soziale Dienstleistung die nötigen öffentlichen Mittel, um ihr pädagogisches und gärtnerisches Fachpersonal dauerhaft zu finanzieren.

Leicht ist diese Form urbaner Landwirtschaft aber nicht zu betreiben, es gilt Arbeitsstättenverordnung, Verkehrssicherung und Brandschutzbestimmungen etc. einsowie sanitäre Anlagen und Aufenthaltsräume in Schuss zu halten. Und Zäune gehören in diesem Fall unweigerlich dazu. Sonst zahlt im Zweifel keine Versicherung. Der Vorteil, sich auf ein solches Betreibermodell einzulassen, ist, dass so ein Gartenprojekt vielleicht robuster ist als die rein ehrenamtlich betriebenen Pendants und somit einen größeren Einfluss auf die Stadtplanung nehmen kann. Stadtgärten zu kleinen, lokal und nachhaltig wirtschaftenden Unternehmen zu machen, die Umwelt- und Sozialverträglichkeit im Portfolio haben, ist jedenfalls das erklärte Anliegen von Michael Scheer, dem Geschäftsführer der Gemüsewerft.

Wenn es angesichts des Klimawandels in den nächsten Jahrzehnten um den nachhaltigen Umbau der Städte gehen wird, sollten nach seiner Vorstellung Urban-Gardening-Aktivist*innen ein Wörtchen mitzureden haben. Sie sollten die städteplanerische Expertise, die sie sich mit bzw. in ihren Projekten erworben haben, auch selbstbewusst ins Spiel bringen. Die Gemüsewerft sieht sich jedenfalls inzwischen als Politikberaterin. Gut sichtbar – in bester Hafenlage gelegen – formuliert sie gewissermaßen ein Statement, nämlich den Anspruch, dass die Planung eines neuen Stadtquartiers ohne Urban-Gardening-Projekte in Zukunft nicht mehr möglich sein wird. Dass es der Gemüsewerft gelang, sich ein Filetstück im neuen Bremer Hafen zu sichern, war gleichermaßen ein gelungener Coup wie ein seltener Glücksfall, aber auch das Ergebnis des erfolgreich geführten Nachweises, dass Urban Gardening zur Zukunft der Stadt gehört.

Vom DIY zur gGmbH. Zeitgenössische Stadtentwicklung und Gemüseanbau in Leipzig

Was: Urbane Lebensmittelproduktion, sozialökologische Landwirtschaft und zeitgenössische Stadtentwicklung

Wer: Dominik Renner, Jakob Ottilinger, Philipp Scharf und ihre Community

Wo: Im Leipziger Westen

Web: annalinde-leipzig.de

2011 gründen erst zwei, dann drei Freunde im damals noch von Leerstand geprägten Leipziger Westen das Gartenprojekt „Annalinde". Dominik Renner, Jakob Ottilinger und Philipp Scharf verstehen ihren urban-biologischen Gemüseanbau als Beitrag zur Transformation der Stadt im Zeitalter des Anthropozäns. Was immer „zeitgenössische Stadtentwicklung" – so der Name ihrer Initiative, unter dem das Gartenprojekt firmiert – sein könnte, urbane Lebensmittelproduktion wäre ein Teil davon. Davon sind sie überzeugt.

Sie verbinden den Aufbau des Gartens auch mit einer Lebens- und Arbeitsperspektive jenseits klassischer Erwerbsarbeit. Folgerichtig kombinieren sie ihre urbane Landwirtschaft mit Sozialer Arbeit, Inklusionsprojekten, Dienstleistungen sowie Bildungsangeboten im Bereich Nachhaltigkeit, und sie akquirieren Forschungsprojekte und Fördermittel. Denn mit dem Verkauf von Gemüse allein könnten sie ihren Lebensunterhalt nicht sichern. Der hybride Projekttyp bringt einen Amateur- bzw. DIY-Ansatz mit einem Business-Ansatz zusammen – im Urban-Gardening-Kontext keine Seltenheit.

Mit einer spektakulären Aktion – einem riesigen Kubus aus Kresse – präsentieren sie 2011 auf einem Stadtteilfest ihre Urban-Gardening-Pläne der Öffentlichkeit. Als die Stadt ihnen schließlich die Fläche am alten Felsenkeller, hinter der Stadtbibliothek an der Zschocherschen Straße, zur Zwischennutzung überlässt, entsteht mit dem Garten ein Freiraum für soziale und kulturelle Experimente, für Kunst, Kultur, politischen

Aktivismus und Do it yourself. Regelmäßige Konzerte, Filmreihen, Workshops, Diskussionsveranstaltungen, Cafébetrieb und vor allem die offenen Gartentage etablieren Annalinde als feste Größe im Viertel und machen die Betreiber als Kooperationspartner auch für andere Player interessant. Zusammen mit weiteren Aktivist*innen forcieren sie biologische Vielfalt, Recycling, nachhaltigen Konsum und zukunftsfähige Formen städtischen Lebens.

Als Unternehmende ohne Geld und Flächen setzen sie von Anfang an auf Beteiligung und Vernetzung. Ohne soziale Kontakte, ohne Netzwerk, ohne Gleichgesinnte geht es nicht. Ohne die „Peers", die bei den diversen Vorhaben helfen, wären sie nicht da, wo sie heute sind. Es sind Unzählige, die mitarbeiten, Ideen haben, Ressourcen organisieren, Material besorgen, Wissen beitragen.

Zu Beginn kommt die Unterstützung aus dem Freundeskreis. Aber schnell spricht sich die neue Location herum, Freunde bringen weitere Freunde mit; später kommen Leute, die über Medien vom Projekt erfahren haben und dann auch zu Freund*innen werden. Für viele wird der Garten wenn nicht Lebensmittelpunkt, so doch Freizeitmittelpunkt. Annalinde ist ein Projekt, das Gemeinschaft schafft. Zwar haben die Gartengründer im Zweifel den Hut auf und definieren den Rahmen, in dem sich die Community bewegt. Aber allen Beteiligten geht es darum, zusammen eine Plattform zu schaffen, die man sonst nicht hätte: Mit vereinten Kräften lässt sich mehr auf die Beine stellen. Alleine hätte man nicht die nötige Arbeitskraft, nicht das Geld und auch nicht das Know-how.

Der Gemeinschaftsgarten ist eine Anlaufstelle, eine Kontaktbörse. Leute, die neu sind in Leipzig, suchen hier nach Anschluss und Gleichgesinnten. Im Leipzig der 2010er Jahre sind viele unterwegs, die sich selbst verwirklichen und das Quartier zu ihrem Lebensraum machen wollen. Nicht nur die Kunstszene um die Spinnerei in Leipzig-Plagwitz verfolgt hier ihre kulturellen und sozialen Ambitionen. Urban Gardening ist von Anfang an als Element der Stadtentwicklung dabei, sogar von offizieller Seite: Anfang der Nullerjahre entstehen die vom Amt für Wohnungsbau und Stadterneuerung geförderten Nachbarschaftsgärten in der Josefstraße, und viele brachliegende Flächen bzw. Flächen in städtischem Eigentum werden in Zwischennutzung an bürgerschaftlich engagierte Aktivist*innen vergeben.

Annalinde existierte einige Jahre als offener Garten, an dem man in ganz unterschiedlicher Weise partizipieren konnte: Man konnte an den offenen Gartentagen mitgärtnern, dabei etwas über Bioanbau lernen und danach wieder nach Hause gehen; man konnte bei konzertierten Aktionen dabei sein, man konnte bauen, man konnte Arbeitsbereiche verantwortlich übernehmen, man konnte im Café mithelfen. Wer eine Idee hatte, konnte sie hier verwirklichen, Mitstreiter*innen fanden sich garantiert.

Um mit dem Projekt eine nachhaltige Perspektive zu entwickeln, fehlte den Gartengründern letztlich immer die Aussicht auf eine dauerhafte Fläche. Man bekommt keinen Vertrauensvorschuss, wenn

das Produktionsmittel nicht sicher ist, sagt Michael Scheer, der in Bremen die Gemüsewerft betreibt. In Leipzig gelang es nicht, die Stadt zu einem langfristigen Pachtvertrag für die Fläche hinter der Stadtbibliothek zu bewegen. Auch andere attraktive öffentliche Flächen wurden ihnen zunächst nicht angetragen. Als sich dann die Möglichkeit bot, eine private Gärtnerei an der Lützner Straße, mitten im Leipziger Westen, zu übernehmen, lag es für Dominik Renner und Philipp Scharf nahe, auf der neuen Fläche als gemeinnützige GmbH zu starten. Die alte Fläche bleibt Gemeinschaftsgarten. Jakob Ottilinger verwirklicht seine Vision von einem fairen und guten Essensangebot auf der Basis lokal angebauter Lebensmittel und eröffnet ein paar Straßen weiter ein Restaurant. Kaum überraschend, ist dort die Pizza mit dem saisonalen Gemüse von Annalinde der größte Hit. Jakob Ottilinger war schon zu Gemeinschaftsgartenzeiten mit einem mobilen Pizzaofen unterwegs, um auf Festivals mit Annalindes Gemüse bestückte Pizzen anzubieten. Der mobile Pizzaofen war mithin seine Fingerübung, das Restaurant ist nun sein Meisterstück.

Die Übernahme der Gärtnerei gelingt, weil man im Leipziger Westen vernetzt ist. Zwei Bekannte – Softwareentwickler, mit ähnlichen Vorstellungen, wie sich das Quartier entwickeln sollte und wie nicht – haben das Geld, die Gärtnerei zu kaufen. Zu viert gründen sie dann die gemeinnützige GmbH und beginnen Gemüse in nennenswertem Umfang zu produzieren. Auch wenn

z. B. ihre Tomatenernte im Gemeinschaftsgarten durchaus beachtlich war, ist die mögliche Gemüsemenge bei 50 Hochbeeten und zwei Folienzelten natürlich limitiert.

Es folgt eine umfangreiche Sanierung der alten Gärtnerei. Viele helfen, haben Lust, beim Aufbau eines Standorts für lokal erzeugtes Gemüse dabei zu sein. Was mit der Verköstigung im Garten begann, mit Kochsessions in der improvisierten Gartenküche, mit gemeinsamen Abendessen für die, die tagsüber geholfen hatten, mit einem an drei Tagen geöffneten Gartencafé, in dem die Gastro-Crew Kuchen und Quiche an die Besucher*innen verkauft, mit üppigen Dinnern zu besonderen Gelegenheiten, aufgetischt von in der Szene bekannten Köchen und mit einem mobilen Pizzaofen, weitet sich jetzt aus und endet schließlich mit einem Marktstand vor der Gemüsegärtnerei für die Laufkundschaft im Viertel bzw. mit festen Gemüsekisten an immer mehr Haushalte sowie mit regelmäßigen Lieferungen von Gemüse an verschiedene Restaurants. Ihr Gemüseoutput wächst kontinuierlich, insbesondere als sie 2018 noch eine ehemalige städtische Gärtnerei im Osten Leipzigs übernehmen. Mit der zweiten Gärtnerei ergeben sich weitere Kooperationsmöglichkeiten: mit Forschungsprojekten – z. B. wird die Gärtnerei Standort zur Erprobung von Biomeilern – und mit einer Existenzgründerin, die nachhaltig und lokal produzierte Schnittblumen anbietet.

Annalinde greift mit ihren Projekten und Aktivitäten immer wieder in die ökonomische Ökologie der Stadt ein. Das Projekt sorgt im Leipziger Westen im Laufe der Jahre für einen großen Schritt in Richtung lokaler Ernährungssouveränität – vom experimentellen Anbau im Gemeinschaftsgarten zur professionellen Gemüseproduktion in der Gärtnerei, vom mobilen Pizzaofen zum Restaurant. Über die Jahre wurde viel biologisch produziertes Gemüse geerntet, verarbeitet, gegessen; immer mehr Menschen wurden von der Sinnhaftigkeit biologischer und lokaler Landwirtschaft überzeugt. Mit den vielfältigen Aktivitäten wachsen die Netzwerke, die für weitere Kollaborationen sorgen und nachhaltigen Konsum und zukunftsfähige Formen städtischen Lebens befördern.

Die Stadt ist unser Garten – Ortsbegehungen

Gärtnerische Umnutzungen

Neues Leben für alte Friedhöfe. Das Prinzessinnengarten-Kollektiv auf dem St.-Jacobi-Friedhof in Berlin-Neukölln

Was:	Friedhofsnachnutzung durch Urban Gardening und Umweltbildung
Wer:	Betrieben wird der Gemeinschaftsgarten vom „Prinzessinnengarten Kollektiv Berlin“, einer gemeinnützigen GmbH mit sechsköpfiger Geschäftsführung und ca. 20 (im Winter) bis 40 (in der Saison) Mitarbeiter*innen, die höchstens 30 Stunden bezahlt werden und darüber hinaus unterschiedlich viel ehrenamtlich arbeiten. Genutzt wird der Gemeinschaftsgarten von Nachbar*innen, Schulklassen, Kindertagesstätten, Gartenaktivist*innen, Workshop-Teilnehmer*innen, Besucher*innen der kulturellen und politischen Veranstaltungen etc.
Wo:	Auf einer 7,5 Hektar großen Friedhofsfläche in Berlin-Neukölln
Web:	prinzessinnengarten-kollektiv.net

In den letzten Jahrzehnten veränderte sich die Bestattungskultur grundlegend. Das hat zur Folge, dass bundesweit etwa die Hälfte der kirchlich oder kommunal betriebenen Friedhofsflächen nicht mehr benötigt wird. In Berlin betrifft das knapp 400 Hektar Friedhofsfläche (und das sind nur die kirchlich betriebenen Flächen; die kommunalen eingerechnet sind es mehr als doppelt so viele). Damit gerät der Friedhofsverband zunehmend in eine prekäre Situation. Er hat immer mehr Schwierigkeiten, die finanziellen Mittel zu erwirtschaften, um die Flächen noch angemessen pflegen zu können. Er muss sie eigentlich umnutzen oder loswerden, beides ist nicht so einfach. Die Flächen können meist nicht bebaut, sprich monetär verwertet werden, und schon gar nicht kurzfristig, und auch die Kommunen haben kaum Interesse, Friedhöfe und damit die Finanzierung zu übernehmen, zumal die Pflegekosten aufgrund des meist alten Baumbestands immens sind.

Wenn ein Friedhof friedhofsrechtlich geschlossen, sprich kein neues Grab mehr ausgehoben wird, bleibt er noch dreißig Jahre lang Friedhof. In dieser Zeit müssen die Nutzung und die Pflege, mindestens aber die Verkehrssicherheit gewährleistet werden. Das heißt, es entstehen die ganze Zeit über Kosten, denen keine entsprechenden Einnahmen gegenüberstehen.

In dieser Situation könnten urbane Gärten ins Spiel kommen, jedenfalls solche, die in der Lage sind, die Kosten bzw. den Aufwand für die Pflege eines Friedhofs im Wartestand zu übernehmen; sie könnten sich deshalb aus der Perspektive der Friedhofsverbände als willkommene Partner darstellen. Ein Pilotprojekt, das sich dieser Herausforderung widmet und die Möglichkeit einer Win-win-Situation praktisch auslotet, ist der Prinzessinnengarten in Berlin-Neukölln.

In Berlin stellte der Evangelische Friedhofsverband Berlin mit dem Prinzessinnengarten Kollektiv einen Förderantrag an den Senat, um den Gemeinschaftsgarten auf dem Friedhof St. Jacobi in Neukölln aufbauen zu können. Senat und Bezirk befürworteten das Projekt, obwohl die Nutzung eines Friedhofs als Gemeinschaftsgarten im Friedhofsgesetz bisher nicht vorgesehen ist und sich die neue Gartenform demnach vorläufig noch in einer rechtlichen Grauzone bewegt. Um das Problem zu lösen, wird in Berlin an einer „modellhaften Vereinbarung" gearbeitet, die die verbleibende Nutzungsdauer bis zum Ende der Pietätsfrist (im Jahr 2044) für das Prinzessinnengarten Kollektiv absichern würde.

Ungeachtet der rechtlich noch ungeklärten Situation sind auf dem St.-Jacobi-Friedhof seit 2020 bereits diverse Gärten bzw. Projekte entstanden: die Umweltwiese, die Hochbeetwiese, der Acker und am Ende des Friedhofs der Frauen-Heilkräutergarten Hevrin Xelef. In ihrem Gefolge finden Umweltbildungsmaßnahmen,

Diskussionsveranstaltungen und Kunstaktionen statt. Endlich kann auch nach Herzenslust im Boden geackert und gepflanzt werden, ein sehnlicher Wunsch aller Beteiligten nach den Jahren des Gärtnerns in Bäckerkisten und Reissäcken auf dem Moritzplatz.

Zu Anfang war fraglich, wie die Angehörigen der auf dem Friedhof Bestatteten das Gärtnern aufnehmen würden. Mittlerweile hat sich gezeigt, dass die meisten von ihnen die Gartenaktivitäten willkommen heißen: Durch die Anwesenheit der neuen Nutzer*innen gibt es hier sehr viel weniger „Fehlnutzung", weniger Drogenkonsum, weniger Streit, weniger bedrohliche Situationen für die, die ihre toten Verwandten besuchen möchten.

Der Prinzessinnengarten ist nicht das einzige Gartenprojekt, das sich für Friedhofsflächen interessiert bzw. das für eine solche Zusammenarbeit infrage kommt. Auch das „himmelbeet" bewirtschaftet inzwischen eine Friedhofsfläche. Es ist anzunehmen, dass Friedhöfe zukünftig als Flächengeber für urbane Gärten eine immer größere Rolle spielen werden.

Gemeinschaftsgarten trifft Kleingartenanlage. Der Schleifengarten in Berlin-Pankow

Was: Entwicklung eines Gemeinschaftsgartens in einer Kleingartenanlage

Wer: Senatsverwaltung für Mobilität, Verkehr, Klima und Umweltschutz, Bezirk, Kleingartenanlage Bornholm I, Gartengruppe aus Anwohner*innen, soulgarden.berlin.

Wo: An der Kleingartenanlage „Bornholm I" in Berlin-Pankow, Ibsenstraße

Web: schleifengarten.de

Auf der Suche nach möglichen „Flächengebern" für Gemeinschaftsgärten gerät in manchen Stadtverwaltungen auch die Kleingartenanlage in den Blick. Mit Verweis auf den Klimawandel, die Notwendigkeit des ökologischen Stadtumbaus und den wachsenden Flächendruck sehen sich Kleingartenanlagen (nicht nur) in Berlin aufgefordert, zu offenen Gärten zu werden und ihr Grün für die gesamte Stadtbevölkerung zur Verfügung zu stellen. Sie sollen Begegnungsstätten auf ihrem Gelände schaffen, kulturelle und umweltpolitische Veranstaltungen anbieten, Mehrfachnutzungen zulassen oder auch eine Parzelle einer Gartengruppe zur Bewirtschaftung überlassen. Fördergelder gibt es z. B. für die Verbesserung der Durchwegung, für Schautafeln für Umweltbildung oder für Sitzmöglichkeiten in der Grünanlage.

Der Berliner Senat schrieb 2022 einige Pilotprojekte aus, um Gemeinschaftsgärten an oder in Kleingartenanlagen zu fördern.

Synchron zu den städtischen Aktivitäten vernetzen sich in Berlin Kleingärtner*innen und Gemeinschaftsgartenaktivist*innen seit 2014 im Forum Stadtgärtnern, um gemeinsam gegen die Verdrängung dieser Form des Stadtgrüns zu kämpfen. Im Leitfaden „Integration von Klein- und Gemeinschaftsgärten 2021" schreibt Jakub Kronenberg: „Gemeinsam sind wir stärker" und „Gärtner*innen aller Gartenformen – vereinigt euch".

Im Stadtteil Prenzlauer Berg entsteht seit Ende 2021 ein Gemeinschaftsgarten – der Schleifengarten – in Kooperation mit der Kleingartenanlage „Bornholm I". Auch die Nachbaranlage „Bornholm II" will das neue Projekt informell unterstützen. Auf einem 800 m² großen Grundstück an der Wendeschleife der Straßenbahn wurden sechs alte, noch aus DDR-Zeiten stammende Garagen

abgerissen. Das Bahngleis macht an der Stelle eine Schleife, so kommt der Garten zu seinem Namen. Die bezirkseigene Fläche wird „Bornholm I" mit der Auflage übereignet, dort einen Gemeinschaftsgarten für den Kiez zu entwickeln. Beteiligt am Projekt sind Bezirk und Senat, Träger ist die Kleingartenanlage. Die Gruppe der Anwohner*innen, die hier gärtnern soll, wurde im Aufbau ihres Gemeinschaftsgartens außerdem von Soulgarden Berlin (gUG), einer gemeinnützigen Beratungsfirma, professionell begleitet.

Der Senat bzw. die Senatsverwaltung für Mobilität, Verkehr, Klimaschutz und Umwelt (SenMVKU) verspricht sich von der Entwicklung dieses Modellprojekts einen Multiplikationseffekt. Das Projekt soll möglichst Schule machen, auch in anderen Kleingartenanlagen sollen Gemeinschaftsgärten entstehen, sodass es zu einer Öffnung von Kleingartenanlagen und zu mehr Austausch mit der angrenzenden Nachbarschaft kommt.

Gemeinschaftsgartenaktivist*innen begrüßen es grundsätzlich, wenn Kleingartenvereine Parzellen für gemeinschaftliches Gärtnern zur Verfügung stellen, weisen aber zu Recht darauf hin, dass es mit der

Integration von Gemeinschaftsgärten in Kleingartenanlagen nur zu einer anderen Aufteilung des städtischen Grünraums, nicht aber zu mehr Gärten in der Stadt kommen wird. Tatsächlich ist verschiedentlich von politischer Seite zu hören, dass in der wachsenden Stadt das Gebot des Zusammenrückens fürs Wohnen wie fürs Gärtnern gelten müsse.

Im Fall des Schleifengartens wurde jedoch eine zusätzliche Fläche, die vorher nicht Garten, sondern Garage war, fürs urbane Gärtnern bereitgestellt.

Außerdem verschwindet der Gemeinschaftsgarten in diesem Fall auch nicht in der Kleingartenanlage, sondern behält als ihr sichtbarer Appendix direkt an der Straße die wichtige Funktion, auf die Bedeutung auch kleiner Grün- und Freiräume in Innenstädten aufmerksam zu machen.

Die Zukunft gehört dem Waldgarten. 240 neue Bäume für Berlin-Britz

Was: Drei urbane Gemeinschafts-Waldgärten in Berlin und Kassel, ein Verbundprojekt im Rahmen des Bundesprogramms Biologische Vielfalt, Umsetzungsphase 2021–2027; Voruntersuchungen im Rahmen eines Erprobungs- und Entwicklungsvorhabens 2018–2020, beide gefördert durch das Bundesamt für Naturschutz; die Mittel kommen aus dem Bundesumweltministerium.

Wer: Die Initiatorin, Antragstellerin und Projektleiterin Jennifer Schulz und das Team der Universität Potsdam, die 40-köpfige feste „Gartengruppe" (Waldgarten Berlin-Britz e. V.), darüber hinaus ca. 100 Menschen im weiteren Umfeld, der Bezirksverband Berlin Süden der Kleingärtner e. V., das Freilandlabor Britz e. V., die Berliner Senatsverwaltung für Mobilität, Verkehr, Klimaschutz und Umwelt (SenUMVK), die Planungsbüros Wyld, Baumrausch GmbH und IPG GmbH; und für die beiden Standorte in Kassel die Waldgärtner*innengruppen in Kassel und der Verbundpartner Umwelt- und Gartenamt der Stadt Kassel.

Wo: In Berlin-Britz, in Kassel am Wahlebach und am Helleböhnweg

Web: urbane-waldgaerten.de

Im Rahmen des Bundesprogramms Biologische Vielfalt entstehen derzeit in Berlin-Britz und in Kassel mehrere Gemeinschafts-Waldgärten. In Waldgärten wachsen auf verschiedenen Vegetationsebenen essbare Pflanzen: unten Gemüse und Kräuter, darüber Beerensträucher, oben Obst- und Nussbäume. Waldgärten sind förderlich in Bezug auf Bodenschutz, Wasserspeicherung, Artenvielfalt und Umweltbildung. Ein gut angelegter Waldgarten soll wenig Arbeit machen, dafür aber reiche Ernte tragen.

Als Klimaanpassungsmaßnahme sind Waldgärten zwar in aller Munde, trotzdem war es von der Idee bis zur erfolgreichen Einwerbung der erforderlichen Mittel ein langer Weg. Es galt zunächst, Projektpartner – Kommunen, Verbände, Zivilgesellschaft – für die Sache zu begeistern, geeignete Flächen zu finden und Co-Finanzierungen einzuwerben, um einen Förderantrag im Bundesprogramm Biologische Vielfalt stellen zu können.

Als Initiatorin des Projekts „Urbane Waldgärten" macht sich die Landschaftsplanerin Jennifer Schulz auf die Suche nach möglichen Verbündeten für die Umsetzungsphase und trifft beim Kleingarten-Landesverband Berlin auf unerwartet offene Ohren: „Sie hatten Lust, ein Konzept auszuprobieren, das Kleingartenflächen wieder mehr an die ursprüngliche Idee des Nahrungsmittelanbaus rückbindet; und Themen wie Biodiversität und Klimaanpassung fanden sie auch noch interessant."

Eine geeignete Fläche – in Berlin-Britz – findet sich schnell durch den Bezirksverband Berlin-Süden der Kleingärtner. Das 2,8 Hektar große Areal war seit 2010 als Ersatzfläche für die an anderer Stelle dem Bau der A 100 zum Opfer gefallenen Kleingärten vorgesehen. Vielleicht ein bisschen zu weit draußen, mutmaßen Jennifer Schulz und Mitstreiter*innen zunächst. Andererseits ist im Bebauungsplan bereits von einem Biodiversitätskorridor, Obstbäumen und Klimaschutz die Rede; und dicht bevölkert ist das Gebiet auch.

Trotz der vorhandenen Fläche und trotz des positiven Votums des Bezirksverbands der Kleingärtner dauert es mehr als ein halbes Jahr, bis der Flächeneigentümer – das Bezirksamt – der Projektgruppe einen ersten Termin zum Vorsprechen gibt: „Und ein Beteiligungsverfahren wollten sie zunächst auch nicht, aber wir als Projektgruppe wollten natürlich wissen, ob es im Umfeld überhaupt Menschen gibt, die das interessiert."

Zur schließlich anberaumten ersten Informationsveranstaltung finden sich Menschen aus ganz Berlin ein, sehr schnell kommt eine engagierte Gruppe zusammen, die Lust hat, am Waldgartenkonzept mitzuarbeiten.

Bis zur Projektbewilligung dauert es schließlich noch anderthalb Jahre. Die „Gartengruppe" bildet schon einmal Arbeitsgruppen, auch die professionellen Akteure arbeiten – unbezahlt – weiter. Der Bezirksverband der Kleingärtner entschließt sich, die gesamte Fläche und nicht nur einen Teil für das innovative Vorhaben zur Verfügung zu stellen: Sie wollen ausprobieren, ob eine Kleingartenanlage auch einmal ganz anders aussehen könnte. Der Senat beauftragt daraufhin Landschaftsarchitekten, ein Konzept zu erarbeiten, wie sich Gemeinschaftsgarten,

Kleingartenparzellen und öffentlicher Park unter der Überschrift „Essbarer Waldgarten“ kombinieren ließen.

Nach einigem Hin und Her entsteht ein Plan, der alle Beteiligten – den Senat als Auftraggeber, den Flächeneigentümer Bezirksamt Neukölln, den Bezirksverband der Kleingärtner, das Freilandlabor Britz als Umweltbildungspartner und das Projektteam Urbane Waldgärten – überzeugt. Ein Hektar wird öffentlicher Park mit insgesamt 240 Obst- und Nussbäumen sowie 700 Sträuchern. Des Weiteren sollen 60 Kleingärten vergeben werden, die in zwölf Clustern von jeweils drei bis acht individuell bewirtschafteten Parzellen zusammengeschlossen sind. Sie müssen einen hohen Gehölzanteil und essbare Pflanzen bzw. Gewächse aufweisen. Das dritte Element und das Herzstück des Waldgarten-Kleingartenparks bildet der 5000 m² große Gemeinschaftsgarten mit Außenküche und Komposttoiletten, plus einer 1000 m² großen Umweltbildungsfläche mit einem Gerätehäuschen. Ein Büro wird im extern finanzierten Vereinshaus untergebracht, dessen Bau im Sommer 2023 beginnt.

Die „Gartengruppe“ ist sowohl an der Planung und Gestaltung des gemeinschaftlichen Waldgartens als auch an der der Kleingartenfläche wesentlich beteiligt, sie erarbeitet die Gartenordnung, an die sich auch die Pächter*innen halten müssen, und die Satzung für den frisch gegründeten Verein.

Laut Beschluss dieses Kollektivs müssen alle, die sich für einen eigenen Kleingarten interessieren, mindestens eine Vegetationsperiode im Gemeinschaftsgarten mitgearbeitet haben. Für diese Regelung sprechen verschiedene gute Gründe: Erstens kann so das nötige Wissen erworben werden, um die Pachtfläche anschließend im Sinne des Waldgartenkonzepts bewirtschaften zu können. Zweitens sollen Kleingärtner*innen und Gemeinschaftsgärtner*innen eine Community bilden, nicht zwei. Drittens wäre das Jahr eine Art Probephase, in der man wechselseitig prüft, ob „die Chemie" stimmt. Denn gemäß dem Kleingartengesetz gelten die Pachtverträge langfristig.

Nach drei Jahren Planung, Absprachen und so mancher Zitterpartie nimmt das Projekt langsam Gestalt an: Die Bäume wurden gepflanzt, Wege angelegt, die Gartenküche ist fast fertig. Parallel erreichen das Verbundprojekt jetzt schon zahlreiche Anfragen. Regelmäßig berichten Jennifer Schulz und ihre Mitstreiter*innen Interessierten aus Politik, Verwaltung, Wissenschaft und Zivilgesellschaft von ihren Erfahrungen. Für Kommunen sind Waldgärten interessant, weil sie die Stadt abkühlen, Wasser speichern, für Artenreichtum sorgen, soziale Begegnungsorte sind und das Bedürfnis der Bevölkerung nach gärtnerischer Betätigung bedienen. Zudem kann hier eine neue Verteilung von Verantwortung zwischen Stadtverwaltung und Bevölkerung bei der Gestaltung und Pflege öffentlicher Grünflächen erprobt werden.

Aber auch die von der Zivilgesellschaft angestoßenen städtischen Waldgartenprojekte mehren sich. Auf den ersten beiden Vernetzungsworkshops trafen sich 2022 vierzehn Initiativen aus ganz Deutschland, und mit weiterem Zuwachs ist zu rechnen: Im Aktionsprogramm Natürlicher Klimaschutz (ANK) [Kabinettsbeschluss vom 29.03.2023] stellt die Bundesregierung bis 2026 vier Milliarden Euro für naturbasierte Klimaschutzmaßnahmen bereit, und Kommunen sollen bei der „Schaffung von Naturoasen", und das ANK nennt hier ausdrücklich auch urbane Waldgärten, unterstützt werden. Jennifer Schulz verspricht sich viel davon: „Wir versuchen, zum Beispiel über die GALK, viele Grünflächenamtsleiter über Waldgärten zu informieren, und erarbeiten Schulungsformate, um Kommunen dabei zu unterstützen, in Zukunft weitere urbane Waldgärten zu entwickeln."

Mit anderen Worten: Gemeinschaftswaldgärten sind eindeutig auf dem Weg, sich als weitere Form des urbanen Gärtnerns zu etablieren.

„Jin Jiyan Azadî" – Frauen. Leben. Freiheit. Der Heilkräutergarten Hevrîn Xelef auf dem St.-Jacobi-Friedhof in Berlin-Neukölln

Was: Ein Heilkräutergarten zur Unterstützung von Frauen in Jinwar und Neukölln

Wer: Die Mitbegründerin des Gartens, Anuscheh Amir-Khalili, Flamingo e. V., die Gärtnerinnengruppe

Wo: Auf dem Gelände des St.-Jacobi-Friedhofs in Berlin-Neukölln

Web: flamingo-berlin.org/heilkrautergarten-hevrin-xelef

Ganz am Ende des Friedhofs stößt man auf eine stattliche Anzahl von Hochbeeten, systematisch mit verschiedenen Kräutern bepflanzt: Rosmarin, Thymian, Salbei, Tulsi, Pfefferminz; auf dem Feld dahinter schießt der Fenchel hoch. Die Heilpflanzen werden zur semiprofessionellen Herstellung von Tees, Salben und Seifen verwendet. Teilweise werden sie für den eigenen Gebrauch produziert, teilweise für den Verkauf, teilweise dienen sie auch als Geschenke. Zum Beispiel spendeten die Heilkräutergärtnerinnen „Health Care"-Päckchen mit Kräutertees, Johanniskrautkapseln und schlaffördernden Tinkturen an geflüchtete Frauen in nahe gelegenen Unterkünften.

Der Heilkräutergarten Hevrîn Xelef sei, sagt eine seiner Gründerinnen, Anuscheh Amir-Khalili, kein „normaler" Gemeinschaftsgarten. Es treffen sich auch Frauen* bzw. Frauengruppen im Garten, die nicht gärtnern. Und das ist auch so gewollt. Der Garten soll vor allem ein Freiraum sein. Er sei, so Anuscheh Amir-Khalili, auch ein Ort des gemeinschaftlichen Umgangs mit Tod, Trauma und Gewalt, ein Ort des Lebens, der Solidarität und des Empowerments trotz alledem. Die meisten Gärtner*innen, Besucher*innen und Freund*innen des Gartens haben selbst oder über Verwandte, Bekannte oder Freundinnen einen Bezug zur kurdischen Frauenbefreiungsbewegung.

Der Garten versteht sich als Partnerschaftsprojekt des Heilkräutergartens in Jinwar, einem Dorf in Rojava (Nordosten von Syrien), in dem nur Frauen und Kinder leben. Die Bewohnerinnen von Jinwar sind dabei, eine frauengerechte, naturverträgliche,

subsistenzorientierte Wirtschafts- und Lebensweise zu entwickeln. Ein besonderes Augenmerk legen sie auf Lebensmittelanbau und -verarbeitung sowie auf die Verwendung traditioneller Medizin. Die kurdische Frauenbewegung stand in regem Austausch mit Maria Mies, der 2023 verstorbenen deutschen Ökofeministin.

Die beiden Projekte in Berlin und Jinwar tauschen Wissen sowie Samen aus und besuchen sich gegenseitig. Die Berliner Frauen organisieren politische Unterstützung und sammeln Geld, um konkrete Projekte in Jinwar umsetzen zu können: ein lokales Gesundheitszentrum und Solarpaneele für eine unabhängige Stromversorgung. Weiter ist ihnen daran gelegen, auch den Garten in Berlin als einen Ort des Empowerments zu etablieren. Wie in Jinwar bzw. Rojava soll es auch hier um „Jineolojî" gehen, sollen Frauen ihre (Lebens-)Situation mit anderen Frauen besprechen können, soll ihr (Erfahrungs-)Wissen gesammelt und weitergegeben werden. „Jineolojî" ist eine kurdische Wortschöpfung und meint sinngemäß „Wissen/schaft der Frauen und des Zusammenlebens".

Federführend bei der Gründung des Berliner Gartens war der gemeinnützige Verein Flamingo: „Weil wir einen nahen

Bezug zu geflüchteten Frauen aus dem Nahen Osten haben und uns der ganze politisch-feministische Background in Rojava, die feministische Revolution seit 2012, beschäftigte", erklärt Anuscheh Amir-Khalili. Flamingo e. V. unterstützt und berät schon lange geflüchtete Frauen und Kinder aus Syrien, Iran, Afghanistan.

Ursprünglich sollte der Garten „Mala Jin" heißen. Mala Jin sind eine Art Frauenzentren oder Frauenberatungsstellen, die es in ganz Rojava gibt, um Frauen bei Familienstreitigkeiten bzw. in Auseinandersetzungen mit (ihren) Männern zu unterstützen. Sie vermitteln bei Themen wie Polygamie, Zwangsheirat, Sorgerecht für Kinder oder Verweigerung von Erbschaften. Mala Jin sind offizieller Teil der institutionalisierten Frauenbefreiungsbewegung in Rojava und sollen die patriarchalen Verhältnisse in der kurdischen Gesellschaft bzw. die patriarchalen Verhaltensweisen von Männern bekämpfen.

Dass der Gemeinschaftsgarten zunächst „Mala Jin" heißen sollte, verweist auf das Selbstverständnis der Gartengründer*innen, solidarisch mit bzw. Teil der (kurdischen und internationalen) Frauenbefreiungsbewegung zu sein.

Als jedoch Hevrîn Xelef, eine kurdische Politikerin, die sich in Syrien für die Rechte von Frauen einsetzte, im Oktober 2019 von türkischen Milizen ermordet wurde, entschieden die Gründer*innen des Projekts spontan, dass der Garten ihren Namen tragen sollte. Hevrîn Xelefs Mutter war dankbar für diese Solidaritätsbekundung: Ihre Tochter würde nicht vergessen werden, ihre Mörder würden nicht das letzte Wort behalten. An der Einweihung des Gartens konnte sie online teilnehmen, der Kurdische Frauenrat Berlin brachte Hibiskuspflanzen, die seither im Garten wachsen und an Hevrîn Xelef erinnern.

Hevrîn Xelef ist nicht die einzige Tote, die es zu beklagen gibt. An den Tod von Jina Amini – die im September 2022 nach ihrer Festnahme wegen Verletzung der islamischen Kleiderordnung im Iran durch Polizeigewalt starb – gemahnt im Garten ein Maulbeerbaum. Er wurde zu ihrem Gedenken

am 25. November 2022, am Internationalen Tag gegen Gewalt an Frauen, zeremoniell eingepflanzt. Der Tod von Jina Amini löste die langandauernden Proteste gegen das Regime aus; die Proteste nehmen Bezug auf die feministische Revolution in Rojava und die kurdische Frauenfreiheitsbewegung. Die bekannte kurdisch-iranische Sängerin Hani Mojtahedy, die seit 2006 im Exil in Berlin lebt, sang auf der Feier.

Auch die Künstlerin und Filmemacherin Hito Steyerl unterstützt den Garten. Sie entwickelte eine Installation mit Glaskugeln, für die sie Pflanzen des Heilkräutergartens verwendete. Die Glaskugeln konnten während der Ausstellung in der Galerie Esther Schipper/Berlin erworben werden. Es kamen mehr als 30.000 Euro zusammen, die für das lokale Gesundheitszentrum und die Solarpaneele in Jinwar verwendet werden sollen.

Die Stadt ist unser Garten – Ortsbegehungen

Brückenschläge:
Urbane Gärten an Institutionen

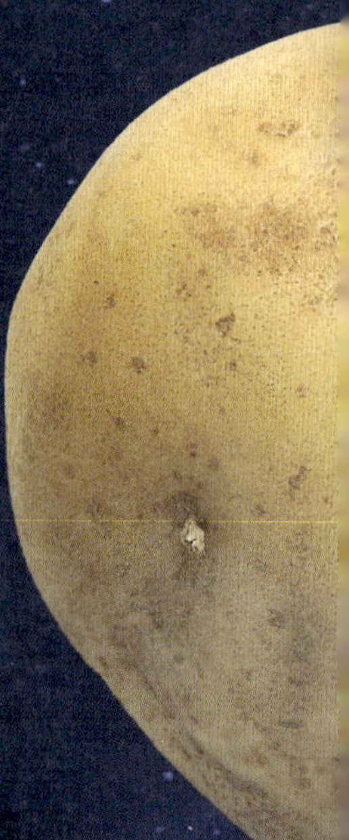

Grünes Theater. Der CARLsGARTEN am Schauspiel Köln

Was: Ein Gemeinschaftsgarten am Theater sorgt für neue Konstellationen und nachhaltiges Wassermanagement.

Wer: Die Gründerinnen des Gartens, Melanie und Michaela Kretschmann, der künstlerische Projektassistent Diego Gardón, Mitarbeiter*innen der Bühnen Köln, des Grünflächenamtes und des Leitungsteams Schauspiel Köln/Gründungsteam, Nachbar*innen der Keupstraße, Freund*innen und Verbündete

Wo: Auf der rechten Rheinseite (Köln-Mülheim), Schanzenstraße 6–20

Web: carlsgarten.koeln

2013 muss das Schauspiel Köln umziehen, sein angestammtes Haus am Offenbachplatz wird renoviert. Spielmöglichkeiten in der Nähe finden sich nicht. Dann wird das Theater auf eine 6000 m² große Kommissionierungshalle auf dem Carlswerk-Gelände aufmerksam. Dort, wo das Kabelwerk Felten & Guillaume einst Telefonkabel und Drahtseile lagerte und verlud – im „Depot" –, könnte für eine Übergangszeit Theater gespielt werden.

Der neue Standort ist eine Herausforderung. Vor allem der Vorplatz der Interimsspielstätte macht keinen einladenden Eindruck, es dominieren Ödnis und Asphalt. Wie lockt man Besucher*innen an einen unwirtlichen Ort auf der anderen Rheinseite der Stadt? Das ist die Frage, vor der das Ensemble um Intendant Stefan Bachmann steht. Die Antwort: Man pflanzt einen Gemeinschaftsgarten und lädt zum Mitgärtnern ein. Ein Urban-Gardening-Projekt wertet den Stadtteil sozial und ökologisch auf und schafft Begegnungsmöglichkeiten zwischen Theaterleuten und Publikum, zwischen Theateraffinen und Theaterfernen. Zum ersten öffentlichen Gartentag kommen unerwartet viele Menschen: Über hundert Nachbar*innen, Mitarbeiter*innen, Politik und Presse, Leute aus der ganzen Stadt finden sich am neuen Standort ein und tauschen „Kölsch gegen Keim"[1].

Entgegen allen Unkenrufen wird das Theater „auf der falschen Rheinseite" langsam, aber sicher ein Publikumsmagnet, die Besucherzahlen wachsen wie die Pflanzen. Als öffentlicher Ort und grünes Foyer ergänzt der CARLsGARTEN das künstlerische Programm auf den Bühnen, das gesellschaftlich relevantes Theater für die Stadt abbildet.

Von Anfang an fördern Intendanz und Ensemble auch Partizipation und Stadtentwicklung und setzen sich mit künstlerischen Mitteln intensiv mit dem Stadtteil Köln-Mülheim auseinander. Sie wollen nicht nur einschlägige Regiehandschriften und ästhetische Innovationen zeigen, sondern auch die Probleme und Themen vor Ort aufgreifen. Im Rahmen des zweijährigen Pilotprojektes „Die Stadt von der anderen Seite sehen" [2] beschäftigen sie sich im Schauspiel Köln unter reger Beteiligung der Bevölkerung mit der Frage des gesellschaftlichen Zusammenlebens. Drei Mal findet im Zuge der Aufarbeitung des NSU-Attentats in der Keupstraße unter Mitwirkung des Theaters das Kunst- und

Kulturfestival „Birlikte – Zusammenstehen“ statt (2014-2016). Auch der Theatergarten ist neben den Theaterbühnen einer der Veranstaltungsorte dieses Events im Quartier.

Der Esprit, über das Theater auf verschiedenste soziale Lagen und die damit verbundenen Probleme von Ungleichheit und Exklusion aufmerksam zu machen, spiegelt sich auch im Garten wider: Kein Mensch und keine Pflanze sind illegal, heißt es. Und so ist die Pflanzenwelt im Garten so vielfältig wie die Gesellschaft.

Zwischen Garten und Theater existiert sichtlich eine Korrespondenz: Auch im Garten werden gesellschaftlich bedeutsame Themen verhandelt durch das, was hier passiert: Regenwassergewinnung, Samenbibliothek, Umweltbildungsworkshops, Gartentage etc. Und so empfiehlt der Kulturdezernent der Stadt Köln, Stefan Charles, erstens, ins Theater zu gehen und zweitens: „... bitte verweilen Sie zuvor oder danach bei einem Glas Wein im CARLsGARTEN. Hier treffen sich Jung und Alt, Publikum und Schauspieler, Hobbygärtner und Genießer.“[3]

Auf der 3000 m² großen Fläche befinden sich heute 100 Hochbeete, eine Gartenküche, Bienenstöcke, Büro, Steinofen, eine Bar, eine Saatgutbibliothek, außerdem eine Open-Air-Bühne, eine kleine unterirdische Spielstätte – die GROTTE – und 40 m² Ausstellungsfläche, wo auch Externe ihre Arbeiten präsentieren können. Zusammengestellte Hochsee-Container bilden einen Wall gegen den Straßenlärm und formieren sich zu einer Art Hoch-Parcours, von dem aus man von oben in den Garten blickt.

„Ich betrachte den Garten auch wie ein Bühnenbild“, sagt Diego Gardón, einer der Verantwortlichen für den Ort[4], „verstehe ihn als Kunst-Ort, als eine Erweiterung des Theaters“.

Der ökologische Anspruch der Garten-Macher*innen ist ehrgeizig, ihr „künstlerisches Langzeitprojekt“ ist es, im urbanen Kontext ein intaktes Ökosystem zu schaffen. Sozial steht der Garten für das, was für das Schauspiel Köln generell gilt: Kontakt statt Abschottung. Nicht alle, die sich dort tagsüber oder abends mit Freund*innen treffen, um zwischen Blumen und Gemüse abzuhängen, oder die hier ihren Mittagsimbiss einnehmen, gehen abends ins Theater. Aber ohne den Garten würden viele im Viertel das Theater gar nicht kennen, und auch durch die Kinder- und Jugendarbeit verirren sich die einen oder anderen dann eben doch in die Spielstätte, die die abseits ihres Alltags liegenden Hallen sonst nicht betreten würden.

Seit 2023 kommt im CARLsGARTEN zum Gießen (fast) kein Trinkwasser mehr zum Einsatz, denn nun gibt es eine Regenwasseranlage mit gesteuerter Tröpfchenbewässerung. Ausgeklügelt wurde diese Anlage maßgeblich vom Ensemble-Mitglied Melanie Kretschmann, die das Projekt von Anfang an leitet. Tatkräftig unterstützt wird sie von einem engagierten Studenten: „Für die jungen Leute heute ist das total klar, dass man kein Trinkwasser zum Gießen benutzen kann", sagt Melanie Kretschmann. Die neue Generation habe den Klimawandel „einfach auf dem Schirm". Die Anlage im Garten ist beeindruckend professionell: 12.500 Liter Regenwasser werden von der 440 m^2 großen Dachfläche des Depot 2 geerntet. Eine Pumpe transportiert das Regenwasser durch Edelstahlrohre zu den Regnern, die den Garten in den frühen Morgenstunden mit dem Regenwasser versorgen. Ein Sensor dokumentiert die Niederschlagsmenge, eine App sorgt je nach Temperatur für stärkere oder schwächere Berieselung. Neben Trinkwasser spart die Anlage auch Zeit, im Sommer gut und gerne bis zu vier Stunden täglich. Die Errichtung der Anlage war nicht billig, eine fünfstellige Summe (20.000 Euro) musste aufgebracht werden, um die Pläne umzusetzen. Sie kam über private Spenden zusammen (vgl. schauspiel.koeln/depot-carlsgarten/carlsgarten-aktuell).

Wenn das Schauspiel Köln 2024 ins renovierte Mutterhaus zurückzieht, wird die Spielstätte in Köln-Mülheim als zusätzlicher Aufführungsort für das Schauspiel Köln sowie als Spielstätte für eine neue Tanzsparte und die Freie Szene fortbestehen. Den mittlerweile etablierten Standort wieder aufzugeben, war schlussendlich nicht mehr vorstellbar: „Mülheim gehört jetzt zu Köln", sagt Stefan Bachmann auf der Premiere von Yazgerds Tod (2.9.2023). Die Bühne bleibt, und mit ihr auch der Garten. Um mit den Worten des Kulturdezernenten zu sprechen: Was mit Theater und Garten geschaffen wurde, ist Cultural Placemaking im besten Sinne.

Anmerkungen

1. So lautete der Aufruf bzw. die Einladung.
2. 2015 gestartetes Pilotprojekt der Bund-Länder-Kommunen-Initiative „Nationale Stadtentwicklungspolitik"
3. Kulturdezernent Stefan Charles in seiner Laudatio zur Verleihung des Hanns-Schaefer Preises 2020/21 an den Intendanten des Schauspiel Köln Stefan Bachmann (in der Kölner Flora am 1.6.2022)
4. Weil der Garten ein offizielles Projekt und Anliegen des Theaters ist, und keine rein zivilgesellschaftliche Initiative, stehen auch finanzielle bzw. personelle Ressourcen zur Verfügung.

Ankunftsort Gemeinschaftsgarten. Gärtnern am Übergangswohnheim Berlin-Marienfelde

Was: Unterstützung von Geflüchteten/Aufbau von Gärten

Wer: Bewohner*innen der Unterkunft, ehrenamtlich Engagierte, die Leitung der Unterkunft, die Nachbarschaft, Pflanzen und Insekten

Wo: Am IB-Übergangswohnheim Marienfelder Allee, Berlin

Im Zuge der Fluchtbewegungen seit 2015 entstehen an vielen Gemeinschaftsunterkünften für Geflüchtete Gemeinschaftsgärten, und zwar sowohl auf Initiative von Gartenaktivist*innen als auch von Menschen, die sich in der Geflüchtetenhilfe engagieren. Gemeinschaftsgärten scheinen ähnlich wie Repair Cafés eine gute Möglichkeit zu sein, dass sich Geflüchtete und Nachbarschaft zwanglos begegnen können und übers gemeinsame Tun ins Gespräch kommen – so es denn eine Nachbarschaft gibt. Oft liegen Unterkünfte für geflüchtete Menschen abseits von Ortschaften. Das erzeugt beinahe zwangsläufig ein Gefühl der Isolation und des Nichtwillkommenseins. Auch in diesem Fall kann ein Garten ein wichtiger Treffpunkt sein, kann das gemeinsame Gärtnern einen eigenen, selbstdefinierten Raum schaffen inmitten von Perspektivlosigkeit, Sorgen, Trauer und Wut. Raus aus dem Zimmer zu können ist in der Unterkunft ist das A und O. Draußen sein und dennoch geschützt, sich bewegen, etwas tun, mit Natur umgehen, Wind, Wetter, Boden spüren, mit Pflanzen sprechen – all das lockert auf und bringt auf andere Gedanken.

In der Unterkunft sind alle gleichermaßen zur Untätigkeit und zum Warten verurteilt, erlittene Traumata werden nicht behandelt. Obwohl Geflüchtete keine homogene Gruppe sind, sondern verschieden in Bezug auf Religion, Herkunft, Geschlecht, Klasse, politischen Background und Fluchterfahrung, reduzieren Unterkünfte die Bewohner*innen auf das Label und ihren Status als Geflüchtete. Im Garten werden sie wieder als individuelle Personen sichtbar, mit jeweils eigenen Kenntnissen oder Talenten.

In Berlin-Tempelhof überlegten zwei im Übergangswohnheim Marienfelde engagierte Frauen, einen Tag der offenen (Garten-)Tür zu organisieren. Außerdem soll eine Fahrradwerkstatt in Betrieb genommen werden. In der Unterkunft leben

überwiegend Familien, die aus Afghanistan und Syrien geflüchtet sind. In unmittelbarer Nachbarschaft befindet sich eine Wohnhaussiedlung. Die Unterkunft verfügt also über Anwohner*innen, die Anteil am Leben der Bewohner*innen nehmen können.

Zunächst sollten vier bis sechs Hochbeete gebaut und bepflanzt werden. Zum Aktionstag kommen über 20 Menschen: Kinder, Frauen und Männer aus der Unterkunft und aus der Nachbarschaft. In der nächsten Saison soll sich der Garten vergrößern, eine Sitzecke für die Nachbarschaftstreffen ist geplant. Die Expertise der Bewohner*innen fließt mit ein: Ob es das Bauen, das Pflanzen oder die Seifenherstellung betrifft, oft haben die Geflüchteten sogar mehr Ahnung vom Gärtnern, insbesondere von Kräutern und ihren Wirkungen, als die anderen Engagierten. Das relativiert das Gefälle zwischen den Beteiligten.

Der Aufbau eines Gemeinschaftsgartens an einer Unterkunft erfordert Durchhaltevermögen. Oft spricht sich eine Person im Team oder in der Leitung erst einmal gegen eine solche Idee aus. Meist gibt es bürokratische Hürden zu überwinden. Es ist damit zu rechnen, dass das Interesse der Geflüchteten schwankt, ihr Alltag ist von vielen Unwägbarkeiten überschattet. Trotzdem lohnt sich meist für alle Beteiligten der Versuch, gemeinsam einen Raum zu schaffen, der die Realität der Unterkunft konterkariert, und sei es auch nur für Minuten oder Stunden.

EatYourCampus und PlantaSeed. Gartenaktivitäten an Hochschulen in München

Was: ein Gemeinschaftsgarten auf dem Campus
Wer: Studierende der Hochschule und TU München
Wo: Campus Lothstraße und TU-Campus Innenstadt
Web: instagram.com/eatyourcampus
instagram.com/plantaseed_tum
plantaseed.umwelt.asta.tum.de

Die Idee entstand 2021 in den sozial mauen Zeiten von Corona. Die Studierenden kamen, wenn überhaupt, nur noch zu den Vorlesungen an die Hochschule. Danach verschwanden sie sofort wieder. Auch in den Nach-Corona-Zeiten erholte sich das Sozialleben lange Zeit nicht. Der Aufenthalt auf dem Campus der Münchner Hochschule für angewandte Wissenschaften in der Lothstraße fühlte sich an wie tot.

Vincent Unkauf, Student der Luft- und Raumfahrttechnik, und einige seiner Mitstreiter*innen wollten das ändern. Sie wollten zurück zu dem, was vor der Corona-Zeit üblich war, dass man sich an der Hochschule auch mit seinen Kommiliton*innen traf.

Ein Campusgarten erschien ihnen als geeignetes Mittel, um einen steril gewordenen Studierort wieder in einen Lebensort zu verwandeln. Das beginnt mit ganz basalen Formen des Zusammen-Zeit-Verbringens: im Schatten unter einem Baum sitzen und reden oder gemeinsam etwas trinken.

Die Gruppe (bestehend aus 15 Mitgliedern, davon acht bis neun kontinuierlich aktiv) kümmert sich um eine Fläche am Hochschulgebäude. Dabei wird sie unterstützt vom Gebäudemanagement der Hochschule München, und sie erhält vom Bauamt der Stadt München eine üppige Ausstattung mit finanziellen Mitteln. Derzeit wird eine Fläche von mehr als 1000 Quadratmetern begärtnert; grundsätzlich steht ihnen die Möglichkeit offen, das komplette Gelände rund ums Gebäude zu bewirtschaften.

Die Geldmittel sind zweckgebunden auszugeben. Die Mitglieder kaufen dafür Erde und ein Lastenfahrrad für Transporte, bauen Hochbeete, bereiten den Boden für ein Gewächshaus vor und legen den Komposthaufen neu an.

Der Stadt ist es wichtig, dass die umgewandelten Flächen „hochwertig aussehen", vorzeigbar sind und glaubwürdig die Intention der Stadt belegen, etwas für die grüne und partizipative Transformation von München zu tun.

Da scheint EatYourCampus genau der richtige Partner zu sein. Die interdisziplinär zusammengewürfelte Gruppe mit Studienschwerpunkten in der Elektrotechnik, der Luft- und Raumfahrtechnik und dem Management sozialer Innovationen pflanzt Beerensträucher, aber auch Apfel-, Kirschen- und Zwetschgenbäume, die der Ernte und der Beschattung des Campusgartens dienen sollen.

Und das Konzept geht auf: Ihre Kommiliton*innen nehmen das Angebot an, nutzen den Garten in der Mittagspause, um gemeinsam mit anderen ihre Pizza zu essen oder etwas zu trinken – und manche beginnen sogar, sich fürs Gärtnern oder den Hochbeetebau zu interessieren.

Auch mit dem anderen Campusgarten an der TU München steht die Gruppe im Austausch. PlantaSeed legt allerdings einen anderen Schwerpunkt beim Gärtnern. Während die Hochschulaktivist*innen eher einen lokalen Ansatz verfolgen

und unmittelbar auf das soziale Klima ihres Campus einwirken wollen, verfolgt die Studierendenvertretung der TU München mit ihrem „Plant a Seed"-Projekt ein ambitioniertes interdisziplinäres Bildungsprojekt für Nachhaltigkeit mit dem Ziel, Vorbild für andere Universitäten zu werden. Im Rahmen des Wasser-Energie-Nahrungsmittel-Schwerpunkts zielt der kleine TU-Campusgarten inmitten des verdichteten städtischen Umfelds laut Eigendarstellung darauf, campus- bis landesweite Netzwerke zur Bewusstseinsbildung zu schaffen, und zwar in den Bereichen nachhaltiger Konsum und nachhaltige Produktion, Erhaltung der biologischen Vielfalt, Bedeutung von Grünflächen in Städten für die menschliche Gesundheit, mikroklimatische Verbesserungen sowie Ernährungssouveränität. Die Agenda ist gesetzt.

Auch der empirischen Forschung dient der Garten: In den selbstgebauten Hochbeeten sind Messgeräte und Sensoren installiert, die das Pflanzenwachstum dokumentieren und untersuchen. Eine Studentin der Biologie hat sich die Pflanzenbeobachtung zum akademischen Thema ihrer akademischen Abschlussarbeit gemacht; Design- und Maschinenbau-Studierende beteiligen sich am Hochbeetebau; die Aktivitäten in und um den Garten sind scheinfähig, können also durchaus dazu dienen, akademische Meriten zu erwerben.

„Ein Gemeinschaftsgarten hatte uns gerade noch gefehlt". Urban Gardening am Spielfeldrand im SJC Hövelriege

Was: Ein Gemeinschaftsgarten für den Fußballverein
Wer: Rebecca Vornkahl als Initiatorin, die Mitglieder des Vereins Sport- und Jugendclub Hövelriege
Wo: in Hövelriege, Ortsteil von Hövelhof, Gemeinde in Ostwestfalen
Web: sjc-hövelriege.de

Der Sport- und Jugendclub Hövelriege e. V. (SJC) wurde 1973 von einer Handvoll fußballbegeisterter junger Menschen gegründet, die einen Verein wollten, der mehr als nur Fußballspielen im Portfolio hat. Einige studierten später Sozialpädagogik und nutzten den Club, um offene Kinder- und Jugendarbeit zu betreiben. Es bestand lange eine enge Verbindung zwischen der Hochschule in Bielefeld und dem Verein in der ländlichen Gemeinde, ca. eine halbe Stunde Zugfahrt mit dem Regionalverkehr voneinander entfernt. Immer wieder verbrachten Absolvent*innen des Studiengangs ihr Praktikum im Verein, manche zogen nach Abschluss des Studiums in die ländliche Gemeinde, gründeten Wohngemeinschaften und das Jugendheim Hövelriege e. V.

Die enge Verbindung zur Hochschule riss ab, als die Verbindungsperson Prof. Willy Bretschneider emeritiert wurde. Und während es früher Kinder und Jugendliche in Festunterbringung in verschiedenen Wohngruppen gab, gibt es heute die Tagesgruppe. Die enge Verzahnung zwischen Arbeit und Leben gilt derzeit nicht mehr vielen als attraktiv. Aber der soziale Gedanke ist im Verein weiterhin lebendig. Nach seinem Selbstverständnis ist der SJC ein progressiver, weltoffener Verein.

Er engagiert sich auch in außergewöhnlicher Weise für die Integration von Geflüchteten; abgesehen davon, dass Fußball ohnehin ein Motor für Integration ist, seinen patriarchalen und bisweilen fremdenfeindlichen

Schlagseiten zum Trotz. Eines der fußballbegeisterten Kids wurde 2004 sogar von einem Vereinsmitglied adoptiert, um ihm den Aufenthalt zu sichern.

Seit 1984 residiert der Club an der Alten Poststraße in Hövelriege, das 54.000 Quadratmeter große Grundstück hat er von der Gemeinde erworben. Drei Fußballplätze, ein Sportheim, ein Erfahrungspark und eine Werkstatt finden Platz auf dem Gelände. Und neuerdings der Gemeinschaftsgarten.

Wie passt der nun ins Bild? „Wir kochen hier gerne. Ich stelle mir vor, dass das unsere Vereinsküche bereichert", sagt Felix Linnemann, im Rahmen des Interkulturellen Zentrums, Subverein im Verein, für die Kulturveranstaltungen zuständig. Die Küche gilt ihm als ein Freiraum zum Selbermachen neben Tischler-, Töpfer-, Fahrrad- und Autoreparaturwerkstatt. Sie kochen hier jeden Tag für mindestens zwölf Personen – der Trainer für sein Team, die Sozialpädagog*innen mit der Tagesgruppe, die Vereinsmitglieder für eigene Aktivitäten oder Feriengäste, und im Sommer könnte der Garten jeden Tag etwas zuliefern.

Außerdem soll der Gemeinschaftsgarten die Kinder- und Jugendarbeit des Vereins unterstützen und zur Ernährungsbildung der Fußballbegeisterten beitragen. Da wäre eindeutig noch Luft nach oben, heißt es selbstkritisch.

Nicht zuletzt soll der Garten das gute Leben lehren und ein Anschauungsobjekt sein für die Vorstellung von einer anderen Ökonomie, von Allmende. Der Verein spricht davon, eine Subsistenzperspektive zu verfolgen, und plädiert für weniger Konsum und mehr Do it yourself. Alle anfallenden Gestaltungs- und Erhaltungsmaßnahmen in „Haus und Hof" werden so weit wie möglich selbst erledigt. Dabei hilft, dass viele Vereinsmitglieder über nützliche Ressourcen und Fähigkeiten verfügen, z. B. über einen Trecker und das Know-how, wie man damit die Reste der Baumwurzeln aus dem Boden zieht, damit er dann für den Gemüseanbau bereitsteht.

Der Garten in Hövelriege ist ein Gemeinschaftsgarten, nicht weil es eine feste Gartengruppe gibt, sondern weil er ein gemeinsames Anliegen ist, weil er von den Vereinsmitgliedern gewollt und ein Gemeinschaftsprodukt ist, weil viele beitragen, insbesondere bei konzertierten Aktionen wie Säen, Graben, Pferdemist verteilen und einen Maschendraht gegen Wildfraß ziehen, und weil alle ernten dürfen und gerne mitessen; z. B. wenn Rebecca Varnkahl, die Initiatorin des Gartens, eine Schubkarre geputztes Gemüse zum Grill karrt.

Die Begeisterung für den Garten und seine Produkte hat bei den Fußballbegeisterten allerdings auch Grenzen: „Fußball spielt hier die größte Rolle. Wenn die anfangen, sich über Fußball zu unterhalten, brauchst du denen nicht mit Schnittlauch kommen."

„Diese gekauften Pommes und die gekaufte Wurst, die schmecken ja auf eine ganz bestimmte Weise, und die sollen auch genauso schmecken, das möchten unsere Spieler*innen hier auch, Manta-Teller eben", sagt Felix Linnemann, der auch noch einer der ehrenamtlichen Trainer des Vereins ist. Klar könne man aber auch mal ankündigen: „Nächsten Sonntag machen wir Pommes aus richtigen Kartoffeln."

Mit anderen Worten, das Zusammenspiel zwischen Küche, Verein und Gemeinschaftsgarten wird im Sinne der Ernährungssouveränität bzw. der nachhaltigen Ernährungswende noch optimiert werden. Sie arbeiten dran.

documenta-Künstler*innen auf der Suche nach Landsleuten. Der Vietnamesische Garten in Kassel

Was: Ein Kunstbeitrag zur documenta und ein Community-Building-Projekt

Wer: Das Künstler*innenkollektiv Nhà Sàn Collective (Hanoi), der Kulturverein Kasseler Vietnamesen, der Mitbegründer des Vereins Nguyen Duc Tuong, Vietnames*innen aus Kassel und aus der ganzen Republik

Wo: Im Hinterhof des WH22, documenta fifteen-Standort

Web: documenta-fifteen.de/mediathek/tuan-mami-nha-san-collective-vietnamese-immigrating-garden/

Das Künstler*innen-Kollektiv Nhà Sàn Collective (NSC) kam mit dem Plan aus Hanoi zur documenta nach Kassel, Kontakt zur vietnamesischen Community aufzunehmen. Sie waren sicher, dass es eine geben würde.

Mit der Community zusammen wollten sie einen ihrer Beiträge für die documenta fifteen umsetzen: einen Immigrating Garden – einen Einwanderungsgarten –, in dem Kräuter, Obst und Gemüse aus Indochina wachsen sollten, nebst einer Bibliothek, die das zugehörige Saatgut beherbergen würde. Beide Orte sollten die Themen Migration, Herkunft, Identität, Neubeheimatung verhandeln. Im Immigrating Garden stellt sich sofort die Frage: Wer ist eingewandert, die Menschen oder die Pflanzen? Im Zweifel natürlich beide.

Die Künstler*innen wandten sich an den Kulturverein Kasseler Vietnamesen. Nicht nur dessen Mitglieder, sondern die gesamte Kasseler vietnamesische Community ließ sich für das Gemeinschaftsprojekt begeistern. Zusammen legten sie den Garten und eine Samenbank im Hof des documenta-Standortes WH22 an. Während im Gebäude die skandalisierten Werke „Guernica Gaza" für lebhafte Diskussionen sorgten, herrschte im Garten eine friedliche Atmosphäre. Auch die ideologischen Kontroversen innerhalb der vietnamesischen Community, erzählt Nguyen Duc Tuong, Mitbegründer des Kulturvereins Kasseler Vietnamesen, hätten sich bei der gemeinsamen Arbeit im Garten relativiert (hna.de/kultur/documenta/gaertnerstolz-wie-in-vietnam-hier-wachsen-fast-100-exotische-kraeuter-und-gemuese-91745934.html).

Das Projekt zog weite Kreise: Nicht nur die Kasseler Vietnames*innen halfen mit Saatgut, Setzlingen und (Wo)Manpower. Aus der ganzen Republik trafen Samenspenden ein. Damit wurde öffentlich, was niemand – außer natürlich die Vietnames*innen selber – wusste, nämlich dass sich die Einwander*innen seit Jahrzehnten um die Beheimatung von asiatischem Gemüse wie Bittergurke oder Fischminze bemühen und dabei bemerkenswert erfolgreich sind.

Dass Beete von vietnamesischen Gärtner*innen anders aussehen als die von deutschen, türkischen oder russischen, ist allerdings in Interkulturellen Gärten bekannt. Die anderswo unbekannten Sorten Gurken bzw. Kürbisse, die hoch in den Himmel ranken und Pflanzendächer bilden, werden hier schon lange bewundert, und die Bemühungen um Saatgutgewinnung werden ebenfalls anerkennend registriert.

Dass ihre Garten-, Gemüse- und Kräuterkultur auf der documenta ausgestellt werden sollte, hat die Kasseler Vietnames*innen noch einmal neu miteinander und mit ihren Familiengeschichten in Kontakt gebracht. Hinter den Pflanzen verbergen sich (Einwanderungs-)Erzählungen: Der Großvater entdeckte die Pflanze einst in Frankreich, nahm sie mit nach Deutschland, säte sie aus, hegte und pflegte sie als ein Stück wiedergefundene Heimat, gab sie an seinen Sohn weiter, der sie an den Enkel vererbte, und der brachte sie in den Garten am HW22. Der Garten ist für die ältere Generation ein Anlass, der jüngeren Generation etwas über ihre Vergangenheit zu erzählen (documenta-fifteen.de/mediathek/tuan-mami-nha-san-collective-vietnamese-immigrating-garden/).

Der Garten hat eine größere Anziehungskraft entwickelt als der „Landsleute"-Verein, sagt Nguyen Duc Tuong. Er ist sicher, dass sich ausnahmslos alle Kasseler

Vietnames*innen den Garten angeschaut haben. Und es heißt, dass sogar vietnamesische Tourist*innen wegen des Gartens nach Kassel kamen. Über Social-Media-Auftritte hat dieses Kunstwerk offenbar eine gewisse Berühmtheit unter deutsch-vietnamesischen Menschen erreicht.

Ohne die Kooperation mit der Community vor Ort hätte er, sagt Tuan Mami vom Künstler*innen-Kollektiv, sein Vorhaben niemals verwirklichen können. Die Samen, die er brauchte, sind in Deutschland auf offiziellem Weg, sprich in einem Geschäft, nur schwer zu bekommen. Die Pflanzen, die im WH22-Garten wachsen, migrierten inoffiziell, ohne Erlaubnis, mit den Menschen. Dieses Saatgut wird geteilt, nicht gekauft. Ohne das Wissen der Migrant*innen, ohne ihr jahrzehntelanges Experimentieren, hätte der Künstler auch nicht gewusst, wie mit dem gespendeten Saatgut umzugehen ist. Er hätte es behandelt, wie in Vietnam üblich, es damit in Kassel aber nicht zum Keimen gebracht. Zu wissen, wie die Pflanzen in Vietnam angebaut werden, hätte in Kassel nicht weitergeholfen. Man muss mit den lokalen Bedingungen vertraut sein, um den Eigensinn der Pflanzen berücksichtigen zu können.

Über die Monate der documenta hinweg wurde der Garten zu einer Anlaufstelle für die vietnamesische Community. Inzwischen hat eine Kasseler gemeinnützige Stiftung den Gebäudekomplex des WH22 gekauft. Damit bleibt das Haus ein Ort für Kultur und Kreativwirtschaft. Stadt und Kulturdezernentin wollen Kunst und Kultur an diesem Standort weiter fördern. Das heißt, der Immigrating Garden bleibt der Kasseler vietnamesischen Community erhalten, so wie es sich der Vereinsvorsitzende Nguyen Duc Tuong gewünscht hat.

Sozialarbeit braucht Gemeinschaftsgärten. Gärtnern zwischen Hochhäusern in Darmstadt-Kranichstein

Was: Ein Gemeinschaftsgarten zur Unterstützung von Sozialarbeit. Aufenthalt, Gartenarbeit, Gemüse und Kräuter/Blüten für die Kita, die Café-Küche des Familienzentrums, Kontakt, Umweltbildung für alle

Wer: Die Mitarbeiter*innen, Familien, Anwohner*innen und Freund*innen des Familienzentrums Menschenskinder

Wo: In Darmstadt-Kranichstein, auf einer 4000 m² großen Brache zwischen Hochhäusern in einem Ankommensviertel, zwischen den bis zu fünfzehnstöckigen Hochhäusern

Eine Gruppe engagierter Sozialarbeiter*innen, die in Darmstadt-Kranichstein, einem Ankommensviertel, eigenständig und mit sehr viel ehrenamtlicher Arbeit ein Familienzentrum aufbauten, mit Kindergarten, Beratungsstelle, offener Werkstatt und Café, stellte einen Antrag an die Stadt, die 4000 m² große Brache vor ihrer Haustür, eine Fläche voller Müll, Hundekot und Brombeeren, für ihre Arbeit nutzen zu dürfen. Sie wollten aus dem verwahrlosten Gelände einen Gemeinschaftsgarten als Grundlage für ihre Umweltbildungsarbeit machen.

Die Fläche liegt mitten in einer Hochhaussiedlung, in der die Bewohner*innen im Durchschnitt fünf bis sechs Jahre leben, bevor sie in andere Stadtviertel umziehen. Rund 20 Prozent der 10.000 Kranichsteiner*innen sind Einwander*innen, sie stammen aus mehr als 80 Nationen.

Die Stadt schätzt die private Initiative des Vereins, Sozialarbeit ins Viertel zu tragen, und finanziert z. B. den Kindergarten. Trotzdem reagiert die städtische Immobilienverwaltung zunächst gar nicht und dann zurückhaltend. Die Verwaltung hofft auf eine zukünftige Bebauung des Geländes, auch wenn mit dem derzeitigen Bebauungsplan eine Bebauung als schwierig gilt.

Drei Jahre später schafft es der Verein Menschenskinder e. V. aber doch, über die Politik, sozusagen top-down, an einen Pachtvertrag zu gelangen. Sie berufen sich auf den Koalitionsvertrag der grün-schwarzen Stadtregierung, in dem festgehalten wurde, dass eine Zwischennutzung von brachliegenden Flächen ermöglicht werden muss. Gemäß dieser politischen Entscheidung verhandelt die Verwaltung schließlich den Pachtvertrag. Ein Kleingartenpachtvertrag soll es nach der Vorstellung des Vereins nicht sein, geht es ihnen doch um eine Nutzung, die Zugänglichkeit für alle ermöglicht. Letztlich ist das auch im Sinne der Stadt. Auch die Durchwegung zu Straßenbahn und Einkaufszentrum soll erhalten bleiben.

Wenn die politisch Verantwortlichen weiter gezögert hätten, hätten sie als Mitarbeiterinnen des Familienzentrums ohne Vertrag mit dem Gärtnern begonnen, aber nicht, ohne die Stadt über ihr Tun zu unterrichten und sie aufzufordern, sich vor Ort von ihrem Tun und der Notwendigkeit des Gartens zu überzeugen, sagt Christa Bauer, Mitarbeiterin im Familienzentrum und diejenige, die das Projekt maßgeblich vorantreibt. Viele Menschen in dem Ankommensviertel leben in beengten Verhältnissen und haben mit schwierigen Lebenslagen zu kämpfen. Für sie und insbesondere für die Kinder ist der Aufenthalt in einem Garten und die Möglichkeit, sich dort z. B. bei Pflanzaktionen und Bauprojekten auszutoben, existenziell.

Mit der Befristung des Pachtvertrags war eine gewisse Unsicherheit verbunden, trotzdem sind sie im Familienzentrum „um jeden Tag froh", den sie auf der Fläche sein können. Ein Gemeinschaftsgarten eröffnet ihrer Arbeit ganz neue Möglichkeiten. Er bietet ein niedrigschwelliges Kontaktangebot für Kinder wie für Erwachsene, jede Menge Gelegenheit für Arbeit, Spiel, Begegnung, jugendliches Rumhängen und Selbstwirksamkeitserfahrung. Dass sich Gemeinschaftsgärten in besonderer Weise als Medium für Soziale Arbeit eignen, wird auch andernorts sowohl von der Sozialen Arbeit als auch von Städten zunehmend wahrgenommen. Unter Corona-Bedingungen erwies sich der Garten als besonders wertvoll. Auch wenn nur fünf Menschen zusammen im Garten arbeiten oder sich treffen durften und alle Masken tragen mussten, blieb er ein einzigartiger Freiraum, z. B. für Meetings und Besprechungen, die in Präsenz sonst nicht möglich waren.

Während die Sozialarbeit im Familienzentrum außerhalb des Gartens überwiegend über reguläre Erwerbsarbeit erfolgt, ist für die Arbeit im Garten zunächst kein Budget vorgesehen. Das ehrenamtliche Engagement der Mitarbeiter*innen wird quasi von vornherein eingepreist. Vor allem am Anfang lief vieles nur in „konzertierter Aktion". Inzwischen wurde jedoch eine Verstetigung des umweltpädagogischen Angebots für Kinder erreicht und dessen Finanzierung als Gemeinwesenprojekt von der Stadt übernommen. Ein Teil der Arbeit wird aber immer noch über zusätzliches unbezahltes Engagement der Mitarbeiter*innen und vieler Helfer*innen ermöglicht. Auch in der Organisation des Gemeinschaftsgartens kann zwischen bezahlten und unbezahlten Tätigkeiten oft nicht unterschieden werden.

Urban Gardening vor Bergkulisse. Der Gemeinschaftsgarten am Klostergut Schlehdorf

Was: Urban Gardening auf dem Land
Wer: Bewohner*innen aus den umliegenden Ortschaften
Wo: Auf dem Klostergut in Schlehdorf/Oberbayern
Web: klostergut-schlehdorf.de

Auch auf dem Land gibt es vermehrt „urbane" Gärten. Auch auf dem Dorf oder in der Kleinstadt besitzen längst nicht mehr alle Menschen einen Garten. Deshalb gibt es auch hier einen wachsenden Bedarf an Gemeinschaftsgärten.

Seit 2012 bewirtschaftet die Genossenschaft KlosterGut Schlehdorf e. G. die ehemalige Landwirtschaft des Klosters im oberbayerischen Schlehdorf. Zum Anwesen gehören eine Hofstelle und der Garten rund ums Kloster sowie ca. 50 Hektar Acker und Wiese am nahegelegenen Biotop Karpfsee. Am Karpfsee werden Ackerfrüchte wie z. B. Kartoffeln und Blumen angebaut, dort leben eine Mutterkuhherde und ca. 80 Hühner auf der Weide. Zur öko-sozialen Landwirtschaft gehören außerdem eine Gemüsegärtnerei am Kloster, ein Hofladen, ein Sommercafé und ein Seminarbetrieb samt Herberge. Ein Waldkindergarten ist vor Kurzem gegründet worden. Dazu passt: Urban Gardening auf einem Stück Land an der Hofstelle, das gerade nicht gebraucht wurde.

2020 überlegte sich der Vorstand der Klostergut-Genossenschaft, die ca. 300 Quadratmeter in unmittelbarer Nachbarschaft der Gemüsegärtnerei für einen Gemeinschaftsgarten zur Verfügung zu stellen. Britta-Marei Lanzenberger, die Initiatorin des Projekts, hatte sich bereits in München für die Idee des Urban Gardening engagiert. Ihre Überlegung dabei war: Die Gemeinschaftsgärtner*innen würden mit ihren Parzellen das Anwesen zusätzlich und anders beleben als die Seminar- und Cafébesucher*innen. Weil es ein Unterschied ist, ob man als Kund*in, als Gäst*in, als Spaziergänger*in auf dem Gut vorbeischaut, ob jemand nur dort ist oder ob er oder sie auch etwas tut, Verantwortung für ein Beet übernimmt, sich gewissermaßen an Land und Projekt bindet.

Schließlich wurden sieben Beete angelegt und über den Förderverein vom Klostergut gegen eine Pacht von 75 Euro im Jahr möglichen Interessent*innen angeboten. Sie waren blitzschnell vergeben. Die Gemeinschaftsgärtner*innen kommen aus Schlehdorf, Kochel, Murnau und München. Längst gibt es in der Gegend auch Sonnenäcker

bzw. Krautgärten, um eigenes Gemüse anzubauen. Aber das Sonnenacker-Konzept, bei dem ein Acker vom Landwirt bestellt und in Parzellen unterteilt an Interessenten vergeben wird, bedingt, dass das Stück Land jedes Jahr neu zugeteilt wird und deshalb weder Fruchtfolge noch der Anbau mehrjähriger Pflanzen möglich ist. Auch steht die soziale Komponente bei dieser Form der Selbstversorgung nicht im Fokus.

Dagegen verstehen sich die Gärtner*innen im Klostergut als Gemeinschaft, obwohl sie offiziell jeweils ihr eigenes Beet bewirtschaften. Sie übernehmen das Gießen für die in Urlaub Weilenden, stellen Brennnesseljauche für alle her, bestellen gemeinsam effektive Mikroorganismen zur Verbesserung der Bodenqualität, kümmern sich gemeinsam um Baumschnitt und Feuerstelle und organisieren sich über eine Signal-Gruppe.

Aus Sicht aller Beteiligten ist der Gemeinschaftsgarten eine Bereicherung. Für die Seminarbesucher*innen des Hofguts und die Kund*innen des Hofladens stellt er ebenso einen kleinen Attraktor dar wie für die Spaziergänger*innen. Er komplettiert die Atmosphäre des produktiven wie freundlichen Miteinanders.

Autor*innen

Andrea Baier ist Soziologin und wissenschaftliche Mitarbeiterin der anstiftung im Bereich Forschung und Evaluation. Zu ihren Forschungsinteressen gehören feministisch-subsistenztheoretische Perspektiven auf DIY und Urban Gardening.

Christa Böhme arbeitet als Wissenschaftlerin und Projektleiterin im Forschungsbereich Stadtentwicklung, Recht und Soziales des Deutschen Instituts für Urbanistik (Difu). Sie ist Expertin für gesundheitsfördernde Stadtentwicklung, für das Thema Umweltgerechtigkeit sowie für Fragestellungen zum urbanen Grün. Christa Böhme hat Landschaftsplanung studiert und zuvor eine Ausbildung zur Gärtnerin absolviert.

Marco Clausen arbeitet als Community Facilitator für die Spore Initiative. Seine Arbeitsschwerpunkte sind der Austausch mit Communitys im Globalen Süden zu ökologischen Alltagspraktiken und zu traditionellem und indigenem Wissen sowie die Organisation von Kultur- und Lernprogrammen im Spore-Garten in Berlin.

Iris Dzudzek (Dr. phil.) ist Professorin für Kritische Stadtgeographie an der Universität Münster. Sie forscht zu urbanen Regierungsweisen und urbaner Gesundheit. Als Sprecherin des StadtLabors Münster engagiert sie sich für partizipative Forschung als lokale Bearbeitungsweise globaler Herausforderungen und Vehikel sozial-ökologischer Transformation.

Monika Egerer (Ph. D.) ist Professorin für Urbane Produktive Ökosysteme an der TU München. Sie untersucht die Beziehungen zwischen Biodiversität, Ökosystemleistungen und menschlichem Wohlbefinden in urbanen Ökosystemen, mit einem Schwerpunkt auf urbanen Gärten. Sie leitet das Projekt „Forschen für Wildbienen", das in 30 Gemeinschaftsgärten in Berlin und München Stadtökologie und Bürgerforschung betreibt, um einen evidenzbasierten Insektenschutz in Gärten umzusetzen.

Alexander Follmann (Priv.-Doz. Dr.) ist Geograph und vertritt die Professur für Stadt- und Regionalforschung am Geographischen Institut der Universität Bonn. Zuvor war er wissenschaftlicher Mitarbeiter in der Arbeitsgruppe Anthropogeographie an der Universität zu Köln. Er forscht zu Stadtentwicklung im Globalen Süden sowie stadtentwicklungs- und umweltpolitischen Aspekten des Urban Gardening in Deutschland. Als aktiver Stadtgärtner und Imker engagiert er sich ehrenamtlich seit 2012 im Kölner Gemeinschaftsgarten NeuLand und ist seit 2020 im Vorstand des Ernährungsrats für Köln und Umgebung e. V.

Undine Giseke war von 2003 bis 2022 Professorin an der Technischen Universität Berlin, Fachgebiet Landschaftsarchitektur + Freiraumplanung. Sie gründete 1987 mit drei weiteren Gesellschaftern das Landschaftsarchitekturbüro bgmr. Von 2005 bis 2014 leitete sie das inter- und transdisziplinäre Forschungsprojekt UAC mit den Schwerpunkten Stadt-Land-Verknüpfungen, urbaner Metabolismus und systemische Gestaltung.

Ella von der Haide ist Medienkünstlerin, Dipl.-Ing. der Stadt- und Regionalplanung und Gärtnerin. Sie erforscht queer-feministische Ökologien, schreibt Theaterstücke und baut eine Solawi auf. Ihre Filmreihe „Eine andere Welt ist pflanzbar!" porträtiert Gemeinschaftsgärten und ihre politischen Ziele weltweit. 2023 erschien der Film „Queer Gardening". eine-andere-welt-ist-pflanzbar.de

Severin Halder (Dr. rer. nat.) ist Geograph und wissenschaftlicher Mitarbeiter des StadtLabors Münster, Mitbegründer des Allmende-Kontors und Teil des kollektiv orangotango. Seine Arbeit zwischen Geographie, Kunst und Aktivismus entsteht aus den Erfahrungen mit alltäglichem Widerstand und sozial-ökologischen Bewegungen zwischen Chiloé, Berlin, Rio de Janeiro, Bogotá und Maputo.

Jesko Hirschfeld (Prof. Dr. rer. pol.) ist wissenschaftlicher Mitarbeiter am Institut für ökologische Wirtschaftsforschung (IÖW) und Gastprofessor für Umweltökonomie an der Humboldt-Universität zu Berlin. Er hat neben zahlreichen Projekten zur ökonomischen Bewertung der Ökosystemleistungen von urbanem Grün und anderen Landnutzungen in den Jahren 2019–2022 das vom BMBF geförderte Projekt „GartenLeistungen" geleitet.

Dorothea Hohengarten ist Journalistin und Kommunikatorin für internationale Zusammenarbeit. Von 2011 bis 2019 war sie Vorsitzende des Kölner Neuland e. V., einer der größten Gemeinschaftsgärten Deutschlands, und von 2016 bis 2022 Sprecherin des Ausschusses Essbare Stadt/Urbane Landwirtschaft des Ernährungsrats Köln und Mitglied in dessen Beirat. Sie setzt sich für nachhaltige Stadtentwicklung ein.

Birgit Hoinle (Dr. rer. nat.) ist Geographin und arbeitet als Postdoc-Researcher am Lehrstuhl Gesellschaftliche Transformation und Landwirtschaft der Universität Hohenheim. Sie hat zuvor zwei Jahre in Bogotá gelebt, wo sie zu urbaner Landwirtschaft und räumlichem Empowerment forschte. Derzeit ist sie zudem Sprecherin im Ernährungsrat Region Tübingen-Rottenburg e. V. Ihre Forschungsinteressen: nachhaltige Schulernährung, Alternative Food Networks, Feministische Politische Ökologie und dekoloniale Perspektiven.

Toni Karge ist wissenschaftlicher Angestellter im Referat „Freiraumplanung und Stadtgrün" der Senatsverwaltung für Umwelt, Mobilität, Verbraucher- und Klimaschutz in Berlin. Dort verantwortet er den Themenbereich „Urban Gardening und produktive Stadt" und damit verbundene Modellprojekte und gesamtstädtische Konzepte. Er hat Stadt- und Regionalplanung mit einem Schwerpunkt auf Stadterneuerung studiert.

Lea Kliem ist wissenschaftliche Mitarbeiterin am Institut für ökologische Wirtschaftsforschung (IÖW) und geschäftsführende Vorständin vom Berliner Ernährungsrat. Ihre Forschungsschwerpunkte liegen in den Bereichen (urbane) Ernährungspolitik, nachhaltige Landnutzung und Agrarumweltpolitik. Sie arbeitet u. a. im BMBF-geförderten Projekt „GartenLeistungen II".

Elke Krasny (Ph. D.) ist Professorin für Kunst und Bildung an der Akademie der bildenden Künste Wien. Krasny forscht zu Care/Sorge, sozialer und ökologischer Gerechtigkeit, transnationalen Feminismen sowie Erinnerungsarbeit in Kunst und Architektur. 2023 erschien ihr Buch *Living with an Infected Planet. Covid-19, Feminism, and the Global Frontline of Care* (transcript).

Cordula Kropp (Dr. phil.) ist Professorin für Soziologie an der Universität Stuttgart und leitet die Abteilung Umwelt- und Techniksoziologie sowie das Zentrum für interdisziplinäre Risiko- und Innovationsforschung der Universität Stuttgart (ZIRIUS). Sie lehrt und forscht zur sozial-ökologischen Transformation von Infrastruktursystemen (Mobilitäts-, Energie-, Ernährungs- und Bauwende).

Lukas Lapschieß ist wissenschaftlicher Mitarbeiter an der Universität Hamburg im Fachbereich Sozialökonomie. Im Verbundprojekt „Teilgabe" (gefördert durch das Bundesministerium für Bildung und Forschung, BMBF) forscht er zu zivilgesellschaftlichen Wirtschaftsweisen, insbesondere der Solidarischen Landwirtschaft, sowie zu partizipativen Organisationsformen.

Harald Lemke (apl. Prof. Dr. habil.) ist unabhängiger Forscher, Kulturschaffender, Freund der Weisheit, Teilzeit-Terraner, Autor einiger philosophischer Bücher zu Ethik, Politik, Ästhetik, Alltag, Sozialleben, Globale Kultur, Urban Gardening. Er forscht über gesellschaftlichen Wandel und rettende Kräfte, Gastrosophie, Utopologie, Konvivialität, Praxismus, Pansuperhumanismus. haraldlemke.de

Carolin Mees (Dr.-Ing.) ist Architektin und Professorin am Pratt Institute und an der Parsons School of Design / The New School University in New York City. Mit ihrem Büro und in ihrer Forschung konzentriert sie sich auf Community-based Urban Open Space Design, Architecture and Urban Planning.

Athina Moroglou ist Stadtplanerin, Architektin und Nachwuchswissenschaftlerin am CIRIEC in Belgien, wo sie seit 2021 als Marie-Curie-PhD-Fellow forscht. Aktuell untersucht sie die Bedeutung von sozialer Stadtpolitik zur Revitalisierung benachteiligter Stadtteile in Brüssel. Ihre Masterarbeit schrieb sie im Studiengang Integrated Urbanism and Sustainable Development an der Universität Stuttgart über Bürgerinitiativen in Athen während der Austeritätspolitik von 2008 bis 2019.

Christa Müller (Dr. rer. soc.) ist Soziologin und leitet die anstiftung in München. Sie forscht zu nachhaltigen Lebensstilen und neuen Wohlstandsmodellen und beobachtet seit vielen Jahren die unterschiedlichen Do-it-yourself-Bewegungen. Ihr aktuelles Forschungsinteresse gilt der Rezeption der Urban-Gardening-Bewegung im Kontext von transformativen Entwicklungen der Städte.

Ina Säumel (Dr. rer. nat.) leitet die Arbeitsgruppe Multifunktionale Landschaften am IRI THESys der Humboldt-Universität zu Berlin. Sie forscht in den Bereichen Stadt- und Landschaftsökologie mit besonderem Schwerpunkt auf Konzepte für multifunktionale, biodiversitätsfreundliche und gesunde Landschaften und leitet derzeit u. a. das EU-Projekt „EdiCitNet: Edible Cities Network – Integrating Edible City Solutions for social, resilient and sustainably productive cities".

Jennifer Schulz (Dr. rer. nat.) leitet das Verbundprojekt „Urbane Waldgärten" an der Universität Potsdam. Sie forscht mit ihrem Team zu ökologischen und sozialen Wirkungen in drei Modellwaldgärten, die in Berlin und Kassel mit Praxispartnern entstehen. Basierend auf der Untersuchung von Rahmenbedingungen zur Etablierung von Waldgärten in Städten unterstützt sie Interessierte bei der Entwicklung eigener urbaner Waldgärten bundesweit durch Beratung und Vernetzung.

Tim Schumann ist Leiter der Heinrich-Böll-Bibliothek/Stadtbibliothek Berlin-Pankow. Er arbeitet zur neuen Rolle von öffentlichen Bibliotheken im 21. Jahrhundert und denkt intensiv über die Rolle von öffentlichen Bibliotheken in einer Großen Transformation nach. Außerdem sieht er große Gemeinsamkeiten zwischen neuen öffentlichen Bibliotheken und Gemeinschaftsgärten.

Ulrike Sturm ist wissenschaftliche Mitarbeiterin im Forschungsbereich Gesellschaft und Natur am Museum für Naturkunde Berlin. Ihre Forschungsinteressen umfassen die Interaktion zwischen Mensch und Natur, Naturerfahrung, Stadtökologie, partizipative Forschung, Mensch-Computer-Interaktion und soziale Innovation.